高等学校应用型特色规划教材

机械制造技术基础
(第 3 版)

倪小丹　杨继荣　熊运昌　主　编

U0198240

清华大学出版社
北京

内 容 简 介

本书不同于现有教材的内容体系,将机械制造过程中常用的概念进行整合,独立为第 1 章,使全书各章内容相对独立,可以根据需要进行取舍而不与其他章节内容冲突。适合机械设计制造及其自动化专业不同学时、不同要求的专业基础课教学,同时适合其他机械类专业的教学。

本书的主要内容包括概论、金属切削基本原理、工艺规程设计、机械加工精度与表面质量、夹具设计、机械装配工艺基础、典型零件加工。每章后都有实训内容及习题,并有参考答案,供学习者更方便、全面地掌握每章内容。

本书可作为教材,供高校机械设计制造及自动化、材料成形与控制工程、工业设计、机械电子工程、数控技术与应用、模具设计及制造、检测技术与应用等专业使用;也可作为从事机械制造工程的技术人员的参考用书。

图书在版编目(CIP)数据

机械制造技术基础/倪小丹,杨继荣,熊运昌主编. —3 版. —北京:清华大学出版社,2020.1(2024.2重印)
高等学校应用型特色规划教材
ISBN 978-7-302-54794-5

Ⅰ. ①机… Ⅱ. ①倪… ②杨… ③熊… Ⅲ. ①机械制造工艺—高等学校—教材 Ⅳ. ①TH16

中国版本图书馆 CIP 数据核字(2020)第 001649 号

责任编辑:陈冬梅 刘秀青
封面设计:陆靖雯
责任校对:王明明
责任印制:丛怀宇
出版发行:清华大学出版社
　　　　　网　　址:https://www.tup.com.cn,https://www.wqxuetang.com
　　　　　地　　址:北京清华大学学研大厦 A 座　　　邮　编:100084
　　　　　社 总 机:010-83470000　　　　　邮　购:010-62786544
　　　　　投稿与读者服务:010-62776969,c-service@tup.tsinghua.edu.cn
　　　　　质量反馈:010-62772015,zhiliang@tup.tsinghua.edu.cn
　　　　　课件下载:https://www.tup.com.cn,010-62791865
印 装 者:三河市铭诚印务有限公司
经　　销:全国新华书店
开　　本:185mm×260mm　　　印　张:22　　　字　数:535 千字
版　　次:2007 年 2 月第 1 版　 2020 年 3 月第 3 版　　印　次:2024 年 2 月第 5 次印刷
印　　数:4501～5700
定　　价:58.00 元

产品编号:084780-01

前　　言

本书是参照目前高等院校专业教学基本要求，为适应应用型本科机械设计制造及其自动化专业人才的培养目标对高校人才专业知识的要求，结合国家"十五"规划课题——"21世纪中国高等学校应用型人才培养体系的创新与实践"的研究成果，在总结近几年的教学实践基础上编写而成。

为了贯彻"重基础、宽口径、强实践、擅应用"的人才培养要求，本书以工艺为主线，将机械制造过程中的基本理论、基础知识有机地结合起来，整合了原"机械制造工艺学""机床夹具设计""金属切削原理与刀具""金属切削机床"课程的内容，形成新的教学内容体系。"机械制造技术基础"被大多数学校列为"机械设计制造及其自动化"专业的主要专业基础课程，通常安排在"力学""材料""金工""机械设计"等系列课程之后，计划学时为56学时左右，本课程的综合性和实践性较强，除课堂教学外，还应有实验、课外作业、生产实习和课程设计等教学环节。本书可作为该课程的课堂教学用书，也可作为从事机械制造工程的技术人员的参考用书。

本书的主要内容有机械制造领域中的基本概念、金属切削基本原理、工艺规程设计、机械加工精度、夹具设计、机械装配工艺基础和典型零件的加工。本书系统完整，覆盖面广，综合性强，体现出一定的科学性、先进性和实用性。

本书的编写主要有以下特点。

(1) 内容体系与现有的教材体系完全不同，第1章概括了制造过程中常用的一些概念，便于查找，也使各章内容相对独立。

(2) 由于各章内容相对独立，可根据学时数和不同专业的需要进行取舍。例如，对于教学计划中后续开有"机械制造装备设计"课程的，夹具设计(第5章)可以不讲；对材料成形与控制工程、工业设计、机械电子工程、数控技术与应用、模具设计及制造、检测技术与应用等专业，金属切削基本原理(第2章)和典型零件加工(第7章)可以不讲。

(3) 介绍了目前应用较多的新工艺、新技术，如挤压加工、组合夹具等。

(4) 每章后都有实训内容，对本章内容作出总结并进行实训练习，通过实训更好地掌握本章的基本知识和基本技能，并运用到实践中。

(5) 注重工程应用能力的培养，例题多，并用了尽可能多的图、表对典型实例进行分析，注重理论联系实际，尽量做到了以较少的篇幅介绍更多的内容。本书还介绍了计算机辅助工艺设计、辅助夹具设计的方法，以适用实际生产的需要。

(6) 本书每章后附有大量习题，并有参考答案，供学习者更方便、全面地掌握每章内容。

本书由湖南工程学院倪小丹教授任第一主编并统稿，湖南文理学院杨继荣教授、南阳理工学院熊运昌教授任主编，湖南工程学院刘怡任副主编。具体编写分工为：绪论、第1章和第2章由倪小丹、刘怡编写，第3章、第5章由熊运昌编写，第4章、第6章和第7

章由杨继荣编写。全书由湖南工程学院曾家驹教授审阅。

在本书编写过程中得到了有关领导和同行的大力支持和帮助,在此表示衷心感谢!

由于编者水平有限,书中难免有疏漏和不足之处,敬请广大读者批评、指正。

编　者

目　　录

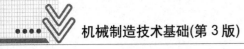

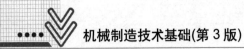

绪　　论

1. 机械制造业和机械制造技术及其在国民经济中的地位

国民经济中的各个部门(如工业、农业、国防建设、交通运输等)广泛使用着大量的机械设备、仪器仪表和工具等装备，机械制造业就是生产这些装备的行业，它不仅为国民经济、国家安全提供装备，而且为人民物质文化生活提供丰富的产品。机械制造技术则是研究用于制造上述机械产品的加工原理、工艺过程和方法及相应设备的一门工程技术。

机械制造业是国民经济持续发展的基础，是工业化、现代化建设的发动机和动力源，是在国际竞争中取胜的法宝，是技术进步的主要舞台，是提高人均收入的财源，是国家安全的保障，是发展现代文明的物质基础。

机械制造业的水平体现了国家的综合实力和国际竞争力。世界上最大的 100 家跨国公司中，80%都集中在制造业领域，当今世界上发达的 3 个国家即美、日、德，其机械制造业也是世界上最先进的、竞争力最强的。美国约 1/4 人口直接从事制造业，其余人口中又有约半数人所做工作与制造业有关。日本由于重视制造业，第二次世界大战后 30 年时间发展成为世界经济大国。日本出口的产品中，机械产品占 70%以上。

机械制造业是国民经济的物质基础和产业主体，是富民强国之本。在国民经济中无论 GDP 所占的比例，还是对其他产业的感应系数都很大。它是国民经济的支柱产业，国民经济总收入的 60%以上来自制造业；机械制造业产品(含机电产品)约占中国社会物质总产品的 50%。机械制造业是实现跨越发展战略的中坚力量。在工业化过程中，机械制造业始终是推动经济发展的决定性力量。机械制造业是科学技术的载体和实现创新的舞台。没有机械制造业，科学技术的创新就无处体现。

世界发达国家无不具有强大的制造业。美国由于在一段相当长的时间内忽视了制造技术的发展，结果导致经济衰退，竞争力下降，出现在家电、汽车等行业不敌日本的局面。直至 20 世纪 80 年代初，美国才开始清醒，重新关注制造业的发展，至 1994 年美国汽车产量重新超过日本。

纵观机械制造业的发展，可以分为以下几个阶段。

(1) 17 世纪 60 年代，瓦特改进蒸汽机，标志第一次工业革命兴起，工业化大生产从此开始。

(2) 18 世纪中期，麦克斯韦建立电磁场理论，电气化时代开始。

(3) 20 世纪初，福特汽车生产线、泰勒科学管理方法标志着自动化时代的到来(以大量生产(mass production)为特征)。

(4) 第二次世界大战后，计算机、微电子技术、信息技术及软科学的发展，以及市场竞争的加剧和市场需求多样性的趋势，使得中、小批量生产自动化成为可能，并产生了综合自动化和许多新的制造哲理与生产模式。

(5) 进入 21 世纪，制造技术向自动化、柔性化、集成化、智能化、精密化和清洁化的方向发展。

2. 机械制造业的现状与发展趋势

目前，发达国家机械制造技术已经达到相当高的水平，实现了机械制造系统自动化。产品设计普遍采用计算机辅助设计(CAD)、计算机辅助产品工程(CAE)和计算机仿真等手段，企业管理采用了科学的规范化的管理方法和手段，在加工技术方面也已实现了底层的自动化，包括广泛采用加工中心(或数控技术)、自动引导小车(AGV)等。最近 10 余年来，发达国家主要从具有全新制造理念的制造系统自动化方面寻找出路，提出了一系列新的制造系统，如计算机集成制造系统、智能制造系统、敏捷制造、并行工程等。

我国机械制造技术水平与发达国家相比还非常低，大约落后了 20 年。最近十几年来，我国大力推广应用 CIMS 技术，20 世纪 90 年代初期已建成研究环境，包括有 CIMS 实验工程中心和 7 个开放实验室。在全国范围内，部署了 CIMS 的若干研究项目，诸如 CIMS 软件工程与标准化、开放式系统结构与发展战略，CIMS 总体与集成技术、产品设计自动化、工艺设计自动化、柔性制造技术、管理与决策信息系统、质量保证技术、网络与数据库技术以及系统理论和方法等专题。各项研究均取得了丰硕成果，获得不同程度的进展。

但大部分大型机械制造企业和绝大部分中小型机械制造企业主要限于 CAD 和管理信息系统，因底层(车间层)基础自动化还十分薄弱，数控机床由于编程复杂，还没有真正发挥作用。加工中心无论是数量还是利用率都很低。可编程控制器的使用并不普及，工业机器人的应用还很有限。因此，做好基础自动化的工作仍是我国制造企业一项十分紧迫且艰巨的任务，要努力开展制造业自动化系统的研究与应用。

机械制造技术的发展主要表现在两个方向：一是精密工程技术，以超精密加工的前沿部分、微细加工、纳米技术为代表，将进入微型机械电子技术和微型机器人的时代；二是机械制造的高度自动化，以 CIMS 和敏捷制造等的进一步发展为代表。

超精密加工的加工精度在 2000 年已达到 $0.0001\mu m(0.1nm)$，在 21 世纪初开发的分子束生长技术、离子注入技术和材料合成、扫描隧道工程(STE)可使加工精度达到 $0.0003\sim0.0001\mu m(0.3\sim0.1nm)$，现在精密工程正向其终极目标——原子级精度的加工逼近，也就是说，可以做到移动原子级别的加工。加工设备正向着高精、高速、多能、复合、控制智能化、安全环保等方向发展，在结构布局上也已突破了传统机床原有的格式。日本 Mazak 公司在产品综合样本中展示出一种未来机床，该机床在外形上犹如太空飞行器，加工过程中产生的噪声、油污、粉尘等将不再给环境带来危害。

随着技术、经济、信息、营销的全球化，及我国加入 WTO，纵观 21 世纪制造业的发展趋势，可用"三化"来概括，即全球化、虚拟化和绿色化。

1) 全球化

网络通信技术的迅速发展和普及，正在为企业的生产和经营活动带来革命性的变革。首先，产品设计、物料选择、零件制造、市场开拓与产品销售都可以异地或跨越国界进行，实现制造的全球化。其次是集成化与标准化。异地制造实际上是实现产品信息集成、功能集成、过程集成和企业集成。实现集成的基础与关键是标准化，可以说没有标准化就没有全球化。

2) 虚拟化

虚拟化是指设计过程中的拟实技术和制造过程中的虚拟技术。虚拟化可以大大加快产品的开发速度和减少开发的风险。虚拟化的核心是计算机仿真。通过仿真软件来模拟真实系统，以保证产品设计和产品工艺的合理性，保证产品制造的成功和生产周期，发现设计、生产中不可避免的缺陷和错误。

3) 绿色化

已经颁布实施的 ISO 9000 系列国际质量标准和 ISO 14000 国际环保标准为制造业提出了一个新的课题，就是快速实现制造的绿色化。绿色制造则是通过绿色生产过程(绿色设计、绿色材料、绿色设备、绿色工艺、绿色包装、绿色管理)生产出绿色产品，产品使用完以后再通过绿色处理后加以回收利用。采用绿色制造能最大限度地减少制造对环境的负面影响，同时原材料和能源的利用效率能达到最高。如何最有效地利用资源和最低限度地产生环境污染，是摆在制造企业面前的一个重大课题。绿色制造实质上是人类社会可持续发展战略在现代制造业的体现，也是未来制造业自动化系统必须考虑的重要问题。

3. 本书的性质、研究对象、主要内容及学习方法

1) 性质

本书是机械类各专业的主干专业技术基础课程。

2) 研究对象

研究对象为金属切削原理、金属切削机床与刀具、机床夹具设计原理以及机械产品的制造工艺(包括零件加工和装配两方面)。

3) 主要内容与学习要求

(1) 以金属切削理论为基础，要求掌握金属切削的基本原理和基本知识，并具有根据具体情况合理选择加工方法(机床、刀具、切削用量、切削液等)的初步能力。

(2) 掌握机械加工的基础理论和知识，如定位理论、工艺尺寸链理论、加工精度理论等。

(3) 了解影响加工质量的各种因素，学会分析和研究加工质量的方法。

(4) 学会制定零件机械加工工艺过程的方法。

(5) 掌握机床夹具设计的基本原理和方法。

4) 学习方法

机械制造技术基础是一门综合性、实践性、灵活性较强的课程，它涉及毛坯制造、金属材料、热处理、公差配合等方面的知识。金属切削理论和机械制造工艺知识具有很强的实践性。因此，学习本书内容时必须重视实践环节，即通过实验、实习、课程设计及工厂调研来更好地体会、加深理解。本书给出的仅是基本概念与理论，真正掌握与应用必须在不断实践—理论—实践的循环中善于总结。

第1章 概 论

教学目标

机械产品是由若干机械零件组成的。要获得需要的机械零件，必须了解该零件表面的成形方法，通过选择合适的机床、刀具和夹具，采用正确的装夹方法，对材料或毛坯进行加工，即变成具有一定形状、尺寸和精度的零件。其中，由机床、刀具、夹具和工件组成的系统称为机械加工工艺系统(简称"工艺系统")，它对能否满足工件的要求起着决定性的作用。本章重点分析工艺系统各部分的特点及机械加工中常用的概念和方法。

教学重点和难点

- 工件表面的成形方法
- 典型机床的加工工艺范围
- 刀具的几何角度
- 工件定位的方式
- 六点定则
- 获得加工精度的方法

案例导入

怎样获得如图 1.1 所示的阶梯轴零件？分析：它是由一些外圆柱面、圆锥面(倒角)和平面组成，并有尺寸精度和表面粗糙度要求。怎样才能获得这些表面？需要哪些运动？需要用什么机床、刀具、夹具和量具？怎样把它装夹在机床上，精度怎样？

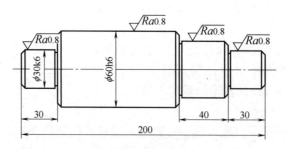

图 1.1 阶梯轴简图

1.1 机械加工的基本概念

通过本节的学习，要求掌握机械零件表面的成形方法——轨迹法、成形法、相切法和展成法，熟悉零件常见表面(外圆、孔、平面、螺纹、齿面)的机械加工方法，掌握切削加工中的运动、切削用量与切削层截面参数。

1.1.1 工件表面的成形方法

所有机械零件的表面都是由一些基本表面形成的。这些表面包括平面、圆柱面、圆锥面以及各种成形表面(如螺纹表面、渐开线齿面等)，它们通常可以看成是一条母线沿着另一条导线运动而形成的。例如，图 1.2 所示的几何表面都是由母线 1 沿导线 2 运动而形成的。母线和导线统称为发生线。

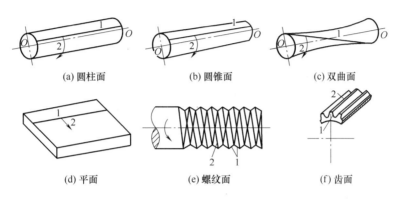

(a) 圆柱面   (b) 圆锥面   (c) 双曲面

(d) 平面   (e) 螺纹面   (f) 齿面

图 1.2 零件表面的成形

需要指出的是：①即使母线和导线相同，但若两者间起始位置不同，形成的表面也不同，如图 1.2(b)和图 1.2(c)所示。②有些表面，其母线和导线可以互换，如图 1.2(a)、图 1.2(d)和图 1.2(f)所示，称为可逆表面；另一些表面则不能互换，如图 1.2(b)和图 1.2(e)所示，称为不可逆表面。

切削加工中发生线是由刀具的切削刃和轨迹的相对运动得到的，不同的加工运动、不同的切削刃形状形成发生线的方式不同，获得的零件表面也不同。通常，形成零件表面的方法可以归纳为以下 4 种。

(1) 轨迹法：利用刀具作一定规律的轨迹运动，对工件进行加工的方法。切削刃与被加工表面为点接触，发生线为接触点的轨迹线。采用轨迹法形成发生线需要一个成形运动。例如，图 1.3(a)中母线 2，工件作回转运动形成导线，最终获得回转曲面。

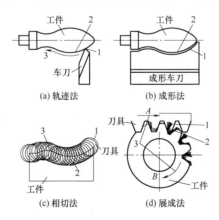

(a) 轨迹法   (b) 成形法

(c) 相切法   (d) 展成法

图 1.3 形成零件表面的 4 种方法

(2) 成形法：利用成形刀具对工件进行加工的方法。如图 1.3(b)所示，切削刃 1 的形状和长度与所需形成的发生线(母线 2)完全吻合，工件作回转运动形成导线，最终也获得回转曲面。

(3) 相切法：利用刀具边旋转边作轨迹运动，对工件进行加工的方法。如图 1.3(c)所示，刀刃 1 作回转运动，同时刀具轴线沿着发生线的等距线作轨迹运动，切削点运动轨迹的包络线就是所需的发生线。为了用相切法得到发生线，需要两个成形运动，即刀具的旋转运动和刀具中心按一定规律运动。

(4) 展成法：利用刀具和工件作展成切削运动进行加工的方法。如图 1.3(d)所示，加工时，刀具 1 与工件按确定的运动关系作相对运动，切削刃与被加工表面相切，切削刃各瞬时位置的包络线就是所需的发生线。用展成法形成发生线需要一个成形运动(即刀具运动 A 与工件运动 B 组合而成的展成运动 3)。

1.1.2　切削加工成形运动和切削用量

1. 成形运动

为了获得所需工件的表面形状，必须形成一定形状的发生线(母线和导线)，在切削和磨削加工中，发生线是通过机床实现的。工件的表面形状、尺寸和相互位置关系就是通过机床上刀具与工件的相对位置和相对运动形成的。工件表面的成形运动有两种。

(1) 主运动：直接切除工件上的切削层，以形成工件加工表面的基本运动。主运动的速度最高，消耗功率最大，机床的主运动只有一个。主运动可以由工件或由刀具完成，车削时的主运动是工件的旋转运动。

(2) 进给运动：就是指不断把切削层投入切削的运动。进给运动的速度较低，消耗的功率较小。进给运动不限于一个，可以是连续的，也可以是间歇性的。

切削时，工件上形成三个不断变化着的表面(见图 1.4)。

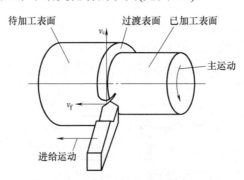

图 1.4　车削时的切削运动与加工表面

① 已加工表面：指经切削形成的新表面，它随着切削运动的进行而逐渐扩大。

② 待加工表面：指即将被切除的表面。它随着切削运动的进行而逐渐缩小，直至全部被切去。

③ 过渡表面：指切削刃正在切削的表面。

在切削过程中，切削刃相对于工件运动轨迹面，就是工件上的过渡表面和已加工表面。这里有两个要素，一是切削刃，二是切削运动。不同形状的切削刃与不同的切削运动组合，即可形成各种工件表面，如图1.5所示。

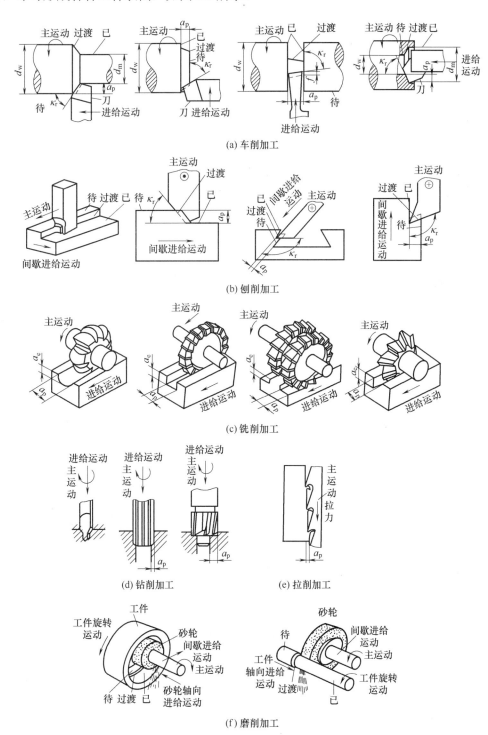

图 1.5　各种切削运动和加工表面

2. 切削用量

(1) 切削速度 v_c。它是切削刃上选定点相对于工件的主运动线速度。当主运动为旋转运动时，其切削速度为 v_c(单位为 m/min)

$$v_c = \frac{\pi dn}{1000}$$

式中：d——完成主运动的工件或刀具的最大直径(mm)；

　　　n——主运动的转速(r/min)。

(2) 进给量 f。当主运动旋转一周时，刀具(或工件)沿进给方向上的位移量为 f。进给量的大小也反映了进给速度 v_f(mm/min)的大小，关系为

$$v_f = fn$$

(3) 背吃刀量 a_p。车削时 a_p(mm)是工件上待加工表面与已加工表面间的垂直距离

$$a_p = \frac{d_w - d_m}{2}$$

式中：d_w——工件待加工表面的直径(mm)；

　　　d_m——工件已加工表面的直径(mm)。

3. 合成切削速度

合成切削速度 v_e：在主运动与进给运动同时进行的情况下，切削刃上任一点的实际切削速度是它们的合成速度 v_e，即

$$v_e = v_c + v_f$$

1.2　机械加工工艺装备

零件加工时需要的成形运动，都是靠相应的机床来实现的。在加工过程中，除了要使用机床外，还需要装夹工件用的夹具、切除工件上多余材料使用的刀具以及判断零件合格与否的量具。机床、夹具、刀具和量具统称为工艺装备。

1.2.1　机床

机床是制造机器的机器，被称为工作母机。根据加工工艺方法的不同，机床有几大类，如金属切削机床、锻压机床、电加工机床、坐标测量机、铸造机床、热处理机床(表面淬火机床)等。本书主要介绍金属切削机床。

1.2.1.1　机床的分类与型号编制

机床的品种规格繁多，为了便于区别、使用和管理，必须对机床进行分类，并编制型号。

1. 机床的分类

传统上，机床主要是按加工性质和所用的刀具进行分类。根据国家制定的机床型号编制方法，目前将机床分为 12 大类：车床、钻床、镗床、磨床、齿轮加工机床、螺纹加工

机床、铣床、刨插床、拉床、特种加工机床、锯床和其他机床。在每一类机床中，又按工艺范围、布局形式和结构分为若干组，每一组又细分为若干。

在上述基本分类方法的基础上，还可根据机床的其他特征进一步区分。

同类型机床，按应用范围(通用性程度)又可分为通用机床、专门化机床、专用机床。

(1) 通用机床：可用于多种零件不同工序的加工，加工范围较广，通用性较强。这种机床主要适用于单件小批量生产，如卧式车床、万能升降台铣床等。

(2) 专门化机床：其工艺范围较窄，专门用于某一类或几类零件某一道(或几道)特定工序的加工，如丝杠车床、曲轴车床、凸轮轴车床等。

(3) 专用机床：其工艺范围最窄，只能用于某一种零件某一道特定工序的加工，适用于大批量生产，如机床主轴箱的专用镗床、机床导轨的专用磨床等。各种组合机床也属于专用机床。

同类型机床，按工作精度又可分为普通精度机床、精密机床和高精度机床。

机床还可按自动化程度分为手动、机动、半自动和自动机床。

机床还可按质量与尺寸分为仪表机床、中型机床(一般机床)、大型机床(10～30t)、重型机床(30～100t)和超重型机床(大于100t)。

按主要工作部件的数目机床可分为单轴和多轴或单刀与多刀机床等。

一般情况下，机床根据加工性质分类，再按机床的某些特点加以进一步描述，如高精度万能外圆磨床、立式钻床等。

2. 机床型号的编制

机床型号是机床产品的代号，用以简明地表示机床的类型、通用特性和结构特性、主要技术参数等。根据国标(GB/T 15375—2008)规定：机床的型号由汉语拼音字母和阿拉伯数字按一定规律排列组成，适用于各类通用机床和专用机床(组合机床除外)。

通用机床型号的表示方法如下。

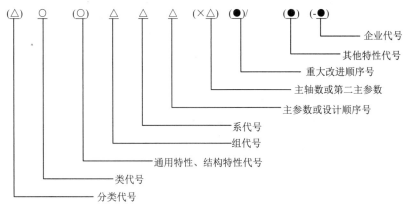

注：△表示阿拉伯数字；○表示大写的汉语拼音字母；括号中表示可选项，在无内容时不表示，有内容时不带括号；●表示大写的汉语拼音字母或阿拉伯数字或两者兼有之。

1) 机床的类别代号

机床的类别代号用大写的汉语拼音字母表示，如表1.1所示。若每类还有分类，则在类别代号之前用阿拉伯数字表示。

表1.1 普通机床类别代号

类别	车床	钻床	镗床	磨床			齿轮加工机床	螺纹加工机床	铣床	刨插床	拉床	锯床	其他机床
代号	C	Z	T	M	2M	3M	Y	S	X	B	L	G	Q
读音	车	钻	镗	磨	2磨	3磨	牙	丝	铣	刨	拉	割	其

2) 机床的特性代号

机床的特性代号表示机床所具有的特殊性能,包括通用特性和结构特性,用字母表示。当某类机床除了有普通型外还有某种特性时,应在类别代号之后再加特性代号予以区别,如表 1.2 所示为机床的通用特性代号。通用特性的代号在各类机床中所表示的意义相同;结构特性代号无统一规定,在不同的机床中含义也不相同,用于区别主参数相同而结构不同的机床。

表1.2 机床通用特性代号

通用特性	高精度	精密	自动	半自动	数控	加工中心 (自动换刀)	仿形	轻型	加重型	简式	柔性加工单元	数显	高速
代号	G	M	Z	B	K	H	F	Q	Z	J	R	X	S
读音	高	密	自	半	控	换	仿	轻	重	简	柔	显	速

3) 机床的组别代号和系列代号

机床的组别代号和系列代号用两位阿拉伯数字表示,前者表示组别,后者表示系列。每类机床按其结构性能及使用范围划分为 10 个组,每个组又划分为 10 个系,分别用数字 0～9 表示。金属切削机床的类、组划分如表 1.3 所示。

4) 机床主参数和设计顺序号

机床主参数代表机床规格的大小,用折算值(主参数乘以折算系数)表示。各类机床的主参数及折算系数如表 1.4 所示。

第二主参数一般是指主轴数、最大跨距、最大工件长度、工作台工作长度等。第二主参数也用折算值表示。

表 1.3　金属切削机床的类、组划分表

组别＼类别	0	1	2	3	4	5	6	7	8	9
车床 C	仪表车床	单轴自动车床	多轴自动、半自动车床	回轮、转塔车床	曲轴及凸轮轴车床	立式车床	落地及卧式车床	仿形及多刀车床	轮、轴、辊、锭及铲齿车床	其他车床
钻床 Z	—	坐标镗钻床	深孔钻床	摇臂钻床	台式钻床	立式钻床	卧式钻床	铣钻床	中心孔钻床	—
镗床 T	—	—	深孔镗床	—	坐标镗床	立式镗床	卧式镗床	精镗床	汽车、拖拉机修理用镗床	—
磨床 M	仪表磨床	外圆磨床	内圆磨床	砂轮机	—	导轨磨床	刀具刃磨床	平面及端面磨床	曲轴、凸轮轴、花键轴及轧棍磨床	工具磨床
磨床 2M		超精机	内、外圆珩磨机	平面、球面珩磨机	抛光机	砂带抛光及磨削机床	刀具刃磨及研磨机床	可转位刀片磨削机床	研磨机	其他磨床
磨床 3M		球轴承套圈沟磨床	滚子轴承套圈滚道磨床	轴承套圈超精机	滚子及钢球加工机床	叶片磨削机床	滚子超精及磨削机床	—	气门、活塞及活塞环磨床机床	汽车、拖拉机修磨机床
齿轮加工机床 Y	仪表齿轮加工机	—	锥齿轮加工机	滚齿机	剃齿及珩齿机	插齿机	花键轴铣床	齿轮磨齿机	其他齿轮加工机床	齿轮倒角及检查机
螺纹加工机床 S	—		套螺丝机	攻螺丝机		螺纹铣床	螺纹磨床	螺纹车床		—
铣床 X	仪表铣床	悬臂及滑枕铣床	龙门铣床	平面铣床	仿形铣床	立式升降台铣床	卧式升降台铣床	床身式铣床	工具铣床	其他铣床

续表

类别 \ 组别	0	1	2	3	4	5	6	7	8	9
刨插床 B	—	悬臂刨床	龙门刨床	—	—	插床	牛头刨床	—	边缘及模具刨床	其他刨床
拉床 L	—	—	侧拉床	卧式外拉床	连续拉床	立式内拉床	卧式内拉床	立式外拉床	键槽及螺纹拉床	其他拉床
特种加工机床 D	—	超声波加工机	电解磨床	电解加工机	—	—	电火花磨床	电火花加工机		
锯床 G	—	—	砂轮片锯床	—	卧式带锯床	立式带锯床	圆锯床	弓锯床	镗锯床	
其他机床 Q	其他仪表机床	管子加工机床	木螺钉加工机	—	刻线机	切断机	—			

表 1.4　各类主要机床的主参数和折算系数

机　床	主参数名称	折算系数
卧式车床	床身上最大回转直径	1/10
立式车床	最大车削直径	1/100
摇臂钻床	最大钻孔直径	1/1
卧式镗床	镗轴直径	1/10
坐标镗床	工作台面宽度	1/10
外圆磨床	最大磨削直径	1/10
内圆磨床	最大磨削孔径	1/10
矩台平面磨床	工作台面宽度	1/10
齿轮加工机床	最大工件直径	1/10
龙门铣床	工作台面宽度	1/100
升降台铣床	工作台面宽度	1/10
龙门刨床	最大刨削宽度	1/100
插床及牛头刨床	最大插削及刨削长度	1/10
拉床	额定拉力(t)	1/1

5)　机床的重大改进顺序号

当机床的性能及结构布局有重大改进，并按新产品重新设计、试制和鉴定时，在原有机床型号的尾部加重大改进号，以区别于原有机床型号。序号按 A、B、C、…的字母顺序选用。

6) 其他特性代号

其他特性代号主要用于反映各类机床的特性，如对数控机床，可用来反映不同的数控系统；对于一般机床，可用来反映同一型号机床的变型等。其他特性代号用汉语拼音字母或阿拉伯数字或二者的组合来表示。

7) 企业代号

企业代号即为生产企业单位的代号。例如，Z3040×16/S2 型摇臂钻床型号中，Z 表示类别代号(钻床类)，3 表示组别代号(摇臂钻床组)，0 表示系别代号(摇臂钻床系)，40 表示主参数(最大钻孔直径 40mm)，16 表示第二主参数(最大跨距 1600mm)，S2 表示企业代号(中捷友谊机床厂代号)。

3. 机床技术性能指标

机床的技术性能指标是根据使用要求确定的，通常包括以下内容。

1) 机床的工艺范围

机床的工艺范围是指机床上可以完成的工序种类、能加工的零件类型、使用的刀具、所能达到的加工精度和表面粗糙度、适用的生产规模等。

2) 机床的技术参数

机床的技术参数主要包括尺寸参数(几何参数)、运动参数和动力参数。

(1) 尺寸参数：是指机床能够加工工件的最大几何尺寸。例如，对于卧式车床的主参数为床身上最大工件回转直径，第二主参数为最大工件长度；对于矩台平面磨床，主参数为工作台面宽度，第二主参数为工作台面长度。

(2) 运动参数：是指机床加工工件时所能提供的运动速度，包括主运动的速度范围、速度数列和进给运动范围、进给量数列，以及空行程的速度等。对于作回转运动的机床，主运动参数是主轴转速；对于作直线运动的机床，主运动参数是机床工作台或滑枕的每分钟往复次数。大部分机床(如车床、钻床)的进给量用工件或刀具每转的位移(mm/r)来表示。直线往复运动的机床(如刨床、插床)的进给量，以每一往复的位移量来表示。铣床和磨床的进给量，以每分钟的位移量(mm/min)来表示。

(3) 动力参数：是指机床驱动主运动、进给运动和空行程运动的电动机额定参数(如额定功率、额定转速等)。

3) 机床的精度与刚度

机床的精度包括几何精度和运动精度。机床的几何精度是指机床在静止状态下的原始精度，包括各主要零部件的制造精度及其相互间的位置精度。机床的运动精度指机床的主要部件运动时的各项精度，包括回转运动精度、直线运动精度、传动精度等。机床的刚度是指机床在受力作用下抵抗变形的能力。

1.2.1.2　机床的传动原理

1. 机床的基本组成

为实现加工过程中所必需的各种运动，机床应具备以下三个基本部分。

(1) 执行件：执行机床运动的部件，如主轴、刀架、工作台等。其任务是装夹刀具和工件，直接带动它们完成一定形式的运动和保持准确的运动轨迹。

(2) 运动源：为执行件提供运动和动力的装置，如交流异步电动机、直流电动机、步进电机等。

(3) 传动装置：传递运动和动力的装置。通过它可以把运动源的运动和动力传给执行件，使它按一定的速度和方向运动；也可以把两个执行件联系起来，使二者保持某种确定的运动关系。

机床的传动装置有机械、液压、电气、气压等多种形式。

2. 机床的传动链

机床上为得到所需要的运动，需要通过一系列的传动件把执行件和动力源(或者把执行件和执行件)连接起来，称为传动联系。组成传动联系的一系列传动件称为传动链。传动链中有两类传动机构：一是传动比和传动方向固定不变的定比传动机构，如定比齿轮副、蜗杆蜗轮副、丝杠螺母副等；二是按加工要求可以变换传动比和传动方向的传动机构，称为换置机构，如挂轮变速机构、滑移齿轮变速机构和离合器变速机构等。

传动链的两个末端元件的转角或位移量之间如果有严格的比例关系要求，这样的传动链称为内联系传动链；若没有这种要求，则称为外联系传动链。滚切齿轮时，单头滚刀转一转，工件应匀速转过一个齿，才能形成准确的齿形。所以，连接工件和滚刀的展成运动传动链就是内联系传动链。同样，在车床上车削螺纹时，工件转一转，刀具应移动一个螺距，也是内联系传动链。在内联系传动链中，不能用带传动、摩擦轮传动等传动比不稳定的传动装置。车削外圆时就是一条外联系传动链。

3. 机床的传动原理图

为了便于研究机床的传动系统联系，常用一些简明的符号表示传动原理和传动路线，这就是传动原理图。如图 1.6 所示，假想线代表定比传动机构，菱形块代表换置机构。图 1.6(a)所示的铣平面有两条外联系传动链，一条是"1—2—u_v—3—4"，将运动源(电动机)和主轴联系起来，使铣刀获得一定转速和转向的旋转运动 B_1；另一条是"5—6—u_f—7—8"，将运动源和工作台联系起来，使工作台获得一定的进给速度 A_2。通过换置机构 u_v 可以改变铣刀的转速和转向，而 u_f 则可以改变工作台的进给速度和方向。图 1.6(b)所示的车螺纹有两条传动链，一条是外联系传动链"1—2—u_v—3—4"，将运动源和主轴联系起来，使工件获得一定转速和转向的旋转运动 B_{11}；另一条是内联系传动链"4—5—u_x—6—7"，将主轴和刀架联系起来，使刀架获得一定的进给速度 A_{12}，即主轴每一转刀架的移动量(导程)。通过换置机构 u_x，可以加工不同导程和不同旋向的螺纹。图 1.6(c)所示的车圆锥螺纹需要三条传动链，除了上述车螺纹的两条外，第三条是内联系传动链"7—8—9—u_y—10"，将刀架纵向溜板与横向溜板联系起来，使刀架获得横向进给速度 A_{11}。这三条传动链的关系是，工件转一转的同时，车刀纵向移动一个螺纹导程 L 的距离，横向移动 $L\tan\alpha$ 的距离(α 为圆锥螺纹的斜角)。通过换置机构 u_y 可以加工出不同锥度的螺纹。

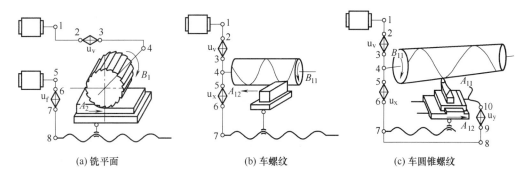

(a) 铣平面　　　　　　　　(b) 车螺纹　　　　　　　　(c) 车圆锥螺纹

图 1.6　传动原理图

1.2.1.3　典型机床的加工范围

1. 车床

车床是金属切削机床中应用最广泛的一类。车床类机床主要用于加工各种回转表面，如内圆、外圆、圆锥、成形面、螺纹面和回转体的端面等。车床上主要使用各种车刀，其次是各种孔加工刀具(如钻头、扩孔钻、铰刀等)和螺纹刀具(板牙、丝锥等)。

车床的种类很多，按结构和用途不同可分为卧式车床、转塔车床、立式车床、单轴自动车床、多轴自动和半自动车床、仿形车床、多刀车床、专门化车床(如凸轮轴车床、曲轴车床)等。其中，卧式车床的应用最广。卧式车床由主轴箱、进给箱、溜板箱、刀架、尾座和床身等部件组成(见图 1.7)。车床的主运动是工件的旋转运动，进给运动是刀具的移动。

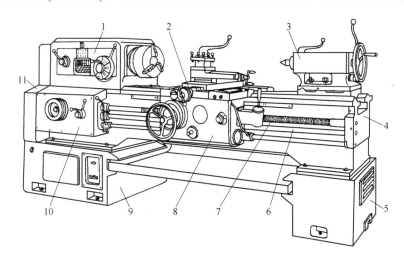

图 1.7　卧式车床

1—主轴箱；2—刀架；3—尾座；4—床身；5，9—床腿；6—光杆；7—丝杠；
8—溜板箱；10—进给箱；11—挂轮变速机构

卧式车床的加工范围很广泛，它能完成多种加工，主要包括各种轴类、套类和盘类等零件上的回转表面，如车外圆、镗孔、车锥面、车环槽、切断、车成形面等；车端面；车螺纹。还能进行钻中心孔、钻孔、铰孔、攻丝、滚花等，如图 1.8 所示。

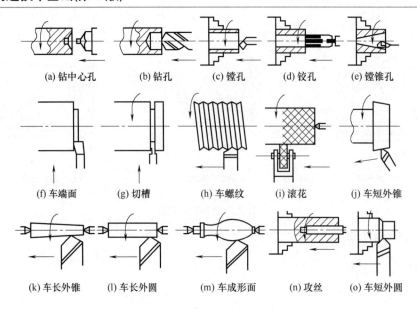

(a) 钻中心孔　　(b) 钻孔　　(c) 镗孔　　(d) 铰孔　　(e) 镗锥孔

(f) 车端面　　(g) 切槽　　(h) 车螺纹　　(i) 滚花　　(j) 车短外锥

(k) 车长外锥　　(l) 车长外圆　　(m) 车成形面　　(n) 攻丝　　(o) 车短外圆

图 1.8　卧式车床加工的刀具和典型表面

2. 铣床

铣床主要用于加工各种平面、斜面、沟槽、台阶、齿轮、凸轮等表面。铣削与刨削的工艺范围基本相同，但由于铣刀同时有多个刀齿参加切削，所以铣削的生产率比刨削高，在机械加工中所占比例也比刨削大。

铣床的种类很多，主要有升降台式铣床、龙门铣床、工具铣床、仿形铣床、各种专门化铣床(如凸轮铣床、曲轴铣床)等，其中应用最广的是升降台式铣床。万能升降台式铣床的主要结构如图 1.9 所示，其主运动是刀具的旋转运动。工作台可在互相垂直的三个方向调整其位置，并可在任一方向上实现进给运动。在床鞍上有一个回转盘，可以绕垂直轴在±45°范围内调整角度，工作台在回转盘的导轨上移动，以便铣削各种角度的成形面。铣刀与铣床加工的典型表面如图 1.10 所示。

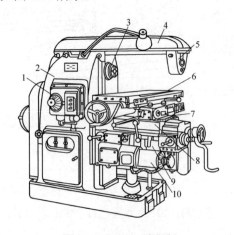

图 1.9　X62W 型铣床

1—主轴变速机构；2—床身；3—主轴；4—横梁；5—刀杆支架；6—工作台；
7—回转盘；8—横滑板；9—升降台；10—进给变速机构

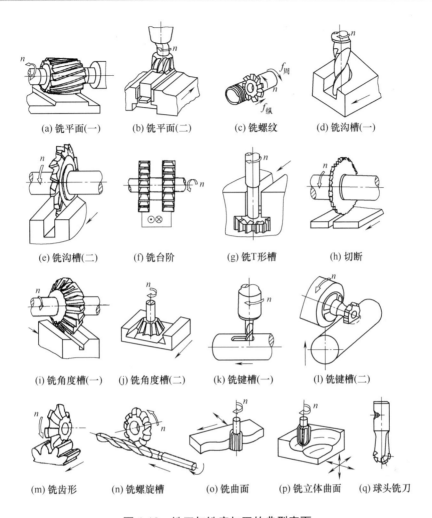

(a) 铣平面(一)　(b) 铣平面(二)　(c) 铣螺纹　(d) 铣沟槽(一)

(e) 铣沟槽(二)　(f) 铣台阶　(g) 铣T形槽　(h) 切断

(i) 铣角度槽(一)　(j) 铣角度槽(二)　(k) 铣键槽(一)　(l) 铣键槽(二)

(m) 铣齿形　(n) 铣螺旋槽　(o) 铣曲面　(p) 铣立体曲面　(q) 球头铣刀

图 1.10　铣刀与铣床加工的典型表面

3. 钻床

主要用钻头在工件上加工孔的机床统称为钻床。通常钻头的旋转运动为主运动，刀具的轴向移动为进给运动。

钻床的主要功能是钻孔和扩孔，也可以用来铰孔、攻螺纹、锪沉头孔和锪凸台端面等。普通钻床分为台式钻床(加工直径小于 13mm 的孔)、立式钻床(加工直径小于 50mm 的孔)、摇臂钻床、深孔钻床、中心孔钻床、数控钻床等。应用最广泛的是立式钻床、摇臂钻床和数控钻床。

图 1.11 所示为摇臂钻床，主轴箱 4 装在摇臂 3 上，并可沿摇臂 3 的导轨作水平移动，摇臂 3 可沿立柱 2 作垂直升降运动，摇臂还可以绕立柱轴线回转。这样就能方便地加工不同高度和不同位置的工件。

钻床的加工方法如图 1.12 所示。

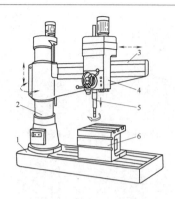

图 1.11　摇臂钻床

1—底座；2—立柱；3—摇臂；4—主轴箱；5—主轴；6—工作台

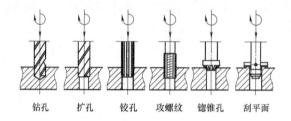

钻孔　　扩孔　　铰孔　　攻螺纹　　锪锥孔　　刮平面

图 1.12　钻床的加工方法

4. 镗床

镗床的主要工作是用镗刀镗孔，通常孔的尺寸较大、数量多，对孔的尺寸精度、形状精度、位置精度要求高，适合加工各种大型箱体、床身、机壳、机架等工件。镗床的主要类型有卧式镗铣床、坐标镗床、金刚镗床等。其中，以卧式镗铣床应用最广泛。其主要结构如图 1.13 所示。卧式镗床的主要运动有：镗杆或平旋盘的旋转主运动，镗杆的轴向进给运动，主轴箱的垂直进给运动(加工端面)，工作台的纵向、横向进给运动，平旋盘上的径向刀架进给运动(加工端面)。且工作台还能沿上滑座的圆轨道在水平面内转动，用来适应加工互相成一定角度的平面和孔。

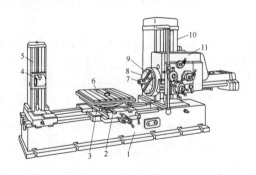

图 1.13　卧式镗床

1—床身；2—下滑座；3—上滑座；4—后支架；5—后立柱；6—工作台；

7—镗轴；8—平旋盘；9—径向刀架；10—前立柱；11—主轴箱

镗床还可用来加工钻孔、扩孔、铰孔、车螺纹、铣平面等。卧式镗床的典型加工方法如图 1.14 所示。

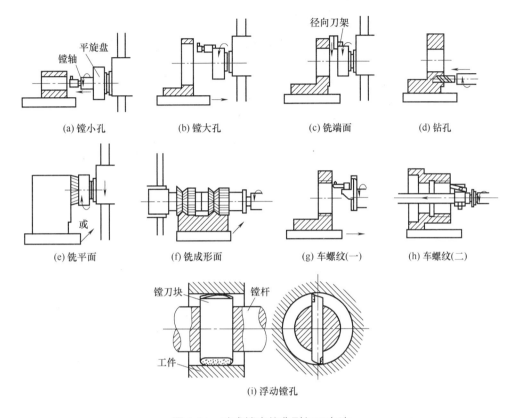

图 1.14　卧式镗床的典型加工方法

5. 磨床

用磨料或磨具(砂轮、砂带、油石或研磨料等)作为工具对工件表面进行磨削加工的机床,统称为磨床。磨床的种类很多,主要有外圆磨床、万能磨床、内圆磨床、平面磨床、无心磨床、各种工具磨床和各种专门化磨床(如螺纹磨床、曲轴磨床、导轨磨床)等。此外,还有珩磨机、研磨机和超精加工机床等。图 1.15 所示为万能外圆磨床,用于磨削内、外旋转表面。其主要结构有床身、工作头架、工作台、砂轮架、内圆磨具、尾座等部件。万能磨床比外圆磨床多一个内圆磨头,且砂轮架和工件头架都能逆时针旋转一定角度。主运动是砂轮的高速旋转运动,进给运动有:工作台带动工件的纵向进给运动,工件旋转的圆周方向进给运动,砂轮架在工作台移动至两端位置上间歇切入的横向进给运动。

外圆磨床和万能磨床的加工方式如图 1.16 所示。其中,图 1.16(a)所示为纵向进给磨削外圆柱面;图 1.16(b)所示为工作台旋转一角度,纵向进给磨削锥度不大的外圆锥面;图 1.16(c)和图 1.16(d)所示为横向进给磨削(切入磨削)锥度较大,但较短的外圆锥面,图 1.16(c)所示为砂轮架倾斜一角度磨外锥,图 1.16(d)所示为工件头架倾斜一角度磨外锥;图 1.16(e)所示为内圆磨具磨内孔,若要磨锥孔,工件头架应倾斜一角度。

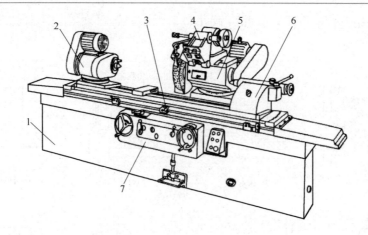

图 1.15　M1432A 型万能外圆磨床

1—床身；2—工作头架；3—工作台；4—内圆磨具；5—砂轮架；6—尾座；7—液压控制箱

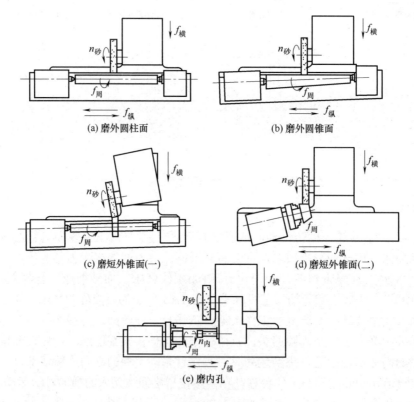

(a) 磨外圆柱面　　　　　　　(b) 磨外圆锥面

(c) 磨短外锥面(一)　　　　　(d) 磨短外锥面(二)

(e) 磨内孔

图 1.16　外圆磨床和万能磨床的加工方式

6. 齿轮加工机床

加工齿轮齿形的机床叫齿轮加工机床。按照加工原理，齿形加工可以分为成形法和展成法两大类。成形法是利用与被加工齿轮齿槽形状一致的刀具，在齿坯上加工出齿形，通常在普通铣床上进行，如图 1.17 所示；展成法是利用齿轮啮合(或齿轮与齿条啮合)原理，将其中的一个作为刀具，在啮合过程中进行加工。利用展成法加工的机床主要有滚齿机、插齿机、刨齿机、剃齿机、珩齿机、磨齿机等，后三种通常用于齿形的精加工。图 1.18 所示为滚齿加工，滚齿机床主要用于滚切直齿和斜齿圆柱齿轮及蜗轮。床身 1 上固定立柱 2，刀架溜板 3 可沿立柱上的导轨作垂直方向的移动，以实现滚刀的轴向进给。滚刀安装在刀杆 4 上，可调整其倾斜角度 δ。工件安装在工作台的心轴 7 上，并支承在支架 6 的孔中，由工作台带动作旋转运动。滚刀的旋转是主运动；滚刀与工件之间的啮合是展成运动，由机床的内联系传动链实现；滚刀沿轴向的移动是进给运动。此外，在滚斜齿轮时，还必须有一个附加的转动，即差动运动。

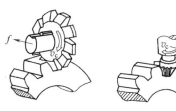

(a) 盘形齿轮铣刀铣齿   (b) 指状齿轮铣刀铣齿

图 1.17 直齿圆柱齿轮的成形铣削

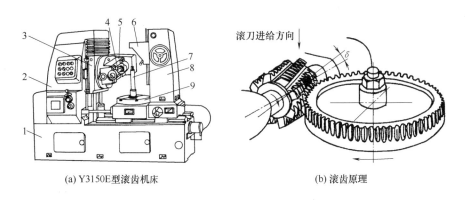

(a) Y3150E型滚齿机床   (b) 滚齿原理

图 1.18 滚齿加工

1—床身；2—立柱；3—刀架溜板；4—刀杆；5—刀架体；6—支架；7—心轴；8—后立柱；9—工作台

7. 挤压加工机床

挤压是迫使金属块料产生塑性流动，通过凸模与凹模间的间隙或凹模出口，制造空心或断面比毛坯断面要小的零件的一种工艺方法。如果毛坯不经加热就进行挤压，便称为冷挤压。冷挤压是无切屑、少切屑零件加工工艺之一，所以是金属塑性加工中一种先进的工艺方法。如果将毛坯加热到在结晶温度以下的温度进行挤压，便称为温挤压。温挤压仍具有少切屑、无切屑的优点。

根据挤压时金属流动方向与凸模运动方向之间的关系，常用的挤压方法包括以下几类。

(1) 正挤压：挤压时，金属的流动方向与凸模的运动方向一致。正挤压又分为实心件正挤压、空心件正挤压两种。正挤压法可以制造各种形状的实心件和空心件，如螺钉、心轴、管子和弹壳等。

(2) 反挤压：挤压时，金属的流动方向与凸模的运动方向相反，反挤压法可以制造各种断面形状的杯形件，如仪表罩壳、万向节轴承套等。

(3) 复合挤压：挤压时，毛坯一部分金属流动方向与凸模的运动方向相同，而另一部分金属流动方向则与凸模的运动方向相反，复合挤压法可以制造双杯类零件，也可以制造杯杆类零件和杠杆类零件。

(4) 减径挤压：是变形程度较小的一种变态正挤压法，毛坯断面仅作轻度缩减。其主要用于制造直径相差不大的阶梯轴类零件以及作为深孔杯形件的修整工序。

以上几种挤压的共同特点是，金属流动方向都与凸模轴线平行，因此可统称为轴向挤压法。另外，还有径向挤压和镦挤法。

小型零件的挤压加工可以在压力机上进行，对大型零件的挤压则需要用专用挤压机。

挤压工艺对材料有着一定要求，用于冷挤压的金属材料最好能具备以下性质：一是较低的强度，较好的塑性。材料强度低，使挤压时变形抗力小，从而能降低设备吨位，提高模具寿命，且不会在变形中产生裂纹。二是要考虑材料的冷作硬化。冷作硬化的敏感性越低，对挤压越有利。含碳量增加，冷作硬化的敏感性就增大。常用的材料有：有色金属、钢和合金钢、工具钢、合金工具钢和高速钢、轴承钢、不锈钢等。

1.2.2　刀具

切削过程就是刀具从工件表面上切除多余的材料。根据工件和机床的不同，刀具也有不同的类型、结构、材料和几何参数。

1.2.2.1　刀具材料

1. 刀具材料应具备的性能

所谓机械加工的实质就是，用比工件材料硬的刀具，在机械能和机械力的作用下切除多余的材料。刀具工作时除了要承受很大的压应力外，还要承受与工件和切屑间强烈摩擦而产生的高温。刀具材料的切削性能对刀具的使用寿命、生产效率、加工质量和生产成本影响很大，因此必须合理选用。刀具材料的性能应满足以下基本要求。

(1) 硬度和耐磨性：刀具材料的硬度应比工件材料的硬度高，一般常温硬度要求60HRC 以上。刀具材料应具有较高的耐磨性。材料硬度越高，耐磨性也越好。刀具材料含有耐磨的合金碳化物越多、晶粒越细、分布越均匀，则耐磨性越好。

(2) 强度和韧性：刀具材料必须有足够的强度和韧性，以便在承受振动和冲击时不产生崩刃和折断。

(3) 耐热性：刀具材料在高温下保持硬度、耐磨性、强度和韧性的性能。

(4) 工艺性：为便于制造，刀具材料应具备较好的可加工性(焊接、锻、轧、热处理、切削和磨削等)。

(5) 经济性：经济性是评价刀具材料的重要指标之一，刀具材料的价格应低廉，便于推广。有些材料虽单件成本很高，但因其使用寿命长，分摊到每个工件上的成本不一定很高。

2. 常用刀具材料

常用的刀具材料有碳素工具钢、合金工具钢、高速钢、硬质合金、陶瓷、金刚石、立方氮化硼等，其中使用最广泛的是高速钢和硬质合金。碳素工具钢(如 T10A、T12A)及合金工具钢(如 9SiCr、CrWMn)，因耐热性较差，通常仅用于手工工具和切削速度较低的刀具。陶瓷、金刚石、立方氮化硼虽然性能好，但由于成本较高，目前并没有被广泛使用。

1) 高速钢

高速钢是含有 W、Mo、Cr、V 等合金元素较多的合金工具钢。它所允许的切削速度比碳素工具钢及合金工具钢高 1～3 倍，故称为高速钢。高速钢具有较高的耐热性，在 500℃～650℃时仍能切削。高速钢还具有高的强度、硬度(63～70HRC)和耐磨性；另外，其热处理变形小、能锻易磨，是一种综合性能好、应用最广泛的刀具材料。其特别适合制造结构复杂的成形刀具、钻头、滚刀、拉刀和螺纹刀具等。由于高速钢的硬度、耐磨性、耐热性不及硬质合金，因此只适合于制造中、低速切削的各种刀具。高速钢分两大类，即普通高速钢和高性能高速钢，常用高速钢的化学成分、性能和用途如表 1.5 所示。切削一般材料可选用普通高速钢，其中 W18Cr4V 过去国内用得多，目前国内外大量使用的是 W6Mo5Cr4V2；切削难加工材料时可选用高性能高速钢。

2) 硬质合金

硬质合金是由高硬度的难熔金属碳化物(如 WC、TiC、TaC、NbC 等)和金属黏结剂(如 Co、Ni、Mo 等)经粉末冶金方法制成的。硬质合金的硬度，特别是高温硬度、耐磨性、耐热性都高于高速钢，硬质合金的常温硬度可达 89～93HRA(高速钢为 83～86.6HRA)，在 800℃～1000℃时仍能进行切削。硬质合金的切削性能优于高速钢，刀具耐用度也比高速钢高几倍到几十倍，在相同耐用度时，切削速度可提高 4～10 倍。但硬质合金较脆，抗弯强度低，韧性也很低。

常用硬质合金的类型、牌号、化学成分、力学性能及使用范围如表 1.6 所示。其中，钨钴类硬质合金(YG)一般用于切削铸铁等脆性材料和有色金属及其合金，也适合加工不锈钢、高温合金、钛合金等难加工材料，常用牌号有 YG3、YG6、YG6X、YG8；精加工可用 YG3，半精加工选用 YG6、YG6X，粗加工宜用 YG8。钨钛钴类硬质合金(YT)一般用于连续切削塑性金属材料，如普通碳钢、合金钢等，常用牌号有 YT5、YT14、YT15、YT30；精加工可用 YT30，半精加工可选用 YT14、YT15，粗加工宜选用 YT5。

表1.5　常用高速钢的化学成分、性能和用途

类别	牌号	化学成分/%						硬度/HRC	600℃高温硬度/HRC	抗弯强度σ_{bb}/MPa	冲击韧性α_k/(J·m⁻²)	磨削性能	主要用途
		C	W	Mo	Cr	V	其他						
普通高速钢	W18Cr4V	0.70~0.80	17.5~19.5	≤0.30	3.80~4.40	1.00~1.40	—	62~66	48.5	~3500	~30	好	用途广泛,如齿轮刀具、钻头、铰刀、铣刀、拉刀等
普通高速钢	W6Mo5Cr4V2	0.80~0.90	5.50~6.75	4.50~5.50	3.80~4.40	1.75~2.20	—	62~66	47~48	4500~4700	~50	稍差	制造要求热塑性好和受较大冲击负荷的刀具
高性能高速钢 高碳	9W18Cr4V	0.90~1.00	17.5~19.0	≤0.30	3.80~4.40	1.00~1.40	—	67~68	51	~3000	~10.0	好	用于对韧性要求不高但要对耐磨性要求较高的刀具
高性能高速钢 高钒	W12Cr4V4Mo	1.20~1.40	11.5~13.0	0.90~1.20	3.80~4.40	3.80~4.40	—	63~66	51	~3200	~25.0	差	用于形状简单但要求耐磨的刀具
高性能高速钢 超硬	W6Mo5Cr4V2Al	1.05~1.15	5.50~6.75	4.50~5.55	3.80~4.40	1.75~2.20	Al0.8~1.20	68~69	55	3500~3800	20	稍差	制造复杂刀具和难加工材料用刀具
高性能高速钢 超硬	W2Mo9Cr4VCo8	1.05~1.15	1.15~1.85	9.00~10.0	3.50~4.25	0.95~1.35	Co7.75~8.75	66~70	55	2500~3000	10	好	制造复杂刀具和难加工材料用刀具,价格高

表 1.6 常用硬质合金的牌号、性能及使用范围(摘要)

化学成分/%				力学性能			使用性能			使用范围	
C	TiC	Co	其他	硬度 HRA	硬度 HRC	抗弯强度 σ_{BB} /GPa	耐磨	耐冲击	耐热	材料	加工性质
97	—	3	—	97	78	1.08	↑	↑	↑	铸铁、有色金属	连续加工时精加工、半精加工
94		6	—	97	78	1.37					精加工、半精加工
94		6	—	89.5	75	1.42					连续切削时粗加工、间断切削时半精加工
92		8	—	89	74	1.47					间断切削时粗加工
85	5	10	—	89.5	75	1.37	↑	↑	↑	钢	粗加工
78	14	8	—	90.5	77	1.25					间断切削时半精加工
79	15	6	—	91	78	1.13					连续切削时粗加工、间断切削时半精加工
66	30	4	—	92.5	81	0.88					连续切削时精加工
92		6	—	92	80	1.37	较好	—	—	冷碳铁、有色金属、合金钢	半精加工
84	6	6	—	92	80	1.28	—	较好	较好	难加工材料	精加工、半精加工
82	6	8	—	91	78	1.47	—	好	—		半精加工
15	62	—	TaC1 Ni12 Mo10	92.5	81	1.08	好	—	好	钢	连续切削时精加工

注：表中符号的意义如下：Y—硬质合金；G—钴，其后数字表示合金中的钴含量；X—细晶粒合金；T—铁，其后数字表示合金中 TiC 的合量；N—用镍做黏结剂的硬质合金；W—通用合金；A—含 TaC(NbC) 的钨钴类硬质合金，其后数字表示合金中 TaC(NbC) 的含量。

由表 1.6 可以看出，硬质合金随含钴(Co)量的增加，其强度和韧性也会增加，常用含钴量高合金的进行粗加工；随含钴量的减少，其硬度和耐磨性增加，常用含钴量低合金的进行精加工。

另外，采用细晶粒、超细晶粒硬质合金比普通晶粒硬质合金刀具的硬度与强度高。硬质合金刀具表面若采用 TiC、TiN、Al_2O_3 及其复合材料涂层，有较好的综合性能，其基体强度韧性较好，表面耐磨、耐高温，多用于普通钢材的精加工或半精加工。

3) 其他刀具材料

(1) 陶瓷：陶瓷是以氧化铝(Al_2O_3)或以氮化硅(Si_3N_4)为基体再添加少量金属，在高温下烧结而成的一种刀具材料。陶瓷刀具比硬质合金刀具有更高的硬度和耐热性，在 1200℃ 温度下仍能切削，切削速度更快，并可切削难加工的高硬度材料。其主要缺点是性脆，抗冲击韧性差，抗弯强度低。

(2) 人造金刚石：天然金刚石是自然界最硬的材料，其耐磨性极好，但价格高，主要用于制造加工精度和表面粗糙度要求极高的零件的刀具，如加工磁盘、激光反射镜等。人造金刚石是除天然金刚石外最硬的材料，多用于有色金属及非金属材料的超精加工以及做磨料用。金刚石是碳的同素异形体，与碳易亲和，故金刚石刀具不宜加工含有碳的黑色金属。

(3) 立方氮化硼(CBN)：由六方氮化硼(白石墨)在高温、高压下转化而成。立方氮化硼刀具硬度与耐磨性仅次于金刚石。它的耐热性可达 1300℃，化学稳定性很高，在高温下与大多数铁族金属都不发生化学反应。其一般用于高硬度、难加工材料的精加工。

1.2.2.2 刀具几何角度

1. 刀具切削部分的组成

金属切削刀具的种类很多，但它们参加切削的部分具有相同的几何特征，为方便起见，以外圆车刀为例，给出刀具几何参数方面的有关定义。如图 1.19 所示，车刀由切削部分和刀体(用于装夹)两部分构成。切削部分由三个面、两条切削刃和一个刀尖组成。

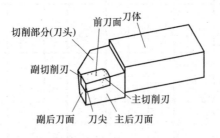

图 1.19 车刀的组成

(1) 前刀面(A_γ)：切削过程中切屑流出所经过的刀具表面。

(2) 主后刀面(A_α)：切削过程中与工件过渡表面相对的刀具表面。

(3) 副后刀面(A'_α)：切削过程中与工件已加工表面相对的刀具表面。

(4) 主切削刃(s)：前刀面与主后刀面的交线，它担负主要的切削工作。

(5) 副切削刃(s')：前刀面与副后刀面的交线，它配合主切削刃完成切削工作。

(6) 刀尖：主切削刃与副切削刃连接处的一小段切削刃。为了改善刀尖的切削性能，常将刀尖磨成直线或圆弧形过渡刃。

2. 刀具切削部分的几何角度

与一般刀具相同，要进行切削加工，刀具必须具有切削角度。定义刀具的几何角度需要建立参考系。在刀具设计、制造、刃磨、测量时用于定义刀具几何参数的参考系称为标注角度参考系或静止参考系。在此参考系中定义的角度称为刀具的标注角度。以下主要介绍刀具静止参考系中常用的正交平面参考系。

1) 正交平面参考系

正交平面参考系是由基面 P_r、切削平面 P_s 和正交平面 P_o 三个平面组成的空间直角坐标系，如图 1.20 所示。

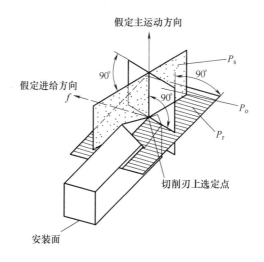

图 1.20　正交平面参考系

(1) 基面 P_r：指过主切削刃上的选定点，垂直于主运动方向的平面。车刀切削刃上各点的基面都平行于车刀的安装面(即底面)。安装面是刀具制造、刃磨、测量时的定位基面。通常，切削刃上各点的基面在空间的方位都不同，因此必须确定一个选定点，下述切削平面、正交平面与此相同。

(2) 切削平面 P_s：指过主切削刃上的选定点，与主切削刃相切，并垂直于该点基面的平面(即与工件过渡表面相切的面)。

(3) 正交平面 P_o：指过主切削刃选定点，同时垂直于基面与切削平面的平面。

2) 刀具的标注角度

(1) 如图 1.21 所示，在正交平面内标注的角度如下。

① 前角 γ_o：是指前刀面与基面之间的夹角。前面与基面平行时，前角为零；刀尖位于前刀面最高点时，前角为正；刀尖位于前刀面最低点时，前角为负。前角对刀具切削性能影响很大。

② 后角 α_o：是指后刀面与切削平面之间的夹角。刀尖位于后刀面最前点时，后角为正；刀尖位于后刀面最后点时，后角为负。后角的主要作用是减小后刀面与过渡表面之间

的摩擦。

③ 楔角 β_0：前刀面与后刀面的夹角，它是由前角、后角得到的派生角。

(2) 在基面内标注的角度如下。

① 主偏角 κ_r：是指主切削刃与假定进给方向之间的夹角。主偏角一般为 $0°\sim90°$，且为正值。

② 副偏角 κ_r'：是指副切削刃与假定进给反方向之间的夹角。

③ 刀尖角 ε_r：是指主切削刃与副切削刃间的夹角。它是由主偏角和副偏角得到的派生角。

(3) 在切削平面内标注的角度如下。

刃倾角 λ_s：是指主切削刃与基面之间的夹角。切削刃与基面平行时，刃倾角为零；刀尖位于刀刃最高点时，刃倾角为正；刀尖位于刀刃最低点时，刃倾角为负。

(4) 在副正交平面内标注的角度如下。

参照主切削刃的研究方法，在副切削刃上同样可以定义副正交平面和副切削平面。在副正交平面中标注的角度有副后角 α_0'，是指副后刀面与副切削平面之间的夹角。

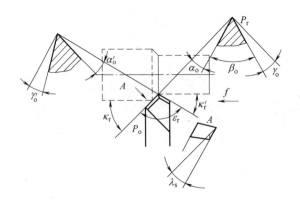

图 1.21　在正交平面参考系内标注的角度

3) 刀具的工作角度

以上是在静止参考系中讨论刀具的标注角度，实际上，在切削加工中，由于进给运动的影响，或者刀具相对于工件安装位置发生变化时，会使刀具的实际切削角度发生变化。刀具在工作状态下的切削角度，称为刀具的工作角度。工作角度记作 γ_{oe}、α_{oe}、κ_{re}、κ_{re}'、λ_{se} 等。

(1) 进给运动对工作角度的影响。

① 横向进给对工作角度的影响。车端面或切断时，车刀沿横向进给，合成运动方向与主运动方向的夹角为 $\mu\left(\tan\mu=\dfrac{v_f}{v_c}=\dfrac{f}{\pi\cdot d}\right)$，运动轨迹是阿基米德螺旋线(见图 1.22)。这时工作基面 P_{re} 和工作切削平面 P_{se} 分别相对于基面 P_r 和切削平面 P_s 转过角 μ。刀具的工作前角 γ_{oe} 增大和工作后角 α_{oe} 减小，分别为：

$$\gamma_{oe}=\gamma_o+\mu,\quad \alpha_{oe}=\alpha_o-\mu$$

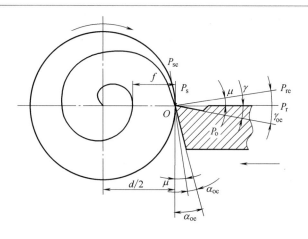

图 1.22　横向进给运动对工作角度的影响

② 纵向进给对工作角度的影响。车外圆或车螺纹时(见图 1.23)，合成运动方向与主运动方向之间的夹角为μ_f，这时工作基面 P_{re} 和工作切削平面 P_{se} 分别相对于基面 P_r 和切削平面 P_s 转过角μ_f。刀具的工作前角 γ_{oe} 增大和工作后角α_{oe} 减小，分别为：

$$\gamma_{oe} = \gamma_o + \mu, \quad \alpha_{oe} = \alpha_o - \mu$$

$$\tan \mu = \tan \mu_f \cdot \sin \kappa_r = \frac{f \cdot \sin \kappa_r}{\pi \cdot d}$$

式中：f——纵向进给量，或被切螺纹的导程；

　　　d——工件选定点的直径；

　　　μ_f——螺旋升角。

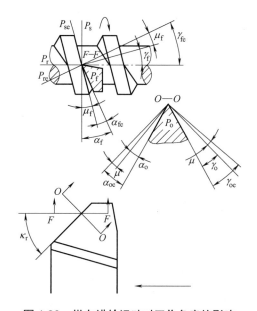

图 1.23　纵向进给运动对工作角度的影响

一般车削时，进给量比工件直径小得多，故角度μ很小，对车刀工作角度影响也很小，可忽略不计。但若进给量较大时(如加工丝杠、多头螺纹)，则应考虑角度μ的影响。车削右旋螺纹时,车刀左侧刃后角应大些,右侧刃后角应小些。或者使用可转角度刀架将刀具倾斜一个μ角安装,使左、右两侧刃工作前、后角相同。

(2) 刀具安装对工作角度的影响。

① 刀刃安装高度对工作角度的影响。车削时刀具的安装常会出现刀刃安装高于或低于工件回转中心的情况(见图1.24),当工作基面、工作切削平面相对于标注参考系产生θ角偏转,将引起工作前角和工作后角的变化:$\gamma_{oe} = \gamma_o \pm \theta$,$\alpha_{oe} = \alpha_o \mp \theta$。

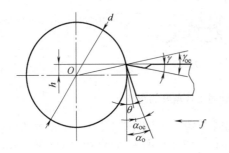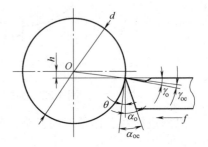

图1.24　车刀安装高度对工作角度的影响

② 刀柄安装偏斜对工作角度的影响。在车削时会出现刀柄与进给方向不垂直的情况(见图1.25),刀柄垂线与进给方向产生θ角偏转,将引起工作主偏角和工作副偏角的变化:$\kappa_{re} = \kappa_r \pm \theta$,$\kappa'_{re} = \kappa'_r \mp \theta$。

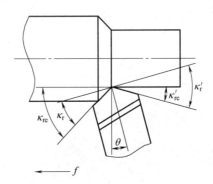

图1.25　车刀安装偏斜对工作角度的影响

1.2.2.3　刀具种类及其选用

1. 车刀

车刀是金属切削加工中使用最广泛的刀具,它可以用来加工各种内、外回转体表面,如外圆、内孔、端面、螺纹,也可用于切槽和切断等。车刀按结构可分为整体式、焊接式、机夹重磨式、可转位式及成形车刀等,如图1.26所示。

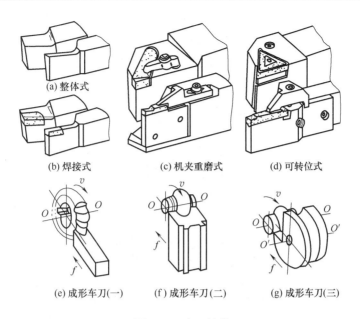

(a) 整体式

(b) 焊接式　　　(c) 机夹重磨式　　　(d) 可转位式

(e) 成形车刀(一)　　　(f) 成形车刀(二)　　　(g) 成形车刀(三)

图 1.26　车刀结构

(1) 焊接车刀：将一定形状的硬质合金刀片用黄铜、纯铜等焊接在刀杆上的刀槽内而成。各种焊接式车刀及所加工的表面如图 1.27 所示。这种刀片有标准规格，应选用合适的硬质合金牌号和刀片规格。

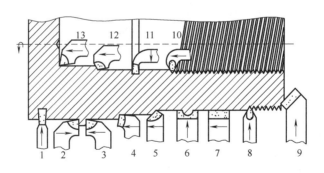

图 1.27　焊接车刀及加工面

1—切断刀；2，3—90°偏刀；4—弯头刀；5—直头刀；6—成形车刀；7—宽刃精车刀；

8，10—螺纹车刀；9—端面车刀；11—内槽车刀；12—通孔车刀；13—盲孔车刀

(2) 可转位车刀：采用机械夹固的方法，将刀片夹紧在刀杆上，如图 1.28 所示。它由刀杆、刀片、刀垫和夹紧元件组成，当切削刃用钝后，将刀片转过一个位置，便可用另一个新的切削刃进行切削，当全部刀刃都用钝后再更换新刀片。可转位车刀是一种高效率的新型刀具，其已经有国家标准，种类很多，可根据需要选择。

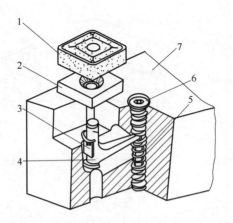

图 1.28 可转位车刀组成

1—刀片；2—刀垫；3—卡簧；4—杠杆；5—弹簧；6—螺钉；7—刀杆

(3) 成形车刀：是加工回转体成形表面的专用高效车刀。它的刃形是根据工件廓形设计的，用成形车刀加工，只需一次就能切出成形表面，操作简单，生产率高，刀具使用寿命长，主要用于大批量生产。成形车刀按结构和形状分为平体成形车刀、棱体成形车刀和圆体成形车刀三类，如图 1.26(e)～图 1.26(g)所示。

2. 孔加工刀具

在实体上加工孔，常用麻花钻、中心钻及深孔钻；而对已有孔做进一步加工，则用扩孔钻、铰刀、镗刀等；此外，内孔拉(推)刀、内圆磨砂轮及珩磨头也用来对已有孔做进一步的精加工。

1) 麻花钻

麻花钻是一种形状复杂的双刃钻孔或扩孔的标准刀具。标准麻花钻是由柄部、颈部和工作部分组成，如图 1.29 所示。柄部用于装夹钻头和传递动力，分为直柄(小直径)和锥柄(大直径)两种；颈部的作用是标记磨削锥面时砂轮的退刀及打印钻头的尺寸等，直柄钻头没有颈部；工作部分由导向部分和切削部分组成，导向部分即钻头的螺旋部分，当切削部分切入工件后起导向作用，螺旋槽是排出切屑、流入切削液的通道，也是钻头的前刀面。外圆上的螺旋形刃带是钻头的副切削刃，起导向和修整孔的作用。切削部分承担主要的切削工作，它有两个前刀面、两个后刀面、两条主切削刃、两条副切削刃和一个横刃。

麻花钻的主要几何参数有螺旋角 β(一般为 25°～32°)、顶角 2ϕ(2ϕ=118°)、横刃长度、横刃斜角 ψ 等。标准麻花钻的缺点是：切削刃长，前角变化大(从外缘 30° 逐渐减小到钻芯-30°)，横刃切削条件差，排屑不畅等。为提高钻孔的精度和效率，常将标准麻花钻按特定方式修磨成"群钻"(见图 1.30)。群钻的基本特征为：三尖七刃锐当先，月牙弧槽分两边，一侧外刃开屑槽，横刃磨得低窄尖。

2) 扩孔钻

扩孔钻是将孔进一步扩大用的刀具。扩孔钻有整体式和套式两种，如图 1.31 所示。扩孔钻的外形与麻花钻类似，但其齿数较多(一般为 3～4 齿)，容屑槽较浅，无横刃，导向性好，可获得比钻孔更高的加工质量和生产效率，常用来加工直径小于 100mm 的孔。

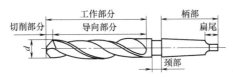

(a) 锥柄麻花钻

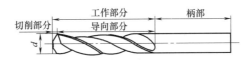

(b) 直柄麻花钻

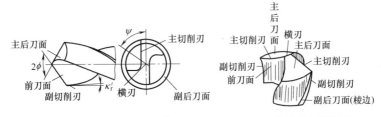

(c) 麻花钻的几何参数　　　(d) 麻花钻的切削部分

图 1.29　麻花钻的组成

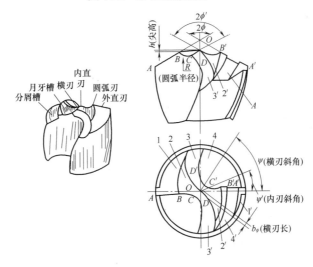

图 1.30　基本型群钻

1，1′—外刃后刀面；2，2′—月牙槽；3，3′—内刃前刀面；4，4′—分屑槽

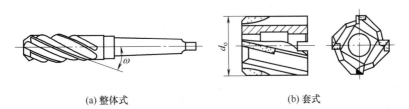

(a) 整体式　　　　　　　　　(b) 套式

图 1.31　扩孔钻

3) 铰刀

铰刀用于中小尺寸孔的半精加工和精加工。铰刀的齿数多(6～12 个),齿槽浅,刚性和导向性好。铰刀的结构由工作部分、颈部和柄部组成(见图 1.32),工作部分有切削部分和校准部分,校准部分有圆柱部分和倒锥部分。铰刀圆柱校准部分的直径为铰刀的直径,它直接影响到被加工孔的尺寸精度及刀具使用寿命。

铰刀的种类较多(见图 1.33),可分为机用铰刀和手用铰刀,机用铰刀由机床引导,导向性能好,故工作部分长度短。机用铰刀分带柄和套式两种,带柄的分为直柄(加工 $\phi 1 \sim \phi 20 \text{mm}$ 的孔)和锥柄(加工 $\phi 5 \sim \phi 50 \text{mm}$ 的孔),加工大直径孔($\phi 25 \sim \phi 100 \text{mm}$)时采用套式机用铰刀(见图1.33(b))。手用铰刀(加工 $\phi 1 \sim \phi 50 \text{mm}$ 的孔)分直槽和螺旋槽两种,其工作部分较长,适用于单件小批量生产或在装配中铰孔。

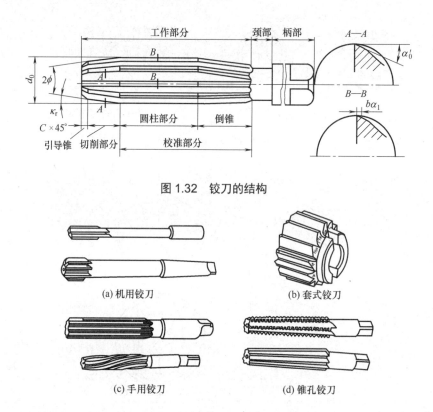

图 1.32 铰刀的结构

图 1.33 铰刀的类型

4) 镗刀

镗刀是在车床、镗床、加工中心、自动机床及组合机床上使用的刀具。镗刀按刀刃数可分为单刃镗刀和双刃镗刀。图 1.34 所示为单刃镗刀,其结构简单、制造容易,通用性好,但调整费时,且精度不易控制。图 1.35 所示为双刃浮动镗刀,镗刀两边都有切削刃,可以消除径向力对镗刀杆的影响,所镗孔的尺寸和精度由镗刀的径向尺寸 D 保证。通过调整两刀刃的径向位置,可以加工一定尺寸范围内的孔。浮动镗刀是以间隙配合装入镗杆方孔中的,无须夹紧。

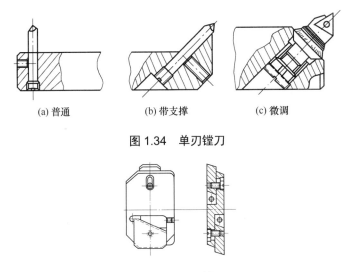

(a) 普通　　　　　　(b) 带支撑　　　　　　(c) 微调

图 1.34　单刃镗刀

图 1.35　双刃镗刀

3. 拉刀

拉刀是一种高精度和高生产率的多齿刀具，各种形状贯通的内、外表面(见图 1.36)都能用拉刀加工。拉刀使用寿命长，但制造较复杂，成本高，主要用于大批量生产。拉刀轴向尺寸较大，由切削部分、校准部分和辅助部分组成(圆孔拉刀的结构如图 1.37(a)所示)。切削部分完成全部余量的切除工作(见图 1.37(b))，它由粗切齿、过渡齿、精切齿组成。相邻刀齿的半径差称为齿升量 a_f，粗切齿齿升量最大，逐步递减至精切齿。校准部分起修光、校准作用，校准齿齿升量为零。辅助部分包括前柄、颈部、过渡锥、前导部、后导部和后柄等。

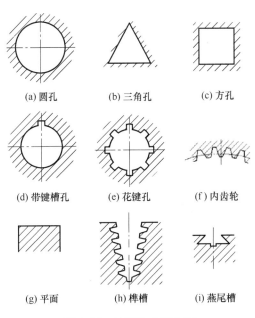

(a) 圆孔　　　　　(b) 三角孔　　　　　(c) 方孔

(d) 带键槽孔　　　　(e) 花键孔　　　　　(f) 内齿轮

(g) 平面　　　　　(h) 榫槽　　　　　(i) 燕尾槽

图 1.36　拉削的各种表面

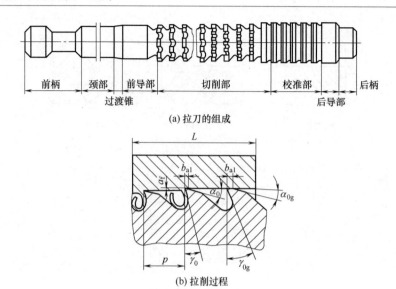

图 1.37　圆孔拉刀的组成和拉削过程

4. 铣刀

铣刀是多齿回转刀具，可以加工各种平面、沟槽和成形表面等。铣刀的种类很多，按其用途可分为加工平面用铣刀、加工沟槽用铣刀和加工成形面用铣刀三大类。通用规格的铣刀已标准化，由专业工具厂生产。下面介绍几种常用的铣刀。

(1) 圆柱铣刀(见图 1.10(a))：螺旋形切削刃分布在圆柱表面上，没有副切削刃，主要用于卧式铣床上加工宽度小于铣刀长度的狭长平面。

(2) 面铣刀(见图 1.10(b))：主切削刃分布在圆柱或圆锥表面上，端面切削刃为副切削刃，铣刀的轴线垂直于被加工表面。其主要用于在立式铣床或卧式铣床上加工台阶面和平面，特别适合加工大平面。

(3) 三面刃铣刀(见图 1.10(e)和图 1.10(f))：可分为直齿三面刃和错齿三面刃，主要用于在卧式铣床上加工沟槽和台阶面。三面刃铣刀在圆周表面上有主切削刃，两侧面上还有副切削刃，可提高加工质量和效率。

(4) 锯片铣刀(见图 1.10(h))：只在圆周上有刀齿，用于铣窄槽或切断工件。

(5) 立铣刀(见图 1.10(d))：圆柱面上的切削刃是主切削刃，端面上有副切削刃，副切削刃没有通过中心，所以不能沿铣刀轴线方向作进给运动。其主要用于加工凹槽、阶台面以及利用靠模加工成形表面。

(6) 角度铣刀(见图 1.10(i)和图 1.10(j))：可分为单角铣刀和双角铣刀。单角铣刀的圆锥切削刃为主切削刃，端面切削刃为副切削刃，双角铣刀的两圆锥面上的切削刃均为主切削刃。其一般用于加工带角度的沟槽和斜面。

(7) 键槽铣刀(见图 1.10(k))：其外形与立铣刀相似，不同的是它的圆周上只有两个螺旋刀齿，其端面刀齿的切削刃延伸至中心，可以作适量的轴向进给。其主要用于加工圆头封闭键槽。

(8) 球头铣刀(见图 1.10(q))：切削刃分布在铣刀球形的头部，其主要用于数控机床上加工模具型腔等立体表面。

(9) 成形铣刀(见图1.10(c)、图1.10(m)、图1.10(n))：根据工件廓形设计制造的专用刀具，用成形铣刀铣成形面，具有较高的加工精度和生产率，因此得到广泛的应用。

5. 齿轮刀具

加工齿轮齿形的刀具称为齿轮刀具。齿轮刀具结构复杂，种类较多。按齿形形成的原理，齿轮刀具可分为成形法和展成法两大类。

1) 成形法加工齿形的刀具

成形法齿轮刀具的刃形与被加工齿轮齿槽的形状相符。常用的加工方法有成形铣齿(见图1.17)、拉齿(见图1.36(f))和成形磨齿。成形铣齿轮的刀具有盘状齿轮铣刀(见图1.17(a))和指状齿轮铣刀(见图1.17(b))。为了使每把成形铣刀能加工同模数、一定齿数范围的一组齿轮，铣刀的齿形是按同组内最小齿数的齿形设计制造的，因此在加工其他齿数的齿轮时就会产生齿形误差，加上分度装置的影响，成形铣齿轮的加工精度和生产率均不高。其适用于单件小批量生产和修配。

2) 展成法加工齿形的刀具

展成法齿轮刀具是根据齿轮啮合原理来加工的齿轮刀具，工件的齿形是由刀具齿形的运动轨迹包络而成的。一把刀具可以加工同模数和压力角，任意齿数的齿轮，加工精度和生产率较高，但机床的结构较复杂，一般用于成批和大量生产。

(1) 齿轮滚刀(见图1.38(a))：按照展成原理，齿轮滚刀加工齿轮(滚齿)相当于一对螺旋齿轮的啮合(见图1.18(b))，其中一个齿轮的齿数很少(一个或几个)，且螺旋角很大，就变成了一个蜗杆，将蜗杆开槽并铲背(见图1.38(b))，就成为齿轮滚刀。滚刀可加工直齿、斜齿圆柱齿轮。

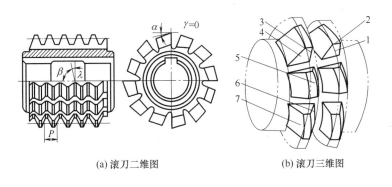

(a) 滚刀二维图　　　　　　　　　(b) 滚刀三维图

图1.38　齿轮滚刀

1—前刀面；2—顶刃；3，4—侧刃；5—顶后面；6，7—侧后面

标准齿轮滚刀精度分为四级，即 AA、A、B 和 C 级；与之对应，加工的齿轮精度等级分别为6～7级、7～8级、8～9级和9～10级。

(2) 插齿刀(见图1.39(b)～(d))：用插齿刀加工齿轮(插齿)相当于一对直齿圆柱齿轮的啮合(见图1.39(a))，将其中一个齿轮的齿端磨出前角、齿顶，将齿侧磨出后角，就变成了插齿刀。插齿刀可加工直齿轮、内齿轮、多联齿轮、人字齿轮和齿条等。

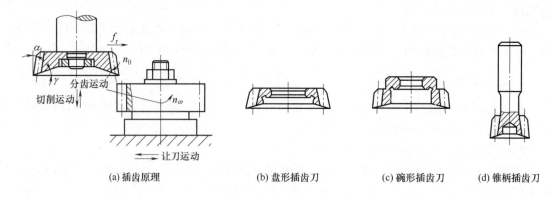

|(a) 插齿原理|(b) 盘形插齿刀|(c) 碗形插齿刀|(d) 锥柄插齿刀|

图 1.39　插齿与插齿刀

插齿刀的精度分为 AA、A、B 三级，分别用于加工精度为 6、7、8 级的齿轮。

(3) 剃齿刀(见图 1.40(a))：用剃齿刀加工齿轮(剃齿)相当于一对轴线空间交叉的斜齿圆柱齿轮自由啮合过程(见图 1.40(b))，其中的一个斜齿轮精度很高，并在齿面上沿渐开线方向开了很多槽，形成了切削刃，就是剃齿刀。剃齿是对已切出的齿形作进一步加工的齿形精加工方法。剃齿刀可加工未淬硬的直齿、斜齿圆柱齿轮。通用剃齿刀的制造精度分为A、B、C 三级，分别用于加工 6、7、8 级精度的齿轮。

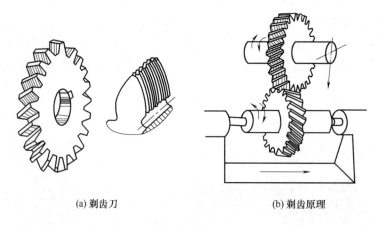

|(a) 剃齿刀|(b) 剃齿原理|

图 1.40　剃齿与剃齿刀

1.2.2.4　砂轮

1. 砂轮的特性

砂轮是磨削加工中的重要工具，砂轮是由按一定比例的磨料和结合剂经压坯、干燥、焙烧而制成，有很多气孔。磨料、结合剂与气孔三者构成了砂轮的三要素。砂轮的特性主要由磨料、粒度、结合剂、硬度和组织五个参数决定。

(1) 磨料：磨料即砂粒，是构成砂轮的主要成分。磨料应具备很高的硬度、耐磨性、耐热性和韧性，才能承受磨削时的热和磨削力，还要具有相当锋利的形状，以便磨削金属。常用的磨料有氧化物系、碳化物系和超硬磨料(人造金刚石、立方氮化硼等)。各种磨料的名称、代号、颜色、性能和用途等如图 1.41 所示。

砂轮组成要素

磨料

系别	名称	代号	颜色	性能	适用范围
氧化物	棕刚玉 白刚玉 铬刚玉	A WA PA	棕褐色 白色 玫瑰红色	硬度较低，韧性较好； 较 A 硬度高，磨粒锋利、韧性差； 韧性比 WA 好	磨削碳素钢、合金钢、可锻铸铁与青铜； 磨削淬硬的高碳钢、合金钢、高速钢，磨削薄壁、成形零件； 磨削高速钢，不锈钢，成形磨削，高表面质量磨削
碳化物	黑碳化硅 绿碳化硅 碳化硼	C GC BC	黑色带光泽 绿色带光泽 黑色	比刚玉类硬度高，导热性好，但韧性差； 较 C 硬度高，导热性好，韧性较差； 比刚玉、C、GC 都硬、耐磨，高温易氧化	磨削铸铁、黄铜、耐火材料及其他非金属材料； 磨削硬质合金、宝石、光学玻璃； 研磨硬质合金
超硬磨料	人造金刚石 立方氮化硼	D CBN	白、淡绿色 黑色、棕黑色	硬度最高，耐热性较好； 硬度仅次于 D，韧性较 D 好	研磨硬质合金、光学玻璃、宝石、陶瓷等高硬度材料； 磨削高性能高速钢、不锈钢、耐热钢及其他难加工材料

粒度

类别	粒度号	适用范围
磨粒	8#　10#　12#　14#　16#　20#　22#　24# 30#　36#　40#　46# 54#　60#　70#　80#　90#　100# 120#　150#　180#　220#　240#	荒磨； 一般磨削，加工表面粗糙度可达 $Ra0.8\mu m$； 半精磨、精磨和成形磨削加工表面粗糙度可达 $Ra0.16 \sim 0.8\mu m$； 精磨、精密磨、超精磨、成形磨、刀具刃磨、珩磨
微粉	W_{63}　W_{50}　W_{40}　W_{28} W_{20}　W_{14}　W_{10}　W_{7}　W_{5}　$W_{3.5}$　$W_{2.5}$　$W_{1.5}$　$W_{1.0}$　$W_{0.5}$	精磨、精密磨、超精磨、珩磨、螺纹磨； 超精密磨、镜面磨、精研，加工表面粗糙度可达 $Ra0.05 \sim 0.012\mu m$

结合剂

名称	代号	特性	适用范围
陶瓷	V	耐热、耐油和耐酸碱的侵蚀，强度较高，较脆	除薄片砂轮外，能制成各种砂轮
树脂	B	强度高，富有弹性，具有一定抛光作用，耐热性差，不耐酸碱	荒磨砂轮、磨窄槽，切断用砂轮、高速砂轮、镜面磨砂轮
橡胶	R	强度高，弹性更好，抛光作用更好，耐热性差，不耐油和酸，易堵塞	磨削轴承沟道砂轮、无心磨导轮、切割薄片砂轮、抛光砂轮

硬度

等级	超软			软			中软		中		中硬			硬		超硬
代号	D	E	F	G	H	J	K	L	M	N	P	Q	R	S	T	Y
选择	磨未淬硬钢选用 L～N，磨淬火合金钢选用 H～K，高表面质量磨削时选用 K～L，刃磨硬质合金刀具选用 H～J															

组织

组织号	0	1	2	3	4	5	6	7	8	9	10	11	12	13	14
磨粒率/%	62	60	58	56	54	52	50	48	46	44	42	40	38	36	34
用途	成形磨削，精密磨削				磨削淬火钢，刀具刃磨				磨削韧性大而硬度不高的材料					磨削热敏性大的材料	

图 1.41　砂轮特性、代号和适用范围

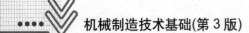

(2)　粒度：粒度指磨料颗粒的大小，用磨粒能通过的筛网号表示。例如，30 粒度是指磨粒刚可通过每英寸(1in=25.4mm)长度上有 30 个孔眼的筛网。粒度号越大则磨粒的颗粒越小。粗加工的磨粒尺寸大，精加工的磨粒尺寸小。通常把磨料颗粒尺寸大于 40μm 的称为磨粒，颗粒尺寸小于 40μm 的称为微粉，以 W 表示，如 W10，表示磨粒的实际尺寸为 10μm，微粉号越小则微粉越细。磨料的粒度将直接影响磨削表面质量和生产率，磨粒粒度及适应范围如图 1.41 所示。

(3)　结合剂：结合剂的作用是将磨粒黏结在一起，使砂轮具有一定的形状和强度结合剂的特性，影响砂轮的强度、耐腐蚀性、耐热性及砂轮寿命。常用的结合剂如图 1.41 所示。

(4)　硬度：砂轮的硬度是指在磨削力作用下，磨粒从砂轮表面脱落的难易程度。它反映了磨粒与黏合剂的黏结强度。砂轮硬，磨粒不易脱落；砂轮软，磨粒容易脱落。砂轮硬度的选用，主要是根据工件材料的性质和具体磨削条件，其基本原则如下。

①　工件材料硬，砂轮硬度应选软些，以便磨钝的磨粒及时脱落。

②　砂轮与工件磨削接触面积和弧长较大时，砂轮硬度应选软些。

③　用成形砂轮磨削时，为保持必要的形状，应选硬些的砂轮。

④　磨削有色金属(铝、黄铜等)等软材料时，为防止砂轮堵塞，应选用较软的砂轮。

⑤　砂轮的粒度号大时，应选软些的砂轮。

(5)　组织：砂轮的组织表示砂轮的疏密程度，它是按砂轮中磨料、结合剂、气孔三者的体积比例关系来分级的。磨粒在砂轮总体积中所占的比例越大，砂轮的组织越紧密，气孔越少；反之，则组织疏松，气孔多。紧密组织砂轮适用于重压力下的磨削，中等组织砂轮适用于一般磨削，疏松组织的砂轮适用于平面磨、内圆磨等磨削接触面积大的工序和磨削热敏性强的材料或工件。一般砂轮上若未标注组织号，即为中等组织。砂轮的组织号及用途如图 1.41 所示。

2. 砂轮的形状与尺寸

砂轮的形状和尺寸应根据磨削条件和工件形状来选择，其原则如下。

(1)　在可能的情况下，砂轮的外径应尽量大些，以提高生产率和降低表面粗糙度。

(2)　磨削内圆时，砂轮外径一般取工件孔径的三分之二左右。

(3)　纵磨时，应选较宽的砂轮。

表 1.7 所示为常用砂轮形状、代号及其用途。

表 1.7　常用砂轮的形状、代号及用途

名称	平面砂轮	双斜边砂轮	双面凹砂轮	筒形砂轮	杯形砂轮	薄片砂轮	碗形砂轮	碟形砂轮
代号	P	PSX	PSA	N	B	PB	BW	D
形状								

续表

用途	用于外圆磨、内圆磨、平面磨、无心磨、工具磨、砂轮机等	主要用于磨削齿轮齿面和单线螺纹	可用于外圆磨削和刃磨刀具，也可用于无心磨	主要用于立式平面磨床	主要用于刃磨刀具，也可用于外圆磨	适用于切断和开槽等	常用于刃磨刀具，也用于导轨磨削	适用于磨削铣刀、铰刀、拉刀等

砂轮的特性代号一般标注在砂轮端面上，其顺序是：形状、尺寸、磨料、粒度号、硬度、组织号、结合剂及线速度。例如，P-300×50×65-WA60M5V-30m/s 即表示砂轮的形状为平形砂轮，外径为 300mm，厚度为 50mm，内径为 65mm，磨料为白刚玉，粒度号为60，硬度为中，组织号为5，结合剂为陶瓷，允许的最高线速度为30m/s。

1.2.3 夹具

夹具是工艺系统的组成部分，在工艺系统中，夹具是用来使工件相对于刀具与机床保持正确位置，并能承受切削力的一种工艺装备。例如，车床上使用的三爪自动定心卡盘、铣床上使用的平口虎钳、分度头等，都是夹具。

1. 机床夹具的作用

(1) 较容易、较稳定地保证加工精度：用夹具装夹工件时，工件相对于刀具(或机床)的位置由夹具来保证，基本不受工人技术水平的影响，因而能较容易、较稳定地保证工件的加工精度。如图 1.42(a)所示的套筒零件的$\phi 6H7$ 孔加工，就是用图 1.42(b)所示专用钻床夹具完成的。工件以内孔和端面在定位销上定位，旋紧螺母，通过开口垫圈将工件夹紧，然后由装在钻模板上的快换钻套引导钻头或铰刀进行钻孔或铰孔。

(2) 提高劳动生产率：采用夹具后，工件不需划线找正，装夹方便迅速，可显著减少辅助时间，提高劳动生产率。如采用图 1.42(b)所示的专用钻孔夹具，省去了加工前在工件加工位置划十字中心线、在交点打冲孔的时间，也省去了找正冲孔位置的时间。

(3) 扩大机床的使用范围：使用专用夹具可以改变机床的用途和扩大机床的使用范围。例如，在车床或摇臂钻床上安装镗模夹具后，就可对箱体孔系进行镗削加工。

(4) 改善劳动条件、保证生产安全：使用专用机床夹具可减轻工人的劳动强度、改善劳动条件、降低对工人操作技术水平的要求，以保证安全。

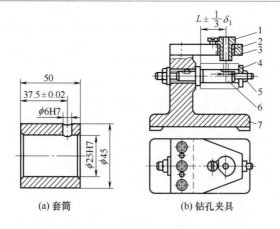

图 1.42　套筒零件及钻夹具

1—快换钻套；2—衬套；3—钻模板；4—开口垫圈；5—螺母；6—定位销；7—夹具体

2. 机床夹具的分类

机床夹具通常有三种分类方法，即按应用范围、夹紧动力来源、使用机床来分类，如图 1.43 所示。

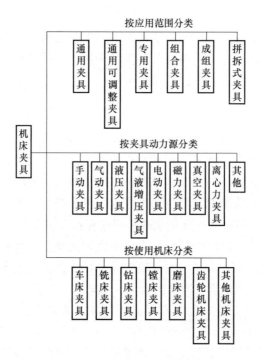

图 1.43　机床夹具的分类

3. 机床夹具的组成

虽然机床夹具的种类繁多，但它们的组成均可概括为以下五部分。

(1)　定位元件：定位元件的作用是确定工件在夹具中的正确位置。

在图 1.42(b)中，夹具上的定位销 6 是定位元件，通过它可使工件在夹具中占据正确位置。

(2)　夹紧装置：夹紧装置的作用是将工件夹紧、夹牢，以保证工件在加工过程中正确位置不变。夹紧装置包括夹紧元件或其组合以及动力源。图 1.42(b)中的螺杆 6(与定位销合成的一个零件)、螺母 5 和开口垫圈 4 组成了夹紧装置。

(3)　对刀及导向装置：对刀及导向装置的作用是迅速确定刀具与工件间的相对位置，防止加工过程中刀具的偏斜。图 1.42(b)中的钻套 1 与钻模板 3 就是为了引导钻头而设置的导向装置。

(4)　夹具体：夹具体是机床夹具的基础件，如图 1.42(b)中的夹具体 7，通过它可将夹具的所有部分连接成一个整体。

(5)　其他装置或元件：机床夹具除有上述四部分外，还有一些根据需要设置的其他装置或元件，如分度装置、夹具与机床之间的连接元件等。

1.2.4　量具

量具是用来检验或测量工件的几何量是否合格的一种工艺装备。

1. 量具的分类及其作用

量具按照其通用性，可分为通用量具和专用量具。通用量具，如钢尺、各种游标尺、各种千分尺、各种量仪等都有刻度，能测量出一定范围内几何量的具体数值；专用量具是为工件某特定参数设计的，用于检验该参数的加工合格与否，不能测量出该参数的具体数值。在成批和大量生产中，为减少测量时间，常采用专用量具。

2. 光滑极限量规

量规是一种专用量具，常用来检验工件参数合格与否，就是检验工件参数是否在规定的两个极限尺寸范围内，光滑极限量规是用通端和止端检验光滑工件极限尺寸的专用量具。检验孔用的量规称为塞规，检验轴用的量规称为卡规。

塞规和卡规的结构形式很多，主要的结构如图 1.44 和图 1.45 所示。为识别量规的通端和止端，常刻有字母"T"(通端)和"Z"(止端)。另外，通端的尺寸一般较长，而止端的尺寸较短。由于通端在检验时要通过工件，其工作表面会磨损，应留一定的磨损储量，以增加量规的使用寿命。

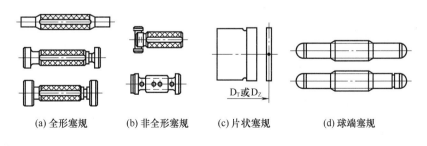

(a) 全形塞规　　　(b) 非全形塞规　　　(c) 片状塞规　　　(d) 球端塞规

图 1.44　孔用量规的形式

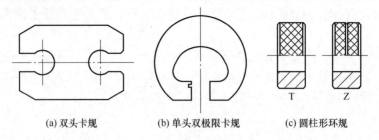

(a) 双头卡规　　　　　(b) 单头双极限卡规　　　　　(c) 圆柱形环规

图 1.45　轴用量规的形式

1.3　基准的概念及其分类

工件是个几何体，它由一些几何要素(如点、线和面)构成。工件上的任何点、线和面的位置都相互有关系。

1.3.1　基准的概念

基准就是在零件上用以确定其他点、线、面的位置所依据的点、线、面。作为基准的点、线、面在工件上不一定具体存在，如几何中心、对称线、对称平面等。根据基准的功用不同，可分为设计基准和工艺基准两大类。

1.3.2　基准的分类

1.3.2.1　设计基准

在产品或零件图上使用的基准称为设计基准。例如，在图 1.46(a)所示的钻套中，轴线 $O—O$ 是外圆 $\phi40h6$ 及内孔 D 的设计基准；端面 A 是端面 B、C 的设计基准；内孔 D 的轴心线是 $\phi40h6$ 外圆的径向圆跳动和 B 面端面圆跳动的设计基准。同样，图 1.46(b)中的 D 面是 F 面的设计基准，也是两孔Ⅲ和Ⅳ在 y 方向的设计基准；E 面是两孔Ⅲ和Ⅳ在 x 方向的设计基准；而孔Ⅱ的设计基准是孔Ⅲ和孔Ⅳ。

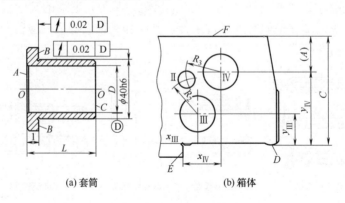

(a) 套筒　　　　　　　　　　(b) 箱体

图 1.46　基准分析

1.3.2.2　工艺基准

在零件的加工和装配等工艺过程中所使用的基准称为工艺基准。工艺基准按用途又可分为以下 4 种。

(1) 工序基准：在工序图上使用的基准称为工序基准。如图 1.42(a)所示的套筒零件钻孔工序图中，$\phi 25H7$ 的内孔轴线和左端面(工序尺寸为(37.5±0.02)mm)为加工 $\phi 6H7$ 孔的工序基准。

(2) 定位基准：加工时，使工件在机床或夹具中占有一正确位置时所用的基准称为定位基准。如图 1.42(a)所示的套筒零件钻孔夹具中，工件 $\phi 25H7$ 的内孔轴线($\phi 25H7$ 的内孔表面称为定位基面)和左端面是加工 $\phi 6H7$ 孔的定位基准。

当工件的定位基准是平面时，定位基准就是定位基面，当工件的定位基准不是平面，而是几何中心、对称线或对称面时，定位基准是由与定位元件相接触的面来体现的，这些表面称为定位基面。

(3) 测量基准：工件在测量时使用的基准称为测量基准。

(4) 装配基准：在装配时，用来确定零件或部件在机器中的位置所用的基准称为装配基准。如图 1.46(a)所示套筒，端面 B 和外圆 $\phi 40h6$ 是装配基准。

必须注意，应尽可能选择设计基准作为工艺基准。

1.4　工件定位的六点定则

工件在加工前，必须使工件在机床上或夹具中占有某一正确的位置，这个过程称为定位。为了使定位好的工件在加工过程中始终保持正确的位置，不受切削力、惯性力等力的作用而发生位移，还需要将工件压紧、夹牢，这个过程称为夹紧。定位和夹紧的整个过程合称为装夹。

工件的装夹不仅影响加工质量，而且对生产率、加工成本及操作安全都有直接影响。

1.4.1　工件定位的方式

1. 直接找正定位

直接找正定位就是用百分表、划线盘或目测直接在机床上找正工件，使其获得正确位置的定位方法。直接找正时，工件的定位基准是所找正的表面，如图 1.47 所示。图 1.47(a)所示为在磨床上用四爪单动卡盘装夹套筒磨内孔，先用百分表找正工件的外圆再夹紧，以保证磨削后的内孔与外圆同轴，工件的定位基准是外圆。图 1.47(b)所示为在牛头刨床上用直接找正法刨槽，以保证槽的侧面与工件右侧面平行，工件的定位基准是右侧面。直接找正法的缺点是生产率低，找正精度取决于工人的技术水平，一般多用于单件小批量生产或位置精度要求特别高的工件。

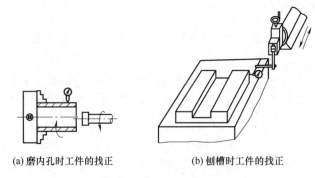

(a) 磨内孔时工件的找正　　　　　　(b) 刨槽时工件的找正

图 1.47　直接找正定位

2. 划线找正定位

此法是先在毛坯上按照零件图划出中心线、对称线和各待加工表面的加工线及找正线(找正线和加工线之间的距离一般为 5mm)，然后将工件装上机床，按照划好的线找正工件在机床上的正确位置。划线找正时工件的定位基准是所划的线。如图 1.48 (a)所示为某箱体的加工要求(局部)，划线过程如下：①找出铸件孔的中心 O，并划出孔的中心线 Ⅰ 和 Ⅱ，按尺寸 A 和 B 检查 E、F 面的余量是否足够，如果不够再调整中心线 Ⅰ；②按照图纸尺寸 A 要求，以孔中心为划线基准，划出 E 面的找正线Ⅲ；③按照图纸尺寸 B 划出 F 面的找正线Ⅳ，如图 1.48(b)所示。加工时，将工件放在可调支承上，通过调整可调支承的高度来找正划好的线Ⅲ，如图 1.48(c)所示。这种定位方法生产率低，精度低，一般多用于单件小批量生产中加工复杂而笨重的零件，或毛坯精度低而无法直接采用夹具定位的场合。

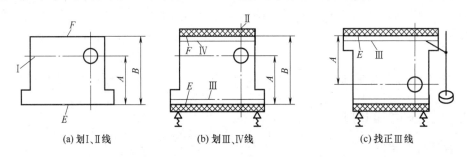

(a) 划Ⅰ、Ⅱ线　　　　　(b) 划Ⅲ、Ⅳ线　　　　　(c) 找正Ⅲ线

图 1.48　划线找正定位

3. 用夹具定位

夹具是按照被加工工序要求专门设计的，夹具上的定位元件能使工件相对于机床与刀具迅速占有正确位置，不需要划线和找正就能保证工件的定位精度(见图 1.42(b))。用夹具定位生产率高，定位精度较高，被广泛用于成批及大量生产中。

1.4.2　六点定位原理

1. 六点定则

工件在未定位前，可以看成是空间直角坐标系中的自由物体，它可以沿三个坐标轴的平行方向放在任意位置，即具有沿着三个坐标轴移动的自由度，记为 $\vec{x}$、$\vec{y}$、$\vec{z}$(见图 1.49)；同样，工件沿三个坐标轴转角方向的位置也是可以任意放置的，即具有绕三个坐标轴转动的自由度，记为 $\hat{x}$、$\hat{y}$、$\hat{z}$。因此，要使工件在夹具中占有一致的正确位置，就必须对工件的自由度加以限制。

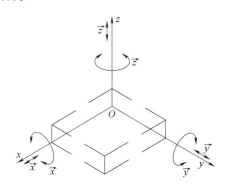

图 1.49　工件的六个自由度

在实际应用中，通常用一个支承点(接触面积很小的支承钉)限制工件的一个自由度，这样，用空间合理布置的六个支承点限制工件的六个自由度，使工件的位置完全确定，称为"六点定位规则"，简称"六点定则"。例如，图 1.50(a)所示的长方体中，在其底面布置 3 个不共线的支承点 1、2、3(见图 1.50(b))，限制 $\hat{x}$、$\hat{y}$、$\vec{z}$ 三个自由度；在侧面布置两个支承点 4、5，限制 $\vec{y}$、$\hat{z}$ 两个自由度；并在端面布置一个支承点 6，限制 $\vec{x}$ 的自由度。即用图 1.50(c)所示的定位方式可限制长方体的 6 个自由度。

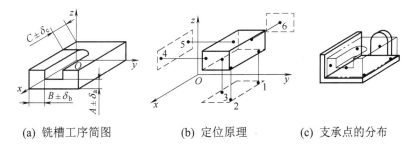

(a) 铣槽工序简图　　　　(b) 定位原理　　　　(c) 支承点的分布

图 1.50　长方体定位时支承点的分布

必须注意，六个支承点的位置必须合理分布，否则不能有效地限制六个自由度。如上例中，xOy 平面的三个支承点应呈三角形分布，且三角形面积越大，定位越稳定。xOz 平面上的两个支承点的连线不能与 xOy 平面垂直，否则不能限制 $\hat{z}$ 自由度。

例如，在图 1.51(a)所示圆环形工件上钻孔，要求保证所钻孔的轴线至左端面 A 的距离与端面平行，并保证与大孔轴线正交且通过键槽的对称中心。现用图 1.51(c)所示的定位方案，工件端面 A 与夹具短圆柱销 B 的台阶面接触，限制 $\vec{y}$、$\hat{x}$、$\hat{z}$ 三个自由度；工件内孔与短圆柱销外圆配合，限制 $\vec{x}$、$\vec{z}$ 两个自由度；嵌入键槽的销 C 限制 $\hat{y}$ 自由度。这样，便相当于用六个支承点限制了工件的六个自由度。

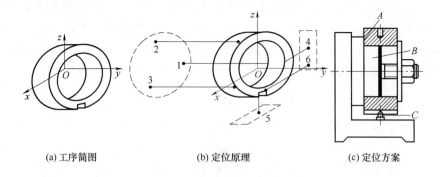

(a) 工序简图   (b) 定位原理   (c) 定位方案

图 1.51 圆环形工件的六点定位

对于工件的定位，可能会有两种误解，其一，是工件只要被夹紧，其位置不能移动，就定位了。这里的工件定位，是指一批工件在夹紧前要占有一致的、正确的位置(暂不考虑定位误差的影响)。而工件在任何位置均可被夹紧，并没有保证一批工件在夹具中的一致位置。其二，是工件定位后，仍具有与定位支承相反方向的移动或转动的可能。这是没有注意到定位原理中所称的限制自由度，必须是工件的定位面与定位支承点保持接触。如果始终保持接触，就不会有相反方向的移动或转动的可能性。

2. 限制工件自由度与加工要求的关系

工件在空间有 6 个自由度，但并不是每次加工都要限制 6 个自由度，而是应根据加工要求，限制那些对加工尺寸有影响的自由度，对加工精度无影响的，则可以限制也可以不限制，须视具体情况来确定。

(1) 不完全定位：若只要加工一平面，则要保证的加工尺寸为 $A\pm\delta_a$(见图 1.50(a))，工件定位时要限制的自由度为 $\vec{z}$、$\hat{x}$、$\hat{y}$。若要加工一通槽，则要保证的加工尺寸是 $A\pm\delta_a$ 和 $B\pm\delta_b$，保证 $A\pm\delta_a$ 尺寸要限制的自由度与上相同，而保证 $B\pm\delta_b$ 尺寸要限制的自由度是 $\vec{y}$、$\hat{z}$，因此工件定位时要限制的自由度为 5 个，即 $\vec{z}$、$\hat{x}$、$\hat{y}$、$\vec{y}$、$\hat{z}$。上述定位称为不完全定位，即工件定位时限制的自由度数少于 6 个，但能满足加工要求的定位。

(2) 完全定位：若要加工一不通槽(见图 1.50(a))，铣不通槽要保证的加工尺寸是 $A\pm\delta_a$、$B\pm\delta_b$ 和 $C\pm\delta_c$，对加工尺寸 $A\pm\delta_a$、$B\pm\delta_b$，要限制的自由度与不完全定位相同，对于 $C\pm\delta_c$，要限制的自由度为 $\vec{x}$，这样，工件定位时六个自由度全部要限制。这种定位称为完全定位，即 6 个自由度全限制的定位。

(3) 欠定位：根据加工要求，工件应该限制的自由度在定位时没有被限制的定位，称为欠定位。由于欠定位不能保证加工要求，因此欠定位在加工中是绝不允许的。在上述要限制的自由度中，任何一个自由度没被限制都是欠定位。

(4) 过定位：工件的同一自由度被重复限制的定位，称为过定位。在图 1.51 中，若将短圆柱销 B 改为长圆柱销，则长销限制 4 个自由度，即 $\vec{y}$、$\vec{z}$、$\hat{x}$、$\hat{z}$，这时 $\hat{x}$、$\hat{z}$ 两个自由度被定位元件的大端面 A 和长圆柱销 B 重复限制，造成过定位。过定位将会造成工件定位不稳，或对工件的安装产生干涉，或使工件或夹具变形，所以一般不允许采用过定位。

1.5　获得加工精度的方法

工件的加工精度分为三个方面，即尺寸精度、几何形状精度和相互位置精度。机械加工的目的就是要保证工件的加工精度符合图纸的要求。

1.5.1　获得尺寸精度的方法

(1) 试切法：就是通过试切、测量、调整、再试切，反复进行到被加工尺寸达到要求为止的加工方法。工件的尺寸精度取决于操作者的调整精度。试切法的效率低，对工人技术水平要求高，主要适合单件、小批量生产。

(2) 调整法：先调整好刀具和工件在机床上的相对位置，并在一批零件的加工过程中保持这个位置不变，以保证被加工尺寸的方法。工件的尺寸精度取决于调整精度。调整法的生产率高，被广泛用于各类半自动、自动机床和自动线上，适合于成批、大量生产。

(3) 定尺寸刀具法：用刀具的相应尺寸来保证工件尺寸的方法，如钻孔、拉孔和攻螺纹等。工件的尺寸精度主要取决于刀具的精度。这种方法的生产率较高，但刀具制造较复杂，常用于孔、螺纹和成形表面的加工。

(4) 自动控制法：在加工过程中，通过尺寸测量装置、进给机构和控制机构来自动完成切削加工、尺寸测量和刀具的调整、补偿的方法。工件的尺寸精度取决于机床的精度。其常用于在数控机床上加工。

1.5.2　获得几何形状精度的方法

(1) 轨迹法：是利用刀尖运动的轨迹来获得工件表面形状。工件的形状精度取决于成形运动的精度，即机床的精度。普通的车削、刨削、铣削和磨削等都属于轨迹法。

(2) 成形刀具法：是利用成形刀具的几何形状来代替机床的某些成形运动，获得工件的表面形状。工件的加工精度主要取决于刀刃的形状精度。

(3) 展成法：是利用刀具与工件作展成运动所形成的包络面获得工件的表面形状。展成法常用于各种齿形加工，工件的形状精度取决于刀具精度以及机床的展成运动精度。

(4) 相切法：是利用刀具边旋转边作轨迹运动对工件进行加工的方法。工件的形状精度取决于刀具的旋转运动精度和刀具中心的运动精度，即机床的精度。

1.5.3　获得相互位置精度的方法

工件表面间的相互位置是通过直接找正法、划线找正法和夹具定位法获得的。位置精度取决于有关的划线精度、找正精度、机床精度及夹具精度。

1.6　实　　训

1. 实训题目

分析图 1.52 所示的齿轮轴由哪些表面组成，并选择它们的加工方法。

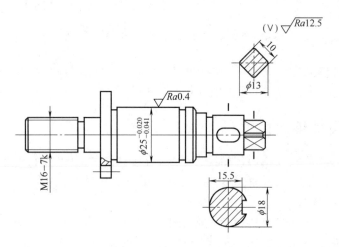

图 1.52　齿轮轴示意图

2. 实训目的

掌握根据工件表面的形状选择合适的加工方法及机床、刀具、夹具、量具，并确定工件加工时的定位方法。

3. 实训过程

逐一分析每一加工要素。

(1) 齿轮轴由外圆柱面、端面、外螺纹、齿轮、键槽、退刀槽和平面等表面组成。

(2) 外圆柱面的粗加工和半精加工，以及端面、外螺纹、退刀槽等可以在普通车床上加工；工件通过外圆和顶尖孔定位，装夹在三爪卡盘和后顶尖间，分别用外圆车刀、端面车刀、螺纹车刀和切槽刀加工，在单件小批量生产时，除螺纹外，都可以用游标卡尺进行检验，产量大时，可用专用量具检验；螺纹可以用螺纹环规和螺纹塞规检验。

(3) 外圆柱面的精加工——磨削($\phi25_{-0.41}^{-0.20}$，粗糙度 $Ra0.4\mu m$ 处)可以在外圆磨床或外圆万能磨床上加工，工件通过鸡心夹，装夹在磨床两顶尖间，用百分尺检验。

(4) 键槽可以在立式铣床或万能铣床上加工，采用一夹一顶的方式，将工件装夹在铣床工作台上，用键槽铣刀加工，用深度游标尺检验。

(5) 平面可以在立式铣床或万能铣床上加工，采用分度头一夹一顶的方式，将工件装夹在铣床工作台上，用立铣刀加工，用游标尺检验。

(6) 齿面应在滚齿机或插齿机上加工，与之对应，刀具用齿轮滚刀或插齿刀，采用专用心轴夹具，用专用量仪检验。

4. 实训总结

通过对齿轮轴的分析，学会对不同表面的加工方法进行选择。

1.7　习　　题

1. 单项选择题

(1) 在外圆磨床上磨削工件外圆表面,其主运动是(　　)。

  A. 砂轮的回转运动   B. 工件的回转运动

  C. 砂轮的直线运动   D. 工件的直线运动

(2) 在立式钻床上钻孔,其主运动和进给运动(　　)。

  A. 均由工件来完成   B. 均由刀具来完成

  C. 分别由工件和刀具来完成   D. 分别由刀具和工件来完成

(3) 背吃刀量是指主刀刃与工件切削表面接触长度(　　)。

  A. 在切削平面的法线方向上测量的值

  B. 正交平面的法线方向上测量的值

  C. 在基面上的投影值

  D. 在主运动及进给运动方向所组成的平面的法线方向上测量的值

(4) 在背吃刀量和进给量 f 一定的条件下,切削厚度与切削宽度的比值取决于(　　)。

  A. 刀具前角   B. 刀具后角

  C. 刀具主偏角   D. 刀具副偏角

(5) 垂直于过渡表面度量的切削层尺寸称为(　　)。

  A. 切削深度   B. 切削长度

  C. 切削厚度   D. 切削宽度

(6) 普通车床的主参数是(　　)。

  A. 车床最大轮廓尺寸   B. 主轴与尾座之间最大距离

  C. 中心高   D. 床身上工件最大回转直径

(7) 大批量生产中广泛采用(　　)。

  A. 通用夹具   B. 专用夹具

  C. 成组夹具   D. 组合夹具

(8) 通过切削刃选定点,垂直于主运动方向的平面称为(　　)。

  A. 切削平面   B. 进给平面

  C. 基面   D. 主剖面

(9) 在正交平面内度量的基面与前刀面的夹角为(　　)。

  A. 前角   B. 后角   C. 主偏角   D. 刃倾角

(10) 刃倾角是主切削刃与(　　)之间的夹角。

  A. 切削平面   B. 基面   C. 主运动方向   D. 进给方向

(11) 车削加工时,车刀的工作前角(　　)车刀标注前角。

  A. 大于   B. 等于

  C. 小于   D. 有时大于、有时小于

(12) 用硬质合金刀具对碳素钢工件进行精加工时，应选择刀具材料的牌号为(　　)。

A. YT30　　　　　　B. YT5　　　　　　C. YG3　　　　　　D. YG8

(13) 有刻度，能量出一定范围内几何量的具体数值的量具为(　　)。

A. 游标卡尺　　　B. 专用量具　　　　C. 通用量具　　　　D. 千分尺

(14) 影响切削层公称厚度的主要因素是(　　)。

A. 切削速度和进给量　　　　　　　B. 背吃刀量(切削深度)和主偏角

C. 进给量和主偏角

(15) 确定刀具标注角度的参考系选用的三个主要基准平面是(　　)。

A. 切削平面、已加工平面和待加工平面

B. 前刀面、主后刀面和副后刀面

C. 基面、切削平面和正交平面(主剖面)

(16) 通过切削刃选定点的基面是(　　)。

A. 垂直于假定主运动方向的平面　　B. 与切削速度相平行的平面

C. 与过渡表面相切的表面

(17) 刀具的主偏角是(　　)。

A. 主切削平面与假定工作表面间的夹角，在基面中测量(主切削刃在基面上的投影与进给方向的夹角)

B. 主切削刃与工件回转轴线间的夹角，在基面中测量

C. 主切削刃与刀杆中轴线间的夹角，在基面中测量

(18) 在切削平面内测量的角度有(　　)。

A. 前角和后角　　　B. 主偏角和副偏角　　　　C. 刃倾角

(19) 在基面内测量的角度有(　　)。

A. 前角和后角　　　B. 主偏角和副偏角　　　　C. 刃倾角

(20) 在正交平面(主剖面)内测量的角度有(　　)。

A. 前角和后角　　　B. 主偏角和副偏角　　　　C. 刃倾角

(21) 安装车刀时，若刀尖低于工件回转中心，其工作角度与其标注角度相比将会(　　)。

A. 前角不变，后角减小　　　　　　B. 前角变大，后角变小

C. 前角变小，后角变大　　　　　　D. 前、后角均不变

(22) 下列刀具材料中，强度和韧性最好的材料是(　　)。

A. 高速钢

B. P 类(相当于钨钛钴类)硬质合金

C. K 类(相当于钨钴类)硬质合金

D. 合金工具钢

(23) 下列刀具材料中，综合性能最好，适宜制造形状复杂的机动刀具的材料是(　　)。

A. 碳素工具钢　　　　　　　　　　B. 合金工具钢

C. 高速钢　　　　　　　　　　　　D. 硬质合金

(24) 高速精车铝合金应选用的刀具材料是(　　)。

　　A. 高速钢　　　　　　　　　　　　B. P 类(相当于钨钛钴类)硬质合金

　　C. K 类(相当于钨钴类)硬质合金　　D. 金刚石刀具

2. 多项选择题

(1)　实现切削加工的基本运动有(　　)。

　　A. 主运动　　　　　　　　　　　　B. 进给运动

　　C. 调整运动　　　　　　　　　　　D. 分度运动

(2)　主运动和进给运动可以(　　)来完成。

　　A. 单独由工件　　　　　　　　　　B. 单独由刀具

　　C. 分别由工件和刀具

(3)　在切削加工中主运动可以是(　　)。

　　A. 工件的转动　　　　　　　　　　B. 工件的平动

　　C. 刀具的转动　　　　　　　　　　D. 刀具的平动

(4)　切削用量包括(　　)。

　　A. 切削速度　　　　　　　　　　　B. 进给量

　　C. 切削深度　　　　　　　　　　　D. 切削厚度

(5)　机床型号中必然包括机床(　　)。

　　A. 类别代号　　　　　　　　　　　B. 特性代号

　　C. 组别和型别代号　　　　　　　　D. 主要性能参数代号

(6)　机床几何精度包括(　　)等。

　　A. 工作台面的平面度

　　B. 导轨的直线度

　　C. 溜板运动对主轴轴线的平行度

　　D. 低速运动时速度的均匀性

(7)　机床夹具必不可少的组成部分有(　　)。

　　A. 定位元件及定位装置　　　　　　B. 夹紧元件及夹紧装置

　　C. 对刀及导向元件　　　　　　　　D. 夹具体

(8)　在正交平面 P_o 中测量的角度有(　　)。

　　A. 前角　　　　　B. 后角　　　　　C. 主偏角　　　　　D. 副偏角

(9)　目前，在切削加工中最常用的刀具材料是(　　)。

　　A. 碳素工具钢　　　　　　　　　　B. 高速钢

　　C. 硬质合金　　　　　　　　　　　D. 金刚石

(10)　切削加工中的切削用量包括(　　)。

　　A. 主轴每分钟转数　　　　　　　　B. 切削层公称宽度

　　C. 背吃刀量(切削深度)　　　　　　D. 进给量

　　E. 切削层公称厚度　　　　　　　　F. 切削速度

(11)　切削加工中切削层参数包括(　　)。

　　A. 切削层公称厚度　　　　　　　　B. 切削层公称深度

C. 切削余量　　　　　　　　　　　　D. 切削层公称宽度

E. 切削层公称截面面积　　　　　　　F. 切削层局部厚度

(12) 车削加工中，影响切削层公称宽度的因素有(　　)。

A. 切削深度　　　　　　　　　　　　B. 背吃刀量(切削深度)

C. 进给量　　　　　　　　　　　　　D. 刀具主偏角

E. 刀具副偏角　　　　　　　　　　　F. 切削层公称厚度

(13) 车削加工中，影响切削层公称厚度的因素有(　　)。

A. 切削深度　　　　　　　　　　　　B. 背吃刀量(切削深度)

C. 进给量　　　　　　　　　　　　　D. 刀具主偏角

E. 刀具副偏角　　　　　　　　　　　F. 切削层公称厚度

(14) 车削加工中，切削层公称截面面积等于(　　)。

A. 加工余量×轴向尺寸长度

B. 背吃刀量(切削深度)×轴向尺寸长度

C. 切削层公称宽度×切削层公称厚度

D. 背吃刀量(切削深度)×切削层公称宽度

E. 背吃刀量(切削深度)×进给量

F. 进给量×切削层公称厚度

(15) 确定刀具标注角度参考系的三个主要基准平面是(　　)。

A. 前刀面　　　　　　　　　　　　　B. 主切削平面

C. 水平面　　　　　　　　　　　　　D. 基面

E. 主后刀面　　　　　　　　　　　　F. 正交平面(主剖面)

(16) 与工作角度相比，讨论刀具标注角度的前提条件是(　　)。

A. 标注角度与所选参考系无关　　　　B. 必须以度为度量单位

C. 刀尖与工件回转轴线等高　　　　　D. 只对外圆车刀有效

E. 刀杆安装轴线与工件回转轴线垂直

F. 不考虑进给运动的影响

(17) 下列刀具中常用高速钢来制造的刀具有(　　)。

A. 各种外圆车刀　　　　　　　　　　B. 铰刀

C. 立铣刀　　　　　　　　　　　　　D. 镶齿刀铣刀

E. 插齿刀　　　　　　　　　　　　　F. 成形车刀

(18) 在下列量具中，属于专用量具的有(　　)。

A. 塞尺　　　　　　　　　　　　　　B. 卡规

C. 游标卡尺　　　　　　　　　　　　D. 钢尺

E. 外径千分尺

(19) 下列关于高速钢的说法中正确的有(　　)。

A. 抗弯强度与韧性比硬质合金高

B. 热处理变形小

C. 价格比硬质合金低

D. 加切削液时切削速度比硬质合金高

E. 特别适宜制造形状复杂的刀具

F. 耐热性较好，仍可保持良好的切削性能

(20) 下述关于硬质合金的说法中正确的有(　　)。

A. 价格比高速钢低

B. 脆性较大，怕振动

C. 耐热性比高速钢好，仍能保持良好的切削性能

D. 是现代高速切削的主要刀具材料

E. 热处理变形小

F. 用粉末冶金法制造，做形状简单的刀具

(21) 对铸铁材料进行粗车，宜选用的刀具材料有(　　)。

A. P01(YT30)　　　　　　　　　B. 30(YT5)

C. K01(YG3X)　　　　　　　　　D. K20(YG6)

E. K30(YG8)

3. 判断题

(1) 在加工工序中用作工件定位的基准称为工序基准。　　　　　　　　　　(　　)

(2) 直接找正装夹可以获得较高的找正精度。　　　　　　　　　　　　　　(　　)

(3) 划线找正装夹多用于铸件的精加工工序。　　　　　　　　　　　　　　(　　)

(4) 夹具装夹广泛应用于各种生产类型。　　　　　　　　　　　　　　　　(　　)

(5) 欠定位是绝对不允许的。　　　　　　　　　　　　　　　　　　　　　(　　)

(6) 过定位系指工件实际被限制的自由度数多于工件加工所必须限制的自由度数。

　　　　　　　　　　　　　　　　　　　　　　　　　　　　　　　　　　(　　)

(7) 定位误差是由于夹具定位元件制造不准确所造成的加工误差。　　　　　(　　)

(8) 组合夹具特别适用于新产品试制。　　　　　　　　　　　　　　　　　(　　)

(9) 正交平面是垂直于主切削刃的平面。　　　　　　　　　　　　　　　　(　　)

(10) 成批生产中，常用塞规、卡规等专用量具来检验工件合格与否。　　　(　　)

(11) 切削层公称横截面积是在给定瞬间，切削层在切削层尺寸平面中的实际横截
面积。　　　　　　　　　　　　　　　　　　　　　　　　　　　　　　　(　　)

(12) 切削层公称宽度是在给定瞬间，作用在主切削刃上两个极限点间的距离，在切削
层尺寸平面中测量。　　　　　　　　　　　　　　　　　　　　　　　　　(　　)

(13) 刀具前角是前刀面与基面的夹角，在正交平面中测量。　　　　　　　(　　)

(14) 刀具主偏角是主切削平面与假定工作平面间的夹角(即主切削刃在基面的投影与进
给方向的夹角)。　　　　　　　　　　　　　　　　　　　　　　　　　　　(　　)

(15) 高速钢并不是现代最好的刀具材料，虽然它的韧性比硬质合金高。　　(　　)

(16) 硬质合金受制造方法的限制，目前主要用于制造形状比较简单的切削刀具。

　　　　　　　　　　　　　　　　　　　　　　　　　　　　　　　　　　(　　)

(17) 金刚石刀具不宜加工钛系金属，主要用于精加工有色金属。　　　　　(　　)

(18) 磨具粒度的选择主要取决于工件的精度、表面粗糙度和生产率等。　　(　　)

(19) 磨具的组织表示磨具中材料、结合剂和气孔三者之间不同体积的比例关系。

　　　　　　　　　　　　　　　　　　　　　　　　　　　　　　　　　　(　　)

(20) 磨具的硬度是指组成磨具的磨料的硬度。　　　　　　　　　　　（　　）

4. 问答题

(1) 切削加工由哪些运动组成？各成形运动的功用是什么？

(2) 试说明 MG1432 和 CK6132 机床型号的含义。

(3) 能加工外圆、内孔、平面和沟槽的机床有哪些？它们的适用范围有何区别？

(4) 简述外联系传动链和内联系传动链的特点及其本质区别。

(5) 机床的传动链中为什么要设置换置机构？

(6) 试述刀具切削部分的材料应具备的性能。

(7) 试比较高速钢与硬质合金性能的主要区别及它们的使用范围。

(8) 已知刀具角度 γ_o=30°，α_o=10°，α_o'=8°，κ_r=45°，κ_r'=15°，λ_s=30°，请用 1∶1 比例绘出刀具的切削部分。

(9) 内孔镗削时，如果刀具安装(刀尖)高于机床主轴中心线，在不考虑合成运动的前提下，试分析刀具工作前、后角的变化情况。

(10) 孔加工刀具的类型有哪些？它们能用在哪些机床上？

(11) 影响砂轮特性的因素有哪些？

(12) 夹具的功用有哪些？机床夹具由哪些部分组成？各起什么作用？

(13) 什么是通用量具？什么是专用量具？怎样选用？

(14) 什么是定位？工件在机床上的定位方式有哪些？各有什么特点？适用于什么场合？

(15) 何谓六点定则？

(16) 定位时，工件朝一个方向的自由度消除后，是否还具有朝其反方向的自由度？为什么？

(17) 试分析单刃刀具、定尺寸刀具和成形刀具对加工精度的影响。

(18) 纵车外圆时，工艺系统中的哪个部分对工件圆度和柱度的影响最大？为什么？

(19) 怎样才能提高工件加工面间的位置精度？

5. 实作题

(1) 试分析图 1.53 所示的各零件加工所必须限制的自由度。

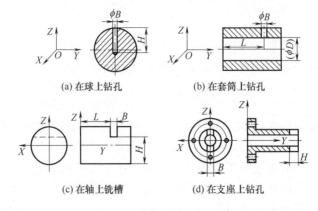

(a) 在球上钻孔　　　　(b) 在套筒上钻孔

(c) 在轴上铣槽　　　　(d) 在支座上钻孔

图 1.53

① 图 1.53(a)在球上打盲孔ϕB，保证尺寸 H。

② 图 1.53(b)在套筒零件上加工ϕB孔，要求与ϕD孔垂直相交，且保证尺寸 L。

③ 图 1.53(c)在轴上铣横槽，保证槽宽 B 以及尺寸 H 和 L。

④ 图 1.53(d)在支座零件上铣槽，保证槽宽 B 和槽深 H 及与 4 分布孔的位置。

(2) 图 1.54 所示为在车床上车孔示意图，试在图中标出刀具前角、后角、主角、副偏角和刃倾角。

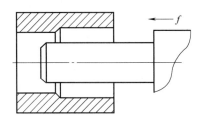

图 1.54

(3) 在车床上切断工件，切到最后时，工件常常被挤断。试分析其原因。

第 2 章　金属切削基本原理

金属切削就是用刀具把工件表面上多余的金属切掉，以获得需要的工件形状和尺寸。切削过程的实质是工件切削层在刀具前刀面的挤压下产生塑性变形，变成切屑的复杂过程。这个过程中的许多物理现象如切削力、切削热和刀具的磨损与刀具寿命、卷屑与断屑等，都与金属的变形有密切的关系，都会影响加工质量、生产率和生产成本。

通过本章的学习，要了解金属切削基本原理，掌握金属切削变形过程的规律，从而主动地加以有效控制，以便创造出更先进的加工方法和高效率的切削刀具，适应现代制造技术发展的需要。

教学重点和难点 ▐▐

- 切削变形
- 切削力
- 切削热
- 刀具磨损
- 刀具几何参数选择
- 切削用量选择

案例导入 ▐▐

要加工如图 2.1 所示的短轴，怎样才能把多余的材料去掉？要用多大的切削力？如何选择刀具的几何参数和切削用量？

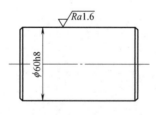

图 2.1　短轴

2.1　金属切削过程

金属切削过程是指将工件上多余的金属层，通过切削加工被刀具切除而形成切屑的过程。研究切削过程的物理本质及其变化规律，对提高切削加工生产率、保证加工质量、降低加工成本有着极其重要的意义。

2.1.1　切削变形与切屑的形成

1. 切削层与切削层参数

在切削过程中，主运动一个切削循环内，刀具从工件上所切除的金属层称为切削层。如图 2.2 所示，车削时工件旋转一周，刀具从位置 Ⅱ 移到了 Ⅰ，Ⅰ 与 Ⅱ 之间的材料层即为切削层。

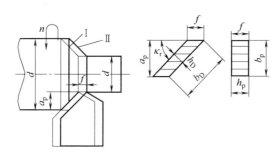

图 2.2　切削用量和切削层参数

切削层的参数如下。

(1)　切削层公称厚度 h_D(mm)：指垂直于过渡表面测量的切削层尺寸，即相邻两个过渡表面间的距离。h_D 反映了切削刃单位长度上的切削负荷。由图 2.2 可知

$$h_D = f\sin\kappa_r \tag{2-1}$$

(2)　切削层公称宽度 b_D(mm)：指沿过渡表面测量的切削层尺寸。b_D 反映了切削刃参加切削的长度。由图 2.2 可知

$$b_D = a_p/\sin\kappa_r \tag{2-2}$$

(3)　切削层公称横截面积 A_D(mm^2)：指在切削层尺寸平面中测量的横截面积，即为切削层公称厚度与切削层公称宽度的乘积。由图 2.2 可知

$$A_D = h_D b_D = a_p f \tag{2-3}$$

2. 切削变形的本质

从材料力学中可知，金属材料受挤压时，其内部材料产生应力、应变(见图 2.3)，在大约与受力成 45°(图中 CB 和 DA 方向即剪切方向)的斜截面内剪应力最大，开始是弹性变形，当剪应力达到材料的屈服极限时，剪切变形进入塑性流动阶段，材料内部沿着剪切面发生相对滑移，材料就被压扁(塑性材料)或剪断(脆性材料)。

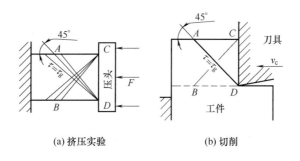

(a) 挤压实验　　　　　　　　(b) 切削

图 2.3　金属的挤压与切削

切削加工与上述挤压相似,只是在切削加工时,受切削层下方(*BD* 线以下)材料的阻碍,切削层材料不能沿 *CB* 方向滑移,只能沿剪切面向上滑移,于是,切削层材料就转变为切屑,如图2.4 所示。

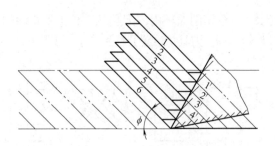

图 2.4　切削过程示意图

3. 切屑的形成过程与三个变形区

如图 2.5 所示,在刀具切入工件后,由于切削刃和前刀面的推挤,工件材料内部的每一点都要产生一定的内应力,离刀具越近的地方应力越大。当切削层中某点 *P* 逼近到达点 1 位置时,其切应力达到材料的屈服强度,则 *P* 点在继续向前移动的同时,还要沿 *OA* 方向滑移变形,其合成运动将使 *P* 点由点 1 的位置移动到点 2 的位置,2—2′即为此时的滑移量。随着滑移的产生,剪应变将逐渐加大,即 *P* 点继续沿 2、3、……各点移动,并沿 *OB*、*OC*、……方向滑移,滑移量不断增大,切应力也随之增高。当 *P* 点到达 4 点后,其运动方向已与刀具前面平行,滑移将终止。与此同时,切应力也由 4 点的最大值 $\tau_{\max}$ 迅速下降。所以 *OM* 面称为终剪切面,*OA* 面称为始剪切面,在 *OA* 之前的材料只发生弹性变形;在 *OM* 之后的材料已成为切屑,并沿前面流出。由此可见,切屑的形成过程,就其本质来说,是被切削层金属在刀具切削刃和前刀面作用下,因受挤压而产生剪切滑移变形的过程。在 *OA* 到 *OM* 之间的区域即为第一变形区,在一般切削速度范围内,其宽度仅为 0.02~0.2mm,故可用一个面表示,称为剪切面,剪切面和切削速度方向之间的夹角称为剪切角,以 ϕ 表示。剪切角 ϕ 的大小反映了切削变形程度的大小,剪切角 ϕ 越大,切削变形越小。

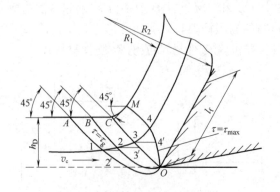

图 2.5　第一变形区金属的滑移

(1) 第一变形区:是切屑形成的主要区域(图 2.6 中 I 区),在刀具前面推挤下,切削层金属发生塑性变形。切削层金属所发生的塑性变形是从 OA 线开始，直到 OM 线结束。在这个区域内，被刀具前面推挤的工件的切削层金属完成了剪切滑移的塑性变形过程，金属的晶粒被显著拉长。离开了 OM 线之后，切削层金属已经变成了切屑，并沿着刀具前面流动。

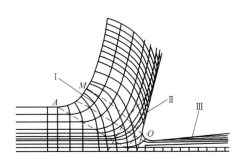

图 2.6　金属切削过程中的滑移线和流线示意图

(2) 第二变形区：切屑沿前面流动时，进一步受到刀具前面的挤压，在刀具前面与切屑底层之间产生了剧烈摩擦，使切屑底层的金属晶粒纤维化，其方向基本上和刀具前面平行。这个变形区域称为第二变形区(图 2.6 中 II 区)。第二变形区对切削过程也会产生较显著的影响。

(3) 第三变形区：切削层金属被刀具切削刃和前面从工件基体材料上剥离下来，进入第一和第二变形区；同时，工件基体上留下的材料表层经过刀具钝圆切削刃和刀具后面的挤压、摩擦，使表层金属产生纤维化和非晶质化，并使其显微硬度提高；并且在刀具后面离开后，已加工表面表层和深层金属都要产生回弹，从而产生表面残留应力，这些变形过程都是在第三变形区(图 2.6 中 III 区)内完成的，也是已加工表面形成的过程。第三变形区内的摩擦与变形情况直接影响着已加工表面的质量。

这三个变形区不是独立的，它们之间有紧密的内在联系且相互影响。

2.1.2　切屑的类型

由于工件材料以及切削条件不同，切削变形的程度也不同，因而所产生的切屑形态也就多种多样。其基本类型如图 2.7 所示，即带状切屑、节状(挤裂)切屑、粒状切屑和崩碎切屑四类。

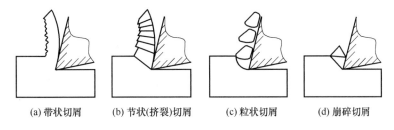

(a) 带状切屑　　(b) 节状(挤裂)切屑　　(c) 粒状切屑　　(d) 崩碎切屑

图 2.7　切屑类型

1. 带状切屑

带状切屑是最常见的一种切屑。它的形状像一条连绵不断的带子，底部光滑，背部呈毛茸状。一般加工塑性材料，当切削厚度较小、切削速度较高、刀具前角较大时，得到的切屑往往是带状切屑。出现带状切屑时，切削过程平稳，切削力波动较小，已加工表面粗糙度值较小。

2. 节状(挤裂)切屑

节状切屑又称挤裂切屑。切屑上各滑移面大部分被剪断，尚有小部分连在一起，犹如节骨状。它的外弧面呈锯齿形，内弧面有时有裂纹。其原因是它的第一变形区较宽，在剪切滑移过程中滑移量较大，由滑移变形所产生的加工硬化使剪切力增加，在局部地方达到材料的破裂强度。这种切屑在切削速度较低、切削厚度较大、刀具前角较小的情况下产生。出现节状切屑时，切削过程不平稳，切削力有波动，已加工表面粗糙度值较大。

3. 粒状切屑(单元切屑)

切屑沿剪切面完全断开，因而切屑呈梯形的单元状(粒状)。切削塑性材料时，在切削速度极低时产生这种切屑。出现单元切屑时切削力波动大，已加工表面粗糙度值大。

以上三种切屑只有在加工塑性材料时才可能得到。生产中最常见的是带状切屑，有时得到挤裂切屑，单元切屑则很少见。切屑的形态是随切削条件的改变而转化的。在形成挤裂切屑的情况下，若减小刀具前角，降低切削速度，或加大切削厚度，就可以得到单元切屑；反之，则会得到带状切屑。

4. 崩碎切屑

切削脆性材料时，由于材料的塑性很小且抗拉强度低，被切金属层在前刀面的推挤下未经塑性变形就在拉应力状态下脆断，形成不规则的碎块状切屑。它与工件基体分离的表面很不规则，切削力波动很大，切削振动大，加工表面凹凸不平，表面粗糙度值很大。

在切削加工中，采取适当的措施来控制切屑的卷曲、流出与折断，使其形成"可接受"的良好屑形。从切屑控制的角度出发，国际标准化组织(ISO)制定了切屑分类标准，如表 2.1 所示。

表 2.1 切屑分类标准

	1-1 长的	1-2 短的	1-3 缠绕的
1 带状切屑			
	2-1 长的	2-2 短的	2-3 缠绕的
2 管状切屑			
	3-1 平板的	3-2 锥的	
3 发条状切屑			

续表

	4-1 长的	4-2 短的	4-3 缠绕的
4 垫圈形螺旋切屑			
	5-1 长的	5-2 短的	5-3 缠绕的
5 圆锥形螺旋切屑			
	6-1 相连的	6-2 碎断的	
6 弧形切屑			
7 粒状切屑			
8 针状切屑			

2.1.3　切削变形程度的表示方法

1. 相对滑移

如图 2.8 所示，当切削层单元平行四边形 *OHNM* 产生剪切变形为 *OGPM* 时，沿剪切面 *NH* 产生的滑移量为 Δs。相对滑移 ε 的大小为

$$\varepsilon = \frac{\Delta s}{\Delta y} = \frac{NP}{MK} = \frac{NK + KP}{MK} = \cot\phi + \tan(\phi - \gamma_0) \tag{2-4}$$

或

$$\varepsilon = \frac{\cos\gamma_0}{\sin\phi\cos(\phi - \gamma_0)} \tag{2-5}$$

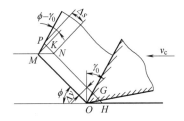

图 2.8　相对滑移

通常，剪切角 ϕ 和前角 γ_0 的范围为：$\phi = 10° \sim 30°$，$\gamma_0 = -10° \sim 30°$，ϕ 的变化对 $\sin\phi$ 的影响要比 $\cos(\phi - \gamma_0)$ 大。因此，ϕ 越大，ε 越小；γ_0 越大，ε 也越小。

2. 变形系数(切屑厚度压缩比)

在生产实践中，切屑厚度 h_{ch} 通常要大于切削厚度 h_D，而切屑长度 l_{ch} 则小于切削长度 l_c，如图 2.9 所示。由于切削宽度与切屑宽度差异很小，根据体积不变的原则，变形系数可由下式计算。

厚度变形系数
$$\xi_h = \frac{h_{ch}}{h_D}$$
(2-6)

长度变形系数
$$\xi_l = \frac{l_c}{l_{ch}}$$
(2-7)

变形系数 ξ 大于 1，它可直观地反映切屑的变形程度，且容易测量。ξ 值越大，变形越大。

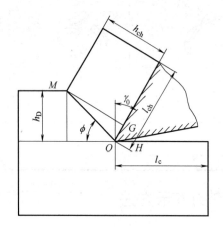

图 2.9　切屑的变形

由图 2.9 可以计算出变形系数 ξ，即

$$\xi_h = \frac{h_{ch}}{h_D} = \frac{OM \cos(\phi - \gamma_0)}{OM \sin\phi} = \frac{\cos(\phi - \gamma_0)}{\sin\phi}$$
(2-8)

剪切角 ϕ 越大，则变形系数 ξ 越小。

2.1.4　前刀面上的摩擦与积屑瘤

1. 前刀面上的摩擦

切削时，切削层经第一区变形后沿前刀面排出，受到前刀面的挤压和摩擦变形加剧，进入第二变形区。切屑在流经前刀面时，在高温、高压作用下产生剧烈摩擦，致使刀具前刀面与切屑底层产生黏结现象，也称冷焊。这种摩擦与一般金属接触面间的摩擦不同。如图 2.10 所示，刀屑接触区分为黏结区和滑动区两部分。黏结区的摩擦为金属间的内摩擦，是金属内部的剪切滑移，这部分切向应力等于被切材料的剪切屈服点 τ_s；滑动区的摩擦为外摩擦，即滑动摩擦，这部分切向应力随着远离切削刃由 τ_s 逐渐减小至零。而刀屑接触面上正应力分布是刃口处最大，远离刃口处变小，直至减小至零。所以前刀面上各点的摩擦大小是不同的。

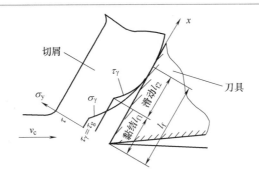

图 2.10   切屑和前刀面摩擦特性

2. 积屑瘤

1)   积屑瘤的形成

由于刀屑接触面很洁净，切削塑性材料时，在黏结摩擦和滞留的作用下，当前刀面上的温度和压力适宜时，切屑底层金属黏结前刀面的刃口附近(即所谓的"冷焊")，形成硬度很高(是工件材料的 2～3 倍)的一个楔块，称为积屑瘤，如图 2.11 所示。积屑瘤的大小常用积屑瘤的高度 H_b 来表示。

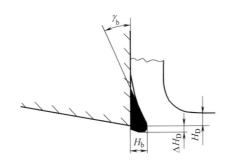

图 2.11   积屑瘤前角和伸出量

在加工过程中，积屑瘤的高度是逐层积聚的，到一定高度后，受振动或外力作用会脱落，所以加工时积屑瘤是一个生成、长大、脱落的周期性过程。

2)   积屑瘤对切削过程的影响

(1)   增大前角，减小切削力：积屑瘤在刀面上增大了刀具的实际工作前角，可减小切屑变形，减小切削力。

(2)   影响尺寸精度：积屑瘤前端伸出刀刃外 H_b，使切削厚度增加了 Δh_D，影响工件尺寸精度。

(3)   增大表面粗糙度值：高度不稳定的积屑瘤会在工件表面上划出沟痕和挤歪已有沟痕，脱落后的积屑瘤颗粒会嵌在已加工表面上，增大表面粗糙度值。

(4)   减小刀具磨损：积屑瘤像帽子保护着切削刃，代替切削刃、前刀面和后刀面进行切削，以减小刀具的磨损。

3)   影响积屑瘤的主要因素

积屑瘤的形成主要取决于切削温度。此外，接触面间的压力、粗糙程度、黏结强度等因素都与形成积屑瘤的条件有关。

(1) 工件材料：塑性越大，切削温度越高，越容易形成积屑瘤。可以采用正火或调质处理避免积屑瘤的生成。

(2) 切削速度：试验表明，采用低速(v_c≤3m/min)或较高速(v_c>40m/min)切削时，不易产生积屑瘤，如图2.12所示。

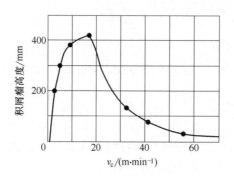

图 2.12　切削速度与积屑瘤高度的关系

(3) 刀具前角：增大前角，可以减小切屑变形、切削力和摩擦，降低切削温度，抑制积屑瘤的生成。

另外，使用切削液可有效降低切削温度和摩擦，抑制积屑瘤的产生。

2.1.5　已加工表面的形成过程

刀具切削刃的刃口实际上无法磨得绝对锋利，总存在刃口圆弧，如图2.13所示，刃口圆弧半径为r_β。切削时，刃口圆弧的切削和挤压摩擦作用使刃口前区的金属内部产生复杂的塑性变形。通常以O点为分界点，O点以上金属晶体向上滑移形成切屑，O点以下厚度Δh_D的金属层晶体向下滑移绕过刃口形成已加工表面。这层金属被刃口圆弧挤压后，还继续受到后刀面上小棱面CE的摩擦，以及由已加工表面弹性恢复层Δh与后刀面上ED部分接触产生挤压摩擦，使已加工表面变形更加剧烈。

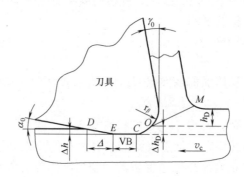

图 2.13　已加工表面变形

经切削产生的变形使得已加工表面层的金属晶格产生扭曲、挤紧和碎裂，造成已加工表面的硬度增高，这种现象称为加工硬化(冷硬)。硬化程度严重的材料使切削变得困难。

冷硬还使已加工表面出现显微裂纹和残余应力等，从而降低了加工表面的质量和材料的疲劳强度。

鳞刺是已加工表面上的一种鳞片状毛刺，它对表面粗糙度有严重影响。通常在以较低的切削速度对塑性金属进行车、刨、钻、拉等加工时，都可能出现鳞刺。采取高速切削、减小切削厚度、使用润滑性能好的切削液等措施，都可抑制鳞刺的产生。

2.1.6 影响切屑变形的主要因素

影响切屑变形的因素有很多，主要包括工件材料、刀具前角、切削速度、切削厚度等。

1. 工件材料

工件材料的强度、硬度越大，切屑变形越小，图 2.14 所示为工件材料的强度对变形系数的影响。

2. 刀具前角

刀具的前角越大，切削刃就越锋利，对切削层金属的挤压也就越小，剪切角会越大，所以，切屑变形也就越小，如图 2.15 所示。

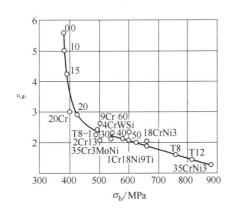

图 2.14 材料强度对变形系数的影响

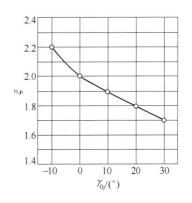

图 2.15 前角对变形系数 ξ 的影响

3. 切削速度

切削速度主要是通过积屑瘤和切削温度使剪切角变化而影响切屑变形的。如图 2.16 所示，在切削碳钢等塑性金属时，变形系数 ξ 随切削速度的增大而呈波形变化，这是因为在较宽的切削速度范围内，中间有一部分区域会生成积屑瘤，而高速端和低速端却没有积屑瘤。当切削速度增加使积屑瘤增大时（v_c 在 8～22m/min 之间），刀具实际工作前角增大，切屑变形减小；当切削速度再增加（v_c 在 22～55m/min 之间），积屑瘤减小，刀具实际工作前角减小，切屑变形增大。在无积屑瘤的切削速度区域，切屑变形程度只与切削速度有关。在图示 $v_c > 55$m/min 条件下，当切削速度增大时，切屑通过变形区的时间极短，来不及充分地剪切滑移即被排出切削区外，故切屑变形随切削速度的增加而减小。

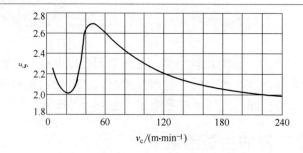

图 2.16 切削速度对变形系数 ξ 的影响

切削铸铁等脆性材料时，一般不产生积屑瘤。随着切削速度的提高，变形系数会逐渐减小。

4. 切削厚度

随着切削厚度的增加，摩擦系数减小，ϕ 增大，变形系数 ξ 减小。在无积屑瘤的情况下，f 越大，ξ 越小，如图 2.17 所示。切屑底层的金属与前刀面产生剧烈的挤压和摩擦，离前刀面越远，切削层变形越小，因此切削厚度的增加使切屑的平均变形减小。

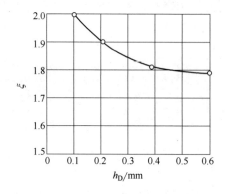

图 2.17 切削厚度对变形系数 ξ 的影响

2.2 切 削 力

在切削过程中，切削力直接影响着切削热、刀具磨损、刀具耐用度、加工精度和已加工表面质量。在生产中，切削力又是计算切削功率，制定切削用量，设计机床、刀具、夹具的重要依据。因此，研究和掌握切削力的规律和计算、试验方法，对生产实际有重要的实用意义。

2.2.1 切削力的来源及分解

1. 切削力的来源

加工时，使切削层产生弹性、塑性变形的切削抗力作用在刀具上；前刀面与切屑间、后刀面与已加工表面间的摩擦力也作用在刀具上，这些力称为切削力。如图 2.18 所示，即作用于前刀面的力有法向力 $F_{\gamma n}$ 和摩擦力 F_γ，作用于后刀面的力有法向力 F_{an} 和摩擦力 F_α。$F_{\gamma n}$ 与 F_γ 合成为 $F_{\gamma,\gamma n}$，F_{an} 与 F_α 合成为 $F_{\alpha,\alpha n}$，$F_{\gamma,\gamma n}$ 与 $F_{\alpha,\alpha n}$ 再合成为 F，F 就是作用在刀具上的总切削力。对于锐利的刀具，作用在前刀面上的力是主要的。作用在后刀面上的 F_{an} 和 F_α 很小，分析问题有时可以忽略不计。

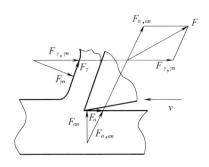

图 2.18　作用在刀具上的切削力

2. 切削力的分解

图 2.19 所示为车削外圆时的切削力。为了便于测量、研究和计算，常将切削合力 F 分解为三个互相垂直的分力。

(1) 切削力 F_c (切向力)：切削合力 F 在主运动方向的分力。它垂直于基面，与切削速度 v_c 的方向一致。其用于计算刀具强度、设计机床零件和确定机床功率等。

(2) 背向力 F_p (径向力)：切削合力 F 在加工表面法向方向上的分力。它在基面内，并与进给方向相垂直，也称吃刀抗力、切深抗力。其用于计算与加工精度有关的工件挠度和刀具机床零件的强度等，是产生切削振动的主要作用力。

(3) 进给力 F_f (轴向力)：切削合力 F 在进给方向的分力。它在基面内，并与进给方向相平行；也称进给抗力。其用于计算进给功率和设计机床进给机构等。

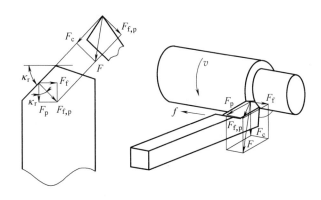

图 2.19　切削力的分解

由图 2.19 可知

$$F = \sqrt{F_c^2 + F_{f,p}^2} = \sqrt{F_c^2 + F_p^2 + F_f^2} \tag{2-9}$$

F_p、F_f 与 $F_{f,p}$ 之间有如下关系：

$$F_p = F_{f,p} \cos \kappa_\gamma , \quad F_f = F_{f,p} \sin \kappa_r \tag{2-10}$$

其中，F_c 最大，F_p 和 F_f 小一些。F_p、F_f 与 F_c 的大致关系为

$$F_p = (0.15 \sim 0.7) F_c$$

$$F_f = (0.1 \sim 0.6) F_c$$

2.2.2　切削力的测量

测力仪的测量原理是测量出变形或电荷，经转换后读出三个切削分力。目前应用最广的是电阻应变片式测力仪。它的灵敏度高，精度高，量程范围大，可用于动态测量和静态测量。

电阻式测力仪的工作原理是将若干电阻应变片贴在测力仪上弹性元件的不同部位，分别连成电桥，如图 2.20 中的 $R_1 \sim R_4$ 所示。预先将电桥调平衡，即 $\dfrac{R_1}{R_2} = \dfrac{R_3}{R_4}$，$B$、$D$ 两点间电位差为零。切削力作用时，应变片随弹性元件发生变形，改变其电阻值：顶部的电阻应变片 R_1 和 R_4 在张力作用下，长度增大，截面积缩小，电阻值增大；底部的 R_2 和 R_3 在压力作用下，长度缩短，截面积加大，电阻值减小，B、D 两点间产生电位差。经过机械标定和电标定，可以得到电参数与切削力之间的关系曲线(即标定曲线)，从标定曲线上可得知切削力的数值。也可用计算机数据处理后，直接读出各分力与总切削力的数值。同理，可得在进给方向和切削背向的作用力 F_f 和 F_p。

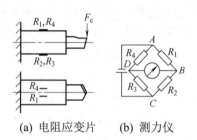

(a) 电阻应变片　　　(b) 测力仪

图 2.20　电阻应变片式测力仪

2.2.3　切削力和切削功率的计算

1. 切削力的计算

通过大量试验，用测力仪测得各向分力后，通过数据处理可得切削力的经验公式。生产中切削力的经验公式分为两类：一是指数公式，二是按单位切削力计算的公式。

1) 计算切削力的指数公式

切削力为

$$F_c = C_{F_c} a_p^{x_{F_c}} f^{y_{F_c}} v_c^{n_{F_c}} k_{F_c} \tag{2-11}$$

背向力为

$$F_p = C_{F_p} a_p^{x_{F_p}} f^{y_{F_p}} v_c^{n_{F_p}} k_{F_p} \tag{2-12}$$

进给力为

$$F_f = C_{F_f} a_p^{x_{F_f}} f^{y_{F_f}} v_c^{n_{F_f}} k_{F_f} \tag{2-13}$$

式中：C_{F_c}、C_{F_p}、C_{F_f}——与工件材料、刀具材料有关的影响系数，其大小与试验条件有关；

x_{F_c}、x_{F_p}、x_{F_f}——背吃刀量 a_p 对切削各分力的影响指数；

y_{F_c}、y_{F_p}、y_{F_f}——进给量 f 对切削各分力的影响指数；

n_{F_c}、n_{F_p}、n_{F_f}——切削速度 v_c 对切削各分力的影响指数；

k_{F_c}、k_{F_p}、k_{F_f}——试验条件与计算条件不同时的修正系数。

对于最常见的外圆车削、镗孔等，$x_{F_c}=1$，$y_{F_c}=0.75$，$n_{F_c}=0$，这是一组最典型的值。不仅能用于计算切削力，还可用于分析切削中的一些现象。

2) 单位切削力的计算公式

用单位切削力 p 来计算主切削力是一种更简便的形式。单位切削力是指切除单位切削层面积所产生的主切削力，用 p 表示为

$$p = \frac{F_c}{A_c} = \frac{F_c}{a_p f} = \frac{F_c}{h_D b_D} \tag{2-14}$$

2. 切削功率的计算

切削功率 P_c 是指在切削过程中所消耗的功率，是各切削分力消耗功率的和。由于主运动方向上的功率消耗最大，通常用主运动消耗的功率表示切削功率 P_c(kW)，即

$$P_c = \frac{F_c v_c}{60} \times 10^{-3} \tag{2-15}$$

则机床电动机所需功率 $P_E(K_w)$ 为

$$P_E = P_c / \eta \tag{2-16}$$

式中：η 为机床传动的效率，一般取 $\eta = 0.75 \sim 0.85$。F_c 单位为 N，v_c 单位为 m/min。

式(2-16)是校验和选取机床电动机的主要依据。

2.2.4　影响切削力的因素

1. 工件材料的影响

工件材料的物理力学性能、加工硬化程度、热处理情况都影响切削力的大小，其中影响较大的因素是强度、硬度和塑性。工件材料的强度、硬度越高，则屈服强度越高，切削力越大。在强度、硬度相近的情况下，材料的塑性(伸长率)、韧性越大，则刀具前刀面上的平均摩擦系数越大，切削力也就越大。另外，加工硬化程度大，切削力也增大。

2. 切削用量的影响

1) 进给量 f 和背吃刀量 a_p

进给量 f 和背吃刀量 a_p 的增加，都使切削面积 A_D 增大，但进给量 f 的增加会使变形程度减小，切削层单位面积切削力减小，故切削力有所增加；而背吃刀量 a_p 增加时，切削层单位面积切削力不变，切削刃上的切削负荷也随之增大，即切削变形抗力和刀具前刀面上的摩擦力均成正比增加。试验证明，当其他切削条件一定时，a_p 增大 1 倍时，切削力增大 1 倍；f 加大 1 倍，切削力增加不到 1 倍。因此，生产中常用增大 f 来提高生产率。

2) 切削速度 v_c

积屑瘤的存在与否，决定着切削速度对切削力的影响情况。在积屑瘤生长阶段，v_c 增加，积屑瘤高度增加，变形程度减小，切削力减小；而积屑瘤的减小会使切削力增大。在无积屑瘤阶段，v_c 增加，切削温度升高，前刀面的摩擦减小，变形程度减小，切削力减小。因此，生产中常用高速切削来提高生产效率。

在切削脆性金属工件材料时，因塑性变形很小，前刀面上的摩擦也很小，所以切削速度 v_c 对切削力无明显影响。

3. 刀具几何参数与刀具材料的影响

(1) 前角 γ_0：前角 γ_0 增大时，若后角不变，刀具容易切入工件，有助于切削变形的减小，使变形抗力减小，所以切削力减小。此外，前角的增大，导致剪切角 ϕ 的增大并促使切削变形减小，从而使切削力减小。一般情况下，加工塑性大的材料，增大前角则总切削力明显减小；而加工脆性材料时，增大前角对减小总切削力的作用不显著。

(2) 负倒棱：前刀面上的负倒棱能显著提高刀具的刃口强度，可以提高刀具寿命；但负倒棱使切削变形增加，所以切削力增大。

(3) 主偏角：主偏角 κ_r 对切削力的影响可以从图 2.21 所示的试验数据及式(2-10)（$F_p = F_{f,p} \cos \kappa_r$；$F_f = F_{f,p} \sin \kappa_r$）得到，主偏角 κ_r 变大时，会使 F_p 减小，F_f 增大。因此，生产中常用主偏角为 75° 的车刀加工。

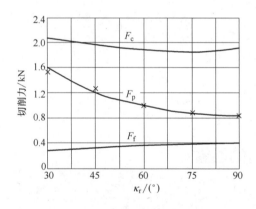

图 2.21 主偏角对切削力的影响

(4) 刀尖圆弧半径：刀尖圆弧半径 r_ε 增大，则切削刃圆弧部分的长度增长，切削变形增大，使切削力增大。此外，r_ε 增大，整个主切削刃上各点主偏角的平均值减小，从而使 F_p 增大，F_f 减小。

4. 刀具磨损及切削液的影响

刀具后面磨损后，后角为零，作用在后面上的法向力 F_{na} 和摩擦力 F_{fa} 都增大，故切削力 F_c、背向力 F_p 都增大。

切削过程中，采用切削液可减小刀具与工件间及刀、屑间的摩擦，有利于减小切削力。

2.3　切削热与切削温度

切削热和由它产生的切削温度会使整个工艺系统的温度升高，一方面会引起工艺系统的变形，另一方面会加速刀具的磨损，从而影响工件的加工精度、表面质量及刀具的耐用度。因此，研究切削热和切削温度的产生及其变化规律具有很重要的意义。

2.3.1　切削热的来源与传导

1. 切削热的产生

切削加工时，切削层金属发生弹性变形和塑性变形所消耗的能量 98%以上都转换成热能，这是切削热的一个主要来源。另外，刀、屑面间的摩擦以及后刀面与工件间的摩擦，是切削热的又一个来源。在三个切削变形区都产生切削热，如图 2.22 所示。

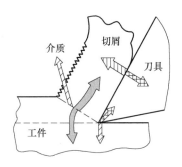

图 2.22　切削热的产生与传导

如果忽略进给运动所消耗的功，并假定主运动所消耗的功全部转化为热能，则单位时间内产生的切削热可由下式算出

$$Q=F_c v_c \tag{2-17}$$

式中：Q——每秒内产生的切削热(J/s)；

　　　F_c——切削力(N)；

　　　v_c——切削速度(m/s)。

2. 切削热的传导

切削热由切屑、工件、刀具以及周围的介质传导出去。影响热传导的主要因素是工件和刀具材料的导热系数，以及周围介质的状况。工件的导热系数越大，则通过工件和切屑传走的热量越多，切削区的温度降低，有利于提高刀具的使用寿命，但工件的温度升高就会降低工件加工精度。刀具的导热系数越大，则通过刀具传走的热量就越多，可降低切削区的温度。

据有关资料介绍，切削热由切屑、工件、刀具以及周围的介质传导出去的比例为：车削时，50%~86%由切屑带走，10%~40%传入车刀，3%~9%传入工件，1%左右通过辐射传入空气；钻削时，28%由切屑带走，14.5%传入刀具，52.5%传入工件，5%左右传入周围介质；磨削时，4%由磨屑带走，12%传给砂轮，84%传入工件。

2.3.2　切削温度

切削温度一般指切屑与前刀面接触区域的平均温度，由于刀具上各点与三个热源(三个变形区)的距离不同，因此刀具上各点的温度分布不均匀。图 2.23 所示为切屑塑性材料时刀具、切屑和工件的温度分布示意图。切屑沿前刀面流出时，热量累积导致温度升高，而热传导又十分不利，在距离刀尖一定长度的地方温度最高，刀具磨损也是在此处开始。在切脆性材料时，切屑呈崩碎状，第一区的塑性变形不严重，与前刀面的接触长度很短，使第二区的摩擦减小，因此第一区和第二区的温度不高，只有第三区的工件与刀尖的摩擦热是主要热源，这时刀具上温度最高点是在刀尖且靠近后刀面的地方，磨损也从此处开始。

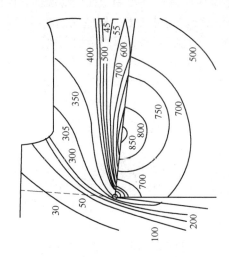

图 2.23　切屑、工件和刀具上的温度分布

2.3.3　影响切削温度的因素

1. 切削用量的影响

(1) 切削速度 v_c：随着切削速度的提高，切削温度将显著上升。这是因为，切屑沿前刀面流出时，切屑底层与前刀面发生强烈摩擦，从而产生大量切削热；由于切削速度很高，在一个很短的时间内切屑底层的切削热来不及向切屑内部传导，而是大量积聚在切屑底层，从而使切屑温度显著升高。另外，随着切削速度的提高，金属切除量成正比例增加，消耗的机械功增大，使切削温度上升。切削温度与切削速度之间的经验关系式为

$$\theta = C_{\theta v} v^{\chi} \tag{2-18}$$

式中：θ——切削温度；

　　　$C_{\theta v}$——系数，与切削条件有关；

　　　v——切削速度；

　　　χ——指数，反映 v 对 θ 的影响程度，一般，$\chi = 0.26 \sim 0.41$。

(2) 进给量 f：随着进给量的增大，金属切除量增多，切削热随之增加，使切削温度

上升。但单位切削力和单位切削功率随 f 的增大而减小，切除单位体积金属产生的热量也减小；另外，f 增大使切屑变厚，切屑的热容量增大，由切屑带走的热量增加，故切削区的温度上升得不显著。切削温度与进给量之间的经验关系式为

$$\theta = C_{\theta f} f^{0.14} \tag{2-19}$$

式中：$C_{\theta f}$ 为系数，与切削条件有关。

(3) 背吃刀量 a_p：背吃刀量 a_p 对切削温度的影响很小。因为 a_p 增大以后，切削区产生的热量虽增加，但切削刃参加工作长度增加，散热条件改善，故切削温度升高并不明显。切削温度与被吃刀量之间的经验关系式为

$$\theta = C_{\theta a_p} a_p^{0.04} \tag{2-20}$$

式中：$C_{\theta a_p}$ 为系数，与切削条件有关。

切削温度对刀具磨损和耐用度影响很大。由以上规律(切削用量中，v 对 θ 影响最大，f 次之，a_p 最小)可知，为有效控制切削温度以提高刀具耐用度，选用大的背吃刀量或进给量比选用大的切削速度有利。

2. 刀具几何参数的影响

(1) 前角 γ_0：前角 γ_0 的大小直接影响切削过程中的变形和摩擦，对切削温度有明显影响。前角大，切削温度低；前角小，切削温度高；但前角达 18°～20° 后，对切削温度影响减小，这是因为楔角变小使散热体积减小的缘故。

(2) 主偏角 κ_r：主偏角 κ_r 加大后，切削刃工作长度缩短，切削热相对集中；同时，刀尖角减小，使散热条件变差，切削温度将升高。若减小主偏角，则刀尖角和切削刃工作长度加大，散热条件被改善，从而使切削温度降低。

3. 刀具磨损的影响

刀具磨损后切削刃变钝，使金属变形增加；同时，刀具后刀面与工件的摩擦加剧。所以，刀具磨损后切削温度上升。后刀面上的磨损量越大，切削温度上升越迅速。

4. 工件材料的影响

工件材料的硬度和强度越高，切削时切削力越大，所消耗的功越多，产生的切削热越多，切削温度就越高。

工件材料导热系数的大小直接影响切削热的导出，如不锈钢 1Cr18Ni9Ti 和高温合金 GH131，不仅导热系数小，且在高温下仍有较高的强度和硬度，故切削温度高。

灰铸铁等脆性材料，切削时金属变形小，切屑呈崩碎状，与前刀面摩擦小，产生切削热少，故切削温度一般较切削钢料时低。

5. 切削液的影响

切削液对降低切削温度有明显效果。

2.3.4　切削液

在金属切削过程中，正确使用切削液可以减少切屑、工件与刀具的摩擦，降低切削温

度和切削力，减缓刀具磨损。切削液还可以减少刀具与切屑黏结，抑制积屑瘤和鳞刺的生长；减小已加工表面粗糙度值，减少工件热变形，保证加工精度和提高生产效率。

1. 切削液的作用

(1) 冷却作用：使用切削液能降低切削温度，从而提高刀具使用寿命和加工质量。在切削速度高，刀具、工件材料导热性差，热膨胀系数较大的情况下，切削液的冷却作用尤显重要。

(2) 润滑作用：金属切削加工时，切屑、工件和刀具表面的摩擦可以分为干摩擦、流体润滑摩擦和边界润滑摩擦三类。不加切削液时，就是金属与金属接触的干摩擦，摩擦系数最大。使用切削液后，切屑、工件与刀面之间形成润滑油膜，成为流体润滑摩擦，此时摩擦系数很小，但由于切屑、工件与刀具界面承受荷载(压力)大、温度高，油膜大部分被破坏，造成部分金属直接接触；由于润滑液的渗透和吸附作用，部分接触面仍存在着润滑液的吸附膜，起到降低摩擦系数的作用，这种状态即为边界润滑摩擦。

切削液的润滑性能与其渗透性以及形成吸附膜的牢固程度有关。在切削液中添加含硫、氯等元素的极压添加剂后会与金属表面起化学反应，生成化学膜。它可以在高温(达 $400 \sim 800\,℃$)下使边界润滑层保持较好的润滑性能。

(3) 清洗作用：切削液能冲刷掉切削中产生的碎屑或磨粉，避免划伤已加工表面和机床导轨。清洗性能的好坏，与切削液的渗透性、流动性和使用的压力有关。切削液的清洗作用对磨削精密加工和自动线加工十分重要，而深孔加工时，常常利用高压切削液来进行排屑。

(4) 防锈作用：为减少工件、机床、刀具的腐蚀，要求切削液具有一定的防锈作用。其防锈作用的好坏，取决于切削液本身的性能和加入的防锈添加剂的性质。

除了上述作用外，切削液还应当价廉、配制方便、稳定性好、不污染环境和不影响人体健康。

2. 切削液的种类及选用

(1) 水溶液：主要成分为水并加入防锈剂和添加剂，使其既有良好的冷却、防锈性能，又有一定的润滑作用。水溶液适合于磨削加工。

(2) 乳化液：主要成分为水($95\% \sim 98\%$)，加入适量的矿物油、乳化剂和其他添加剂配制而成的乳白色切削液。低浓度乳化液主要起冷却作用，高浓度乳化液主要起润滑作用。乳化液主要用于车削、钻削、攻螺纹。

(3) 切削油：主要成分是矿物油(机油、轻柴油、煤油)，少数采用动植物油(豆油、菜籽油、蓖麻油、棉籽油、猪油、鲸油)等。切削油一般用于滚齿、插齿、铣削、车螺纹及一般材料的精加工。

机油用于普通车削、攻螺纹；煤油或与矿物油的混合油用于精加工有色金属和铸铁；煤油或与机油的混合油用于普通孔或深孔精加工；蓖麻油或豆油也用于螺纹加工；轻柴油用于自动机床上，做自身润滑液和切削液用。

表 2.2 列出了针对不同工件材料、刀具材料及加工方法等情况下可供选择的切削液。

表 2.2　常用的切削液

工件材料	碳钢-合金钢		不锈钢		高温合金		铸铁		铜及合金		铝及合金	
加工方法／刀具材料	高速钢	硬质合金	高速钢	硬质合金	高速钢	硬质合金	高速钢	硬质合金	高速钢	硬质合金	高速钢	硬质合金
车 粗加工	3,1,7	0,3,1	4,2,7	0,4,2	2,4,7	0,2,4	0,3,1	0,3,1	3	0,3	0,3	0,3
车 精加工	3,7	0,3,2	4,2,8,7	0,4,2	2,8,4	0,4,2,8	0,6	0,6	3	0,3	0,3	0,3
铣 粗加工	3,1,7	0,3	4,2,7	0,4,2	2,4,7	0,2,4	0,3,1	0,3,1	3	0,3	0,3	0,3
铣 精加工	4,2,7	0,4	4,2,8,7	0,4,2	2,8,4	0,2,4,8	0,6	0,6	3	0,3	0,3	0,3
钻孔	3,1	3,1	8,7	8,7	2,8,4	2,8,4	0,3,1	0,3,1	3	0,3	0,3	0,3
铰孔	7,8,4	7,8,4	8,7,4	8,7,4	8,7	8,7	0,6	0,6	5,7	0,5,7	0,5,7	0,5,7
攻丝	7,8,4	—	8,7,4	—	8,7	—	0,6	—	5,7	—	0,5,7	—
拉削	7,8,4	—	8,7,4	—	8,7	—	0,3	—	3,5	—	0,3,5	—
滚齿、插齿	7,8	—	8,7	—	8,7	—	0,3	—	5,7	—	0,5,7	—

工件材料	碳钢 合金钢	不锈钢	高温合金	铸铁	铜及合金	铝及合金
加工方法／刀具材料	普通砂轮	普通砂轮	普通砂轮	普通砂轮	普通砂轮	普通砂轮
磨削 外圆磨削 粗磨	1,3	4,2	4,2	1,3	1	1
磨削 平面磨 精磨	1,3	4,2	4,2	1,3	1	1

注：表中数字的意义如下：0 表示干切削；1 表示润滑性不强的水溶液；2 表示润滑性较好的水溶液；3 表示普通乳化液；4 表示极压乳化液；5 表示普通矿物油；6 表示煤油；7 表示含硫、含氯的极压切削油；8 表示含氯、氯磷或硫磷的复合油，或动植物油与矿物油的复合油。

2.4 刀具磨损与刀具耐用度

切削金属时，刀具一方面切下切屑，另一方面刀具本身也要发生损坏。刀具损坏的形式主要有磨损和破损两类。前者是连续地逐渐磨损，属正常磨损；破损包括脆性破损(如崩刃、碎断、剥落、裂纹破损等)和塑性破损两种，属非正常磨损。刀具磨损使工件加工精度降低，表面粗糙度增大，并导致切削力加大、切削温度升高，甚至产生振动，不能继续正常切削。因此，刀具磨损直接影响加工效率、质量和成本。

刀具耐用度是表示刀具材料切削性能优劣的综合性指标。在相同切削条件下，耐用度越高，则刀具材料的耐磨性越好。在比较不同的工件材料切削加工性能时，刀具耐用度也是一个重要的指标，刀具耐用度越高，则工件材料的切削加工性越好。

2.4.1 刀具磨损

切削时，刀具表面与切屑和工件表面间的接触区产生剧烈摩擦，同时温度和压力很高，其结果是刀具的前刀面和后刀面发生磨损。

1. 刀具磨损的形态

1) 前刀面磨损(月牙洼磨损)

加工塑性材料时，若切削速度较高、切削厚度较大，会在前刀面上磨出一个月牙洼(见图 2.24)。因为月牙洼处的切削温度最高，因此磨损最大。月牙洼和切削刃之间有一条棱边。在磨损过程中，月牙洼逐渐加深、加宽。当月牙洼扩展到接近刃口时，切削刃的强度将大大减弱，结果导致崩刃。月牙洼磨损量以其宽度 KB 和深度 KT 表示。

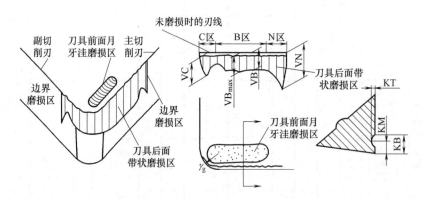

图 2.24 车刀典型磨损形式示意图

2) 后刀面磨损

由于加工表面和后刀面间存在着强烈的摩擦，在后刀面上毗邻切削刃的地方很快就磨出一个后角为零的小棱面，这就是后刀面磨损(见图 2.24)。在切削速度较低、切削厚度较小的情况下，切削塑性金属以及脆性金属时，一般不产生月牙洼磨损，但会发生后刀面磨损。

在切削刃参加切削工作的各点上,后刀面磨损是不均匀的。从图 2.24 可见,在刀尖部分(C 区)由于强度和散热条件差,因此磨损剧烈,其最大值为 VC。在切削刃靠近工件外表面处(N 区),由于加工硬化层或毛坯表面硬层等影响,往往在该区产生较大的磨损沟而形成缺口。该区域的磨损量用 VN 表示。N 区的磨损又称为"边界磨损"。在参与切削的切削刃中部(B 区),其磨损较均匀,以 VB 表示平均磨损值,以 VB_{max} 表示最大磨损值。

3)　前刀面和后刀面同时磨损

这是一种兼有上述两种情况的磨损形式。在切削塑性金属时,若切削厚度适中,经常会发生这种磨损。

2. 刀具磨损原因

为了减小和控制刀具磨损以及研制新型刀具材料,必须研究刀具磨损的原因和本质,即从微观上探讨刀具在切削过程中是怎样磨损的。刀具经常工作在高温、高压下,在这样的条件下工作,刀具磨损经常是机械的、热的、化学的三种作用的综合结果,实际情况很复杂,尚待进一步研究。到目前为止,认为刀具磨损的机理主要有以下几个方面。

1)　磨料磨损(硬质点磨损)

切削时,工件或切屑中的微小硬质点(碳化物——Fe_3C、TiC 等,氮化物——AlN、Si_3N_4 等,氧化物——SiO_2、Al_2O_3 等)以及积屑瘤碎片,不断滑擦前、后刀面,划出沟纹,这就是磨料磨损,很像砂轮磨削工件那样,刀具被一层层磨掉。这是一种纯机械作用。

磨料磨损在各种切削速度下都存在,但在低速下磨料磨损是刀具磨损的主要原因。这是因为在低速下,切削温度较低,其他原因产生的磨损不明显。刀具抵抗磨料磨损的能力主要取决于其硬度和耐磨性。

2)　黏结磨损(冷焊磨损)

工件表面、切屑底面与前、后刀面之间存在着很大的压力和强烈的摩擦,当它们达到原子间距离时就会发生黏结,也称冷焊(即压力黏结)。由于摩擦副的相对运动,冷焊结将被破坏而被一方带走,从而造成黏结磨损。

由于工件或切屑的硬度比刀具的硬度低,所以冷焊结破坏往往发生在工件或切屑一方。但由于交变应力、接触疲劳、热应力以及刀具表层结构缺陷等原因,冷焊结的破坏也会发生在刀具一方。这时刀具材料的颗粒被工件或切屑带走,从而造成刀具磨损。这是一种物理作用(分子吸附作用)。在中等偏低的速度下,切削塑性材料时黏结磨损较为严重。

3)　扩散磨损

由于切屑温度很高,刀具与工件刚切出的新鲜表面接触,化学活性很大,刀具与工件材料的化学元素有可能互相扩散,使二者的化学成分发生变化,削弱了刀具材料的切削性能,加速了刀具磨损。当接触面温度较高时,如硬质合金刀片切钢,当温度达到 800℃时,硬质合金中的钴迅速扩散到切屑、工件中,WC 分解为钨和碳扩散到钢中(见图 2.25)。随着切削过程的进行,切屑和工件都在高速运动,它们和刀具表面在接触区内始终保持着扩散元素的浓度梯度,从而使扩散现象持续进行,于是硬质合金发生贫碳、贫钨现象。而钴的减少,又使硬质相的黏结强度降低。切屑、工件中的铁和碳则扩散到硬质合金中去,形成低硬度、高脆性的复合碳化物,扩散的结果加剧了刀具磨损。

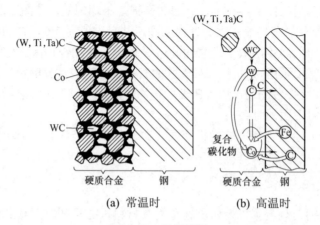

图 2.25　扩散磨损

扩散磨损常与黏结磨损、磨料磨损同时产生。前刀面上温度最高处扩散作用最强烈，于是该处形成月牙洼。抗扩散磨损能力取决于刀具的耐热性，氧化铝陶瓷和立方氮化硼刀具抗扩散磨损能力较强。

4)　氧化磨损

当切削温度达到 700℃～800℃时，空气中的氧在切屑形成的高温区中与刀具材料中的某些成分(Co、WC、TiC)发生氧化反应，产生较软的氧化物(Co_3O_4、CoO、WO_3、TiO_2)，从而使刀具表面层硬度下降，较软的氧化物被切屑或工件擦掉而形成氧化磨损。这是一种化学反应过程。最容易在主、副切削刃工作的边界处(此处易与空气接触)发生这种氧化反应。

总之，在不同的工件材料、刀具材料和切削条件下，磨损的原因和强度是不同的。图 2.26 所示为不同切削温度对磨损的影响。由图 2.26 可得出结论：对于一定的刀具和工件材料，切削温度对刀具磨损具有决定性影响。高温时，扩散磨损、相变磨损和氧化磨损强度较高；在中低温时，黏结磨损占主导地位；磨料磨损则在不同切削温度下都存在。

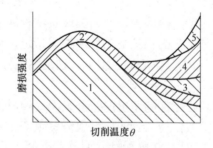

图 2.26　温度对磨损的影响

1—黏结磨损；2—磨粒磨损；3—扩散磨损；4—相变磨损；5—氧化磨损

3. 刀具磨损过程

以切削时间 t 和后刀面磨损量 VB 两个参数为坐标，则磨损过程可以用图 2.27 所示的一条磨损曲线来表示。磨损过程分为以下三个阶段。

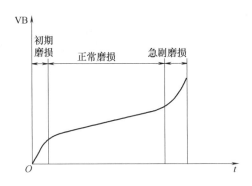

图 2.27　磨损曲线

(1) 初期磨损阶段：其磨损的特点是，在极短的时间内，VB 上升很快。由于新刃磨后的刀具，表面存在微观不平度，后刀面与工件之间为凸峰点接触，故磨损很快。所以，初期磨损量的大小与刀具刃磨质量有很大关系，通常 VB=0.05～0.1mm。经过研磨的刀具，初期磨损量小，而且要耐用得多。

(2) 正常磨损阶段：其磨损的特点是，刀具在较长的时间内缓慢地磨损，且 VB-t 基本呈线性关系。经过初期磨损后，后刀面上的微观不平度被磨掉，后刀面与工件的接触面积增大，压强减小，且分布均匀，所以磨损量缓慢且均匀地增加。这就是正常磨损阶段，也是刀具工作的有效阶段。曲线的斜率代表了刀具正常工作时的磨损强度。磨损强度是衡量刀具切削性能的重要指标之一。

(3) 急剧磨损阶段：其磨损的特点是，在相对很短的时间内，VB 猛增，刀具因而完全失效。刀具经过正常磨损阶段后，切削刃变钝，切削力增大，切削温度升高，这时刀具的磨损情况因发生了质的变化而进入急剧磨损阶段。这一阶段磨损强度很大。此时如刀具继续工作，不但不能保证加工质量，反而消耗刀具材料，经济上不合算。因此，刀具在进入急剧磨损阶段前必须换刀或重新刃磨。

4. 刀具的磨钝标准

刀具磨损到一定限度就不能继续使用。这个磨损限度称为磨钝标准。一般刀具的后刀面上都有磨损，它对加工质量和切削力、切削温度的影响比前刀面磨损显著，同时后刀面磨损量易于测量。因此，常用后刀面的磨损量来制定刀具磨钝标准。磨钝标准是用后刀面磨损带中间部分平均磨损量允许达到的最大值 VB 表示。国际标准化组织 ISO 统一规定以 1/2 背吃刀量处后刀面上测定的磨损带高度 VB 作为刀具磨钝标准(见图 2.28)。

自动化生产中用的精加工刀具，常以沿工件径向的刀具磨损尺寸作为衡量刀具的磨钝标准，称为刀具径向磨损量，用 NB 表示(见图 2.28)。

规定磨钝标准有两种考虑：一种是充分利用正常磨损阶段的磨损量，来充分利用刀具材料，以减少换刀次数，它适用于粗加工和半精加工；另一种是根据加工精度和表面质量要求确定磨钝标准，此时，VB 值应取较小值，称为工艺磨钝标准(磨钝标准的数值可参阅《金属切削手册》)。

在柔性加工设备上，经常用切削力的数值作为刀具的磨钝标准，从而实现对刀具磨损状态的自动监控。

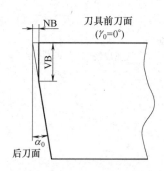

图2.28　车刀的磨损量

工艺系统刚性较差时，应规定较小的磨钝标准。因为当后刀面磨损后，切削力将增大，尤以背向力 F_p 增大最为显著。

切削难加工材料时，切削温度较高，一般应选用较小的磨钝标准。

国际标准化组织 ISO 推荐硬质合金外圆车刀耐用度的磨钝标准可以是下列任何一种。

(1)　VB=0.3mm。

(2)　如果主后面为无规则磨损，取 VB_{max}=0.6mm。

(3)　前刀面磨损量 KT=0.06+0.3f (f 为进给量)。

2.4.2　刀具耐用度

1. 刀具的耐用度与刀具寿命

刃磨后的刀具自开始切削直到磨损量达到磨钝标准为止的切削时间称为刀具耐用度，以 T 表示。耐用度指净切削时间，不包括用于对刀、测量、快进、回程等非切削时间。

刀具耐用度还可以用达到磨钝标准时所走过的切削路程 L_m 来定义。L_m 为切削速度 v_c 和耐用度 T 的乘积，即 $L_m = v_c \cdot T$

刀具耐用度是一个重要参数。在相同切削条件下切削某种工件材料时，可以用耐用度来比较不同刀具材料的切削性能；同一刀具材料切削各种工件材料，可以用耐用度来比较材料的切削加工性；还可以用耐用度来判断刀具几何参数是否合理。对于某一切削加工，当工件、刀具材料和刀具几何形状选定之后，切削用量是影响刀具耐用度的主要因素。

刀具寿命是指一把新刀具从使用到报废为止的切削时间。它是刀具耐用度与刀具刃磨次数的乘积。

2. 切削用量对刀具耐用度的影响

切削用量与刀具耐用度的关系是用试验方法求得的。通过单因素试验，先选定刀具后刀面的磨钝标准，固定其他切削条件，分别改变切削速度、进给量和背吃刀量，求出对应的 T 值，在双对数坐标纸上画出它们的图形，经过数据整理后可得出刀具耐用度试验公式。

1)　切削速度与刀具耐用度的关系

在常用的切削速度范围内，用不同的切削速度 v_1、v_2、v_3、…试验，可以得出各种切削速度下的刀具磨损曲线(见图2.29)。根据规定的磨钝标准 VB，求出各种曲线速度下对应刀具使用寿命 T_1、T_2、T_3、…。再在双对数坐标纸上标出(T_1, v_1)、(T_2, v_2)、(T_3, v_3)、…各点

(见图 2.30)。可见，在一定的切削速度范围内，这些点基本分布在一条直线上。这条直线的方程为

$$\lg v = -m\lg T + \lg A$$

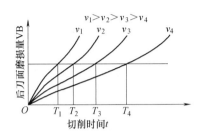

图 2.29　刀具磨损曲线　　　　图 2.30　在双对数坐标上的 $T\text{-}v$ 曲线

式中：$m = \tan\varphi$——直线的斜率；

　　　A——当 T=1s(或 1min)时，直线在纵坐标上的截距。

A 和 m 可从图中测得。因此，$T\text{-}v$ 关系式可以写成

$$v = A/T^m \tag{2-21}$$

式(2-21)是选择切削速度的重要依据。它揭示了切削速度与刀具耐用度之间的关系，切削速度 v 的变化会使刀具耐用度发生改变，m 的大小反映了刀具耐用度对切削速度变化的敏感性。m 越小，直线越平坦，表明 T 对 v 的变化极为敏感，即刀具的切削性能较差。对于高速钢刀具，m=0.1～0.125；硬质合金刀具，m=0.2～0.3；陶瓷刀具，m=0.2～0.4。

2)　进给量、背吃刀量与刀具耐用度的关系

按照 $T\text{-}v$ 关系式的求法，同样可以得到 $T\text{-}f$ 和 $T\text{-}a_p$ 的关系式，即

$$f = B/T^n \tag{2-22}$$

$$a_p = C/T^p \tag{2-23}$$

式中：B、C——系数；

　　　n、p——指数。

综合式(2-21)～式(2-23)，可以得到切削用量三要素与刀具耐用度的关系式，即

$$T = \frac{C_v}{v^{\frac{1}{m}} f^{\frac{1}{n}} a_p^{\frac{1}{p}}} \tag{2-24}$$

式中：C_v——与工件材料、刀具材料和其他切削条件有关的系数。

用 YT5 硬质合金车刀切削 σ_b=0.63GPa(65kgf/mm^2)的碳钢时，切削用量与刀具耐用度的关系式为

$$T = \frac{C_v}{v^5 f^{2.25} a_p^{0.75}} \tag{2-25}$$

由式(2-25)可知，切削速度 v 对刀具耐用度的影响最大，进给量 f 次之，背吃刀量 a_p 最小，这与三者对切削温度的影响顺序完全一致。这也反映出切削温度对刀具磨损、耐用度有着最重要的影响。

3. 刀具耐用度的选择

在实际生产中，刀具耐用度同生产效率和加工成本之间存在着较复杂的关系。因此，

刀具耐用度并不是越高越好,如果把刀具耐用度选得过高,则切削用量势必被限制在很低的水平,虽然此时刀具的消耗及其费用较少,但过低的加工效率也会使经济效果变得很差;若刀具耐用度选得过低,虽可采用较高的切削用量使金属切除量增多,但由于刀具磨损加快而使换刀、刃磨的工时和费用显著增加,同样达不到高效率、低成本的要求。

在制定切削用量时,应首先选择合理的刀具耐用度,而合理的刀具耐用度就应根据优化目标而定。生产实际中有两种方法:一是最高生产率耐用度,即根据单件工时最少的目标确定耐用度;二是最低成本耐用度,即根据工序成本最低的目标确定耐用度。在一般情况下应采用最低成本耐用度,只有当生产任务急迫或生产中出现不平衡的薄弱环节时,才选用最高生产率耐用度。

常用刀具耐用度的参考值如下:硬质合金焊接车刀的耐用度为 60min,高速钢钻头的耐用度为 80~120min,硬质合金端铣刀的耐用度为 120~180min,齿轮刀具的耐用度为 200~300min。

在生产中选择刀具耐用度时,一般应考虑以下原则。

(1) 刀具的复杂程度和制造、重磨的费用。简单的刀具如车刀、钻头等,耐用度选得低些;结构复杂和精度高的刀具,如拉刀、齿轮刀具等,耐用度选得高些。同一类刀具,尺寸大的,制造和刃磨成本均较高,耐用度规定得高些。

(2) 装卡、调整比较复杂的刀具,如多刀车床上的车刀,组合机床上的钻头、丝锥、铣刀以及自动机及自动线上的刀具,耐用度应选得高一些,一般为通用机床上同类刀具的 2~4 倍。

(3) 生产线上的刀具耐用度应规定为一个班或两个班,以便能在换班时间内换刀。如有特殊快速换刀装置时,可将刀具耐用度减小到正常数值。

(4) 精加工尺寸很大的工件时,刀具耐用度应按零件精度和表面粗糙度要求决定。为避免在加工同一表面时中途换刀,耐用度应规定至少能完成一次走刀。

2.5 磨 削 机 理

随着各种高强度和难加工材料被广泛应用,对零件的精度要求也在不断提高,磨削加工在当前工业生产中已得到迅速发展。磨削不仅用于精加工,而且用于粗加工毛坯去皮加工,能获得较高的生产率和良好的经济性。磨削的加工余量可以很小,加工精度可达 IT6~IT5 级,加工表面粗糙度可小至 $Ra1.25~0.01\mu m$,镜面磨削时可达 $Ra0.04~0.01\mu m$。磨削常用于淬硬钢、耐热钢及特殊合金材料等坚硬材料。

2.5.1 磨削过程及特点

1. 磨削过程

磨削是利用砂轮上无数个微小磨粒的微切削刃对工件表面进行的切削加工。与普通切削加工不同的是,磨粒切削刃的几何形状不确定。由于磨粒是将磨料经机械方法破碎而得,因此它的几何形状通常是:负前角($-60°~-85°$);顶角多为 $90°~120°$;刃口楔角为 $80°~145°$,刃端钝圆半径为 $3~28\mu m$,且磨粒的切削刃在砂轮上的排列(凹凸、刃距)

是随机分布的。磨削的厚度非常小，通常为几微米，磨削速度很高(1000~7000m/min)，磨削点的瞬时温度高(1000℃)，能耗大(当去除同体积材料时，是车削的 30 倍)。

单个磨粒的磨削过程大致分为滑擦、刻划和切削三个阶段，如图 2.31 所示。

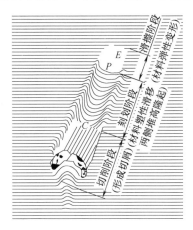

图 2.31　磨粒的磨削过程

(1) 滑擦阶段(弹性变形阶段)：在滑擦阶段，由于磨粒切削刃刚刚开始与工件接触，切削厚度由零逐渐增大，但切削厚度 h_D 极小。由于磨粒有很大的负前角和较大的刃口圆弧半径，砂轮结合剂及工件、磨床系统的弹性变形产生微量退让，磨粒仅在工件表面上滑擦而过，只产生弹性变形，不产生切屑。此时在工件表面上产生热应力。

(2) 刻划阶段(塑性变形阶段)：随着磨粒挤入深度的增大，磨粒与工件表面的压力逐步加大，表面层也由弹性变形过渡到塑性变形。此时挤压摩擦剧烈，有大量热产生，当金属被加热到临界点时，法向热应力超过材料的屈服强度，切削刃就开始切入材料表层中，使材料表层产生塑性流动，被推向磨粒的前方和两侧，在工件表面刻划出沟痕，沟痕的两侧则产生了隆起。因磨粒的切削厚度未达到形成切屑的临界值，而不能形成切屑。此时，磨削表层产生热应力和弹性、塑性变形应力。

(3) 切削阶段(磨屑形成阶段)：当挤入深度增大到临界值时，被切削材料的切应力和温度都达到了一定数值，金属层在磨粒的挤压下明显地沿剪切面滑移，形成切屑沿前(刀)面流出。此时，工件的表层也产生热应力和变形应力。

磨削塑性材料时，磨屑呈带状(见图 2.32(a))；磨削脆性材料时，磨屑呈挤裂状(见图 2.32(b))；当磨削温度很高时，切屑熔化呈球状或灰烬状(见图 2.32(c)和图 2.32(d))。

2. 磨削特点

磨粒的硬度很高，如同刀具，能像刀具一样起切削作用。而高速回转的砂轮，就相当于多刃刀具，能切下很薄的一层金属，得到加工精度和表面质量较高的工件加工表面。磨削加工的特点包括以下 6 个。

(1) 能加工硬度很高的材料：可磨削淬火钢、硬质合金、陶瓷等材料，但不宜加工塑性较大的有色金属材料。

(2) 能获得较高的加工精度和较细的表面粗糙度：精度可达 IT6~IT5，表面粗糙度值达 Ra1.25~0.01μm。

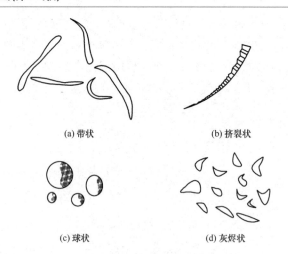

(a) 带状   (b) 挤裂状

(c) 球状   (d) 灰烬状

图 2.32 磨屑形态

(3) 磨削速度快：普通磨削速度为 30～35m/s，高速磨削速度可达 45～60m/s。

(4) 磨削温度高：磨削点温度可达 1000℃ 以上，因此要充分使用切削液。

(5) 磨削余量小：磨粒的切削刃很锋利，能够切下数微米厚的金属。

(6) 磨削的工艺范围广：可以磨削内圆面、外圆面、平面、螺纹、齿形及各种成形面等，还可用于各种刀具的刃磨。

2.5.2 磨削温度

1. 基本概念

由于磨削速度快、能耗大，因此磨削温度很高。通常磨削温度是指砂轮与工件接触区的平均温度，它包含三个区域的温度。

(1) 工件平均温度：指磨削热传入工件而引起的工件温升，它影响工件的尺寸精度和形状精度。

(2) 磨粒磨削点的温度 θ_{dot}（见图 2.33）：指磨粒切削刃与磨屑接触部分的温度，是磨削过程中温度最高的部位，瞬时可达 1000℃ 左右。它不但影响加工表面质量，还与砂轮的磨损等关系密切。

(3) 磨削区温度 θ_A：是砂轮与工件接触区的平均温度，一般有 500℃～800℃，它将引起磨削表面的烧伤和裂纹的产生。

2. 影响磨削温度的主要因素

(1) 砂轮速度 v：砂轮速度增大，单位时间内的工作磨粒数将增多，单个磨粒的切削厚度变小，挤压和摩擦作用加剧，滑擦热显著增多；此外，还会使磨粒在工件表面的滑擦次数增多。所有这些都将促使磨削温度升高。

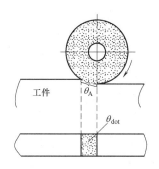

图 2.33　磨削温度

(2) 工件速度 v_w：工件速度增大就是热源移动速度增大，工件表面温度可能有所降低，但不明显。这是由于工件速度增大后，增大了金属切除量，从而增加了发热量。因此，为了更好地降低磨削温度，应该在提高工件速度的同时，适当降低径向进给量，使单位时间内的金属切除量保持为常值或略有增加。

(3) 径向进给量 f_p：径向进给量的增大，将导致磨削过程中磨削变形力和摩擦力的增大，从而引起发热量的增多和磨削温度的升高。

(4) 工件材料：金属的导热性越差，则磨削区的温度就越高。对钢来说，含碳量高，则导热性差。铬、镍、铝、硅、锰等元素的加入会使导热性显著变差。合金的金相组织不同，导热性也不同，按奥氏体、淬火和回火马氏体、珠光体的顺序变化。磨削冲击韧度和强度高的材料，磨削区温度也比较高。

(5) 砂轮硬度与粒度：用软砂轮磨削时的磨削温度低；反之，则磨削温度高。由于软砂轮的自锐性好，砂轮工作表面上的磨粒经常处于锐利状态，减少了由于摩擦和弹塑性变形而消耗的能量，所以磨削温度较低。砂轮的粒度粗时磨削温度低，其原因在于砂轮粒度粗，则砂轮工作表面单位面积上的磨粒数少，在其他条件均相同的情况下与细粒度的砂轮相比，和工件接触面的有效面积较小，并且单位时间内与工件加工表面摩擦的磨粒数较少，有助于降低磨削温度。

2.5.3　砂轮的磨损与修整

1. 砂轮磨损的形态

砂轮磨损包含磨粒的磨耗磨损、磨粒破碎和脱落磨损三种形态(见图 2.34)。

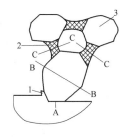

图 2.34　砂轮磨损的三种形态

1—切屑；2—结合剂；3—磨粒；A—磨耗磨损；B—磨粒破碎；C—脱落磨损

磨耗磨损是由于磨粒与工件之间的摩擦、黏结和扩散而引起的，一般发生在磨粒与工件的接触处(见图2.34中的A处)。开始时，在磨粒刃尖上出现一磨损的微小平面，当微小平面逐步增大时，磨刃就无法顺利切入工件，而只是在工件表面产生挤压作用，从而使磨削热增加，磨削过程恶化。磨粒破碎发生在一个磨粒的内部(见图2.34中的B—B处)。磨粒在磨削过程中，在多次急热、急冷作用下，表面形成极大的热应力，而导致局部破碎。磨粒的热传导系数越小，热膨胀系数越大，则越容易破碎。脱落磨损(见图2.34中的C—C处)的难易主要取决于结合剂的强度。磨削时，随着磨削温度的上升，结合剂强度下降，当磨削力超过结合剂强度时，整个磨粒从砂轮上脱落，形成脱落磨损。

砂轮磨损后，会导致磨削性能恶化。当砂轮硬度较高、磨削负荷较轻时，砂轮出现钝化现象，会使金属切除率明显下降。如砂轮硬度较低、磨削负荷较重时，砂轮出现脱落现象，会使砂轮廓形改变，严重影响磨削精度与表面质量。在磨削碳钢时，磨削产生的高温使切屑软化，嵌塞在砂轮的孔隙处，造成砂轮堵塞；磨削钛合金时，切屑与磨粒的亲和力强，从而造成黏附或堵塞。砂轮堵塞后即失去切削能力，磨削力及磨削温度剧增，表面质量显著下降。

2. 砂轮的修整

砂轮虽有一定的自砺性，如粗磨时砂轮的磨削表面就是靠自砺更新的，但在一般条件下不可能完全自砺，因此磨损后必须及时修整，以获得良好的表面形貌，保证其磨削性能。

砂轮的修整应起到两个作用：一是去除外层已钝化的磨粒或去除已被磨屑堵塞了的一层磨粒，使新的磨粒显露出来；二是使砂轮修整后具有足够数量的有效切削刃，从而提高已加工表面的质量。前一要求容易达到，因为只要修整去掉适量的砂轮表面即可；后一要求则不易达到，往往随修整工具、修整用量和砂轮特性不同而异，满足后一要求的主要方法是控制砂轮的修整用量。

砂轮修整的方法有单粒金刚石修整、金刚石粉末烧结型修整器修整和金刚石超声波修整等。修整时修整器应安装在低于砂轮中心0.5～1.5mm处(见图2.35)，以防止振动及金刚石"啃"入砂轮而划伤砂轮表面。

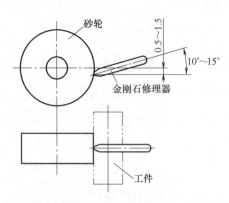

图2.35　修整砂轮时金刚石的安装位置

砂轮的修整用量有修整导程、修整深度、修整次数和光修次数。修整导程越小，工件表面粗糙度值越低。通常取修整导程为 10～15mm/min，修整深度为 2.5μm/单行程，一般修去 0.05mm 就可恢复砂轮的磨削性能。

2.5.4　磨削方法

磨削加工的应用范围很广，方法也很多，主要有以下 5 种。

(1) 按磨削的表面形状分，有外圆面磨削、内圆面磨削、平面磨削和成形面磨削。

(2) 按磨削时工件的装夹方式分，有中心磨削、平面磨削、无心磨削。

有中心磨削时，工件的装夹要以工件的轴心为定位基准，如在普通内圆磨床、普通外圆磨床、万能外圆磨床等机床上磨削时，都是有中心磨削的。

无心外圆磨削时，工件放在砂轮与导轮之间，且工件中心高于砂轮和导轮的中心线 (0.15～0.25)d(d 为工件直径)，不用顶尖支撑，以被磨削外圆表面作为定位基准，支撑在托板上(见图 2.36(a))，砂轮和导轮的旋转方向相同，砂轮的旋转速度很大，而导轮则依靠摩擦力限制工件的旋转，使工件的圆周速度基本上等于导轮的线速度，使砂轮和导轮间形成很大的速度差，从而产生磨削作用。

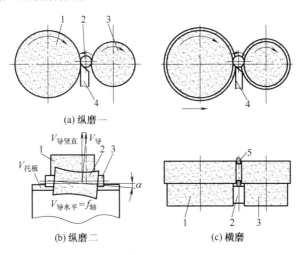

图 2.36　无心外圆磨床加工方法

1—砂轮；2—工件；3—导轮；4—托板；5—挡块

(3) 按磨削的送进方式分，有纵磨(贯穿磨)和横磨(切入磨)。

当被磨削工件表面的轴向尺寸大于砂轮的宽度时，就必须有沿着工件轴线方向的送进运动(见图 2.36(b)及图 1.16(a)、图 1.16(b)、图 1.16(d)、图 1.16(e))，这种磨削称为纵磨或称贯穿磨。

当被磨削工件表面的轴向尺寸小于砂轮的宽度时，可以采用横磨(见图 2.36(c)及图 1.16(c))。与纵磨相比，横磨无纵向进给运动，而由砂轮连续横向进给，直至达到所要求的尺寸。横磨生产率高，但磨削温度高，必须充分冷却来保证加工精度和表面质量。

(4) 按磨削加工精度分，有普通磨削和高精度磨削。

普通磨削的加工精度可达 IT8～IT6，表面粗糙度 Ra 值为 1.25～0.63μm。高精度磨削又可分为精密磨削(Ra 值为 0.16～0.06μm)、超精密磨削(Ra 值为 0.04～0.02μm)和镜面磨削

(*Ra* 值为 0.01μm)，磨削后工件的尺寸精度可达 IT5。

(5) 按磨削的生产率分，有一般磨削、高速磨削、强力磨削和砂带磨削。

普通磨削时砂轮的线速度 $v=(30\sim35)$m/s，磨削深度 $a_p<0.02$mm，$f<(0.05\sim5)$m/s。高速磨削时，砂轮的线速度大于 45m/s，与普通磨削相比，生产率可提高 30%～40%。强力磨削就是以大的磨削深度(一次切深达 1～30mm)和较小的进给量(0.002～0.005mm)进行磨削，可直接从毛坯或实体上磨出加工面。

砂带磨削是根据被加工表面的形状，选择相应的接触方式，在一定的压力作用下，使高速运动的砂带与工件接触产生摩擦，将加工表面的余量磨去的新工艺(见图 2.37)。金属切除率比一般磨削高 4～16 倍。

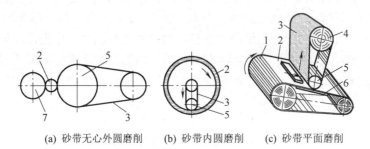

(a) 砂带无心外圆磨削　　(b) 砂带内圆磨削　　(c) 砂带平面磨削

图 2.37　砂带磨削

1—传送带；2—工件；3—砂带；4—涨紧轮；5—压轮；6—支承板；7—导轮

2.6　刀具几何参数与切削用量的选择

刀具的几何参数与切削用量的合理选择，对保证质量、提高生产率、降低加工成本有着非常重要的影响。

2.6.1　刀具几何参数的选择

刀具几何参数可分为两类，一类是刀具角度参数，另一类是刀具刃型尺寸参数。各参数之间存在着相互依赖、相互制约的作用，因此应综合考虑各种参数，以便进行合理的选择。虽然刀具材料的优选对切削过程的优化具有关键作用，但是，如果刀具几何参数的选择不合理，也会使刀具材料的切削性能得不到充分的发挥。

在保证加工质量的前提下，能够满足刀具使用寿命长、生产效率高、加工成本低的刀具几何参数，称为刀具的合理几何参数。

1. 选择刀具几何参数应考虑的因素

(1) 工件材料：要考虑工件材料的化学成分、制造方法、热处理状态、物理和机械性能(包括硬度、抗拉强度、延伸率、冲击韧性、导热系数等)，还有毛坯表层情况、工件的形状、尺寸、精度和表面质量要求等。

(2) 刀具材料和刀具结构：要考虑刀具材料的化学成分、物理和机械性能(包括硬度、抗弯强度、冲击值、耐磨性、热硬性和导热系数)，还要考虑刀具的结构形式，如整体式还是焊接式或机夹式。

(3) 具体的加工条件：考虑机床、夹具的情况，工艺系统刚性及功率大小，切削用量和切削液性能等。一般来说，粗加工时，着重考虑保证最大的生产率；精加工时，主要考虑保证加工精度和已加工表面质量的要求；对于自动线生产用的刀具，主要考虑刀具工作的稳定性，有时还要考虑断屑问题；机床刚性和动力不足时，刀具应力求锋利，以减小切削力和振动。

2. 刀具角度的选择

1) 前角及前刀面的选择

(1) 前刀面形式：有平面型、曲面型和带倒菱型三种(见图 2.38)。

① 平面型前刀面：制造容易，重磨方便，刀具廓形精度高。

② 曲面型前刀面：起卷刃作用，并有助于断屑和排屑，因此主要用于粗加工塑性金属刀具和孔加工刀具，如丝锥、钻头。

③ 带倒菱型前刀面：有利于提高刀具强度和刀具耐用度。

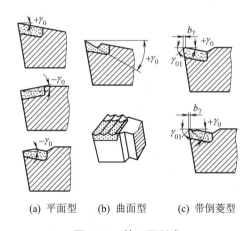

(a) 平面型　(b) 曲面型　(c) 带倒菱型

图 2.38　前刀面形式

(2) 前角的功用：前角影响切削过程中的变形和摩擦，同时还影响刀具的强度。

前角 γ_0 影响切削的难易程度。增大前角能使刀刃变得锋利，使切削轻快，可减小切削力和切削热，对刀具寿命有利。前角的大小对表面粗糙度、排屑和断屑等也有一定影响。增大前角还可以抑制积屑瘤的产生，改善已加工表面质量。

但是，增大前角会使楔角 β 减小，这一方面使切削刃强度降低，容易造成崩刃；另一方面会降低散热效应，使切削温度升高，对刀具寿命不利。因此，刀具前角存在一个最佳值 γ_{opt}，通常称 γ_{opt} 为刀具的合理前角(见图 2.39)。

(3) 前角的选用原则：在刀具强度许可的条件下，应尽可能选用大的前角。

① 工件材料的强度、硬度低，前角应选得大些，反之应小些(如有色金属加工时，选前角较大)。

② 刀具材料韧性好(如高速钢)，前角可选得大些，反之则应选得小些(如硬质合金)。

③ 精加工时，前角可选得大些，粗加工时则应选小些。

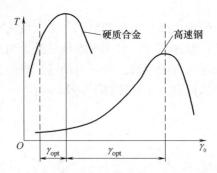

图 2.39　刀具的合理前角

表 2.3 所示为硬质合金车刀前角的合理值。

表 2.3　硬质合金车刀前角的合理值

工件材料	低碳钢	中碳钢	合金钢	淬火钢	不锈钢	灰铸铁	铜及铜合金	铝及铝合金	钛合金
粗车	20°～25°	10°～15°	10°～15°	(−15°～−5°)	15°～20°	10°～15°	10°～15°	30°～35°	5°～10°
精车	25°～30°	15°～20°	15°～20°		20°～25°	5°～10°	5°～10°	35°～40°	

2)　后角(副后角)及后刀面的选择

(1)　后角的功用：后角 α_0 的主要功用是减小后刀面与工件间的摩擦和后刀面的磨损，其大小对刀具耐用度和加工表面质量都有很大影响，后角同时还影响刀具的强度。

(2)　后角的选用原则：增大后角(副后角)，可减轻刀具后面与过渡表面之间的摩擦，使刀具磨损减小，寿命提高。因此，后角不能取负值。增大后角，还可使切削刃更锋利，有利于改善加工表面质量。但后角过大，刀具的楔角会太小，刃区强度降低，散热效果减小，刀具磨损加快，反而会使刀具耐用度降低。因此，后角也存在一个合理值。粗加工以确保刀具强度为主，可在 4°～6° 范围选取；精加工以加工表面质量为主，常取 8°～12° 范围。

一般来说，切削厚度越大，刀具后角越小；工件材料越软，塑性越大，后角越大。工艺系统刚性较差时，应适当减小后角(切削时起支承作用，增加系统刚性并起消振作用)；工件的尺寸精度要求较高时，后角宜取小值。

表 2.4 所示为硬质合金车刀后角的合理值。

表 2.4　硬质合金车刀后角的合理值

工件材料	低碳钢	中碳钢	合金钢	淬火钢	不锈钢	灰铸铁	铜及铜合金	铝及铝合金	钛合金
粗车	8°～10°	5°～7°	5°～7°	8°～10°	6°～8°	4°～6°	6°～8°	8°～10°	10°～15°
精车	10°～12°	6°～8°	6°～8°		8°～10°	6°～8°	6°～8°	10°～12°	

(3)　后刀面的型式。

①　双重后刀面：为保证刃口强度，减少刃磨后面的工作量，常在车刀后面磨出双重后角，如图 2.40(a)所示。

②　消振棱：为了增加后刀面与过渡表面之间的接触面积，增加阻尼作用，消除振动，可在后面上刃磨出一条有负后角的倒棱，称为消振棱(见图 2.40(b))。其参数为：b_α=0.1～0.3mm，α_{01} =-5° ～-20°。

③　刃带：对一些定尺寸刀具(如钻头、绞刀等)，为便于控制刀具尺寸，避免重磨后尺寸精度的变化，常在后面上刃磨出后角为 0° 的小棱边，称为刃带(见图 2.40(c))。刃带形成一条与切削刃等距的棱边，可使刀具起着稳定、导向和消振的作用，延长刀具使用时间。刃带不宜太宽，否则会增大摩擦作用。刃带宽度为 b_α=0.02～0.3mm。

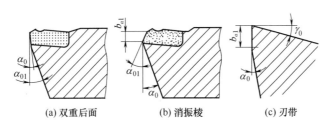

(a) 双重后面　　　　(b) 消振棱　　　　(c) 刃带

图 2.40　后刀面型式

3)　主偏角、副偏角及过渡刃的选择

(1)　主偏角和副偏角的功用。

①　影响已加工表面的残留面积高度。减小主偏角和副偏角，可以减小已加工表面粗糙度，特别是副偏角对已加工表面粗糙度影响更大。

②　影响切削层形状。主偏角直接影响切削刃工作长度和单位长度切削刃上的切削负荷。在切削深度和进给量一定的情况下，增大主偏角，切削宽度减小，切削厚度增大，切削刃单位长度上的负荷随之增大。因此，主偏角直接影响刀具的磨损和使用寿命。

③　影响切削分力的大小和比例关系。增大主偏角可减小背向力 F_p，但增大了进给力 F_f。同理，增大副偏角，也可使 F_p 减小。而 F_p 的减小，有利于减小工艺系统的弹性变形和振动。

④　影响刀尖角的大小。主偏角和副偏角共同决定了刀尖角 ε_r，故直接影响刀尖强度、导热面积和容热体积的大小。

⑤　影响断屑效果和排屑方向。增大主偏角，切屑变厚、变窄，容易折断。

(2)　主偏角的选择。

在工艺系统刚性很好时，减小主偏角可提高刀具耐用度，减小已加工表面粗糙度，所以 κ_r 宜取小值。

在工件刚性较差时，为避免工件的变形和振动，应选用较大的主偏角。

(3)　副偏角的选择。

一般情况下，选取较小的副偏角，以减小副切削刃和副后刀面与工件已加工表面之间的摩擦和防止切削振动。

(4) 过渡刃的型式。

在主切削刃与副切削刃之间有一条过渡刃,如图 2.41 所示。过渡刃有直线过渡刃和圆弧过渡刃两种。过渡刃的作用是提高刀具强度,延长刀具耐用度,降低表面粗糙度。

① 直线刃(见图 2.41(a)):在粗车或强力车削时,一般取过渡刃偏角 $\kappa_{r\varepsilon}=\dfrac{1}{2}\kappa_r$,长度 $b_\varepsilon=0.5\sim 2mm$。

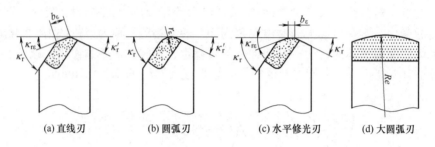

(a) 直线刃   (b) 圆弧刃   (c) 水平修光刃   (d) 大圆弧刃

图 2.41   过渡刃型式

② 圆弧刃(见图 2.41(b)):即刀尖是半径为 r_ε 的圆弧。r_ε 增大时,可减小表面粗糙度值,且能提高刀具耐用度,但会增大背向力 F_p,容易引起振动,所以 r_ε 不能过大。通常高速钢车刀 $r_\varepsilon=0.5\sim 3mm$,硬质合金车刀 $r_\varepsilon=0.5\sim 2mm$。

③ 水平修光刃(见图 2.41(c)):是在刀尖处磨出一小段 $\kappa_r'=0°$ 的平行刀刃。长度 般应大于进给量,即 $b_\varepsilon=(1.2\sim 1.5)f$。具有修光刃的刀具若刀刃平直,装刀精确,工艺系统刚度足够,即使在大进给切削条件下,仍能达到很小的表面粗糙度值。

④ 大圆弧刃(见图 2.41(d)):即半径为 $300\sim 500mm$ 的过渡刃,常用在宽刃精车刀、宽刃精刨刀、浮动镗刀等刀具上。

4) 刃倾角的选择

(1) 刃倾角的功用:刃倾角 λ_s 主要影响刀头的强度和切屑流动的方向(见图 2.42)。

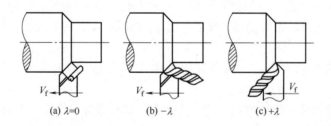

(a) $\lambda=0$ (b) $-\lambda$ (c) $+\lambda$

图 2.42   刃倾角对切屑流向的影响

(2) 刃倾角 λ_s 的选用原则:主要根据刀具强度、流屑方向和加工条件而定。

粗加工时,为提高刀具强度,λ_s 取负值;精加工时,为不使切屑划伤已加工表面,λ_s 常取正值或零。

2.6.2   切削用量的选择

切削用量不仅是在机床调整前必须确定的重要参数,而且其数值合理与否对加工质量、加工效率、生产成本等有着非常重要的影响。所谓"合理的"切削用量是指充分利用刀具切削性能和机床动力性能(功率、扭矩)，在保证质量的前提下，获得高的生产率和低的加工成本的切削用量。

切削用量选择原则为：能达到零件的质量要求(主要指表面粗糙度和加工精度)，并在工艺系统强度和刚性允许下，以及充分利用机床功率和发挥刀具切削性能的前提下，选取一组最大的切削用量。

1) 确定切削用量时考虑的因素

(1) 生产率：在切削加工中，金属切除率与切削用量三要素 a_p、f、v_c 均保持线性关系，即其中任一参数增大一倍，都可使生产率提高一倍。但受刀具寿命的制约，当任一参数增大时，其他两参数必须减小。因此，选择的切削用量，应是三者的最佳组合。一般情况下，尽量优先增大 a_p，以求一次进刀全部切除加工余量。

(2) 机床功率：背吃刀量 a_p 和切削速度 v_c 增大时，均使切削功率成正比增加。进给量 f 对切削功率影响较小。所以，粗加工时，应选尽可能大的进给量。

(3) 刀具寿命(刀具的耐用度 T)：切削用量对刀具寿命的影响程度依次为 v_c、f、a_p。因此，从保证合理的刀具寿命出发，在确定切削用量时，首先应采用尽可能大的背吃刀量 a_p，然后再选用大的进给量 f，最后求出切削速度 v_c。

(4) 加工表面粗糙度：一般情况下，增大进给量将使表面粗糙度值变大。因此，较小的进给量影响了精加工时的生产率。在较理想的情况下，提高切削速度 v_c 能降低表面粗糙度值，背吃刀量 a_p 对表面粗糙度的影响较小。

综上所述，选择切削用量的基本原则是：首先选择一个尽量大的背吃刀量 a_p，其次根据机床进给动力允许条件或被加工表面粗糙度的要求，选择一个较大的进给量 f，最后根据已确定的 a_p 和 f，并在刀具耐用度和机床功率允许条件下选择一个合理的切削速度 v_c。

2) 制定切削用量的原则

粗加工时，一般以提高生产效率为主，但也应考虑经济性和加工成本；半精加工和精加工时，则以保证加工质量为前提，并兼顾切削效率、经济性和加工成本。

(1) 背吃刀量 a_p 的选择：应根据加工余量大小来确定。除留下后续工序的余量外，尽可能一次切除，以使走刀次数最少。半精车和精车的加工余量一般是：半精车($Ra6.3\sim1.6\mu m$)为 $1\sim3mm$，精车($Ra1.6\sim0.8\mu m$)为 $0.05\sim0.8mm$。

当粗切余量太大或工艺系统的刚性较差时，则分几次切除，但前几次的背吃刀量应大些。通常取 $a_{p1}=(2/3\sim3/4)Z$，$a_{p2}=(1/4\sim1/3)Z$，其中 Z 为总余量。

(2) 进给量 f 的选择：主要根据工艺系统的刚性和强度而定，可利用计算或查手册资料来确定进给量 f 的值。表 2.5 所示为在上述限制条件下制定的粗车进给量。

表2.5　硬质合金车刀粗车外圆及端面的进给量

工件材料	车刀刀杆尺寸/mm	工件直径/mm	背吃刀量 a_p/mm				
			≤3	>3～5	>5～8	>8～12	>12
			进给量 f/(mm·r^{-1})				
碳素结构钢、合金结构钢及耐热钢	16×25	20	0.3～0.4				—
		40	0.4～0.5	0.3～0.4			
		60	0.5～0.7	0.4～0.6	0.3～0.5		
		100	0.6～0.9	0.5～0.7	0.5～0.6	0.4～0.5	
		400	0.8～1.2	0.7～1.0	0.6～0.8	0.5～0.6	
	20×30 25×25	20	0.3～0.4				
		40	0.4～0.5	0.3～0.4			
		60	0.6～0.7	0.5～0.7	0.4～0.6		
		100	0.8～1.2	0.7～0.9	0.5～0.7	0.4～0.7	
		400	1.2～1.4	1.0～1.2	0.8～1.0	0.6～0.9	0.4～0.6
铸铁及铜合金	16×25	40	0.4～0.5				—
		60	0.6～0.8	0.5～0.8	0.4～0.6		
		100	0.8～1.2	0.7～1.0	0.6～0.8	0.5～0.7	
		400	1.0～1.4	1.0～1.2	0.8～1.0	0.6～0.8	
	20×30 25×25	40	0.4～0.5				
		60	0.6～0.9	0.5～0.8	0.4～0.7		
		100	0.9～1.3	0.8～1.2	0.7～1.0	0.5～0.8	
		400	1.2～1.8	1.2～1.6	1.0～1.3	0.9～1.1	0.7～0.9

注：1. 加工断续表面及有冲击的工件时，表内进给量应乘以系数 0.75～0.85。

2. 在无外皮加工时，表内进给量应乘以系数 1.1。

3. 加工耐热钢及其合金时，进给量不大于 1mm/r。

4. 加工淬硬钢时，进给量应减小。当钢的硬度为 44～56HRC 时，乘以系数 0.8；硬度为 57～62HRC 时，乘以系数 0.5。

在半精加工和精加工时，进给量主要受到表面粗糙度的限制。表 2.6 所示为按照表面粗糙度制定的进给量。

表2.6 按表面粗糙度值选择进给量的参考值

工件材料	表面粗糙度 $Ra/\mu m$	切削速度范围 $v_c/(\text{m} \cdot \text{min}^{-1})$	刀尖圆弧半径 r_ε/mm		
			0.5	1	2
			进给量 $f/(\text{mm} \cdot \text{r}^{-1})$		
铸铁、青铜、铝合金	10～5	不限	0.25～0.4	0.4～0.5	0.5～0.5
	5～2.5		0.15～0.25	0.25～0.4	0.4～0.6
	2.5～1.25		0.1～0.15	0.15～0.2	0.2～0.35
碳钢及合金钢	10～5.0	<50	0.3～0.5	0.45～0.6	0.55～0.7
		>50	0.4～0.55	0.55～0.65	0.65～0.7
	5.0～2.5	<50	0.18～0.25	0.25～0.3	0.3～0.4
		>50	0.25～0.3	0.3～0.35	0.35～0.5
	2.5～1.25	<50	0.1	0.11～0.15	0.15～0.22
		5～100	0.11～0.16	0.16～0.25	0.25～0.35
		>100	0.16～0.2	0.2～0.25	0.25～0.35

(3) 切削速度 v_c 的确定：按刀具的耐用度 T 所允许的切削速度 VT 来计算。除了用计算方法外，生产中经常按实践经验和有关手册资料选取切削速度。表 2.7 所示为车削加工的切削速度参考数值。

(4) 校验机床功率：由式(2-15)和式(2-16)可以得到机床功率所允许的切削速度为

$$v_c \leqslant \frac{P_E \eta \times 6 \times 10^4}{F_c} (\text{m}/\text{min}) \tag{2-26}$$

式中：P_E——机床电动机功率(kW)；

F_c——切削力(N)；

η——机床传动效率，一般 $\eta = 0.75 \sim 0.85$。

$$v_c \leqslant P_E \eta / (1000 F_c)(\text{m}/\text{s})$$

3) 提高切削用量的途径

(1) 采用切削性能更好的新型刀具材料。

(2) 在保证工件机械性能的前提下，改善工件材料的加工性。

(3) 改善冷却润滑条件。

(4) 改进刀具结构，提高刀具制造质量。

表 2.7 车削加工的切削速度参考数值

加工材料	硬度 HBS	背吃刀量 a_p/mm	高速钢刀具 v_c/(m·min⁻¹)	高速钢刀具 f/(mm·r⁻¹)	硬质合金刀具 未涂层 v_c/(m·min⁻¹) 焊接式	硬质合金刀具 未涂层 v_c/(m·min⁻¹) 可转位	硬质合金刀具 未涂层 f/(mm·r⁻¹)	材料	硬质合金刀具 涂层 v_c/(m·min⁻¹)	硬质合金刀具 涂层 f/(mm·r⁻¹)	陶瓷(超硬材料)刀具 v_c/(m·min⁻¹)	陶瓷(超硬材料)刀具 f/(mm·r⁻¹)	说明
易切碳钢 低碳	100~200	1	55~90	0.18~0.2	185~240	220~275	0.18	YT15	320~410	0.18	550~700	0.13	
		4	41~70	0.4	135~185	160~215	0.5	YT14	215~275	0.4	425~580	0.25	
		8	34~55	0.5	110~145	130~170	0.75	YT5	170~220	0.5	335~490	0.4	
易切碳钢 中碳	175~225	1	52	0.2	165	20	0.18	YT15	305	0.18	520	0.13	
		4	40	0.4	125	150	0.5	YT14	200	0.4	395	0.25	
		8	30	0.5	100	120	0.75	YT5	160	0.5	305	0.4	
碳钢 低碳	125~225	1	43~46	0.18	140~150	170~195	0.18	YT15	260~290	0.18	520~580	0.13	切削条件较好时,可用冷压三氧化二铝陶瓷;切削条件较差时,宜用三氧化二铝+TiC热压混合陶瓷
		4	34~33	0.4	115~125	135~150	0.5	YT14	170~190	0.4	365~425	0.25	
		8	27~30	0.5	88~100	105~120	0.75	YT5	135~150	0.5	275~365	0.4	
碳钢 中碳	175~275	1	34~40	0.18	115~130	150~160	0.18	YT15	220~240	0.18	460~520	0.13	
		4	23~30	0.4	90~100	115~125	0.5	YT14	145~160	0.4	290~350	0.25	
		8	20~26	0.5	70~78	90~100	0.75	YT5	115~125	0.5	200~260	0.4	
碳钢 高碳	175~275	1	30~37	0.18	115~130	140~155	0.18	YT15	215~230	0.18	460~520	0.13	
		4	24~27	0.4	88~95	105~120	0.5	YT14	145~150	0.4	275~335	0.25	
		8	18~21	0.5	69~76	84~95	0.75	YT5	115~120	0.5	185~245	0.4	
合金钢 低碳	125~225	1	41~46	0.18	135~150	170~185	0.18	YT15	220~235	0.18	520~580	0.13	
		4	32~37	0.4	105~120	135~145	0.5	YT14	175~190	0.4	365~395	0.25	
		8	24~27	0.5	84~95	105~115	0.75	YT5	135~145	0.5	275~335	0.4	
合金钢 中碳	175~275	1	34~41	0.18	105~115	130~150	0.18	YT15	175~200	0.18	460~520	0.13	
		4	26~32	0.4	85~90	105~120	0.4~0.5	YT14	135~160	0.4	280~360	0.25	
		8	20~24	0.5	67~73	82~95	0.5~0.75	YT5	105~120	0.5	220~265	0.4	
合金钢 高碳	175~275	1	30~37	0.18	105~115	135~145	0.18	YT15	175~190	0.18	460~520	0.13	
		4	24~27	0.4	84~90	105~115	0.5	YT14	135~150	0.4	275~335	0.25	
		8	18~21	0.5	66~72	82~90	0.75	YT5	105~120	0.5	215~245	0.4	
高强度钢	225~350	—	20~26	0.18	90~105	115~135	0.18	YT15	150~185	0.18	380~440	0.13	>300HBS时宜用 W12Cr4V5Co5 及 W2Mo9Cr4VCo8
		—	15~20	0.4	69~84	90~105	0.4	YT14	120~135	0.4	205~265	0.25	
		—	12~15	0.5	53~66	69~84	0.5	YT5	90~105	0.5	145~205	0.4	

2.7　实　　训

2.7.1　刀具几何参数的选择

1. 实训题目

在普通卧式车床上用反向进给法车削 45 号钢细长轴，刀具牌号为 YT15，加工时使用跟刀架和弹性顶尖，试确定刀具的几何参数。

2. 实训目的

刀具几何参数的合理选择。

3. 实训过程

分析加工特点，根据加工特点选择合理的刀具几何参数。

工件材料为 45 号钢，加工性能好，细长轴的加工特点是刚性差，在加工过程中易产生弯曲和振动，因此要尽量减小背向力。具体分析和选择如下。

(1) 取 $\gamma_o = 28° \sim 30°$，$\kappa_r = 75°$，减小背向力。

(2) 由于前角较大，为增加刃口的强度，应修磨出负倒棱，取 $b_{r1} = 0.5 \sim 1.0\text{mm}$，$\gamma_{01} = -10°$。后角和刃倾角不能太大，取 $\alpha_o = 6°$，$\lambda_s = 3°$。

(3) 由于主偏角较大，为增强刀尖的强度，采用修圆刀尖，取 $r_\varepsilon = 1.5 \sim 2\text{mm}$。

(4) 为保证断屑可靠，前刀面应磨出宽 $L_{Bn} = 4 \sim 6\text{mm}$，圆弧半径 $r_{Bn} = 2.5\text{mm}$ 的卷屑槽。

4. 实训总结

要根据工件的加工特点选择刀具的几何参数。

2.7.2　切削用量的选择和计算

1. 实训题目

有一轴，加工精度要求为 9 级；表面粗糙度为 $Ra3.2\mu\text{m}$，材料为 45 号热轧钢，$\sigma_b = 0.637\text{GPa}$，毛坯尺寸为 $\phi50\text{mm} \times 350\text{mm}$，加工尺寸为 $\phi44\text{mm} \times 300\text{mm}$。在普通卧式车床 CA6140 上加工，使用焊接式硬质合金 YT15 车刀，刀杆截面尺寸为 16mm×25mm；几何参数：$\gamma_o = 15°$，$\alpha_o = 8°$，$\kappa_r = 75°$，$\kappa_r' = 10°$，$\lambda_s = 6°$，$r_\varepsilon = 1\text{mm}$，$b_{r1} = 0.3\text{mm}$，$\gamma_{01} = -10°$。其加工方案为：粗车-半精车。试确定：

(1) 粗车和半精车时合理的切削用量。

(2) 若要磨削外圆，试确定磨削加工时的砂轮和切削液。

2. 实训目的

切削用量、砂轮及切削液的合理选择。

3. 实训过程

根据加工要求，选择切削用量(参考有关工艺手册)。

1) 第一题

(1) 粗车时。

① 确定背吃刀量 a_p：毛坯余量单边为 3mm，粗车取 a_p=2.5mm。

② 确定进给量 f：根据工件材料、刀杆截面尺寸、工件直径及背吃刀量，从表 2.5 中查得 f=0.4～0.5mm/r。按机床说明书中实有的进给量，取 f=0.51mm/r。

③ 校验进给机构强度：查有关工艺手册得单位切削力 k_c=1962N/mm^2，进给量对单位切削力的影响修正系数 k_{fkc}=0.925，求得切削力为

$$F_c=k_c a_p f k_{fkc}=1962×2.5×0.51×0.925N=2314(N)$$

查有关手册得，当 r_ε=1mm 时，$k_{r\varepsilon}F_f$=0.81；当 κ_r=75°时，F_f/F_c=0.5，故进给力为

$$F_f=(F_f/F_c)F_c k_{r\varepsilon}F_f=0.5×2314×0.81N=937.17(N)$$

从机床说明书中查得机床进给机构允许的进给抗力为 F_{fmax}=3528N。因此，机床进给机构强度足够，所选进给量(f=0.51mm/r)可以使用。

④ 确定切削速度：查表 2.7 得 v_c=90m/min。计算机床主轴的转速为

$$n=\frac{1000v_c}{\pi d_{工件}}=\frac{1000×90}{3.14×50}r/min=573(r/min)$$

按机床说明书选取实际的机床转速为 560r/min，此时的实际切削速度为

$$v_c=\frac{\pi d_{工件}n}{1000}=\frac{3.14×50×560}{1000}(m/min)=87.9(m/min)$$

⑤ 校验机床功率：从说明书上可知，该机床电机的功率为 7.8kW，取机床效率 η=0.8，则此时该机床允许的最大切削速度(按式(2-23))为

$$v_c=\frac{P_E×\eta×6×10^4}{F_c}=\frac{7.8×0.8×6×10^4}{2341}m/min=160(m/min)$$

由于实际选取的切削速度为 87.9m/min＜160m/min(允许的切削速度)，故机床功率足够。

(2) 半精车时。

① 确定背吃刀量：a_p=0.5mm。

② 确定进给量：精加工和半精加工应根据表面粗糙度值来选，由于要求的表面粗糙度为 Ra3.2μm，r_ε=1mm，查表 2.6(预估切削速度 v_c＞50m/min)得 f=0.3～0.35mm/r。按机床说明书中实有的进给量，取 f=0.3mm/r。

③ 确定切削速度：根据已知条件和已确定的 a_p 和 f 值，查表 2.7 得 v_c=130m/min。计算出机床转速

$$n=\frac{1000v_c}{\pi d_{工件}}=\frac{1000×130}{3.14×(50-5)}r/min=920(r/min)$$

按机床说明书选取机床实际转速为 900r/min，此时的实际切削速度为

$$v_c=\frac{\pi(50-5)×900}{1000}m/min=127.2(m/min)$$

本题的结果如下。

粗车切削用量：a_p=2.5mm，f=0.51mm/r，v_c=87.9m/min。

半精车切削用量：a_p=0.5mm，f=0.3mm/r，v_c=127.2m/min。

2) 第二题

若要磨削外圆，砂轮可选用 P400×100×127A60J5V35，切削液可选用普通乳化液。

4. 实训总结

确定切削用量时，首先要确定机床，然后根据机床实有的转速得出实际的切削速度。

2.8　习　　题

1. 单项选择题

(1) 影响刀具的锋利程度、减小切削变形、减小切削力的刀具角度是( )。

A. 主偏角　　　　　　　B. 前角　　　　　C. 副偏角

D. 刃倾角　　　　　　　E. 后角

(2) 影响切削层参数、切削分力的分配、刀尖强度及散热情况的刀具角度是( )。

A. 主偏角　　　　　　　B. 前角　　　　　C. 副偏角

D. 刃倾角　　　　　　　E. 后角

(3) 影响刀尖强度和切削流动方向的刀具角度是( )。

A. 主偏角　　　　　　　B. 前角　　　　　C. 副偏角

D. 刃倾角　　　　　　　E. 后角

(4) 齿轮滚刀的刀具耐用度一般为( )。

A. 15～30min　　　　　　　　　B. 30～60min

C. 90～150min　　　　　　　　 D. 200～300min

(5) 强力磨削的磨削深度可达( )。

A. 4mm 以上　　　　　　　　　B. 6mm 以上

C. 8mm 以上　　　　　　　　　D. 10mm 以上

(6) 车外圆时，能使切屑流向工件待加工表面的几何要素是( )。

A. 刃倾角大于 0°　　　　　　　B. 刃倾角小于 0°

C. 前角大于 0°　　　　　　　　D. 前角小于 0°

(7) 车削时，切削热传出的途径中所占比例最大的是( )。

A. 刀具　　　　B. 工件　　　　C. 切屑　　　　　D. 空气介质

(8) 钻削时，切削热传出的途径中所占比例最大的是( )。

A. 刀具　　　　B. 工件　　　　C. 切屑　　　　　D. 空气介质

(9) 磨削一般采用低浓度的乳化液，这主要是因为( )。

A. 润滑作用强　　　　　　　　B. 冷却、清洗作用强

C. 防锈作用好　　　　　　　　D. 成本低

(10) 用硬质合金刀具切削时，一般(　　)。

    A. 用低浓度乳化液　　　　　　　　B. 用切削油

    C. 不用切削液　　　　　　　　　　D. 用少量切削液

(11) 精车铸铁工件时，一般(　　)。

    A. 不用切削液或用煤油　　　　　　B. 用切削液

    C. 用高浓度乳化液　　　　　　　　D. 用低浓度乳化液

(12) 加工铸铁时，产生表面粗糙度的主要原因是残留面积和(　　)等因素。

    A. 塑性变形　　　　　　　　　　　B. 塑性变形和积屑瘤

    C. 积屑瘤　　　　　　　　　　　　D. 切屑崩碎

(13) 当工件的强度、硬度、塑性较大时，刀具耐用度(　　)。

    A. 不变　　　　　　　　　　　　　B. 有时长、有时短

    C. 越长　　　　　　　　　　　　　D. 越短

(14) 刀具磨钝的标准是规定控制(　　)。

    A. 刀尖磨损量　　　　　　　　　　B. 后刀面磨损高度 VB

    C. 前刀面月牙洼的深度　　　　　　D. 后刀面磨损的厚度(即深度)

(15) 切削铸铁工件时，刀具的磨损部位主要发生在(　　)。

    A. 前刀面　　　　　　B. 后刀面　　　　　　C. 前、后刀面

(16) 粗车碳钢工件时，刀具的磨损部位主要发生在(　　)。

    A. 前刀面　　　　　　B. 后刀面　　　　　　C. 前、后刀面

(17) 高速钢车刀和普通硬质合金焊接车刀的刀具耐用度一般为(　　)。

    A. 15～30min　　　　　B. 30～60min　　　　　C. 90～150min

(18) 当车刀主偏角减小时，所引起的下列影响中正确的是(　　)。

    A. 使切削变得宽而薄

    B. 进给力加大，易引起振动

    C. 背向力(吃刀抗力)加大，工件弹性变形加大

    D. 刀尖强度降低

    E. 工件材料硬时应采取较大后角

    F. 硬质合金刀具应取较大后角

(19) 加工塑性材料时，(　　)切削容易产生积屑瘤和鳞刺。

    A. 低速　　　　　　B. 中速　　　　　　C. 高速　　　　　　D. 超高速

2. 多项选择题

(1) 对刀具前角的作用和大小，正确的说法有(　　)。

    A. 控制切削流动方向　　　　　　　B. 使刀刃锋利，减少切屑变形

    C. 影响刀尖强度及散热情况　　　　D. 影响各切削分力的分配比例

    E. 减小切屑变形，降低切削力　　　F. 受刀刃强度的制约，其数值不能过大

(2) 对于刀具主偏角的作用，正确的说法有(　　)。

    A. 影响刀尖强度及散热情况

    B. 减小刀具与加工表面的摩擦

C. 控制切屑的流动方向

D. 使切削刃锋利，减小切削变形

E. 影响切削层参数及切削分力的分配

F. 影响主切削刃的平均负荷与散热情况

(3) 确定车刀前角大小的主要依据包括(　　)。

A. 加工钢材时的前角比加工铸铁时大

B. 高速钢刀具的前角比硬质合金刀具大

C. 高速钢刀具前角比硬质合金刀具小

D. 粗加工时的前角比精加工时小

E. 粗加工时的前角比精加工时大

F. 加切削液时的前角应加大

(4) 确定车刀主偏角大小的主要依据有(　　)。

A. 工件材料越硬，主偏角应大些

B. 工件材料越硬，主偏角应小些

C. 工艺系统刚度好时，主偏角可以小些

D. 工艺系统刚度差时，主偏角可以小些

E. 高速钢刀具主偏角可比硬质合金大些

F. 粗加工时主偏角应大些

(5) 在钢件上攻螺纹或套螺纹时，一般(　　)。

A. 不用切削液　　　　　　　　　B. 用动物油

C. 用高浓度乳化液　　　　　　　D. 用低浓度乳化液

(6) 确定车刀后角大小的主要依据包括(　　)。

A. 精加工时应取较大后角　　　　B. 高速切削时应取较小后角

C. 加工塑性材料时应取较大后角　D. 工艺系统刚度差时应取较小后角

E. 工件材料硬时应取较大后角　　F. 硬质合金刀具应取较大后角

(7) 确定车刀刃倾角大小的主要依据包括(　　)。

A. 加工铸铁时应选较大的刃倾角

B. 加工螺纹时应选 0° 刃倾角

C. 带冲击的不连续车削或刨削应选负值刃倾角

D. 精加工时应选正值的刃倾角

E. 加工钢材时应选较小的刃倾角

F. 粗加工时应选较小的刃倾角

(8) 车削加工中，减小残留面积的高度，减小表面粗糙度值，可使用的正确方法有(　　)。

A. 加大前角　　　　　B. 减小主偏角　　　　C. 提高切削速度

D. 减小背吃刀量(切削深度)　E. 减小副偏角　　　F. 减小进给量

(9) 在下述条件中，较易形成带状切屑的条件有(　　)。

A. 切削低碳钢时

B. 切削中碳钢时

C. 较小的进给量和背吃刀量(切削速度)

D. 较大的进给量和背吃刀量(切削深度)

E. 较高的切削速度

F. 较低的切削速度

G. 较大的前角

(10) 形成带状切屑时,具有的特征有(　　)。

A. 加工表面光洁

B. 加工表面粗糙

C. 是比较理想的加工状态

D. 在低速切削中碳钢时易形成

E. 切削力有波动

F. 切削平稳

G. 切屑易折断,便于处理

(11) 切削力 F_c(主切削力 F_z)的作用包括(　　)。

A. 计算主运动系统零件强度的主要依据

B. 计算进给系统零件强度的主要依据

C. 计算机床功率的主要依据

D. 确定刀具角度的主要依据

E. 粗加工时选择背吃刀量(切削深度)的主要依据

F. 选择进给量的主要依据

(12) 背向力 F_p(吃刀抗力 F_y 或法向力 F_x)的特点包括(　　)。

A. 钻削时该分力最大　　　　B. 磨削时该分力最大　　　　C. 车削时该分力最大

D. 在该力方向上不做功　　　E. 易使工件弯曲变形,产生形状误差

(13) 在下列因素中,对切削力影响较大的三个因素有(　　)。

A. 刀具角度　　　　　　　　B. 切削用量　　　　　　　　C. 工件材料

D. 刀具材料　　　　　　　　E. 冷却方式　　　　　　　　F. 切削温度

(14) 切削热的主要来源,由大到小依次为(　　)。

A. 电动机发热　　　　　　　B. 切屑塑性变形　　　　　　C. 主轴箱发热

D. 切屑与前刀面的摩擦　　　E. 后刀面与工件的摩擦　　　F. 刀尖的磨损

(15) 切削热对切削过程的影响主要表现为(　　)。

A. 提高工件塑性,降低切削阻力

B. 加速刀具磨损

C. 有利于防止变形硬化

D. 工件发生热变形,影响加工精度

E. 导致机床、刀具热变形

F. 有可能烧伤加工表面

(16) 在下列情况下,应该采用低浓度乳化液润滑方式的有(　　)。

A. 高速钢加工铸铁工件　　　　　　　　B. 高速钢刀具粗加工钢材

C. 硬质合金端铣刀铣钢材　　　　　　　D. 麻花钻在钢件上钻孔

    E. 平面磨床磨削钢件　　　　　　　　　　F. 插齿机加工钢制齿轮

(17) 在下列情况下，不应该使用任何切削液的有(　　)。

    A. 磨削铸铁工件平面　　　　　　　　　　B. 在碳钢工件上铰孔

    C. 在铸铁件上用高速钢刀车螺纹　　　　　D. 硬质合金刀精车碳钢工件

    E. 插齿机加工铸铁齿轮　　　　　　　　　F. 高速钢立铣刀铣碳钢轴件平面

(18) 在下列情况下，应该采用高浓度乳化液或切削油润滑方式的有(　　)。

    A. 高速钢刀具精车碳钢工件　　　　　　　B. 硬质合金刀具精车碳钢工件

    C. 在碳钢工件上铰孔　　　　　　　　　　D. 滚齿机滚切铸铁齿轮

    E. 高速钢铣刀铣键槽(碳钢轴)　　　　　　F. 硬质合金镶齿端铣刀铣碳钢工件

(19) 刀具上能减小工件已加工表面粗糙度值的几何要素有(　　)。

    A. 增大前角　　　　　　B. 减小后角　　　　　　C. 减小主偏角

    D. 增大刃倾角　　　　　E. 减小副偏角

(20) 避免磨削烧伤、磨削裂纹的措施有(　　)等。

    A. 选择较软的砂轮　　　　　　　　　　　B. 选用较小的工件速度

    C. 选用较小的磨削深度　　　　　　　　　D. 改善冷却条件

(21) 刀具上能使主切削刃的工作长度增大的几何要素有(　　)。

    A. 增大前角　　　　　　B. 减小后角　　　　　　C. 减小主偏角

    D. 增大刃倾角　　　　　E. 减小副偏角

3. 判断题

(1) 刀具主偏角具有影响背向力(切深抗力)、刀尖强度、刀具散热状况及主切削刃平均负荷大小的作用。　　　　　　　　　　　　　　　　　　　　　　(　　)

(2) 加工塑性材料与加工脆性材料相比，应选用较小的前角和后角。　　(　　)

(3) 工艺系统刚度较差时(如切削细长轴)，刀具应选用较大的主偏角。　(　　)

(4) 精加工与粗加工相比，刀具应选用较大的前角和后角。　　　　　　(　　)

(5) 高速钢刀具与硬质合金刀具相比，应选用较小的前角和后角。　　　(　　)

(6) 高速钢刀具切削时一般要加切削液，而硬质合金刀具不加切削液，这是因为高速钢的耐热性比硬质合金好。　　　　　　　　　　　　　　　　　　　　(　　)

(7) 当选择较低的切削速度时，切削中等硬度的塑性材料时常形成挤裂断屑。

                                                      (　　)

(8) 带状切屑容易刮伤工件表面，所以不是理想的加工状态，精车时应避免产生带状切屑，而希望产生挤裂切屑。　　　　　　　　　　　　　　　　　　　(　　)

(9) 粗加工时产生积屑瘤有一定好处，故常采用中等速度粗加工；精加工时必须避免积屑瘤的产生，故切削塑性金属时常采用高速或低速精加工。　　　　　　　(　　)

(10) 在三个切削分力中，车外圆时切向力 F_c 最大，磨外圆时背向力 F_p 最大。　(　　)

(11) 切削用量三要素对切削力的影响程度是不同的，背吃刀量(切削深度)影响最大，进给量次之，切削速度影响最小。　　　　　　　　　　　　　　　　　　(　　)

(12) 在刀具角度中，对切削力影响最大的是前角和后角。　　　　　　(　　)

(13) 在切削用量中，对切削热影响最大的是背吃刀量(切削深度)，其次是进给量。
（　　）

(14) 在刀具角度中，对切削温度有较大影响的是前角和主偏角。　（　　）

(15) 在生产率保持不变的情况下，适当降低切削速度，而加大切削层公称截面面积，可以提高刀具耐用度。　（　　）

(16) 磨削加工多选用低浓度的乳化液，这主要是因为它需要大量的切削液，浓度低可以降低成本。　（　　）

(17) 精车钢件时，可使用高浓度的乳化液或切削油，这主要是因为它的润滑作用好。
（　　）

(18) 在刀具磨损的形式中，前刀面磨损对表面粗糙度影响最大，而后刀面磨损对加工精度影响最大。　（　　）

(19) 切削脆性材料，最容易出现后刀面磨损。　（　　）

(20) 切削用量、刀具材料、刀具几何角度、工件材料和切削液等因素对刀具耐用度都有一定影响，其中切削速度影响最大。　（　　）

(21) 磨削过程的主要特点是背向力(法向力)大，切削温度高，加工硬化和残余应力严重。　（　　）

(22) 磨削过程实际上是许多磨粒对工件表面进行切削、刻划和滑擦(摩擦抛光)的综合作用过程。　（　　）

(23) 光磨可提高工件的形状精度和位置精度。　（　　）

(24) 抛光主要用来减小表面粗糙度 Ra 值，作为表面的修饰加工及电镀前的预加工。
（　　）

(25) 珩磨头通过浮动联轴节与珩床主轴连接。　（　　）

(26) 珩磨孔既能提高孔的尺寸精度、形状精度，减小表面粗糙度，又能提高孔与其他相关表面的位置精度。　（　　）

4. 问答题

(1) 切屑变形程度是怎么表示的？

(2) 影响切削变形的因素有哪些？分别是怎样影响切削变形的？

(3) 三个切削分力是如何定义的？各分力对加工质量影响如何？

(4) 刀具磨损过程有哪些特点？

(5) 刀具破损的主要形式有哪些？高速钢和硬质合金刀具的破损形式有何不同？

(6) 衡量工件材料切削加工性的指标有哪些？

(7) 何谓最大生产效率耐用度和经济耐用度？粗加工和精加工所选用的刀具耐用度是否相同？为什么？

(8) 切削液的作用有哪些？如何正确选用切削液？

(9) 什么叫刀具耐用度和刀具寿命？刀具耐用度和磨钝标准有什么关系？磨钝标准确定后，刀具耐用度是否就确定了？为什么？

(10) 试述高速磨削、强力磨削和砂带磨削的特点和应用。

(11) 选择切削用量的原则是什么？从刀具耐用度出发，按什么顺序选择切削用量？从机床动力出发，按什么顺序选择切削用量？为什么？

5. 实作题

在 CA6140 车床上车削一直径为 $d=10\sim30mm$ 的细长轴(长径比大于 10)，材料为经调质处理的 45 号钢，硬度为 229HBS。试确定刀具材料及刀具几何参数。

第3章 工艺规程设计

本章在介绍基础知识和基本术语的基础上，按照制订零件机械加工工艺规程的步骤，介绍零件的工艺性分析、毛坯的选择、工艺路线的拟定、加工余量的确定、工序尺寸及其公差的确定等内容。

要求通过本章的学习，初步理解和掌握零件机械加工工艺规程的制订原则、步骤和方法。

- 工艺路线的拟定
- 工序尺寸及其公差的确定
- 工艺尺寸链的建立与解算

要加工如图 3.1 所示带键槽的轴，应选什么毛坯，怎样选择粗、精基准，加工顺序、加工余量、切削用量怎么确定，应该加工几次，每次加工的工序尺寸怎么确定。

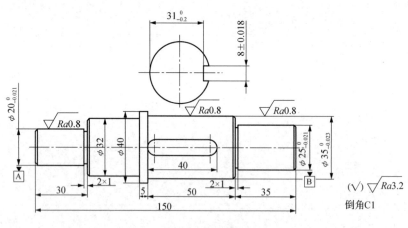

图 3.1 阶梯轴

3.1 概　述

机械加工工艺过程是采用各种机械加工方法，直接用于改变毛坯的形状、尺寸、表面粗糙度以及力学物理性能，使之成为合格零件的全部过程。规定零件机械加工工艺过程的工艺文件称为机械加工工艺规程。工艺规程设计是产品设计和制造过程的中间环节，是企业生产活动的核心，也是进行生产管理的重要依据，其设计的好坏对保证加工质量、提高加工效率、降低加工成本具有决定意义，必须给予充分重视。

3.1.1　生产过程和工艺过程

机械产品制造时，将原材料或半成品变为产品的各有关劳动过程的总和，称为生产过程。它包括生产技术准备工作(如产品的开发设计、工艺设计和专用工艺装备的设计与制造、各种生产资料及生产组织等方面的准备工作)，原材料及半成品的验收、保管、运输，毛坯制造，零件加工(含热处理)，产品的装配、调试、检测以及油漆和包装等。

在生产过程中凡直接改变生产对象的尺寸、形状、性能(包括物理性能、化学性能、机械性能等)以及相对位置关系的过程，统称为工艺过程。工艺过程又可分为铸造、锻造、冲压、焊接、机械加工、装配等工艺过程，本书只研究机械加工工艺过程和装配工艺过程，铸造、锻造、冲压、焊接、热处理等工艺过程是"材料成型技术"课程的研究对象。

工艺过程是生产过程的重要组成部分，其中零件的加工是通过采取合理有序的各种加工方法，逐步地改变毛坯的形状、尺寸、相对位置和性能使其成为合格零件的过程，称为加工工艺过程。

3.1.2　工艺过程的组成

机械加工工艺过程是指用机械加工方法逐步改变毛坯的形态，使其成为合格零件的全部过程。机械加工工艺过程由按一定顺序排列的若干个工序组成，而每一个工序又可细分为安装、工位、工步和走刀。

1. 工序

工序是机械加工工艺过程的基本单元，是指在一个工作地点，由一个或一组工人对一个或同时对数个工件所连续完成的那一部分工艺过程。工作地点、操作工人、加工对象和连续作业构成了工序的 4 个要素，若其中任一要素发生变更，即成为另一工序。工序是组成工艺过程的基本单元，也是编制生产计划和进行经济核算的最基本的单元。

零件的工艺过程由一系列工序所组成，零件的材料、结构特点、精度要求、技术条件、生产类型，以及工厂的具体生产条件是设计零件工艺过程的主要依据。如图 3.1 所示的阶梯轴，因不同的生产批量，就有不同的工艺过程。

(1) 单件生产时的加工过程为：①车端面，钻中心孔，车外圆，切退刀槽和倒角；②铣键槽；③磨外圆；④去毛刺。

(2) 大量生产时的加工过程为：①铣端面，钻中心孔；②车一端外圆，切退刀槽和倒角；车另一端外圆，切槽和倒角；③铣键槽；④磨外圆；⑤去毛刺。

2. 安装

在一道工序中，工件可能被装夹一次或多次才能完成加工。工件每经一次装夹后所完成的那部分工序内容称为安装。例如，阶梯轴大批量生产时，②、④两道工序均需经过两次安装才能完成。

工件在加工中应尽量减少装夹的次数，因为每一次装夹都需要一定的装夹时间，还会产生装夹误差。

3. 工位

为减少工件装夹的次数，常采用各种回转工作台、回转夹具或移动夹具，使工件在一次装夹中先后处于几个不同的位置进行加工。在每一次装夹中，工件在机床上所占据的每一个位置称为一个工位。如图 3.2 所示为在有分度装置的钻模上加工零件上的四个孔，工件在机床上先后占据 4 个不同位置，即装卸、钻孔、扩孔和铰孔，称为 4 个工位。

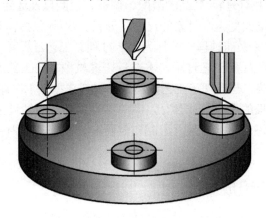

图 3.2　多工位加工

4. 工步

工步是指在工件被加工表面、加工工具和切削用量都不变的情况下所连续完成的那部分工序，其中任一因素改变后即构成新的工步。工步是工序的主要组成部分，一个工序可以有几个工步。

为简化工艺文件，对于那些连续进行的若干个相同的工步，通常都看成一个工步。对于在一个工步内，用几把刀具同时加工几个不同表面，也可看作一个工步，称为复合工步。采用复合工步可以提高生产效率。

5. 走刀

切削工具在被加工表面上移动一次，切下一层金属的过程称为走刀。如零件被加工表面的加工余量较大，则在一个工步中要分几次走刀。

3.1.3　机械制造生产类型及其工艺特点

由前面所介绍内容可知，机械产品的制造过程是一个复杂的过程，需要经过一系列加工过程和装配过程才能完成。尽管各种机械产品的结构、精度要求等相差很大，但它们的制造工艺却存在着许多共同特征，这些共同的特征取决于产品的生产纲领和生产类型。

1. 生产纲领

生产纲领是企业根据市场需求和自身的生产能力决定的在计划期内应当生产产品的产量和进度计划。计划期常定为一年，所以生产纲领也常称为年产量。

从市场的角度看，产品的生产纲领取决于市场对该产品的需求、企业在市场上所能占有的份额以及该产品在市场上的销售和寿命周期。

零件的生产纲领是根据产品的生产纲领、零件在该产品中的数量，并考虑备品和废品的数量而确定的，可按下式计算：

$$N=Qn(1+\alpha+\beta) \tag{3-1}$$

式中：N——零件的年产量(件/年)；

Q——产品的年产量(台/年)；

n——每台产品中该零件的数量(件/台)；

α——备品的百分率；

β——废品的百分率。

2. 生产类型

生产组织管理类型(简称"生产类型")是企业(或车间、工段、班组、工作地)生产专业化程度的分类。划分生产类型的根据是该工厂的生产纲领。生产批量则是指每一次投入或产出的同一种产品(或零件)的数量。生产批量可根据零件的年产量及一年中的生产批数计算确定。一年的生产批数根据用户的需要、零件的特征、流动资金的周转、仓库容量等具体确定。

根据零件的生产批量和结构特点，可以将其划分为单件生产、成批生产和大量生产三种类型，其中成批生产又可分为小批、中批和大批生产三种类型。从工艺特点上看，单件生产与小批生产相似，常合称为单件小批生产；大批生产和大量生产相似，常合称为大批大量生产。生产批量的不同导致企业生产专业化程度的不同。

(1) 单件小批生产：是指制造的产品数量不多，生产中各个工作地的加工对象经常发生改变，而且很少重复或不定期重复的生产，如新产品的试制、专用设备的制造等。在单件小批生产时，其生产组织的特点是要能适应产品品种的灵活多变。

(2) 中批生产：是指产品以一定的生产批量成批地投入生产，并按一定的时间间隔周期性地重复生产，如机床、机车、电机和纺织机械的制造等。在中批生产中，采用通用设备和专业设备相结合，以保证其生产组织满足一定的灵活性和生产率的要求。

(3) 大批大量生产：是指产品的产量很大，大多数工作地按照一定的生产节拍(在流水生产中，相继完成两件制品之间的时间间隔)长期进行某种零件的某一工序的重复加工，如标准件、汽车、拖拉机、自行车、缝纫机和手表的制造等。在大批大量生产时，广泛采用自动化专用设备，按工艺顺序进行自动线或流水线方式组织生产，生产组织形式的灵活性较差。

生产类型的具体划分可根据生产纲领和零件的特征或工作地每月担负的工序数来确定。表 3.1 给出了各种生产类型的划分。

表 3.1　各种生产类型的划分

生产类型	生产纲领/(台/年或件/年)			工作地每月担负的工序数/(工序数/月)
	小型机械或轻型零件	中小型或中型零件	重型机械或重型零件	
单件生产	≤100	≤10	≤5	不作规定
小批生产	>100~500	>10~150	>5~100	>20~40

续表

生产类型	生产纲领/(台/年或件/年)			工作地每月担负的工序数/(工序数/月)
	小型机械或轻型零件	中小型或中型零件	重型机械或重型零件	
中批生产	>500～5000	>150～500	>100～300	>10～20
大批生产	>5000～50000	500～5000	>300～1000	>1～10
大量生产	>50000	>5000	>1000	1

注：小型机械、中型机械和重型机械可分别以缝纫机、机床和轧钢机为代表。

根据上述划分生产类型的方法，可以发现，同一企业或车间可能同时存在几种生产类型的生产。判断企业或车间的生产类型，应根据企业或车间中占主导地位的工艺过程的性质来确定。

3. 工艺特征

生产类型不同，产品和零件的制造工艺、所用设备及工艺装备、采取的技术措施、达到的技术经济效果等也不同。各种生产类型的工艺特征如表3.2所示。

表3.2　各种生产类型的工艺特征

工艺特征	生产类型		
	单件小批	中　批	大批大量
零件的互换性	用修配法，钳工修配，缺乏互换性	大部分具有互换性。装配精度要求高时，灵活运用分组装配法和调整法，同时还保留某些修配法	具有广泛的互换性。少数装配精度较高处，采用分组装配法和调整法
毛坯的制造方法与加工余量	木模手工造型或自由锻造。毛坯精度低，加工余量大	部分采用金属模铸造或模锻。毛坯精度和加工余量中等	广泛采用金属模造型、模锻或其他高效方法。毛坯精度高，加工余量小
机床设备及其布置形式	通用机床。按机床类别采用机群式布置	部分通用机床和通用机床。按工件类别分工段排列设备	广泛采用高效专用机床及自动机床。按流水线和自动线排列设备
工艺装备	大多采用通用夹具、标准附件、通用刀具和万能量具。靠划线和试切法达到精度要求	广泛采用夹具，部分靠找正装夹达到精度要求。较多采用专用刀具和量具	广泛采用高效专用夹具、复合刀具、专用量具或自动检验装置。靠调整法达到精度要求
对工人技术要求	需技术水平较高的工人	需一定技术水平的工人	对调整工人的技术水平要求高，对操作工人的技术水平要求较低
工艺文件	有工艺过程卡，关键工序要工序卡	有工艺过程卡，关键零件要工序卡	有工艺过程卡和工序卡，关键工序要调整卡和检验卡
成本	较高	中等	较低

在制订零件机械加工工艺规程时，应先确定生产类型，再分析该生产类型的工艺特征，以保证所制订的工艺规程正确合理。

3.1.4 工艺规程

工艺规程是规定产品和零部件制造工艺过程和操作方法等的工艺文件，是指导工人进行生产和企业生产部门、物质供应部门组织生产和物质供应的重要技术依据。它是在具体的生产条件下，确定最合理或较合理的制造过程、方法，并按规定的形式书写成工艺过程卡、工序卡等工艺文件，指导制造过程。企业没有工艺规程就无法有效地组织生产，所以工艺规程设计和产品设计同等重要。

工艺规程是制造过程的纪律性文件。工艺规程一旦制定实施，一切生产人员都不得违反。但在执行的过程中可根据实施效果，对工艺规程进行修改和补充。这是一项严肃认真的工作，必须经过充分的讨论和严格的审批手续。工艺规程自身也在不断修改补充中变得更加合理、完善，对生产起到更好的指导作用。

1. 工艺规程的作用

(1) 工艺规程是指导生产的主要技术文件：合理的工艺规程是依据工艺理论和必要的工艺试验而制定的；是理论与实践相结合的产物，体现了一个企业或部门的技术水平。按照工艺规程组织生产，可以保证产品的质量和较高的生产效率与经济效益。生产中一般应严格执行既定的工艺规程。但是，工艺规程也不是固定不变的，工艺人员在不断总结工人的革新创造，及时地吸取国内外先进工艺技术的基础上，可以按规定的程序对现行工艺不断予以改进和完善，以便更好地指导生产。

(2) 工艺规程是生产组织和管理工作的基本依据：在生产管理中，产品投产前原材料及毛坯的供应、通用工艺装备的准备、机械负荷的调整、专用工艺装备的设计和制造、作业计划的编排、劳动力的组织，以及生产成本的核算等，都是以工艺规程作为基本依据的。

(3) 工艺规程是新建或扩建工厂或车间的基本资料：在新建或扩建工厂或车间时，只有依据工艺规程和生产纲领才能正确确定生产所需要的机床和其他设备的种类、规格和数量，确定车间的面积、机床的布置、生产工人的工种、等级及数量以及辅助部门的安排等。

此外，先进的工艺规程还具有交流和推广先进制造技术的作用。典型工艺规程可以缩短工厂摸索和试制的过程。

2. 制订机械加工工艺规程的原则

工艺规程设计的原则是，在保证产品质量的前提下，应尽量提高生产率和降低成本。应在充分利用本企业现有生产条件的基础上，尽可能采用国内外先进工艺技术和经验，并保证有良好的劳动条件。工艺规程应做到正确、完整、统一和清晰，所用术语、符号、计量单位、编号等都要符合相应标准。

3. 制订机械加工工艺规程所需的原始资料

制订零件的机械加工工艺规程时，必须具备下列原始资料。

(1) 产品的装配图和零件图。

(2) 产品的验收质量和验收标准。

(3) 产品的生产纲领。

(4) 零件毛坯的生产条件或协作关系。

(5) 工厂现有生产条件和资料。

(6) 国内外同类产品的生产情况。

4. 制订机械加工工艺规程的步骤及内容

在掌握上述资料的基础上，可以开始制定机械加工工艺规程，以下是具体的方法和步骤。

(1) 分析零件工作图和产品装配图。

(2) 对零件图和装配图进行工艺审查。

(3) 根据产品的生产纲领确定零件的生产类型。

(4) 确定毛坯的种类及其制造方法。

(5) 选择定位基准。

(6) 拟定工艺路线。

(7) 确定各工序所用机床设备和工艺装备(含刀具、夹具、量具、辅具等)，对需要改装或重新设计的专用工艺装备要提出设计任务书。

(8) 确定各工序的余量，计算工序尺寸和公差。

(9) 确定各工序的切削用量和时间定额。

(10) 确定各工序的技术要求和检验方法。

(11) 进行方案对比和经济技术分析，确定最佳工艺方案。

(12) 按要求规范填写工艺文件。

3.2 机械加工工艺规程设计

机械加工工艺规程的设计是一项时间性很强的工作，在设计过程中要综合考虑零件的材料、结构、生产类型、现有的加工条件等因素，制订出一个最为合理的工艺过程，并以技术文件的形式规定下来，用于指导生产。总的要求就是，要在保证产品质量的前提下尽量提高生产率和降低成本。下面按照机械加工工艺规程的设计步骤进行介绍。

3.2.1 零件的工艺分析

零件图是制订工艺规程最主要的原始资料。在制订工艺规程时，首先必须对零件图进行认真分析。为了更深刻理解零件结构上的特征和技术要求，通常还需要研究产品的总装配图、部件装配图以及验收标准，从中了解零件的功用和相关零件的配合，以及主要技术要求制定的依据等。对零件进行工艺分析，发现问题后及时提出修改意见，这是制定工艺规程时的一项重要的基础工作。对零件进行工艺分析，主要包括以下两个方面。

1. 零件的结构工艺性分析

零件的结构工艺性是指所设计的零件在能满足使用要求的前提下制造的可行性和经济

性。它包括零件的整个工艺过程的工艺性，涉及面很广，具有综合性。而且在不同的生产类型和生产条件下，同样的结构，制造的可能性和经济性可能不同，因此必须根据具体的生产类型和生产条件，全面、具体、综合地分析其结构工艺性。表 3.3 列出了一些零件机械加工工艺性对比的例子以供参考。

表 3.3　零件机械加工工艺性实例

工艺性内容	不合理的结构	合理的结构	说　明
1. 加工面积应尽量小			(1) 减少加工量； (2) 安装稳定
2. 钻孔的入端和出端应避免斜面			(1) 避免钻头折断； (2) 提高生产率； (3) 保证精度
3. 槽宽应一致			(1) 减少换刀次数； (2) 提高生产率
4. 键槽布置在同一方向			(1) 减少调整次数； (2) 提高生产率
5. 孔的位置不能距壁太近			(1) 可以采用标准刀具； (2) 保证加工精度
6. 槽的底面不应与其他加工面重合			(1) 便于加工； (2) 避免损伤加工表面
7. 螺纹根部应有退刀槽			(1) 避免损伤刀具； (2) 提高生产率 (3) 保证精度
8. 凸台表面位于同一平面上			(1) 生产率高； (2) 易保证精度
9. 轴上两相接精加工表面间应设刀具越程槽			(1) 生产率高； (2) 易保证精度

2. 零件的技术要求分析

零件的技术要求包括下列几个方面。

(1) 加上表面的尺寸精度。

(2) 形状精度。

(3) 相互位置精度。

(4) 表面粗糙度以及表面质量方面要求。

(5) 热处理要求及其他要求(如动平衡等)。

分析零件技术要求的目的，是要找出零件的主要表面(即精度要求较高的面)，一是决定主要表面的加工方法，应采取什么工艺措施；二是检查技术要求的合理性。发现图样上的视图、尺寸标注、技术要求有错误或遗漏，或结构工艺性不好时，应提出修改意见。但修改时必须征得设计人员的同意，并经过一定的审批手续。

3.2.2 毛坯的选择

零件是由毛坯按照其技术要求经过各种加工而最后形成的。毛坯的选择正确与否，不仅影响产品质量，而且对制造成本也有很大影响。因此，正确地选择毛坯有着重大的技术经济意义。

1. 毛坯的种类

毛坯的种类很多，同一种毛坯又有多种制造方法。机械制造中常用的毛坯有以下几种。

1) 铸件

形状复杂的毛坯，宜用铸件做毛坯。根据铸造方法不同，可分为以下几类。

(1) 砂型铸造：这是应用最为广泛的一种铸件，它分为木模手工造型和金属模机器造型。木模手工造型铸件生产率低，精度低，加工表面需留有较大的加工余量，适合单件小批生产或大型零件的铸造。金属模机器造型生产效率高，铸件精度也高，但设备费用高，铸件的质量也受限制，适用于大批量生产的中小型铸件。砂型铸造铸件材料不受限制，以铸铁应用最广，铸钢、有色金属铸造也有应用。

(2) 离心铸造：将熔融金属注入高速旋转的铸型内，在离心力作用下，金属液充满型腔而形成的铸件。这种铸件结晶细，金属组织致密，零件的力学性能好，外圆精度及表面质量高，但内孔精度差，需要专门的离心浇注机，适用于批量较大黑色金属和有色金属的旋转体铸件。

(3) 压力铸造：将熔融的金属，在一定压力作用下，以较高速度注入金属型腔内而获得的铸件。这种铸件精度高，可达 IT11～IT13，表面粗糙度值小，可达 $Ra3.2～0.4\mu m$，铸件的力学性能好，同时可铸造各种结构较复杂的零件，铸件上的各种孔眼、螺纹、文字及花纹图案均可铸出。但需要一套昂贵的设备和型腔模，适用于批量较大的形状复杂、尺寸较小的有色金属铸件。

(4) 精密铸造：将石蜡通过型腔模压制成与工件一样的制件，再在蜡制工件周围粘上特殊型砂，凝固后将其烘干焙烧，石蜡被蒸化而放出，留下工件形状的模壳用来浇铸。精密铸造铸件精度高，表面质量好。其一般用来铸造形状复杂的铸钢件，可节省材料，降低成本，是一项先进的毛坯制造工艺。

2）锻件

机械强度要求高的钢制件，一般要用锻件毛坯。锻件有自由锻造锻件和模锻件两种。自由锻造锻件是在锻锤或压力机上用手工操作而成型的锻件。它的精度低，加工余量大，生产率也低，适于单件小批生产及大型锻件。

模锻件是在锻锤或压力机上，通过专用锻模而锻制成型的锻件。模锻件形状精度高，加工余量小，且材料纤维组织分布好，机械强度高，生产效率高；但需要专用的模具，且锻锤的吨位要比自由锻造大。其主要适用于批量较大的中小型零件。

3）型材

型材按截面形状可分为圆钢、方钢、六角钢、扁钢、角钢、槽钢及其他特殊截面的型材，有冷拉和热轧两种。热轧的精度低，价格较冷拉的低，用于一般零件的毛坯。冷拉钢尺寸较小，精度高，易于实现自动送料，但价格高，多用于批量较大、在自动机床上进行加工的情况。

4）焊接件

将型钢或钢板焊接成所需的结构，适于单件小批生产中制造大型毛坯，其优点是制造简便，周期短，毛坯质量小；缺点是焊接件抗震性差，由于内应力重新分布引起的变形大，因此在进行机械加工前需经时效处理。

5）冲压件

在冲床上用冲模将板料冲制而成。冲压件的尺寸精度高，可以不再进行加工或只进行精加工，生产效率高。其适于批量较大而零件厚度较小的中小型零件。

6）冷挤压件

在压力机上通过挤压模挤压而成，生产效率高。冷挤压毛坯精度高，表面粗糙度值小，可以不再进行机械加工；但要求材料塑性要好，主要为有色金属和塑性好的钢材。其适于大批量生产中制造形状简单的小型零件，如仪表上和航空发动机中的小型零件。

7）粉末冶金

以金属粉末为原料，在压力机上通过模具压制成型后经高温烧结而成。其生产效率高，零件精度高，表面粗糙度值小，一般可不再进行精加工，但金属粉末成本较高，适于大批大量生产中压制形状较简单的小型零件。

表 3.4 给出了各类毛坯的特点及其适用范围。

表 3.4　各类毛坯的特点及适用范围

毛坯种类	制造精度 (IT)	加工余量	原材料	工件尺寸	工件形状	机械性能	适宜生产类型
型材		大	各种材料	小型	简单	较好	各种类型
型材焊接件		一般	钢材	大中型	较复杂	有内应力	单件
砂型铸造	13 级以下	大	铸铁，铸钢，青铜	各种尺寸	复杂	差	单件小批
自由锻造	13 级以下	大	钢材为主	各种尺寸	较简单	好	单件小批
普通模锻	11～15	一般	钢，锻铝，铜等	中小型	一般	好	中、大批量

续表

毛坯种类	制造精度 (IT)	加工 余量	原 材 料	工件尺寸	工件 形状	机械性能	适宜生产 类型
钢模铸造	10~12	较小	铸铝为主	中小型	较复杂	较好	中、大批量
精密锻造	8~11	较小	钢材，锻铝等	小型	较复杂	较好	大批量
压力铸造	8~11	小	铸铁，铸钢，青铜	中小型	复杂	较好	中、大批量
熔模铸造	7~10	很小	铸铁，铸钢，青铜	小型为主	复杂	较好	中、大批量
冲压件	8~10	小	钢	各种尺寸	复杂	好	大批量
粉末冶金件	7~9	很小	铁，铜，铝基材料	中小尺寸	较复杂	一般	中、大批量
工程塑料件	9~11	较小	工程塑料	中小尺寸	复杂	一般	中、大批量

2．毛坯的选择

毛坯的种类和制造方法对零件的加工质量、生产率、材料消耗及加工成本都有影响。提高毛坯精度，可减少机械加工的劳动量，提高材料利用率，降低机械加工成本，但毛坯制造成本增加，两者是相互矛盾的。选择毛坯应综合考虑下列 5 个因素。

(1) 零件的材料及对零件力学性能的要求：当零件的材料确定后，毛坯的类型也大致确定。例如，零件的材料是铸铁或青铜，只能选铸造毛坯，不能用锻造。若材料是钢材，当零件的力学性能要求较高时，不管形状简单与复杂，都应选锻件；当零件的力学性能无过高要求时，可选型材或铸钢件。

(2) 零件的结构形状与外形尺寸：钢质的一般用途的阶梯轴，如台阶直径相差不大，可用棒料；若台阶直径相差较大，则宜用锻件，以节省材料和减少机械加工工作量。大型零件受设备条件限制，一般只能用自由锻和砂型铸造；中小型零件根据需要可选用模锻和各种先进的铸造方法。

(3) 生产类型：大批大量生产时，应选毛坯精度和生产率都高的先进的毛坯制造方法，使毛坯的形状、尺寸尽量接近零件的形状、尺寸，以节省材料，减少机械加工工作量，由此而节约的费用会远远超出毛坯制造所增加的费用，获得良好的经济效益。单件小批量生产时，采用先进的毛坯制造方法所节省的材料和机械加工成本，相对于毛坯制造所增加的设备和专用工艺装备费用就会得不偿失，故应选毛坯精度和生产率均比较低的一般毛坯制造方法，如自由锻和手工木模造型等方法。

(4) 生产条件：选择毛坯时，应考虑现有生产条件，如现有毛坯的制造水平和设备情况、外协的可能性等。可能时，应尽可能组织外协，实现毛坯制造的社会专业化生产，以获得良好的经济效益。

(5) 充分考虑利用新工艺、新技术和新材料：随着毛坯制造专业化生产的发展，目前毛坯制造方面的新工艺、新技术和新材料的应用越来越多，如精铸、精锻、冷轧、冷挤压、粉末冶金和工程塑料的应用日益广泛，这些方法可大大减少机械加工量，节省材料，有十分显著的经济效益，在选择毛坯时应予以充分考虑，在可能的条件下尽量优先采用。

3．毛坯形状与尺寸的确定

由于对零件精度和表面质量的要求越来越高，绝大多数情况下毛坯需经过机械加工才能达到零件的使用要求，因此通常毛坯尺寸比零件尺寸要大。毛坯尺寸与零件图上相应的尺寸之差，称为加工余量。毛坯制造尺寸的公差称为毛坯公差。毛坯余量和公差的大小与毛坯的制造方法和制造精度有关，生产中可参考有关工艺手册和标准来确定。

毛坯余量确定后，就可大致确定毛坯的形状和尺寸。此外，在毛坯的制造、机械加工及热处理时，还有许多工艺因素会影响到毛坯的形状与尺寸。例如，为了工件加工时装夹方便，有些毛坯需要铸出工艺搭子(如图 3.3 所示，毛坯上为了满足工艺的需要而增设的工艺凸台，工艺搭子在零件加工好后应予切除)；又如图 3.4 所示发动机连杆零件，为了保证加工质量，同时也为了加工方便，常将分离零件先做成一个整体毛坯，加工到一定阶段后再切割分离。对于形状比较规则的小型零件，如短小的轴套、键、垫圈和螺母等，为了提高机械加工效率，也常将若干个零件的毛坯合制成一件较长的毛坯，待加工到一定阶段后再切割成单个零件。

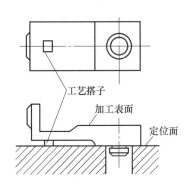

图 3.3　工艺搭子的应用

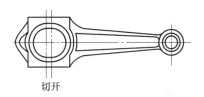

图 3.4　发动机连杆锻造毛坯

4．毛坯-零件综合图

选定毛坯后，即应设计、绘制毛坯图。对于机械加工工艺人员来说，建议设计毛坯-零件综合图。毛坯-零件综合图是简化零件图与简化毛坯图的叠加图，如图 3.5 所示。它表达了机械加工对毛坯的期望，为毛坯制造人员提供毛坯设计的依据，并表明毛坯与零件之间的关系。

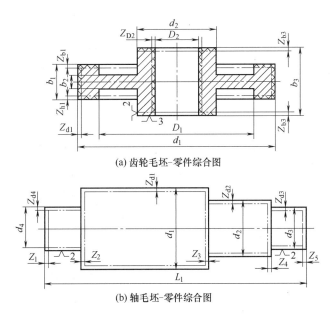

(a) 齿轮毛坯-零件综合图

(b) 轴毛坯-零件综合图

图 3.5　毛坯-零件综合图

毛坯-零件综合图的内容应包括毛坯结构形状、余量、尺寸及公差、机械加工选定的粗基准、毛坯组织、硬度、表面及内部缺陷等技术要求。毛坯-零件综合图的具体绘制方法可参阅有关工艺手册。

3.2.3 定位基准的选择

在机械加工的第一道工序中，只能用毛坯上未经加工的表面作为定位基准，这种定位基准称为粗基准。在随后的工序中，用加工过的表面作为定位基准，则称为精基准。有时，为便于安装和保证所需的加工精度，在工件上制出专门供定位用的表面，这种定位基准称为辅助基准。

制订工艺规程时，能否正确且合理地选择定位基准，将直接影响到被加工零件的位置精度、各表面加工的先后顺序，在某些情况下，还会影响到所采用工艺装备的复杂程度和加工效率等。

在选择定位基准时，通常按如下顺序进行选择。

(1) 首先选择精基准：选择零件上的哪一组(个)表面作为精基准，方能保证零件的精度要求？是否需要第二组(个)表面作为精基准，以及如何进行转换？

(2) 然后选择粗基准：粗基准是为加工精基准服务的，为了加工出上述精基准，应选择哪一组(个)毛坯表面作为粗基准？粗、精基准的用途不同，在选择时所考虑的侧重点也不同。下面对它们的选择原则分别加以说明。

1．精基准的选择

在零件的机械加工过程中，除起始工序采用粗基准外，其余工序的主要定位面都应采用精基准。选择精基准时，应重点考虑如何减少工件的定位误差，保证加工精度，并使夹具结构简单，工件装夹方便。具体选择原则如下。

1) 基准重合原则

应尽量选择加工表面的工序基准作为定位基准，称为基准重合原则。采用基准重合原则，可以直接保证加工精度，避免基准不重合的误差。在对加工面的位置尺寸和位置关系有决定性影响的工序中，特别是当位置精度要求很高时，一般不应违反这一原则；否则，将由于存在基准不重合误差，导致精度难以保证。

例如，图 3.6(a)所示的活塞，活塞销孔轴线垂直方向的工序基准是活塞顶。镗削活塞销孔时，采用顶面作为定位基准，能直接保证工序尺寸 A 的精度，即遵循了基准重合原则。如图 3.6(b)所示，为简化夹具结构，采用活塞裙部的止口端面定位，当用调整法加工时，直接保证的是尺寸 C，而工序要求是尺寸 A，两者不同。这时，尺寸 A 只能通过控制尺寸 C 和尺寸 B 来间接保证。控制尺寸 C 和 B 就是控制它们的误差变化范围。设尺寸 C 和 B 可能的误差变化范围分别为它们的公差值 T_C 和 T_B，当调整好镗杆的位置后，加工一批活塞上的销孔，则尺寸 A 可能的误差变化范围为

$$A_{max} = B_{max} - C_{min}, \quad A_{min} = B_{min} - C_{max}$$

将以上两式相减，可得到

$$A_{max} - A_{min} = (B_{max} - B_{min}) + (C_{max} - C_{min})$$

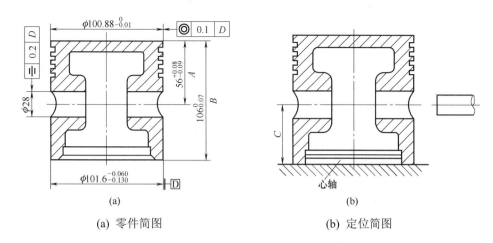

(a) 零件简图　　　　　　　　(b) 定位简图

图 3.6　设计基准与定位基准的关系

即

$$T_A = T_B + T_C$$

上式说明，用这种方法加工，尺寸 A 所产生的误差变化范围是尺寸 C 和尺寸 B 误差变化范围的总和。

由上述分析可知，图样上要求的是尺寸 A 和 B，尺寸 A 直接影响发动机的性能，精度较高；尺寸 B 的精度对发动机的性能没有直接影响，要求不高，两个尺寸是单独要求的，彼此无关。但是，加工时由于定位基准和设计基准不重合，使尺寸 A 的加工误差中增加了一个从定位基准到设计基准之间尺寸 B 的误差，这个误差即为基准不重合误差。

应用这个原则时，应注意具体条件。定位过程中产生的基准不重合误差，是在用夹具装夹、调整法加工一批工件时产生的。若用试切法加工，每个活塞都可以直接测量尺寸 A，直接保证设计要求，则不存在基准不重合误差。

2)　基准统一原则

在零件加工过程中，应采用同一组精基准定位，尽可能多地加工出零件上的加工表面。这一原则称为基准统一原则。

当零件上的加工表面很多，有多个设计基准时，若要遵循基准重合原则，就会使夹具的种类多、结构差异大。为了尽量统一夹具的结构，缩短夹具的设计、制造周期及降低夹具的制造费用，可在工件上选一组精基准，或在工件上专门设计一组定位面，用它们定位来加工工件上尽可能多的表面，这样就遵循了基准统一原则。

在实际生产中，经常采用的统一基准形式有以下 4 类。

(1)　轴类零件常使用两顶尖孔作为统一基准。

(2)　箱体类零件常使用一面两孔(一个较大的平面和两个距离较远的销孔)作为统一基准。

(3)　盘套类零件常使用止口面(一端面和一短圆孔)作为统一精基准。

(4)　套类零件用一长孔和一止推面作为统一精基准。

当采用基准统一原则无法保证加工表面的位置精度时，应先用基准统一原则进行粗、半精加工，最后采用基准重合原则进行精加工。这样既保证了加工精度，又充分利用了基准统一原则的优点。

3) 自为基准原则

选择加工表面本身作为定位基准，这一原则称为自为基准原则。自为基准原则多应用在某些要求加工余量小而均匀的精加工中。如图 3.7 所示，车床导轨面磨削时，在导轨磨床上，用百分表找正导轨面相对机床运动方向的正确位置，然后磨去小而均匀的一层，以满足对导轨面的质量要求。再如，采用浮动镗削、浮动铰削和珩磨等方法加工孔时，也都是自为基准原则的实例。采用自为基准原则加工时，只能提高加工表面本身的尺寸、形状精度，而不能提高加工表面的位置精度。

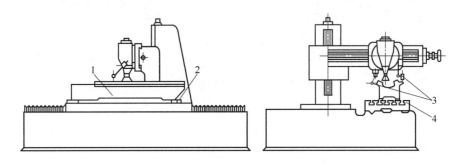

图 3.7　床身导轨面自为基准定位

1—工件；2—调整用楔块；3—找正用百分表；4—机床工作台

4) 互为基准原则

对于零件上两个有位置精度要求的表面，可以彼此互为定位基准，反复进行加工。如加工精密齿轮时，齿面淬火后需进行磨削。此时，先以齿面定位磨孔，然后再以孔为定位基准磨削齿面，这样不仅可以保证磨齿时的余量小而均匀，而且能使齿面和孔之间达到很高的位置精度。

除上述 4 个原则外，选择精基准时，还应考虑所选精基准能否使工件定位准确、稳定、夹紧方便可靠、夹具的结构简单、操作方便。

2．粗基准的选择

粗基准选择是否合理，直接影响到各个加工表面加工余量的分配，以及加工表面和非加工表面的相互位置关系。粗基准一般按下列原则进行选择。

(1) 有些零件上的个别表面不需要进行机械加工，为了保证加工表面和非加工表面的位置关系，应该选择非加工表面作为粗基准。当零件上有若干个不需要进行机械加工的表面时，应选择那个与加工表面相互位置关系最为密切的非加工表面作为粗基准。例如，图 3.8 所示的零件，内孔和端面需要加工，外圆表面不需加工，铸造时内孔相对于外圆有偏心。为了保证加工后零件的壁厚均匀，应该选择外圆表面作为粗基准。

(2) 当零件上具有较多需要加工的表面时，粗基准的选择应有利于合理分配各加工表面的加工余量。在余量分配时，应考虑以下两点。

① 应保证各加工表面都有足够的加工余量。例如，对于图 3.9 所示的阶梯轴，锻造误差使两段轴颈产生了 3mm 的偏心，在这种情况下，应选择ϕ55mm 外圆表面作为粗基

准，因其在两段轴颈中加工余量最小。如果选择 $\phi 108mm$ 外圆表面作为粗基准，加工 $\phi 55mm$ 轴颈时，由于偏心的原因，致使一侧的加工余量不足，会造成工件报废。

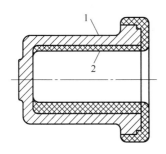
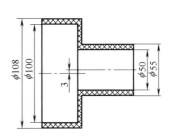

图 3.8　以不加工表面作为粗基准　　　图 3.9　阶梯轴粗基准选择

1—外圆；2—内孔

②　为保证重要表面的加工余量小而均匀，并使总的金属切除量最小，应以重要表面作为粗基准。如图 3.10 所示的机床床身，要求导轨面应有较好的耐磨性，以保持其导向精度。由于铸造时浇注位置决定了导轨面处的金属组织均匀而致密，机械加工中，为保留这样良好的金属组织，应使导轨面上切去的金属层小而均匀。为此，应选择导轨面作为粗基准，先加工床脚，然后再以床脚为精基准加工导轨面，这样就能确保导轨面的加工余量小而均匀，总的金属切除量也最小。

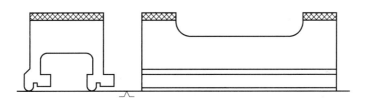

图 3.10　机床床身粗基准

当零件上有多个重要表面时，应选择加工余量要求最严格的那个表面作为粗基准。

(3)　应尽量选择没有飞边、浇口、冒口或其他缺陷的平整表面作为粗基准，以使工件定位可靠。

(4)　粗基准在零件加工过程中一般只能使用一次，由于粗基准的误差很大，重复使用必然会产生很大的加工误差。

以上各项原则，每项只突出了一个方面的要求，具体应用时可能会相互矛盾。这时，应根据零件的技术要求，保证主要方面，兼顾次要方面，使粗基准的选择更加合理。

3.2.4　工艺路线的拟定

拟定工艺路线是工艺规程设计的关键步骤。工艺路线的合理与否，直接影响到工艺规程的合理性、科学性和经济性。通常，要拟定几种可能的工艺路线方案，经分析比较后，选择其中最优的一个方案。

1．加工方法的选择

机器零件的结构形状虽然多种多样，但它们都是由一些最基本的几何表面(外圆、孔、平面等)组成的，机器零件的加工过程实际就是获得这些几何表面的过程。同一种表面可以选用各种不同的加工方法进行加工，但每种加工方法的加工质量、加工时间和所花费的费用却是各不相同的。工程技术人员的任务就是要根据具体加工条件(生产类型、设备状况、工人的技术水平等)选用最适当的加工方法，加工出合乎图样要求的机器零件。图 3.11 表示了几种加工方法的加工精度和加工成本的关系。由图 3.11 可知，如果加工误差低于Δ_1时，应选择磨削，这时刨削和铣削的加工成本显然高于磨削；如果加工误差大于Δ_2，应选择刨削，其加工成本最低。

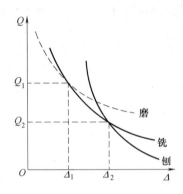

图 3.11　加工方法的加工精度和加工成本的关系

具有一定技术要求的加工表面，往往要通过多次加工才能逐步达到要求。

在选择加工方法时，一般总是首先根据零件主要表面的技术要求和工厂的具体条件，先选定该表面最终加工工序加工方法，然后再逐一选定该表面各有关前导工序的加工方法。主要表面的加工方案和加工方法选定之后，再选定次要表面的加工方案和加工方法。

选择加工方法时，除应保证加工表面的精度和粗糙度要求之外，还应综合考虑下列因素。

(1) 工件材料的性质：加工方法的选择，常受工件材料性质的限制。例如，淬硬钢制作零件的精加工，应采用磨削类的加工方法。

(2) 工件的结构和尺寸：以内圆表面加工为例，对于 IT7 级精度的孔，常采用拉削、铰削、镗削和磨削等方法来加工。如果是箱体上的孔，一般不用拉和磨削，而采用铰削或镗削，孔径较小时宜采用铰削，孔径较大时则采用镗削。

(3) 生产类型和现场生产条件：大批量生产时，降低零件制造成本的主要途径是提高生产率，故应选用高生产率和质量稳定的加工方法。例如，对孔和平面的加工，在大批量生产中广泛采用拉削；在单件小批量生产中，主要根据生产现场的设备情况，可采用钻、扩、铰及刨削平面或铣削平面。

在了解了各种加工方法的经济精度和综合考虑以上因素后，便可根据加工表面的技术要求，选择出该表面的最终加工方法；然后根据经验或工艺手册确定出加工方案。表 3.5～表 3.7 分别摘录了外圆、孔和平面的加工方法与经济精度及典型的加工方案，以供参考。

表 3.5　外圆表面加工方案

序号	加工方法	经济精度	表面粗糙度 Ra/μm	备　注
1	粗车	IT11 以下	12.5～50	适用于淬火钢以外的各种金属
2	粗车-半精车	IT8～IT10	3.2～6.3	
3	粗车-半精车-精车	IT7～IT8	0.8～1.6	
4	粗车-半精车-精车-滚压(或抛光)	IT7～IT8	0.025～0.2	
5	粗车-半精车-磨削	IT7～IT8	0.4～0.8	主要适用于淬火钢,也可用于未淬火钢,但不适于加工有色金属
6	粗车-半精车-粗磨-精磨	IT6～IT7	0.1～0.4	
7	粗车-半精车-粗磨-精磨-超精磨(或轮式超精磨)	IT5	0.012～0.1	
8	粗车-半精车-精车-金刚车	IT6～IT7	0.025～0.4	主要用于要求较高的有色金属加工
9	粗车-半精车-粗磨-精磨-超精磨或镜面磨	IT5 以上	0.006～0.025	极高精度的外圆加工
10	粗车-半精车-粗磨-精磨-研磨	IT5 以上	0.006～0.1	

表 3.6　平面加工方案

序号	加工方案	经济精度	表面粗糙度 Ra/μm	备　注
1	粗车-半精车	IT11～IT13	3.2～6.3	端面
2	粗车-半精车-精车	IT7～IT8	0.8～1.6	
3	粗车-半精车-磨削	IT6～IT8	0.2～0.8	
4	粗刨(或粗铣)	IT11～IT13	6.3～25	一般不淬硬表面(端铣表面粗糙度小)
5	粗刨(或粗铣)-精刨(或精铣)	IT8～IT9	1.6～6.3	
6	粗刨(或粗铣)-精刨(或精铣)-刮研	IT6～IT7	0.1～0.8	精度较高的不淬硬平面,批量较大的宜采用宽刃精刨方案
7	以宽刃精刨代替上述刮研	IT7	0.2～0.8	
8	粗刨(或粗铣)-精刨(或精铣)-磨削	IT7	0.2～0.8	精度较高的淬硬平面或不淬硬表面
9	粗刨(或粗铣)-精刨(或精铣)-粗磨-精磨	IT6～IT7	0.025～0.4	
10	粗铣-拉	IT7～IT9	0.2～0.8	大量生产较小的平面(精度视拉刀精度而定)
11	粗铣-精铣-磨削-刮研	IT5 以上	0.006～0.1	高精度平面

表 3.7　孔加工方案

序号	加工方案	经济精度	表面粗糙度 Ra/μm	备　注
1	钻	IT11～IT12	12.5	加工未淬火钢及铸铁,也适于加工有色金属但孔径小于15～20mm
2	钻-扩	IT9	1.6～3.2	
3	钻-粗铰-精铰	IT7～IT8	0.8～1.6	
4	钻-扩	IT10～IT11	6.3～12.5	同上,但孔径大于15～20mm
5	钻-扩-铰	IT8～IT9	1.6～3.2	
6	钻-扩-粗铰-精铰	IT7	0.8～1.6	
7	钻-扩-机铰-手铰	IT6～IT7	0.1～0.4	
8	钻-扩-拉	IT7～IT9	0.1～1.6	大批量生产(精度由拉刀精度而定)
9	粗镗(扩孔)	IT11～IT12	6.3～12.5	除淬火钢以外的各种材料,毛坯上有铸出或锻出孔
10	粗镗(粗扩)-半精镗(精扩)	IT8～IT9	1.6～3.2	
11	粗镗(粗扩)-半精镗(精扩)-精镗(铰)	IT7～IT8	0.8～1.6	
12	粗镗(扩)-半精镗(精扩)-精镗(铰)-浮动镗刀精镗	IT6～IT7	0.4～0.8	
13	粗镗(扩)-半精镗-磨孔	IT7～IT8	0.2～0.8	主要适用于淬火钢,也可用于未淬火钢,但不适于有色金属的加工
14	粗镗(扩)-半精镗-粗磨-精磨	IT6～IT7	0.1～0.2	
15	粗镗(扩)-半精镗-精镗-金刚镗	IT6～IT7	0.05～0.4	主要适用于精度要求较高的有色金属加工
16	钻-(扩)-粗铰-精铰-珩磨,钻-(扩)-拉-珩磨,粗镗-半精镗-精镗-珩磨	IT6～IT7	0.025～0.2	精度要求很高的孔
17	以研磨代替上述方案珩磨	IT6 以上	0.006～0.1	

2. 加工阶段的划分

为保证加工质量和合理地使用资源,对零件上精度要求较高的表面,应划分加工阶段来加工,即先安排所有表面的粗加工,再安排半精加工和精加工,必要时安排光整加工。

(1) 粗加工阶段:主要任务是尽快切去各表面上的大部分加工余量,要求生产率高,可用大功率、刚度好的机床和较大的切削用量进行加工。

(2) 半精加工阶段:是在粗加工的基础上,可完成一些次要表面的终加工,同时为主要表面的精加工准备好基准。

(3) 精加工阶段:要保证达到零件的图纸要求,此阶段的主要目标是保证加工质量。

(4) 光整加工阶段:对于质量要求很高(IT6 级以上,表面粗糙度 $Ra0.2\mu m$ 以下)的表面,还应增加光整加工阶段,以进一步提高尺寸精度和减小表面粗糙度。

划分加工阶段有如下 3 个目的。

(1) 有利于保证零件的加工质量：粗加工时，由于切削用量较大，会产生很大的受力变形、热变形，以及内应力重新分布带来的变形，加工误差很大。这些误差可以在半精加工和精加工中得到纠正，保证达到应有的精度和表面粗糙度。

(2) 合理安排加工设备和操作工人：设备的精度和生产率一般成反比。在粗加工时，可以选择生产率较高的设备，对设备的精度和工人的技术水平要求不高；精加工时，主要应达到零件的精度要求，这时可选用精度较高的设备和具有较高技术水平的工人。划分加工阶段后，可以充分发挥各类设备的优点，合理利用资源。

(3) 便于热处理工序的安排，使冷热加工工序搭配得更合理：粗加工后，内应力较大，应安排时效处理；淬火后，变形较大，且有氧化现象，一般应安排在半精加工之后、精加工之前进行，以便在精加工中消除淬火时所产生的各种缺陷。

此外，划分加工阶段后，能在粗加工中及时发现毛坯的缺陷，如裂纹、夹砂、气孔和余量不足等，根据具体情况决定报废或修补，避免对废品再加工造成浪费。各表面的精加工安排在最后进行，还可以防止损伤加工精确的表面。

划分加工阶段也不是绝对的，要根据零件的质量要求、结构特点和生产纲领灵活掌握。例如，对于精度要求不高、余量不大、刚性较好的零件，如生产纲领不大，可不必严格地划分加工阶段；有些刚性较好的重型零件，由于运输和装夹都很困难，应尽可能在一次装夹中完成粗、精加工，粗加工完成以后，将夹紧机构松开一下，停留一段时间，让工件充分变形，然后用较小的夹紧力夹紧，再进行精加工。

划分加工阶段，是对零件整个机械加工工艺过程而言的，通常是以零件上主要表面的加工来划分，而次要表面的加工穿插在主要表面加工过程之中。在有些情况下，次要表面的精加工是在主要表面的半精加工甚至是粗加工中就可完成，而这时并没有进入整个加工过程的精加工阶段；相反，有些小孔，如箱体上轴承孔周围的螺纹连接孔，常常安排在精加工之后进行钻削，这对小孔加工本身来说，仍属于粗加工。这点，在划分加工阶段时应引起注意。

3. 加工顺序的安排

零件的加工顺序包括机械加工工序顺序、热处理先后顺序及辅助工序。在拟定工艺路线时，工艺人员要把三者一起全面地加以考虑。

1) 机械加工工序顺序的安排原则

零件上需要加工的表面很多，往往不是一次加工就能达到要求的。表面的加工顺序对基准的选择及加工精度有很大影响，在安排加工顺序时一般应遵循以下 4 个原则。

(1) 基准先行：除第一道工序外，选为基准的表面，必须在前面已经过加工，即从第二道工序开始就必须用精基准作为主要定位面。所以，前工序必须为后工序准备好基准。

(2) 先粗后精：是指先安排各表面的粗加工，后安排半精加工、精加工和光整加工，从而逐步提高被加工表面的精度和表面质量。

(3) 先主后次：是指先安排主要表面的加工，再安排次要表面的加工。次要表面的加工可适当穿插在主要表面的加工工序之间进行。当次要表面与主要表面之间有位置精度要求时，必须将其加工安排在主要表面的加工之后。

(4) 先面后孔：当零件上有平面和孔要加工时，应先加工面，再加工孔。这样，不仅孔的精度容易保证，还不会使刀具引偏。这对于箱体类零件尤为重要。

2) 热处理工序的安排

在制定工艺路线时，应根据零件的技术要求和材料的性质，合理地安排热处理工序。常用的热处理工序有退火、正火、调质、时效、淬火、渗碳、渗氮、表面处理等。按照热处理的目的，分为预备热处理和最终热处理。

(1) 预备热处理。

① 正火和退火：在粗加工前通常安排退火或正火处理，消除毛坯制造时产生的内应力，稳定金属组织和改善金属的切削性能。例如，对于含碳量低于 0.5%的低碳钢和低碳合金钢，应安排正火处理以提高其硬度；而对于含碳量高于 0.5%的碳钢和合金钢，应安排退火处理；对于铸铁件，通常采用退火处理。

② 调质：调质就是淬火后高温回火。经调质的钢材，可得到较好的综合力学性能。调质可作为表面淬火和化学热处理的预备热处理，也可作为某些硬度和耐磨性要求不高零件的最终热处理。调质处理通常安排在粗加工之后、半精加工之前进行，这也有利于消除粗加工中产生的内应力。

③ 时效处理：时效处理的主要目的是消除毛坯制造和机械加工中产生的内应力。对于形状复杂的大型铸件和精度要求较高的零件(如精密机床的床身、箱体等)，应安排多次时效处理，以消除其内应力。

(2) 最终热处理。

① 淬火：淬火可提高零件的硬度和耐磨性。零件淬火后会出现变形，所以淬火工序应安排在半精加工后、精加工前进行，以便在精加工中纠正其变形。

② 渗碳淬火：对于用低碳钢和低碳合金钢制造的零件，为使零件表面获得较高的硬度及良好的耐磨性，常用渗碳淬火的方法提高表面硬度。渗碳淬火容易产生变形，应安排在半精加工和精加工之间进行。

③ 渗氮：渗氮是向零件的表面渗入氮原子的过程。渗氮不仅可以提高零件表面的硬度和耐磨性，还可提高疲劳强度和耐腐蚀性。渗氮层很薄且较脆，故渗氮处理安排尽量靠后；另外，为控制渗氮时的变形，应安排去应力处理。渗氮后的零件最多再进行精磨或研磨。

④ 表面处理：(表面镀层和氧化)可以提高零件的抗腐蚀性和耐磨性，并使表面美观。通常安排在工艺路线最后。

零件机械加工的一般工艺路线为：毛坯制造→退火或正火→主要表面粗加工→次要表面加工→调质(或时效)→主要表面半精加工→次要表面加工→淬火(或渗碳淬火)→修基准→主要表面精加工→表面处理。

3) 辅助工序的安排

辅助工序包括检验、去毛刺、清洗、防锈、去磁、平衡等。其中，检验工序是主要的辅助工序，对保证加工质量，防止继续加工前道工序中产生的废品起着重要作用。除了在加工中各工序操作者自检外，在粗加工阶段结束后、关键工序前后、送往外车间加工前后、全部加工结束后，一般均应安排检验工序。

4．工序集中与工序分散

工序集中是将零件的加工集中在少数几道工序内完成，每一工序的加工内容比较多。其特点是便于采用高生产率的专用设备和工艺装备，减少了工件的装夹次数，缩短了辅助时间，可有效提高劳动生产率；由于工序数目少、工艺路线短，便于制订生产计划和生产组织；使用的设备数量少，减少了操作工人和车间面积；由于在一次装夹中可以加工出较多的表面，有利于保证这些表面间相互位置的精度。工序集中时所需设备和工艺装备结构复杂，调整和维修困难，投资大、生产准备工作量大且周期长，不利于转产。

工序分散与工序集中正好相反。

拟定工艺路线时，应根据零件的生产类型、产品本身的结构特点、零件的技术要求等来确定采用工序集中还是工序分散。一般批量较小或采用数控机床、多刀、多轴机床、各种高效组合机床和自动机床加工时，常用工序集中原则；而大批量生产时，常采用工序分散的原则。

由于机械产品层出不穷，市场寿命也越来越短，产品多呈现中小批量的生产模式。随着数控技术的发展，数控加工不但高效，还能灵活适应加工对象的经常变化，工序集中是现代化生产的必然趋势。

3.2.5　加工余量的确定

毛坯尺寸与零件尺寸越接近，毛坯的精度越高，加工余量就越小，虽然加工成本低，但毛坯的制造成本高。零件的加工精度越高，加工的次数越多，加工余量就越大。因此，加工余量的大小不仅与零件的精度有关，还要考虑毛坯的制造方法。

1．加工余量的概念

加工余量是指某一表面加工过程中应切除的金属层厚度。同一加工表面相邻两工序尺寸之差称为工序余量。而同一表面各工序余量之和称为总余量，也就是某一表面毛坯尺寸与零件尺寸之差。

$$Z_\Sigma = \sum_{i=1}^{n} Z_i \tag{3-2}$$

式中：Z_Σ——总加工余量；

　　　Z_i——第 i 道工序的加工余量；

　　　n——形成该表面的工序总数。

图 3.12 表示了工序加工余量与工序尺寸的关系。图 3.12(a)、(b)所示平面的加工余量是单边余量，它等于实际切除的金属层厚度。

对于外表面

$$Z_b = a - b$$

对于内表面

$$Z_b = b - a$$

式中：Z_b——本工序的加工余量(公称余量)；

　　　a——前工序的工序尺寸；

　　　b——本工序的工序尺寸。

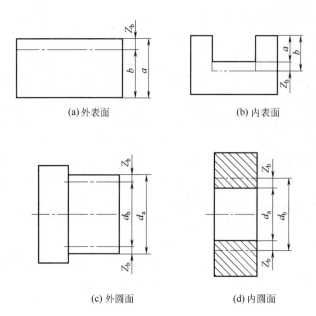

(a)外表面   (b)内表面

(c)外圆面   (d)内圆面

图 3.12 加工余量与加工尺寸的关系

上述表面的加工余量为非对称的单边余量。对图 3.12(c)、(d)所示的回转表面，其加工余量为对称的双边余量。

对于外圆表面

$$2Z_b = d_a - d_b$$

对于内圆表面

$$2Z_b = d_b - d_a$$

式中：$2Z_b$——直径上的加工余量(公称余量)；

d_a——前工序的工序尺寸；

d_b——本工序的工序尺寸。

由于毛坯制造和零件加工时都有尺寸公差，所以各工序的实际切除量是变动的，即有最大加工余量和最小加工余量，图 3.13 表明了余量与工序尺寸及其公差的关系。为了简单起见，工序尺寸的公差都按"入体原则"标注，即对于被包容面，工序尺寸的上偏差为零；对于包容面，工序尺寸的下偏差为零；毛坯尺寸的公差一般按双向标注。

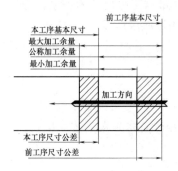

图 3.13 加工余量及公差

2. 影响加工余量的因素

机械加工的目的，就是要切除误差。所谓加工余量合适，是指既能切除误差，又不致加工成本过高。影响加工余量的因素较多，要保证能切除误差的最小余量应该包括以下4 个因素。

(1) 前工序形成的表面粗糙度和缺陷层深度(Ra 和 D_a)。由于表面层金属在切削力和切削热的作用下，其组织和机械性能已遭到破坏，应当切去。表面的粗糙度也应当切去。

(2) 前工序的尺寸公差 T_a。由于前工序加工后，表面存在尺寸误差和形状误差，必须切去。

(3) 前工序形成的需单独考虑的位置偏差ρ_a，如直线度、同轴度、平行度、轴线与端面的垂直度误差等，应在本工序进行修正。位置偏差ρ_a 具有方向性，是一项空间误差，需要采用矢量合成。

(4) 本工序的安装误差ε_b，包括定位误差、夹紧误差及夹具本身的误差。如图 3.14 所示，由于三爪自定心卡盘的偏心，使工件轴线偏离主轴旋转轴线 e，造成加工余量不均匀。为确保内孔表面都能磨到，直径上的余量应增加 $2e$。安装误差ε_b 也是空间误差，与 ρ_a 采用矢量合成。

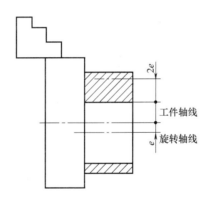

图 3.14　安装误差对加工余量的影响

3. 确定加工余量的方法

在实际生产中，确定加工余量的方法有以下三种。

(1) 查表修正法：根据工艺手册或工厂中的统计经验资料查表，并结合工厂的实际情况进行适当修正来确定加工余量。目前这种方法应用最广。查表时应注意表中的数据为公称值，对称表面(轴孔等)的加工余量是双边余量，非对称表面的加工余量是单边的。

(2) 经验估计法：根据实践经验确定加工余量。为防止加工余量不足而产生废品，往往估计的数值偏大，因而这种方法只适用于单件、小批生产。

(3) 分析计算法：这是根据加工余量计算公式和一定的试验资料，通过计算确定加工余量的一种方法。根据影响加工余量的因素，可得出加工余量的计算公式。

对于单边余量(如平面)：

$$Z_{\min} = T_a + Ra + D_a + \left| \overline{\rho_a} + \overline{\varepsilon_b} \right|$$

对于双边余量(如回转面):

$$Z_{\min} = T_a + 2(Ra + D_a) + 2\left|\overline{\rho_a} + \overline{\varepsilon_b}\right|$$

分析计算法确定的加工余量比较经济合理,但目前比较全面可靠的数据不齐全,只有在材料十分贵重,以及军工生产或少数大量生产的工厂中采用。

3.2.6 工序尺寸及其公差的确定

工序尺寸是加工过程中每道工序应保证的加工尺寸,其公差即工序尺寸公差。工序尺寸必须通过计算得到。

当定位基准与设计基准重合时,其工序尺寸的计算比较简单,具体步骤如下。

(1) 确定各加工工序的加工余量。

(2) 从终加工工序开始(即从设计尺寸开始)往前推,逐次加上各工序余量,可分别得到各工序基本尺寸(包括毛坯尺寸)。

(3) 查表求出各中间工序的经济加工精度,按"入体"原则标注为尺寸偏差。

例 3.1 某轴直径为 ϕ50mm,其尺寸精度为 IT5,表面粗糙度为 Ra0.04μm,要求高频淬火,毛坯为锻件。试计算各工序的工序尺寸及公差。

解 ① 查表 3.4 中(10),其工艺路线为:粗车-半精车-高频淬火-粗磨-精磨-研磨。

② 查工艺手册确定各工序加工余量。由有关工艺手册可查得各工序的加工余量,如表 3.8 所示。加工总余量为 6.01mm,取加工总余量为 6mm,把粗车余量修正为 4.49mm。

③ 计算各工序基本尺寸。研磨后工序基本尺寸为 50mm(设计尺寸),精磨后尺寸为 50mm+0.01mm=50.01mm,其他尺寸以此类推,如表 3.8 所示。

④ 查工艺手册确定各工序的经济加工精度和表面粗糙度。查有关工艺手册可得,研磨为 IT5,Ra0.04μm(零件的设计要求);精磨为 IT6,Ra0.16μm;粗磨为 IT8,Ra1.25μm;半精车为 IT11,Ra2.5μm;粗车为 IT13,Ra16μm。

⑤ 根据各工序的基本尺寸及 IT 值,查公差表,得各工序尺寸的公差值(见表 3.8),按"入体原则"标注。另查工艺手册可得锻造毛坯公差为 ±2mm。

表 3.8 工序间尺寸、公差、表面粗糙度及毛坯尺寸的确定

工序名称	工序余量/mm	各 工 序		工序尺寸/mm	工 序	
		经济精度	表面粗糙度 Ra/μm		尺寸及公差/mm	表面粗糙度 Ra/μm
研磨	0.01	IT5(0.011)	0.04	50	$\phi50^{0}_{-0.011}$	0.04
精磨	0.1	IT6(0.016)	0.16	50+0.01=50.01	$\phi50.01^{0}_{-0.016}$	0.16
粗磨	0.3	IT8(0.039)	1.25	50.01+0.1=50.11	$\phi50.11^{0}_{-0.039}$	1.25
半精车	1.1	IT11(0.16)	2.5	50.11+0.3=50.41	$\phi50.41^{0}_{-0.16}$	2.5
粗车	4.49	IT13(0.39)	16	50.41+1.1=51.51	$\phi51.51^{0}_{-0.39}$	16
锻造	—	—	—	51.51+4.49=56	$\phi56\pm2$	—

当定位基准与设计基准重合,或零件在加工过程中需要多次转换工序基准,或工序尺

寸尚需要从继续加工的表面标注时，工序尺寸公差的计算比较复杂，需要用尺寸链原理进行分析和计算，这一部分内容在 3.3.3 小节中进行介绍。

3.2.7　机床及工艺装备的选择

1．机床设备的选择

机床设备的选择应做到"四个适应"：所选机床设备的尺寸规格应与工件的形体尺寸相适应，机床精度等级应与本工序加工要求相适应，电动机功率应与本工序加工所需功率相适应，机床设备的自动化程度和生产效率应与工件生产类型相适应。

如果没有现成的机床设备可供选择时，可以改装机床或设计专用机床。

2．工艺装备的选择

工艺装备(夹具、刀具、辅具、量具和工位器具等简称工装)是产品制造过程中所用各种工具的总称。工艺装备的选择应根据零件的精度要求、结构尺寸、生产类型、加工条件、生产率等合理选用。

3.2.8　确定切削用量和时间定额

1．切削用量的合理选择

具体见 2.6.2 小节。

2．时间定额

时间定额是指在一定的生产条件下，生产一件产品或完成一道工序所规定的时间。时间定额不仅是衡量劳动生产率的指标，也是安排生产计划、计算生产成本的重要依据，还是新建或扩建工厂(或车间)时计算设备和工人数量的依据。

1)　时间定额的组成

为了正确地确定时间定额，通常把工序消耗的单件时间 T_p 分为基本时间 T_b、辅助时间 T_a、布置工作地时间 T_s、休息和生理需要时间 T_r 及准备和终结时间 T_e 等。

(1)　基本时间 T_b：指直接改变生产对象的尺寸、形状、相对位置、表面状态或材料性质等的工艺过程所消耗的时间。对机械加工而言，就是机动时间。

(2)　辅助时间 T_a：指为完成本工序加工所必须进行的各种辅助动作所消耗的时间。它包括装卸工件、开停机床、引进或退出刀具、改变切削用量、试切和测量工件等所消耗的时间。基本时间和辅助时间的和称为作业时间 T_B。

(3)　布置工作地时间 T_s：指为使加工正常进行，工人照管工作地(如调整和更换刀具、修整砂轮、擦拭机床、清理切屑等)所消耗的时间。T_s 不是直接消耗在每个工件上的，而是消耗在一个工作班内的时间，再折算到每个工件上。一般按作业时间的 2 %～7 %计算。

(4)　休息与生理需要时间 T_r：指工人在工作班内为恢复体力和满足生理上的需要所消耗的时间。T_r 也是按一个工作班为计算单位，再折算到每个工件上。一般按作业时间的 2%～4%计算。

以上四部分时间的总和称为单件时间 T_p，即

$$T_p = T_b + T_a + T_s + T_r = T_B + T_s + T_r$$

(5) 准备和终结时间 T_e (简称准终时间)：指工人为了生产一批产品或零部件，进行准备和结束工作所消耗的时间。例如，在单件或成批生产中，每当开始加工一批工件时，工人需要熟悉工艺文件，领取毛坯、材料、工艺装备、安装刀具和夹具、调整机床和其他工艺装备等所消耗的时间，以及一批工件加工结束后，需拆下和归还工艺装备，送交成品等消耗的时间。T_e 既不是直接消耗在每个工件上，也不是消耗在一个工作班内的时间，而是消耗在一批工件上的时间。因而分摊到每个工件上的时间为 T_e/n，其中 n 为批量。因此，单件和成批生产的单件计算时间 T_c 应为

$$T_c = T_p + \frac{T_e}{n} = T_b + T_a + T_s + T_r + \frac{T_e}{n}$$

2) 提高生产率的途径

缩短单件时间，是提高生产率的主要途径。不同的生产类型，占比例较大的时间项目也有所不同。在单件小批生产中，T_a 和 T_b 所占比例大。例如，在卧式车床上对某工件进行小批量生产时，T_b 约占 26%，而 T_a 约占 50%。此时，就应着重缩减辅助时间，在大批大量生产中，T_b 所占比例大。例如，在多轴自动车床上加工某工件时，T_b 约占 69.5%，而 T_a 仅占 21%。此时，应着重采取措施缩减基本时间。下面简要分析缩短单件时间的几种途径。

(1) 缩减基本时间 T_b：不同的加工方法，基本时间的计算公式不同。外圆车削时

$$T_b = \frac{\pi DLZ}{1000 v_c f a_p}$$

式中：D——切削直径(mm)；

$\quad\quad L$——切削行程长度，包括加工表面的长度、刀具切入和切出长度(mm)；

$\quad\quad Z$——工序余量(此处为单边余量)(mm)；

$\quad\quad v_c$——切削速度(m/min)；

$\quad\quad f$——进给量(mm/r)；

$\quad\quad a_p$——背吃刀量(mm)。

通过上式说明，增大 v_c、f、a_p，减小 Z、L 都可以缩减基本时间。

① 提高切削用量。近年来随着刀具(砂轮)材料的迅速发展，刀具(砂轮)的切削性能已有很大提高，高速切削和强力切削已成为切削加工的主要发展方向。目前，硬质合金车刀的切削速度一般可达到 200m/min，而陶瓷刀具的切削速度可达 500m/min。近年来出现的聚晶金刚石和聚晶立方氮化硼刀具在切削普通钢材时，其切削速度可达 900m/min；加工 60HRC 以上的淬火或高镍合金钢时，切削速度可在 90m/min 以上。磨削加工的发展趋势是高速磨削和强力磨削。高速磨削速度已达 80m/s 以上；强力磨削的金属切除率可为普通磨削的 3～5 倍，其磨削深度 a_p 一次可达 6～30mm。

② 减少或重合切削行程长度。利用多把刀具或复合刀具对工件的同一表面或多个表面同时进行加工，或者用宽刃、多刃刀具作横向进给同时加工多个表面，实现复合工步，都能减少刀具切削行程长度或使切削行程长度部分或全部重合，以减少基本时间。

③ 多件加工。多件加工有三种形式，即顺序多件加工、平行多件加工和平行顺序加

工，如图 3.15 所示。图 3.15(a)为顺序多件加工，顺序多件加工时，工件按进给方向顺序地装夹，减少了刀具的切入和切出时间，从而减少基本时间。这种形式的加工常见于滚齿、插齿、龙门刨、平面磨削和铣削的加工中。图 3.15(b)为平行多件加工，工件平行排列，一次进给可同时加工几个工件，加工所需基本时间和加工一个工件相同，分摊到每个工件的基本时间就减少到原来的 $1/n$，其中 n 为同时加工的工件数。这种形式常见于平面磨削和铣削中。图 3.15(c)为平行顺序加工，它是对以上两种形式的综合，常用于工件较小、批量较大的场合，如立轴圆台平面磨和铣削加工中，缩减基本时间的效果十分显著。

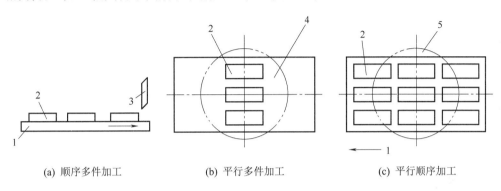

(a) 顺序多件加工　　　　(b) 平行多件加工　　　　(c) 平行顺序加工

图 3.15　多件加工示意图

1—工作台；2—工件；3—刨刀；4—切刀；5—砂轮

(2) 缩短辅助时间：在单件小批生产中，辅助时间在单件时间中占有较大比例，尤其是在大幅度提高切削用量之后，辅助时间所占的比例就更高。在这种情况下，如何缩减辅助时间，就成为提高生产率的关键问题。

缩减辅助时间有两种方法：直接缩减辅助时间和间接缩减辅助时间。

① 直接缩减辅助时间。采用先进的高效夹具可缩减工件的装卸时间。在大批大量生产中采用先进夹具，如气动、液动夹具，不仅减轻了工人的劳动强度，而且可大大缩减装卸工件时间。在单件小批生产中采用成组夹具或通用夹具，能大大节省工件的找正时间。

采用主动测量法可大大减少加工中的测量时间。主动测量装置能在加工过程中测量工件加工表面的实际尺寸，并可根据测量结果对加工过程进行主动控制，目前在内、外圆磨床上应用较普遍。

另外，在各类机床上配置的数字显示装置都是以光栅、感应同步器为检测元件，连续显示工件在加工过程中的尺寸变化。采用该装置后能很直观地显示出刀具的位移量，节省停机测量的时间。

② 间接缩减辅助时间。即使辅助时间与基本时间重合，从而减少辅助时间。例如，图 3.16 所示为立式连续回转工作台铣床加工的实例。机床有两根主轴顺序进行粗、精铣，装卸工件时机床不停机，因此辅助时间和基本时间重合。又如，采用多工作台以及多根心轴(夹具)等，可在加工时间内对另一工件进行装卸。

(3) 缩短布置工作地时间：布置工作地时间大部分消耗在更换刀具和调整刀具上，因此，改进刀具的安装方法和采用装刀夹具，如快换刀夹、刀具微调机构、专用对刀样板等，可以减少刀具的调整和对刀时间。另外，提高刀具或砂轮的耐用度均能缩短布置工作地时间。

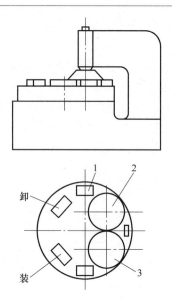

图 3.16　立式连续回转工作台铣床加工

1—工件；2—精铣刀；3—粗铣刀

(4) 缩短准备和终结时间：缩短准备和终结时间的主要方法是采用成组技术或扩大零件的批量以减少调整机床、刀具和夹具的时间。

3.2.9　工艺方案的技术经济分析

制定机械加工工艺规程时，在保证质量的前提下，往往可以制订出几种方案，这些方案的生产率和成本则会有所不同，为了选择最佳方案，需要进行技术经济分析。

工艺过程的技术经济分析方法有两种：一是对不同的工艺过程进行工艺成本的分析和评比，二是按某种相对技术经济指标进行宏观比较。

1. 工艺成本的分析和评比

零件的实际生产成本是制造零件所必需的一切费用的总和。工艺成本是指生产成本中与工艺过程有关的那一部分成本，占生产成本的 70%～75%，如毛坯或原材料费用、生产工人的工资、机床电费(设备的使用费)、折旧费和维修费、工艺装备的折旧费与修理费以及车间和工厂的管理费用等。与工艺过程无关的那部分成本，如行政后勤人员的工资、厂房折旧费和维修费、照明取暖费等在不同方案的分析和评比中均是相等的，因而可以略去。

工艺成本按照与年产量的关系，分为可变费用 V 和不变费用 S 两部分。可变费用 V 是与年产量直接有关，随年产量的增减而成比例变化的费用。它包括材料或毛坯费、操作工人的工资、机床电费、通用机床的折旧费和维修费，以及通用工装的折旧费和维修费等。可变费用的单位是元/件。

不可变费用 S 是与年产量无直接关系，不随年产量的增减而变化的费用。它包括调整工人的工资、专用机床的折旧费和维修费，以及专用工装的折旧费和维修费等。不变费用的单位是元/年。

由以上分析可知，零件全年工艺成本 E 及单件工艺成本 E_d 可分别用下式表示：

$$E = VN + S$$
$$E_d = V + S/N$$

式中：E——零件全年工艺成本(元/年)；

E_d——单件工艺成本(元/件)；

N——生产纲领(件/年)。

以上两式也可用于计算单个工序的成本。

图 3.17 表示全年工艺成本 E 与年产量 N 的关系。由图 3.17 可知，E 与 N 是线性关系即全年工艺成本与年产量成正比；直线的斜率为零件的可变费 V，直线的起点为零件的不变费用。

图 3.18 表示单件工艺成本 E_d 与年产量 N 的关系。由图 3.18 可知，E_d 与 N 呈双曲线关系。当 N 增大时，E_d 逐渐减小，极限接近于可变费用 V。

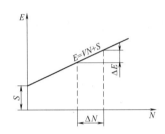

图 3.17　全年工艺成本与年产量的关系　　图 3.18　单件工艺成本与年产量的关系

对不同方案的工艺过程进行评比时，可分为以下两种情况。

(1) 当需评比的工艺方案均采用现有设备或其基本投资相近时，可用工艺成本评比各方案经济性的优劣。

① 两加工方案中，多数工序不同时，可以比较全年工艺成本；

② 两加工方案中，多数工序相同时，可以比较单件工序成本。

设两种不同工艺方案分别为 Ⅰ 和 Ⅱ。它们的全年工艺成本分别为

$$E_1 = V_1 N + S_1$$
$$E_2 = V_2 N + S_2$$

它们的曲线如图 3.19 所示，由图可知，两条直线相交于 $N = N_k$ 处，N_k 称为临界年产量。

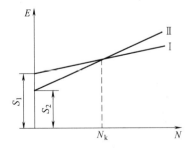

图 3.19　两种方案全年工艺成本比较

当 $N<N_k$ 时，宜采用方案Ⅱ；当 $N>N_k$ 时，宜采用方案Ⅰ。

用工艺成本评比的方法比较科学，因而对一些关键零件或关键工序的评比常用工艺成本进行评比。

(2) 两种工艺方案的基本投资差额较大时，则在考虑工艺成本的同时，还要考虑基本投资差额的回收期限。应选择回收期限值小的方案。

2. 相对技术经济指标的评比

当对工艺过程的不同方案进行宏观比较时，常用相对技术经济指标进行评比。

技术经济指标反映工艺过程中劳动的耗费、设备的特征和利用程度、工艺装备需要量以及各种材料和电力的消耗等情况。常用的技术经济指标有：每个生产工人的平均年产量(件/人)，每台机床的平均年产量(件/台)，$1m^2$ 生产面积的平均年产量(件/m^2)，以及设备利用率、材料利用率和工艺装备系数等。利用这些指标能概略和方便地进行技术经济评比。

3.2.10 工艺规程文件

将工艺规程的内容按规定的格式固定下来，即为生产准备和施工所依据的工艺文件。

机械加工工艺规程的文件形式较多，以下是其中常用的两种文件形式。

(1) 机械加工工艺过程卡：这种卡片主要列出了整个零件加工所经过的工艺路线(包括毛坯、机械加工和热处理等)，它是制定其他工艺文件的基础，也是生产技术准备、编制作业计划和组织生产的依据。在这种卡片中，各工序的说明不具体，多作为生产管理方面使用。在单件小批生产中，通常不编制其他更详细的工艺文件，而是以这种卡片指导生产。工艺过程卡片的格式如表 3.9 所示。

表 3.9 机械加工工艺过程卡片格式(JB/T 9165.2—1998)

单位：mm

(厂名)	机械加工工艺过程卡片	产品型号		零件图号			
		产品名称		零件名称		共 页	第 页
材料牌号		毛坯种类		毛坯外形尺寸		每毛坯可制件数	每台件数	备注
工序号	工序名称	工序内容			车间	工段	设备	工艺装备	准终	单件(工时)
标记	处数	更改文件号	签字	日期	标记	处数	更改文件号	签字	设计	审核	标准化

(2) 机械加工工序卡：这种卡片是在加工工艺过程卡的基础上，进一步按每道工序所编制的一种工艺文件。在这种卡片上，要画出工序简图，说明该工序的加工表面及应达到的尺寸和公差、工件的装夹方式、刀具的类型和位置、进刀方向和切削用量等。在零件批量较大时都要采用这种卡片，其格式如表 3.10 所示。

表 3.10 机械加工工序卡片格式(JB/T 9165.2—1998)　　　mm

(厂名)	机械加工工序卡片	产品型号		零件图号			
		产品名称		零件名称		共 页	第 页
		车 间	工序号	工序名称	材料牌号		
		毛坯种类	毛坯外形尺寸	每毛坯可制件数	每台件数		
		设备名称	设备型号	设备编号	同时加工件数		
		夹具编号		夹具名称	切削液		
		工位器具编号		工位器具名称	工序工时		
					标准	单件	

工步号	工步内容	工艺装备	主轴转速/(r/min)	切削速度/(m/min)	进给量/(mm/r)	切削深度/mm	进给次数/次	工步工时	
								机动	辅助
					设计(日期)	审核(日期)	标准化(日期)	会签(日期)	
标记	处数	更改文件号	签字	日期					

3.3　工艺尺寸链

在机械加工中,零件上各表面之间都有内在联系,要研究和分析加工中各尺寸的内在联系,必须运用尺寸链的理论。尺寸链作为一种理论,有它自身的完整性,不仅在工序尺寸的计算时要用到它,而且在产品设计、装配中都要用到,本节只介绍尺寸链的基本知识和工艺尺寸链,有关装配尺寸的知识将在装配一章内容中讨论。

3.3.1 基本概念

1. 尺寸链的定义

图 3.20(a)所示为一定位套,其中 A_Σ 与 A_1 为设计尺寸。由于加工时尺寸 A_Σ 不便直接测量,加工时可以通过测量尺寸 A_1 和 A_2,间接保证尺寸 A_Σ 的要求。确定 A_2 的值应该是多少才能保证设计尺寸 A_Σ,就要分析尺寸 A_1、A_2 和 A_Σ 的内在关系。这三个尺寸首尾相连,形成了一个封闭的尺寸组合,即为尺寸链,如图 3.20(b)所示。这个图形称为尺寸链图。

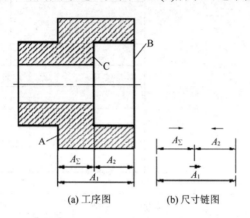

(a) 工序图　　　　　(b) 尺寸链图

图 3.20　零件加工与测量中的尺寸关系

2. 尺寸链的组成

组成尺寸链的每一个尺寸,称为尺寸链的环。根据各环的性质,可分为封闭环和组成环。凡在零件加工过程中间接获得的尺寸都称为封闭环,封闭环加一下标 Σ,如图 3.20 中的 A_Σ 所示。封闭环不具有独立性,随着加工过程或其他尺寸的变化而变化。尺寸链中除封闭环以外的,对封闭环有影响的各环称为组成环,如图 3.20 中的尺寸 A_1 和 A_2 所示。组成环一般是在加工中直接得到的。

组成环按其对封闭环的影响又可分为增环和减环。凡该环变动(增大或减小)引起封闭环同向变动(增大或减小)的环,称为增环,用 $\overrightarrow{A_i}$ 表示,如上例中的 A_1。如果该环的变动(增大或减小)引起封闭环反向变动(减小或增大)的环,称为减环,用 $\overleftarrow{A_i}$ 表示,如上例中的 A_2。

3. 封闭环的确定

在工艺尺寸链的建立中,首先要正确确定封闭环。封闭环是在加工过程中间接得到的,当工艺方案发生变化时,封闭环会随之变化。

4. 组成环的查找

组成环的基本特点是加工过程中直接获得且对封闭环有影响的工序尺寸。组成环的查找方法是,从封闭环的两端面开始,分别向前查找该表面最近一次加工的尺寸,之后再进一步向前查找,直到两条路线最后得到的加工尺寸的工序基准重合(即两者的工序基准为同一表面)，至此上述尺寸系统即形成封闭轮廓，从而构成了工艺尺寸链。

如图 3.20(a)所示，A_Σ 是间接获得的，为封闭环。从构成封闭环的两界面 A 面和 C 面开始查找组成环。A 面的最近一次加工是车削，工序尺寸是 A_1，C 面的最近一次加工是镗孔，工序尺寸是 A_2，显然 A_2 和 A_1 的变化会引起封闭环的变化，是组成环。A_2 和 A_Σ 的右尺寸线指向同一表面 B，尺寸封闭，组成环查找完毕，如图 3.20(b)所示。

5．尺寸链的特征

从上面可以看出，尺寸链具有以下两个特征。

(1) 封闭性：由于尺寸链是封闭的尺寸组，是由一个封闭环和若干个相互连接的组成环所构成的封闭图形，不封闭就不形成尺寸链。

(2) 关联性：由于尺寸链具有封闭性，所以尺寸链中的封闭环随所有组成环的变动而变动。组成环是自变量，封闭环是因变量。

3.3.2　尺寸链计算的基本公式

工艺尺寸链的计算方法有两种：极值法和概率法。极值法多用于环数较少的尺寸链计算，而概率法多用于环数较多的尺寸链计算。对工艺尺寸链的计算常用极值法。

1．极值法计算公式

表 3.11 列出了极值法计算用各种尺寸和偏差的符号。

表 3.11　尺寸链计算所用符号表

环 名	符号名称							
	基本尺寸	最大尺寸	最小尺寸	上偏差	下偏差	公差	平均尺寸	平均偏差
封闭环	A_Σ	$A_{\Sigma\max}$	$A_{\Sigma\min}$	$\text{ES}(A_\Sigma)$	$\text{EI}(\vec{A}_\Sigma)$	T_Σ	$A_{\Sigma m}$	$B_m A_\Sigma$
增环	$\vec{A}$	$\vec{A}_{\max}$	$\vec{A}_{\min}$	$\text{ES}(\vec{A}_i)$	$\text{EI}(\vec{A}_i)$	$\vec{T}_i$	$\vec{A}_m$	$B_m\vec{A}$
减环	$\overleftarrow{A}$	$\overleftarrow{A}_{\max}$	$\overleftarrow{A}_{\min}$	$\text{ES}(\overleftarrow{A}_i)$	$\text{EI}(\overleftarrow{A}_i)$	$\overleftarrow{T}_i$	$\overleftarrow{A}_m$	$B_m\overleftarrow{A}$

图 3.21 中给出了基本尺寸、极限偏差、公差与中间偏差之间的关系，其基本计算公式如下。

(1) 封闭环的基本尺寸 A_Σ

$$A_\Xi = \sum_{i=1}^{m} \vec{A}_i - \sum_{j=m+1}^{n} \overleftarrow{A}_j \tag{3-3}$$

式中：n——组成环环数；

　　　m——增环环数。

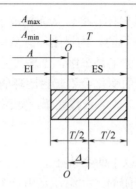

图 3.21　基本尺寸、极限偏差、公差与中间偏差的关系

(2)　封闭环的最大极限尺寸 $A_{\Sigma\max}$ 和最小极限尺寸 $A_{\Sigma\min}$

$$A_{\Sigma\max} = \sum_{i=1}^{m} \vec{A}_{i\max} - \sum_{j=m+1}^{n} \overleftarrow{A}_{j\min} \tag{3-4}$$

$$A_{\Sigma\min} = \sum_{i=1}^{m} \vec{A}_{i\min} - \sum_{j=m+1}^{n} \overleftarrow{A}_{j\max} \tag{3-5}$$

(3)　封闭环的上偏差 $ES(A_\Sigma)$ 和下偏差 $EI(A_\Sigma)$

$$ES(A_\Sigma) = \sum_{i=1}^{m} ES(\vec{A}_i) - \sum_{j=m+1}^{n} EI(\overleftarrow{A}_j) \tag{3-6}$$

$$EI(A_\Sigma) = \sum_{i=1}^{m} EI(\vec{A}_i) - \sum_{j=m+1}^{n} ES(\overleftarrow{A}_j) \tag{3-7}$$

(4)　封闭环的公差 T_Σ。封闭环的公差等于所有组成环的公差之和。

$$T_\Sigma = ES(A_\Sigma) - EI(A_\Sigma) = \sum_{i=1}^{n} T_i \tag{3-8}$$

(5)　各组环平均尺寸按下式计算

$$A_{im} = \frac{A_{i\max} + A_{i\min}}{2} \tag{3-9}$$

(6)　直线尺寸链平均尺寸计算

$$A_{\Sigma m} = \sum_{i=1}^{m} A_{im} - \sum_{j=m+1}^{n} A_{jm} \tag{3-10}$$

(7)　组成环的中间偏差

$$\Delta_i = \frac{ES_i + EI_i}{2} \tag{3-11}$$

(8)　封闭环的中间偏差

$$\Delta_\Sigma = \sum_{i=1}^{m} \vec{\Delta}_i - \sum_{j=m+1}^{n} \overleftarrow{\Delta}_j \tag{3-12}$$

2. 概率法计算公式

应用极值法解尺寸链，具有简便、可靠等优点。但当封闭环公差较小、环数较多时，则各组成环公差就相应地减小，造成加工困难、成本增加。为了扩大组成环的公差，以便加工容易，可采用概率法解尺寸链以确定组成环的公差。

由前述可知，封闭环的基本尺寸等于增环、减环的基本尺寸的代数和。根据概率论原理，若将各组成环视为随机变量，则封闭环也为随机变量，且有

$$\overline{A}_{\Sigma m} = \sum_{i=1}^{m} \overline{A}_{im} - \sum_{j=m+1}^{n} \overline{A}_{jm} \tag{3-13}$$

即封闭环的平均值等于各组成环的平均值的代数和。

若各组成环的尺寸分布均接近正态分布，且误差分布中心与公差带中心重合，由此可引出概率法的两个基本计算公式。

(1) 封闭环中间偏差

$$\Delta_{\Sigma} = \sum_{i=1}^{m} \tilde{\Delta}_i - \sum_{i=m+1}^{n} \tilde{\Delta}_i \tag{3-14}$$

(2) 封闭环公差

$$T_{\Sigma} = \sqrt{\sum_{i=1}^{n} T_i^2} \tag{3-15}$$

(3) 封闭环极限偏差

$$\left. \begin{aligned} \mathrm{ES}A_{\Sigma} &= \Delta_{\Sigma} + \frac{T_{\Sigma}}{2} \\ \mathrm{EI}A_{\Sigma} &= \Delta_{\Sigma} - \frac{T_{\Sigma}}{2} \end{aligned} \right\} \tag{3-16}$$

3.3.3　工艺尺寸链的应用

1. 工艺基准与设计基准不重合时的尺寸换算

1) 测量基准和设计基准不重合时尺寸的换算

在零件加工中，有时会遇到一些表面在加工之后，按设计尺寸不便(或无法)直接测量的情况。因此，需要另选一个易于测量的表面作为测量基准，间接保证设计尺寸的要求。此时，需要通过尺寸链进行换算。

例 3.2　如图 3.22(a)所示的轴承座，当以 B 面定位车削内孔 C 时，图样中的设计尺寸 $A_{\Sigma} = 30_{-0.2}^{0}$ mm 不便测量。改为先以 B 面定位按 $A_1 = 10_{-0.1}^{0}$ mm 车出 A 面，然后以 A 面为测量基准按尺寸 X 镗孔，则即可间接获得设计尺寸 A_{Σ}。试确定镗孔工序尺寸 X 及其公差。

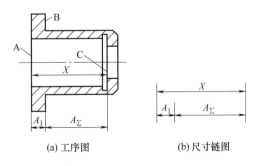

(a) 工序图　　　　　　　(b) 尺寸链图

图 3.22　测量基准与设计基准不重合

解 (1) 确定封闭环、画出尺寸链图。根据加工过程可知，A_Σ 为间接获得，是封闭环，画出尺寸链图，如图 3.22(b)所示。

(2) 确定各环的性质。由于 A_Σ 是间接得到的，是封闭环；而 X 和 A_1 是直接测量得到的，是组成环。

(3) 计算车内孔端面 C 的尺寸 X 及其公差。

由式(3-3)得，$30 = X - 10$，即 $X = 40\text{mm}$。

由式(3-6)得，$0 = \text{ES}(X) - 0.1$，即 $\text{ES}(X) = -0.1\text{mm}$。

由式(3-7)得，$-0.2 = \text{EI}(X) - 0$，即 $\text{EI}(X) = -0.2\text{mm}$。

最后求得 $X = 40_{-0.2}^{-0.1}\text{mm}$。

从上述内容可以看出，通过尺寸换算来间接保证封闭环的要求，必须要提高组成环的加工精度。当封闭环的公差较大时(如第一组设计尺寸)，仅需要提高本工序(车端面 C)的加工精度，当封闭环的公差等于甚至小于一个组成环的公差时，则不仅要提高本工序尺寸 X 的加工精度，而且要提高前工序(或工步)的工序尺寸 A_1 的加工精度。因此，工艺上应尽量避免对测量尺寸的换算。

必须指出，按换算后的工序尺寸进行加工以间接保证原设计尺寸要求时，还存在一个"假废品"的问题。例如，当按图 3.22 所示的尺寸链所解算的尺寸 $X = 40_{-0.2}^{-0.1}\text{mm}$ 进行加工时，如某一零件加工后实际尺寸 $X=39.95\text{mm}$，即较工序尺寸的上限还超差 0.05mm。从工序上看，此件即应该报废。但如将该零件的 A_1 实际尺寸再测量一下，如果 $A_1 =10\text{mm}$，则封闭环尺寸 $A_\Sigma=39.95-10=29.95(\text{mm})$，仍符合设计尺寸 $30_{-0.2}^{0}\text{mm}$ 的要求。这就是工序上报废而产品仍合格的所谓"假废品"问题。为了避免"假废品"的出现，对换算后工序尺寸超差的零件，应按设计尺寸再进行复量和换算，以免将实际尺寸合格的零件报废而造成浪费。

2) 定位基准和设计基准不重合时尺寸的换算

例 3.3 如图 3.23(a)所示的零件，镗孔前，表面 A、B、C 已经加工。镗孔时，为使工件装夹方便，选 A 面为定位基准，并按尺寸 L_3 进行加工。试求镗孔工序尺寸 L_3 及其公差。

解 (1) 确定封闭环、画尺寸链图。根据加工过程，设计尺寸 L_Σ 是在本工序镗孔时间接获得的，是封闭环，按组成环的查找原则查找组成环，并画出尺寸链图，如图 3.23(b)所示。

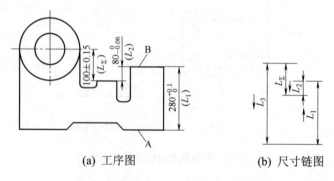

(a) 工序图　　　　　　(b) 尺寸链图

图 3.23 定位基准与设计基准不重合

(2) 确定各环的性质。根据组成环对封闭环的影响情况判断，L_2 与 L_3 为增环，L_1 为减环。

(3) 计算。本工序镗孔的工序尺寸 L_3 可按下列各公式计算。

由式(3-3)得，$100 = L_3 + 80 - 280$，即：$L_3 = 300\text{mm}$。

由式(3-6)得，$0.15 = 0 + \text{ES}(L_3) - 0$，即：$\text{ES}(L_3) = 0.15\text{mm}$。

由式(3-7)得，$-0.15 = -0.06 + \text{EI}(L_3) - 0.1$，即：$\text{EI}(L_3) = 0.01\text{mm}$。

最后求得镗孔工序尺寸为：$L_3 = 300^{+0.15}_{+0.01}\text{mm}$。

2．多尺寸同时保证工艺尺寸链的计算

在零件加工中，有些加工表面的测量基面或定位基面是一些尚需继续加工的表面。当加工这些基面时，不仅要保证本工序对该加工基面的精度要求，而且同时还要保证原加工表面的要求，即一次加工后要同时保证两个尺寸的要求。此时即需要进行工艺上的尺寸换算。

例 3.4　图 3.24 为一齿轮内孔的简图。内孔为 $\phi85^{+0.035}_{0}\text{mm}$，键槽尺寸深度为 $90.4^{+0.20}_{0}\text{mm}$，内孔及键槽的加工顺序如下。

(1) 精镗孔至 $\phi84.8^{+0.07}_{0}\text{mm}$。

(2) 插键槽至尺寸 A(通过工艺计算确定)。

(3) 热处理。

(4) 磨内孔至 $\phi85^{+0.035}_{0}\text{mm}$，同时保证键槽深度 $90.4^{+0.20}_{0}\text{mm}$。

求插键槽工序尺寸 A。

解　(1) 确定封闭环、画尺寸链图。根据加工过程，键槽深度 $90.4^{+0.20}_{0}\text{mm}$ 是在磨内孔时间接获得的，为封闭环。按组成环的查找原则查找组成环，并画出尺寸链图，如图 3.24(b)所示。

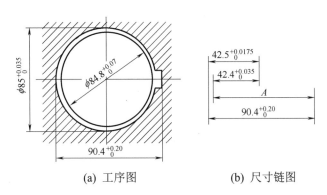

(a) 工序图　　　　　　　(b) 尺寸链图

图 3.24　加工孔和键槽时的尺寸链

(2) 确定各环的性质。根据组成环对封闭环的影响情况，尺寸 $42.4^{+0.035}_{0}\text{mm}$ 为减环，尺寸 $42.5^{+0.0175}_{0}\text{mm}$ 及 A 都是增环。

(3) 计算。

由式(3-3)得，$90.4 = A + 42.5 - 42.4$，即 $A = 90.3\text{mm}$。

由式(3-6)得，$0.2 = \text{ES}(A) + 0.0175 - 0$，即 $\text{ES}(A) = 0.1825\text{mm}$。

由式(3-7)得，$0 = \text{EI}(A) + 0 - 0.035$，即 $\text{EI}(A) = 0.035\text{mm}$。

最后可求得插键槽工序尺寸为：$A = 90.3^{+0.183}_{+0.035}\text{mm}$。

3. 表面处理工序尺寸的计算

表面处理一般分为两类：一类是渗层，另一类是镀层。它们的区别是渗层后还要加工，而镀层后不需要加工。因此，渗层类加工后，留在工件表面的渗层深度为封闭环，渗层深度为组成环；镀层类则是镀后形成的工件尺寸，为封闭环，镀层厚度为组成环。

例 3.5 图 3.25(a)所示为一衬套，材料为 38CrMoAlA，有关加工过程为：粗磨内孔至 $\phi144.76^{+0.04}_{0}\text{mm}$，然后氮化处理，精磨内孔至 $\phi145^{+0.04}_{0}\text{mm}$，并保证渗层深度在 $0.3 \sim 0.5\text{mm}$。试求氮化处理时渗层的深度 t_1。

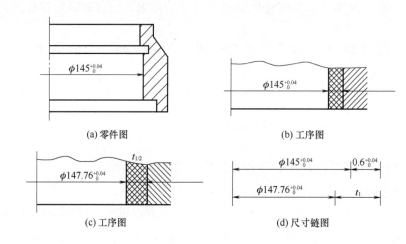

(a) 零件图　　　　　　　　　　(b) 工序图

(c) 工序图　　　　　　　　　　(d) 尺寸链图

图 3.25　保证渗氮层深度的工艺尺寸链

解　(1) 确定封闭环、画尺寸链图。根据加工过程，渗层深度 $0.3 \sim 0.5\text{mm}$ 是在精磨内孔后间接得到的，为封闭环。按组成环的查找原则查找组成环，并画出尺寸链图，如图 3.25(d)所示。

(2) 确定各环的性质。根据组成环对封闭环的影响情况，尺寸 A_2 为减环，尺寸 A_1 及 t_1 都是增环。

(3) 计算。

由式(3-3)得，$t_1 = 145 + 0.6 - 144.76 = 0.84\text{mm}$。

由式(3-6)得，$\text{ES}(t_1) = 0.4 - 0.04 = 0.36\text{mm}$。

由式(3-7)得，$\text{EI}(t_1) = 0.04\text{mm}$。

故

$$t_1 = 0.84^{+0.36}_{+0.04}\text{mm}$$

$$\frac{t_1}{2} = 0.42^{+0.18}_{+0.02}\text{mm}$$

即氮化处理时渗层的深度 t_1 为 $0.44 \sim 0.6\text{mm}$。

3.3.4　工艺尺寸链的图解跟踪法

在工序较多，工序中的工艺基准与设计基准又不重合，且各工序的工艺基准需多次转换时，工序尺寸及其公差的换算会变得很复杂，难以迅速建立工艺尺寸链，并且容易出错。采用把全部工序尺寸、工序余量画在一张图表上的图解法，可以直观地、简便地、准确地查找出全部工艺尺寸链，且能把一个复杂的工艺过程用箭头直观地在表内表示出来，列出有关计算结果，不仅清晰、明了、信息量大，而且也便于利用计算机进行辅助工艺设计。下面结合一个具体的例子，介绍这种方法。

加工如图 3.26 所示的轴套零件，其轴向有关表面的加工工艺安排如下。

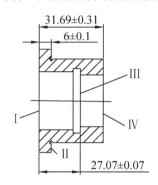

图 3.26　轴套零件的轴向尺寸

(1)　轴向以 IV 面定位粗车 I 面，又以 I 面为基准(测量基准)粗车 III 面，保证工序尺寸 31.69 ± 0.31 和 27.07 ± 0.07。

(2)　轴向以 I 定位，粗车和精车 II 面，保证工序尺寸 6 ± 0.1；粗车 IV 面。

(3)　轴向以 II 面定位，精车 I 面，精车 III 面。

(4)　用靠火花磨削法磨 II 面，控制磨削余量。

从上述工艺安排可知， I 、 II 、 III 面各经过两次加工，都经过了基准转换。要正确得出各个表面在每次加工中余量的变动范围，求其最大、最小余量，以及计算工序尺寸和公差都不是很容易的，图 3.27 给出了用图表法计算的结果，其作图和计算过程如下。

1)　绘制加工过程尺寸联系图

按适当的比例将工件简图绘于图表左上方，标注出与计算有关的轴向设计尺寸(按双向公差进行标注)。从与计算有关的各个端面向下(向表内)引竖线，每条竖线代表不同加工阶段中有余量差别的不同加工表面。在表的左边，按加工过程从上到下，严格地排出加工顺序；在表的右边列出需要计算的项目。

然后按加工顺序，在对应的加工阶段中画出规定的加工符号：箭头指向加工表面；箭尾用圆点画在工艺基准上(测量基准或定位基准)；加工余量用带剖面线的符号示意，并画在加工区"入体"位置上，相应的工序尺寸标注在箭头线的上方(如图 3.27 中的 L_1、L_2、L_3、L_4、L_5)，对于加工过程中间接保证的设计尺寸(称为结果尺寸，即尺寸链的封闭环)注在其他工艺尺寸的下方，两端均用圆点标出(如图 3.27 中的 L_{01} 和 L_{02})；对于工艺基准和设计基准重合，不需要进行工艺尺寸换算的设计尺寸，用方框框出(如图 3.27 中的 L_6)。

把上述作图过程归纳为几条规定：①加工顺序不能颠倒，与计算有关的加工内容不能遗漏；②箭头要指向加工面，箭尾圆点落在定位基准上；③加工余量按"入体"位置示意，被余量隔开的上方竖线为加工前的待加工面。这些规定不能违反，否则计算将会出错。按上述作图过程绘制的图形称为尺寸联系图。

2) 工艺尺寸链查找

在尺寸联系图(见图 3.27)中，从结果尺寸的两端出发向上查找，遇到圆点不拐弯继续往上查找，遇到箭头拐弯，逆箭头方向水平找加工基准面，遇到加工基准面再向上拐，重复前面的查找方法，直至两条查找路线交汇为止。查找路线路径的尺寸是组成环，结果尺寸是封闭环。

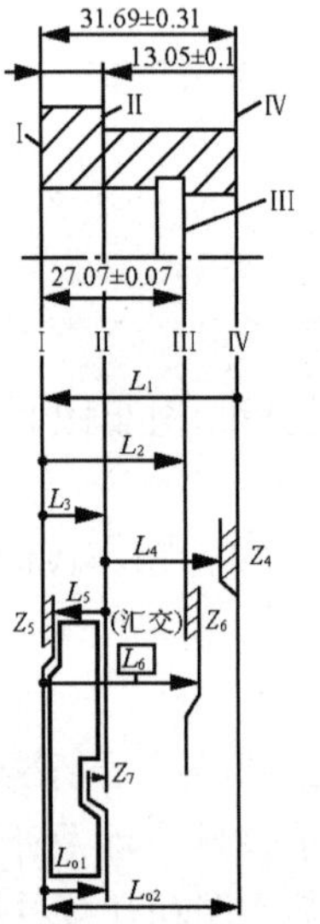

顺序号	加工内容		工序公差 $\pm\frac{1}{2}T_i$		余量变动量 $\pm\frac{1}{2}T_{zi}$	最小余量 $Z_{i\min}$	平均余量 Z_{iM}	平均尺寸 A_{iM}	注成单向偏差 $A_i{}^{+Ti}_{\ 0}$ $A_i{}^{0}_{-Ti}$
			初拟	调整后					
I	粗车 A 面		±0.5					34	34.5^{0}_{-1}
	粗车 C 面		±0.3					26.7	$26.4^{+0.6}_{0}$
II	粗、精车 B 面		±0.1					6.58	$6.68^{0}_{-0.2}$
	粗车 D 面		±0.3	±0.23	±0.83	1	1.83	25.59	$25.86^{0}_{-0.46}$
III	精车 A 面		±0.1	±0.08	±0.18	0.3	0.48	6.1	$6.18^{0}_{-0.16}$
	精车 C 面		±0.07	±0.55	0.3		0.85	27.07	$27^{+0.14}_{0}$
IV	靠火花磨 B 面		±0.02		±0.02	0.08	0.1		
	结果尺寸		±0.1					6	
			±0.31					31.69	
符号说明									

图中尺寸：31.69±0.31，13.05±0.1，27.07±0.07；标注：I、II、III、IV；L_1、L_2、L_3、L_4、L_5、Z_4、Z_5、Z_6(汇交)、Z_7、L_{01}、L_{02}

符号说明： ├─ 工艺基准　←── 工艺尺寸　├── 加工表面　├─ 结果尺寸　▨ 余量

图 3.27　工序尺寸图表法

这样，在图 3.27 中，沿结果尺寸 L_{01} 两端向上查找，可得到由 L_{01}、Z_7 和 L_5 组成的一个如图 3.28(a)工艺尺寸链一。在该尺寸链中，结果尺寸 L_{01} 是封闭环，Z_7 和 L_5 是组成环。沿结果尺寸 L_{02} 两端向上查找，可得到由 L_{02}、L_4 和 L_5 组成的如图 3.28(b)工艺尺寸链二，该尺寸链中，L_{02} 是封闭环，L_4 和 L_5 是组成环。

除 Z_7(靠火花磨削余量)以外，沿 Z_4、Z_5、Z_6 两端分别往上查找，又可分别得到三个以加工余量为封闭环的工艺尺寸链图 3.28(c)尺寸链三、图 3.28(d)尺寸链四、图 3.28(e)尺寸链五。

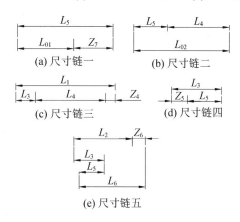

图 3.28 按图表法查找的工艺尺寸链

因为靠火花磨削是操作者根据磨削火花的大小，凭经验直接磨去一定厚度的金属，磨掉金属的多少与前道工序和本道工序的工序尺寸无关，所以靠火花磨削余量 Z_7 在由 L_{01}、Z_7 和 L_5 组成的工艺尺寸链(见图 3.28(a))中是组成环，不是封闭环。

3) 计算项目栏的填写

图 3.27 右边列出了一些计算项目的表格，该表格是为计算有关工艺尺寸专门设计的，其填写过程如下。

(1) 初步选定工序公差 T_i，必要时作适当调整。确定工序最小余量 $Z_{i\min}$；

(2) 根据工序公差计算余量变动量 T_{zi}；

(3) 根据工序公差和余量变动量计算变动量 Z_{im}；

(4) 根据平均余量计算平均工序尺寸；

(5) 将平均工序尺寸和平均公差改注成基本尺寸和上、下偏差形式。

下面对填写时可能会遇到的几方面问题进行说明。

在确定工序公差时，若工序尺寸就是设计尺寸，则该工序公差取图纸标的公差(如图 3.27 中工序尺寸 L_6)，对于中间工序尺寸(图 3.27 中的 L_1、L_2、L_3、L_4、L_5、Z_7)的公差，可按加工经济精度或根据实际经验初步拟定，靠磨余量 Z_7 的公差取决于操作者的技术水平，本例中取 $Z_7=0.1\pm0.02$mm。将初拟公差填入工序尺寸公差初拟项中。

将初拟工序尺寸公差代入结果尺寸链中(见图 3.28(a)、(b))，当全部组成公差之和小于或等于图纸规定的结果尺寸的公差(封闭环的公差)时，则初拟公差可以确定下来，否则需对初拟公差进行修正。修正的原则之一是首先考虑缩小公共的公差；原则之二是要考虑实际加工的可能性，优先缩小那些不会给加工带来很大困难的组成环的公差。修正的依据仍然是使全部组成环公差小于或等于图纸给定的结果尺寸的公差。

在图 3.28(a)、(b)所示尺寸链中，按初拟工序公差验算，结果尺寸 L_{01} 和 L_{02} 均超差。考虑到 L_5 是两个尺寸链的公共环，先缩小 L_5 的公差到 ±0.08mm，并将压缩后的公差分别代入两个尺寸链中验算，L_{01} 不超差，L_{02} 仍超差。在 L_{02} 所在的尺寸链中考虑到缩小 L_4 的公差不会给加工带来很大困难，故将 L_4 的公差缩小到 ±0.23mm，再将其代入 L_{02} 所在尺寸链中验算，不超差。于是，各工序尺寸公差便可以确定下来，并填入"修正"一栏中。

最小加工余量 $Z_{i\min}$，通常是根据手册和现有资料结合实际经验修正确定。

表内余量变动量一项，是由余量所在的尺寸链根据式(3-8)计算求得，例如

$$T_{z4} = T_1 + T_3 + T_4$$
$$= \pm(0.5 + 0.1 + 0.23)$$
$$= \pm 0.83 \text{(mm)}$$

表内平均余量一项是按下式求出的：

$$Z_{im} = Z_{i\min} + \frac{1}{2}T_{zi}$$

例如：

$$Z_{5m} = Z_{5\min} + \frac{1}{2}T_{z5}$$
$$= 0.3 + 0.18 = 0.48 \text{(mm)}$$

表内平均尺寸 L_{im} 可以通过尺寸链计算得到。在各尺寸链中，找出只有一个未知数的尺寸链，求出该未知数，然后逐个将所有未知尺寸求解出来，也可利用工艺尺寸联系图，沿着拟求尺寸两端的竖线向下找后面工序与其有关的工序尺寸和平均加工余量，将这些工序尺寸和加工余量相加或相减求出拟求工序尺寸，如在图 3.27 中，平均尺寸 $L_{3m} = L_{5m} + Z_{5m}$，$L_{5m} = L_{01m} + Z_{7m}$，$L_{2m} = L_{6m} + Z_{5m} - Z_{6m}$ 等。

表内最后一项要求将平均工序尺寸改注成基本尺寸和上、下偏差的形式。按入体原则，L_2 和 L_6 应注成单向偏差形式，L_1、L_3、L_4 和 L_5 应注成单向负偏差形式。

从本例可知，图解跟踪法是求解复杂的工艺尺寸的有效工具，但其求解过程仍然十分烦琐。按图表法求解的思路，编制计算程序，用计算机求解可以保证结果准确，节省计算时间。

3.4 计算机辅助工艺规程设计

计算机辅助工艺规程设计(CAPP)是在成组技术的基础上，通过向计算机输入被加工零件的几何信息和加工工艺信息，由计算机自动地输出零件的工艺路线和工序内容等工艺文件的过程。有些较完善的 CAPP 系统还能进行动态仿真，对加工过程进行模拟显示，以便检查工艺规程的正确性。

计算机辅助工艺规程设计可以使工艺人员避免查阅冗长的资料、数值计算，填写表格等繁重、重复的工作；大幅度地提高工艺人员的工作效率，提高生产工艺水平和产品质量。它还可以考虑多方面的因素进行优化设计，以高效率、低成本、合格的质量和规定的标准化程度来拟定一个最佳的制造方案，从而把产品的设计信息转为制造信息。它是计算机辅助制造的重要环节，是连接 CAD 和 CAM 的纽带，因此在现代机械制造业中 CAD/CAPP/CAM 相结合构成了计算机集成制造系统(CIMS)的重要组成部分。

CAPP 系统一般由若干程序模块所组成：输入输出模块、工艺过程设计模块、工序决策模块、工步决策模块、NC 指令生成模块以及控制模块、动态仿真模块等。要视系统的规模大小和完善程度而存在一定的差异。

3.4.1 CAPP 工作原理

根据 CAPP 系统的工作原理，可以将它分成以下 5 种类型。

1. 派生式 CAPP 系统(Variant CAPP System)

它是建立在成组技术基础上的 CAPP 系统。即利用成组技术的原理将零件分类成组，设计成组典型工艺，并将其存入计算机数据库中。设计一个新的零件工艺规程时只要输入零件的有关信息，计算机对零件进行编码(或直接输入零件代码)，按此代码检索出的相应的零件组成典型工艺，根据零件结构及工艺要求，进行适当修改、编辑，从而派生出所需要的工艺规程。如图 3.29 所示为 CAM-Ⅰ推出的派生式 CAPP 系统框图。

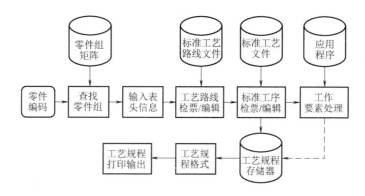

图 3.29　CAM-Ⅰ推出的派生式 CAPP 系统框图

派生式 CAPP 系统有以下特点。

(1) 程序简单，易于实现，目前多用于回转体类零件 CAPP 系统。

(2) 需人工参与决策，自动化程度不高。

(3) 具有浓厚的企业色彩，局限性较大。

这类系统针对性很强，一般只适用于特定的企业，移植不方便。但系统结构简单，开发周期短，投资少，易于在生产中取得实效。早期开发系统大多属于这一类型。

2. 创成式 CAPP 系统(Generative CAPP System)

这种系统是采用决策逻辑的方法开发的，在系统中不存储复合工艺或典型工艺，只存储了若干逻辑算法程序。系统根据输入信息由这些逻辑算法对加工工艺进行决策，自动生成零件的加工工艺规程。创成式系统基本上排除了人的干预，保证了工艺规程的客观性和科学性，从理论上说是一种比较理想的方法。但是由于生产环境复杂多变，导致系统庞大且复杂，开发工作量大、费用高，目前完全创成式的系统还处于研究阶段，在生产中使用的尚不多见。

创成式 CAPP 系统有以下特点。

(1) 不需人工干预，自动化程度高。

(2) 决策更科学，具有普遍性。

(3) 由于工艺过程设计经验成分偏多，理论还不完善，完全彻底的创成式 CAPP 系统还在研究探索之中。

派生式和创成式 CAPP 系统是最基本的 CAPP 类型。

3. 半创成式 CAPP 系统(Semi-Generative CAPP System)

派生式 CAPP 系统完全以人的经验为基础，难以保证设计最优，且局限性较大；完全创成式 CAPP 系统还不成熟。将派生式与创成式结合起来(如工序设计用派生式、工步设计用创成式)，则具有两种类型系统的优点，且部分克服了它们的缺点，效果较好，所以应用十分广泛。我国自行设计开发的 CAPP 系统大多属于这种类型。

半创成式 CAPP 系统有以下特点。

(1) 集派生式及创成式系统的优点，又克服两者的不足。

(2) 目前为多数 CAPP 系统采用。

4. 检索型 CAPP 系统

针对标准工艺，将设计好的零件标准工艺进行编号存储在计算机中，制定零件工艺时可根据零件的信息进行搜索，查找合适的标准工艺。

5. 智能型 CAPP 系统

这是将人工智能技术应用在 CAPP 系统中形成的 CAPP 专家系统。它与创成式系统的不同之处在于，创成式 CAPP 是以逻辑算法进行决策，而智能型则是以推理加知识的专家系统技术来解决工艺设计中经验性强的、模糊和不确定的若干问题。它更加完善和方便，不仅是 CAPP 的发展方向，也是当今国内研究热点之一。

3.4.2 CAPP 关键技术

1. 零件信息输入

(1) 成组编码法：较粗糙，信息输入不完整；多用于只需制定简单工艺路线的场合；只适用于派生式 CAPP 系统。

(2) 形面描述法。它的特点如下。

① 零件加工表面可分为基本形面和辅助形面，形面可用特征参数进行描述，形面与一定的加工方法相联系。

② 可完整地描述零件的几何、工艺信息，是目前 CAPP 系统使用最多的信息输入方法。其多采用菜单(交互)方式输入，便于操作。

③ 它的主要缺点是输入工作量大。

(3) 与 CAD 系统的连接方式如下。

① 通用接口、专用接口、共享数据库。

② 由于目前 CAD 系统多为实体造型系统，需采用特征识别的方法补充输入工艺信息。

③ 发展基于特征造型的 CAD 系统是长久之计。

2. 工艺决策

(1) 决策树：由树根、节点、分支构成；分支上方给出向一种状态转换的可能性或条件(确定性条件)，条件满足，继续沿分支前进，实现逻辑"与"，条件不满足，回出发节点并转向另一分支，实现逻辑"或"，分支终点列出应采取的行动(决策行动)。

决策树的特点如下。

①　直观，容易建立，便于编程。

②　难以扩展和修改。

(2)　决策表：用表格形式描述事件之间的逻辑依存关系。

表格分为 4 个区域，左上角为条件项目，右上角为条件组合，各条件之间为"与"的关系，左下角列出决策项目，右下角为各列对应的决策行动，决策行动之间也是"与"的关系，决策表的每一列均可视为一条决策规则。

决策表的特点如下。

①　表达清晰，格式紧凑，便于编程。

②　难以扩展和修改。

3．CAPP 专家系统

1)　CAPP 系统的工艺决策

CAPP 系统的工艺决策，随系统的不同而异。其中，派生式 CAPP 系统利用成组技术原理和典型工艺过程进行工艺决策，经验性较强；创成式 CAPP 系统利用工艺决策算法(如决策表、决策树等方法)和逻辑推理方法进行工艺决策，较派生式前进了一步，但存在算法死板、结果唯一、系统不透明等弱点，且程序工作量大，修改困难。为此，出现了采用专家系统进行工艺决策的方法。

所谓专家系统，是指在特定领域内具有与该领域人类专家相当智能水平的计算机知识程序处理系统。专家系统主要用于处理现实世界中提出的需要由专家来分析和判断的复杂问题(工艺过程设计正属于这类问题)。专家系统的构成如图 3.30 所示。

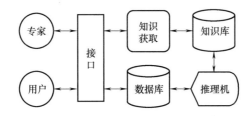

图 3.30　专家系统的构成

(1)　知识库：用于存储专家知识，包括事实知识(手册、资料等共有的知识)、过程知识(推理原理、规则、方法)、控制知识(系统本身控制策略)。

(2)　推理机：具有推理能力，可以根据问题导出结论。

(3)　数据库：存放事实(包括输入信息和推理得到的事实)。

2)　知识表达与获取

(1)　知识表达：知识表达主要有四种方式，即谓词逻辑、语义网络、框架、产生式规则。

其中，产生式规则较符合工艺规程设计中人的思维方式，因而使用较多。产生式规则的基本形式为

```
IF        〈条件 1〉
AND       〈条件 2〉
OR        〈条件 3〉
          ...
THEN   〈结论 1〉可信度   a %
       〈结论 2〉可信度   b %
```

产生式规则优点为：推理过程符合人的思维方式，易于接受；推理结论的可信度使其能进行非确定性推理。

产生式规则缺点为：格式较死板，在某些情况下需重复搜索而影响效率。

(2) 知识获取：知识的获取方法有以下几种方式，即由知识工程师来完成、由工艺人员会同软件工程师一同来完成、由工艺人员构建专家系统。

(3) 推理机制：依据一定规则，从已知事实和知识推出结论。

CAPP 专家系统推理机制属于基于知识的推理，通常采用反向推理的控制策略。

3.5   实   训

3.5.1   实训题目

图 3.31 所示为减速器的传动轴，该轴在工作时要承受扭矩。该轴采用的材料为 45 号钢，调质处理 28～32HRC。现按中批生产拟定加工工艺。

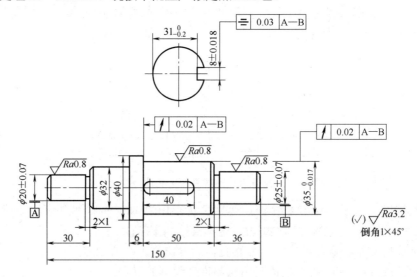

图 3.31   减速器传动轴

3.5.2   实训目的

机械加工工艺拟定实训，是在本章内容学习的基础上，熟悉制定机械加工工艺规程的原则、内容和步骤，能根据零件的结构特点和技术要求，确定加工顺序、加工余量、工序尺寸，以及进行必要的尺寸链换算，并拟定零件的机械加工工艺。

3.5.3　实训过程

按照机械加工规程的拟定步骤，对图 3.31 所示减速器传动轴的工艺规程的拟定过程介绍如下。

1．零件工艺分析

1)　零件的结构及其工艺性分析

该零件是减速器的一个主要零件，其结构呈阶梯状，属于阶梯轴。

2)　零件技术要求分析

从该传动轴零件图可知，两支承轴颈 $\phi 20 \pm 0.07\text{mm}$ 和 $\phi 25 \pm 0.07\text{mm}$ 、配合轴颈 $\phi 35_{-0.017}^{0}$ 是零件的三个重要表面。该零件的主要技术要求如下。

(1)　两支承轴颈分别为 $\phi 20 \pm 0.07\text{mm}$ 和 $\phi 25 \pm 0.07\text{mm}$ ，表面粗糙度 $Ra \leqslant 0.8\mu\text{m}$ 。

(2)　配合轴颈 $\phi 35_{-0.017}^{0}\text{mm}$ ，表面粗糙度 $Ra \leqslant 0.8\text{mm}$ ，且与支承轴颈的同轴度公差为 $\phi 0.02\text{mm}$ 。

(3)　键槽 $8 \pm 0.018\text{mm}$ ，表面粗糙度 $Ra \leqslant 1.6\mu\text{m}$ ，键槽深度为 $31_{-0.2}^{0}\text{mm}$ 。

2．毛坯的选择

由于该零件为一般传动轴，强度要求不高，工作时受力相对稳定，台阶尺寸相差较小，故选择 $\phi 45$ 冷轧圆钢作为毛坯。

3．定位基准的选择

选择两中心孔作为统一的精基准。选毛坯的外圆作为粗基准。

4．工艺路线的拟定

1)　加工方法的选择和加工阶段的划分

由于对两支承轴颈和配合轴颈的精度要求较高，最终加工方法为磨削。磨外圆前要进行粗车、半精车，并完成其他次要表面的加工。

键槽的加工，虽然精度要求不高，但对表面粗糙度的要求较高，要粗、精铣来达到要求。

2)　工艺路线的拟定

根据以上分析，该零件的加工工艺路线如下。

下料—车一端端面、中心孔，调头车另一端端面、中心孔—粗车外圆、车槽和倒角—调质—修研中心孔—半精车各外圆—铣键槽—粗、精磨三主要表面外圆。

5．工序余量和工序尺寸的确定

由《机械加工工艺人员手册》可查得以下数据。

(1)　调质后半精车余量为 2.5～3mm，本例取 3mm。

(2)　半精车后 $\phi 20 \pm 0.07\text{mm}$ 、 $\phi 25 \pm 0.07\text{mm}$ 和 $\phi 35_{-0.017}^{0}\text{mm}$ 三段外圆留磨削余量 0.4 mm，半精车公差取 0.15。根据倒推法，可得半精车工序该三尺寸的相应工序尺寸分别为 $\phi 20.4_{-0.15}^{0}\text{mm}$ 、 $\phi 25.4_{-0.15}^{0}\text{mm}$ 、 $\phi 35.4_{-0.15}^{0}\text{mm}$ 。

粗磨后留余量 0.1mm，若粗磨公差取 0.1，则相应粗磨工序尺寸分别为 $\phi20.1_{-0.10}^{0}$ mm、$\phi25.1_{-0.10}^{0}$ mm、$\phi35.1_{-0.10}^{0}$ mm。

精磨工序尺寸即为设计尺寸：$\phi20\pm0.07$mm、$\phi25\pm0.07$mm 和 $\phi35_{-0.017}^{0}$mm。

(3) 确定铣键槽的深度尺寸 A，由于 $\phi35_{-0.017}^{0}$mm 外圆是在半精车后铣键槽(深度为 A)，再磨削(达到 $\phi35_{-0.017}^{0}$mm)，同时保证键槽的深度达到图纸要求($31_{-0.2}^{0}$mm)，所以磨外圆要同时保证两个尺寸，必须通过工艺尺寸链计算才能确定 A。其具体计算如下。

① 根据加工过程建立尺寸链，如图 3.32 所示。

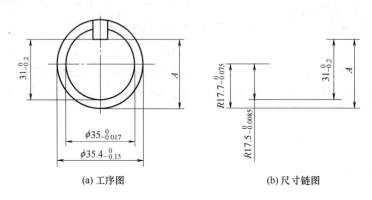

(a) 工序图   (b) 尺寸链图

图 3.32　铣键槽尺寸链图

② 判断组成环的性质。尺寸 $31_{-0.2}^{0}$mm 是磨削加工后最后得到的，故为封闭环；$R17.5_{-0.0085}^{0}$ mm 和 A 为增环，$R17.7_{-0.075}^{0}$ mm 为减环。

③ 尺寸链计算。

由式(3-3)得，$A = 17 + 31 - 17.7 = 30.3 \text{(mm)}$。

由式(3-6)得，$ES(A) = 0 + 0 - (-0.075) = 0.075 \text{(mm)}$。

由式(3-7)得，$EI(A) = 0 - 0.2 + 0.0085 = -0.1915 \text{(mm)}$。

故

$$A = 30.3_{-0.1915}^{+0.075} \text{mm}$$

按照"入体原则"标注为 $A = 30.375_{-0.2665}^{0}$ mm。

综合以上各项可得传动轴的工艺过程，如表 3.12 所示。

表 3.12　传动轴加工工艺过程

序号	工序名称	工序内容	定位基面	设　备
10	备料	$\phi45\pm160$		锯床
20	车	三爪夹持，车一端端面、钻中心孔 B2，调头三爪夹持，车一端端面、钻中心孔 B2	$\phi45$ 外圆毛坯	车床

序号	工序名称	工序内容	定位基面	设　备
30	车	双顶尖装夹，车一端外圆、车槽和倒角，粗车 $\phi25\pm0.07$mm、 $\phi35_{-0.017}^{0}$ 外圆，留余量 3mm	两端中心孔	车床
40	车	双顶尖装夹，调头车另一端外圆、车槽和倒角，车 $\phi32$ 到尺寸，粗车 $\phi20\pm0.07$，留余量 3mm	两端中心孔	车床
50	热处理	调质 HRC25～28	—	—
60	车	修研中心孔	外圆	车床
70	车	半精车 $\phi25\pm0.07$、 $\phi35_{-0.017}^{0}$ 、 $\phi20\pm0.07$ 外圆，留磨量 0.4mm	两端中心孔	车床
80	铣	粗、精铣键槽，保证尺寸 (8 ± 0.018)mm 和表面粗糙度 $Ra\leqslant1.6$ ， $31_{-0.2}^{0}$ 键槽深度	$\phi20\pm0.07$ 外圆和另一端中心孔	铣床
90	磨	双顶尖装夹，粗磨外圆 $\phi20\pm0.07$ 、 $\phi25\pm0.07$ 和 $\phi35_{-0.017}^{0}$ ，留精磨余量 0.1mm，精磨到尺寸，靠磨三外圆台肩	两端中心孔	外圆磨床

3.5.4　实训总结

通过上述机械加工工艺拟定的实训过程可以看出，编制零件的机械加工工艺规程是一项实践性很强的工作，需要熟练掌握工艺规程制定的原则、内容和步骤，勤学多练才能逐步掌握。特别要注意以下几点内容。

(1) 做好工艺编制前的前期准备工作。要熟悉零件的结构特点、技术要求、所用材料、生产批量，该零件在产品中的作用和具体的生产条件，这些方面直接决定了零件的加工工艺规程。

(2) 工艺路线的拟定是关键。在拟定工艺路线时，在综合分析零件加工各方面信息的基础上，首先分析确定零件各表面的定位基准、加工方法、加工顺序、加工阶段的划分，然后再提出初步的加工工艺方案，并进行分析、比较，最终确定一个最合理的工艺方案。这其中，定位基准的选择是基础，工艺路线的拟定是关键，也是难点，需要在反复练习的基础上才能熟练掌握。

(3) 在工艺路线初步确定之后，后续步骤则要简单得多，尽管许多同学仍然会认为尺寸链的计算是个难点，其实只要理解了尺寸链的意义，学会判断封闭环，这个问题就会迎刃而解。

3.6 习 题

1. 选择题(可多选)

(1) 制定工艺规程所需的原始资料有( )。
    A. 产品零件图和装配图   B. 生产纲领
    C. 工厂现有的生产条件   D. 工厂环境条件

(2) 选择表面加工方法时应主要考虑( )。
    A. 被加工表面的加工要求   B. 被加工工件材料
    C. 工件的生产纲领   D. 现场生产条件

(3) 生产产品的品种多且很少重复,同一零件的生产量很少的生产称为( )。
    A. 单件生产   B. 小批生产
    C. 中批生产   D. 大量生产

(4) 工艺成本随零件年产量的增加而( )。
    A. 增加   B. 降低
    C. 先增加后降低   D. 先降低后增加

(5) 选择机床时要考虑的因素有( )。
    A. 机床的规格尺寸   B. 机床的功率
    C. 机床的精度   D. 尽量选择高效设备

(6) 在大批大量生产中广泛采用( )。
    A. 通用机床   B. 专用机床   C. 组合机床   D. NC 机床

(7) 单件生产的工艺特征有( )。
    A. 对工人的技术水平要求低   B. 采用通用机床
    C. 生产成本高   D. 工艺规程简单

(8) 由一个工人在一台设备上对一个工件所连续完成的那部分工艺过程,称为( )。
    A. 走刀   B. 工步   C. 工位   D. 工序

(9) 单件小批生产一般选用( )。
    A. 通用机床   B. 专用机床   C. 组合机床   D. 自动机床

(10) 为下列批量生产的零件选择毛坯:小轿车的偏心轴应选( ),皮带轮应选( )。
    A. 锻件   B. 铸件   C. 焊接件   D. 冲压件

(11) 直径相差不大时,应采用的毛坯是( )。
    A. 铸件   B. 焊接件   C. 锻件   D. 型材

(12) 划分生产类型是根据产品的( )。
    A. 尺寸大小和特征   B. 批量   C. 用途   D. 生产纲领

(13) 一个工作地点连续加工完成零件一部分的机械加工工艺过程称为( )。
    A. 安装   B. 工序   C. 工步   D. 工作行程

(14) 在同一台钻床上对工件上的孔进行钻—扩—铰,应划分为( )。
    A. 三次走刀   B. 三个工步

C. 三个工位   D. 一个复合工步

(15) 车削一批工件的外圆时，先粗车一批工件，再对这批工件半精车，上述工艺过程应划分为(　　)。

    A. 两道工序   B. 一道工序

    C. 尺寸误差   D. 位置误差

(16) 由一名工人在一台设备上对一个工件所连续完成的那部分工艺过程，称为(　　)。

    A. 走刀   B. 工步

    C. 工位   D. 工序

(17) 在车床上加工某零件，先加工其一端，再调头加工另一端，这应是(　　)。

    A. 两个工序   B. 两个工步

    C. 两次装夹   D. 两个工位

(18) 提高低碳钢的硬度，改善其切削加工性，常采用(　　)。

    A. 退火   B. 正火   C. 调质   D. 淬火

(19) 工序基准定义为(　　)。

    A. 设计图中所用的基准   B. 工序图中所用的基准

    C. 装配过程中所用的基准   D. 用于测量工件尺寸、位置的基准

(20) 粗基准在同一尺寸方向上允许使用(　　)。

    A. 一次   B. 二次   C. 三次   D. 任意次

(21) 粗基准选择时，若要保证某重要表面余量均匀，则应选择(　　)。

    A. 余量小的表面   B. 该重要表面

    C. 半精加工之后   D. 任意

(22) 当精加工表面要求加工余量小而均匀时，选择定位精基准的原则是(　　)。

    A. 基准重合   B. 基准统一   C. 互为基准   D. 自为基准

(23) 调质处理一般应安排在(　　)。

    A. 粗加工前   B. 粗加工与半精加工之间

    C. 精加工之后   D. 任意

(24) 大批量生产的形状较复杂的中小型轴宜选用的毛坯是(　　)。

    A. 铸件   B. 自由铸

    C. 模锻件   D. 渗碳淬火

(25) 预备热处理工序一般包括(　　)。

    A. 退火   B. 淬火   C. 渗碳   D. 渗氮

(26) 提高低碳钢的硬度，改善其切削加工性，常采用(　　)。

    A. 退火   B. 正火

    C. 高度   D. 淬火

(27) 零件的表面处理工序指的是(　　)。

    A. 氮化处理   B. 电镀   C. 表面发蓝   D. 抛光

(28) 定位基准是指(　　)。

    A. 机床上的某些点、线、面   B. 夹具上的某些点、线、面

    C. 工件上的某些点、线、面   D. 刀具上的某些点、线、面

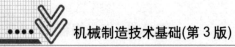

(29) 工序集中的优点是(　　)。

    A. 便于保证高的相互位置精度   B. 生产面积小

    C. 机床和工装复杂   D. 工人数量少

(30) 对于包容面，本工序的最大极限尺寸减去上工序最小极限尺寸称为(　　)。

    A. 总加工余量   B. 公称余量   C. 最大余量   D. 最小余量

(31) 影响最小工序余量的因素有(　　)。

    A. 前工序的表面粗糙度和缺陷层   B. 上工序的工序尺寸公差

    C. 前工序的安装误差   D. 前工序形成的表面位置误差

(32) 对于被包容面，本工序的最小极限尺寸减去上工序最大极限尺寸称为(　　)。

    A. 总加工余量   B. 公称余量   C. 最大余量   D. 最小余量

(33) 尺寸链其组成环不变，某一减环的增大，使封闭环(　　)。

    A. 增大   B. 减小   C. 保持不变   D. 可大可小

(34) 单件时间指完成一个零件的(　　)所需的时间。

    A. 一个工步   B. 一道工序   C. 一个工位   D. 全部工序

(35) 提高切削用量可以减小单件时间中的(　　)。

    A. $T_基$ B. $T_辅$ C. $T_布$ D. $T_{准终}$

(36) 采用合并工步的方法，可缩短(　　)。

    A. $T_基$ B. $T_辅$ C. $T_布$ D. $T_{准终}$

(37) 布置工作地时间包括(　　)所耗的时间。

    A. 改变切削用量   B. 更换刀具

    C. 磨刀   D. 清理切屑

(38) 辅助时间包括(　　)所用的时间。

    A. 领取工具   B. 装卸工件   C. 开停机床   D. 测量工件尺寸

(39) 减少辅助时间的措施有(　　)。

    A. 采用快速夹紧装置   B. 提高切削用量

    C. 多刀加工   D. 采用多工位机床

(40) 缩减$T_基$的措施有(　　)。

    A. 采用复合工步   B. 提高切削用量

    C. 采用高效夹具   D. 采用精化毛坯

(41) 辅助工序包括(　　)。

    A. 检验   B. 刃磨刀具   C. 静动平衡   D. 去毛刺

(42) 检验工序通常安排在(　　)。

    A. 粗加工阶段结束   B. 车间转换前后

    C. 重要工序前后   D. 全部工序结束

2. 填空题

(1) 机械制造工艺过程中一般是指零件的_____工艺过程和_____工艺过程。

(2) 机械加工工艺规程是指一种用文件形式规定下来的_____。

(3) _____工人在一个工作地，对_____工件所连续完成的那部分机械加工工艺过程，称为工序。

(4) 工件经一次装夹后所完成的那一部分工艺内容称为_____。

(5) 工艺规程编制的最后一项工作是_____。

(6) 工步是在_____、_____不变的条件下连续完成的那部分工序。

(7) 零件的生产纲领是包括_____和_____在内的零件的_____。

(8) 生产类型可分为_____、中批、大批大量生产三种。

(9) 以工件的重要表面作为粗基准，目的是_____。

(10) 工艺过程中的热处理按应用目的可大致分为_____、_____热处理和最终热处理。

(11) 工件加工顺序安排的原则是先粗后精、_____、先基面后其他、_____。

(12) 零件的加工工艺路线大致分为粗加工阶段、_____、精加工阶段、_____。

(13) 工序尺寸是_____应保证的尺寸。

(14) 基本时间和辅助时间的总和，称为_____。

(15) 尺寸链接中，某环尺寸增大使封闭环也增大的组成环是_____。

(16) 零件在加工过程中使用工艺尺寸所组成的尺寸链，称为_____。

(17) 单位工艺成本随年产量的增加而_____。

(18) 表面淬火一般安排在_____加工之前。

(19) 主轴的支承轴颈是_____基准，它的制造精度直接影响主轴部件的_____精度。

(20) 机械加工的基本时间是指_____生产对象的尺寸、形状、相对位置、表面状态和材料性质等工艺过程。

3. 判断题

(1) 在一个工作地点，对一个或一组零件所连续完成的那部分工艺过程叫作工序。
　　　　　　　　　　　　　　　　　　　　　　　　　　　　（　　）

(2) 组成工艺过程的基本单元是工步。　　　　　　　　　　　（　　）

(3) 单件小批生产中多采用工序分散原则。　　　　　　　　　（　　）

(4) 单件小批生产时尽量选用通用夹具。　　　　　　　　　　（　　）

(5) 制造产品数量不多，生产过程中各工作地点的工作完全不重复，或不定期重复的生产，称为小批生产。　　　　　　　　　　　　　　　　　　（　　）

(6) 试切法和划线法一般只限于在单件小批生产中采用。　　　（　　）

(7) 大批大量生产中广泛使用专用机床和组合机床。　　　　　（　　）

(8) 由原材料变为产品直接相关的过程称为准备性工作。　　　（　　）

(9) 计算生产纲领、确定生产的类型是编制工艺规程的准备工作。（　　）

(10) 各种毛坯成本随生产量的增人而增人。　　　　　　　　　（　　）

(11) 大批大量生产中应采用高精度毛坯。　　　　　　　　　　（　　）

(12) 粗基准在同一尺寸方向上通常只允许使用一次。　　　　　（　　）

(13) 制定单件小批生产的工艺规程时，应采取工序分散原则。　（　　）

(14) 工序分散的特点是生产准备工作量大和产品易变换。　　　（　　）

(15) 工序集中是零件加工的所有工步集中在少数几个工序内完成。（　　）

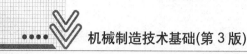
(16) 预备热处理是为了提高材料的强度和刚度。 （　　）

(17) 要保证加工表面的余量均匀，应选择不加工表面为粗基准。 （　　）

(18) 并非任何零件加工时都需要划分加工阶段。 （　　）

(19) 工序尺寸是工件在某工序加工之后应保证的尺寸。 （　　）

(20) 工序尺寸常按"入体"原则标注。 （　　）

(21) 毛坯尺寸的制造公差也常按"入体"原则标注。 （　　）

(22) 一个尺寸链中必然有增环。 （　　）

(23) 一个尺寸链中只有一个封闭环。 （　　）

(24) 劳动生产率是指用于制造单件合格产品所消耗的劳动时间。 （　　）

(25) 完成一个零件的一道工序的时间称为基本时间。 （　　）

(26) 直接用于制造产品或零部件所消耗的时间称为作业时间。 （　　）

(27) 单件工艺成本在大批大量生产时大幅度下降。 （　　）

(28) 准备和终结时间与产品的每批生产量关系不大。 （　　）

(29) 填写工艺是编制工艺规程的最后一项工作。 （　　）

(30) 工序简图上的加工表面用双点划线表示，视为透明体。 （　　）

4. 问答题

(1) 制定工艺规程的基本要求是什么？

(2) 简述工艺规程的设计原则、设计内容及设计步骤。

(3) 零件整体结构工艺性的具体要求是什么？

(4) 如何合理标注零件的尺寸、公差和表面粗糙度？

(5) 简述定位基准中精基准和粗基准的选择原则。

(6) 何为加工经济精度？

(7) 零件加工表面加工方法的选择应遵循哪些原则？

(8) 在制定加工工艺规程中，为什么要划分加工阶段？

(9) 切削加工顺序安排的原则有哪些？

(10) 在机械加工工艺规程中通常有哪些热处理工序？它们起什么作用？如何安排？

(11) 什么叫工序集中？什么叫工序分散？什么情况下采用工序集中？什么情况下采用工序分散？

(12) 什么叫加工余量？影响加工余量的因素有哪些？

(13) 确定加工余量的方法有哪几种？

(14) 尺寸链的计算形式有哪几种？

(15) 什么叫时间定额？单件时间定额包括哪些方面？举例说明各方面的含义。

(16) 提高劳动生产率的途径有哪些？

(17) 什么叫工艺成本？工艺成本有哪些组成部分？如何对不同工艺方案进行技术经济分析？

5. 实作题

(1) 试指出图3.33中在结构工艺性方面存在的问题，并提出改进意见。

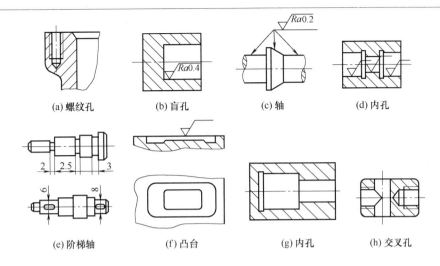

图 3.33　指出图中的错误

(2)　试选择图 3.34 所示各零件加工时的粗、精基准(标有 "$\sqrt{}$" 符号的为加工面，其余的为非加工面)，并简要说明理由。

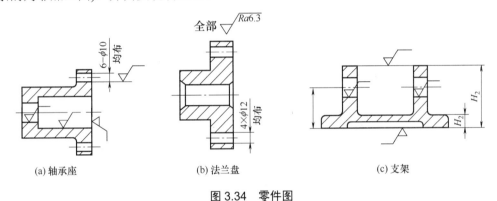

图 3.34　零件图

(3)　试判别图 3.35 中各尺寸链中哪些是增环，哪些是减环。

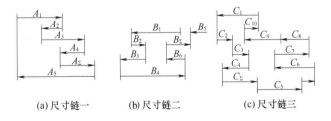

图 3.35　尺寸链图

(4)　某零件上有一孔 $\phi 35^{+0.021}_{0}$ mm，表面粗糙度为 $Ra0.8\mu m$，孔长 60mm。材料为 45 号钢，热处理淬火 42HRC，毛坯为锻件，其孔的加工工艺规程为：粗镗—精镗—热处理—磨削，试确定该孔加工中各工序的尺寸与公差。

(5)　如图 3.36 所示，加工主轴时，要保证键槽深度 $t=4^{+0.15}_{0}$ mm，其工艺过程为：车外圆至 $\phi 28.5^{0}_{-0.1}$ mm，铣键槽至尺寸 $H^{+\delta_H}_{0}$ mm，热处理，磨外圆至尺寸 $\phi 28^{+0.024}_{-0.008}$ mm。试用极值

法计算铣键槽工序的尺寸 H 。

(6) 在加工如图 3.37 所示的零件时，图样要求保证尺寸(6±0.1)mm，因这一尺寸不便于测量，只能通过测量尺寸 L 来间接保证。试求工序尺寸 L 及其公差。

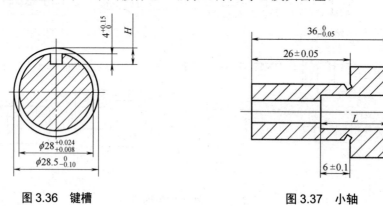

图 3.36 键槽　　　　　　　　　　　　　　图 3.37 小轴

(7) 如图 3.38 所示为被加工零件的简图，图 3.38(b)为工序图，在大批量生产的条件下，其部分工艺过程如下：铣端面至尺寸 A；钻孔并锪沉孔至尺寸 B；磨底平面至尺寸 C，磨削余量为 0.5mm。磨削时的经济精度 $T=0.1$mm。试计算各工序尺寸 A、B、C 及其公差。

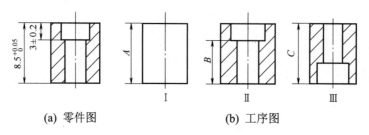

(a) 零件图　　　　　　　　(b) 工序图

图 3.38 零件图与工序图

(8) 如图 3.39(a)所示为轴套零件简图，其内孔、外圆和各端面均已加工完毕。试分别计算按图 3.39(b)中三种顶为方案钻孔时的工序尺寸及偏差。

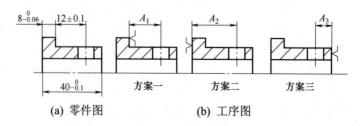

(a) 零件图　　　　　　　　(b) 工序图

图 3.39 零件图与工序图

(9) 如图 3.40 所示的衬套，材料为 20 号钢，部分工艺过程如下：粗镗、半精镗、精镗内孔，保证尺寸 D；热处理渗碳，保证渗碳层深度为 t；磨削内孔，保证内孔尺寸(如图所示)，同时间接保证渗碳层深度 $0.8 ^{+0.3}_{0}$ mm。已知精镗内孔时的经济精度 $T=0.052$mm，磨削内孔时的单边余量为 0.2mm。

试求：① 精镗内孔时的工序尺寸 D 及其偏差；
　　　② 热处理渗碳时的深度。

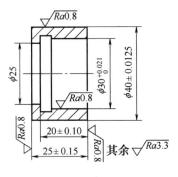

图 3.40　衬套

第 4 章　机械加工精度与表面质量

本章主要介绍各种原始误差对加工精度的影响和解决方法，阐述机械加工表面质量的基本概念，分析影响表面质量的各种因素及其对机械零件以及整台机器的使用性能和使用寿命的影响。简单介绍机械加工中的振动和热效应问题。其目的是使读者理解加工精度的基本概念，了解影响加工精度的主要因素，能运用统计分析法进行零件加工质量和废品率的分析，提出提高加工精度的措施。理解和掌握表面质量的一些基本概念，学会分析表面质量的方法，能采取改善表面质量的工艺措施，以解决生产实际问题。

- 工艺系统的各种原始误差及其对加工精度的影响
- 工艺系统受力变形产生的误差
- 机械加工振动、热变形和残余应力产生机理及其导致的误差
- 保证和提高加工精度及表面质量的途径

分析如图 4.1 所示零件，图中有哪些尺寸、形状位置精度以及表面质量要求，加工过程中机床、夹具、刀具和工件怎样影响它们，需要采取什么方法和措施才能较好地保证这些加工精度？

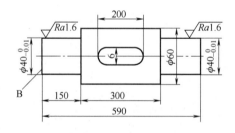

图 4.1　阶梯轴简图

4.1　概　　述

随着现代制造技术日新月异地发展，新技术、新工艺也在不断涌现，但现代制造工艺的一些基本理论却是基本不变的，它们也是人们进一步学习和研究现代制造工艺技术的基础。这些理论主要包括机械加工精度和表面质量理论以及机械加工过程中的振动和热效应理论。

4.1.1　机械加工精度

机械加工精度是指零件加工后的实际几何参数(尺寸、形状和表面间的相互位置)与理

想几何参数的吻合程度。吻合程度越高,加工精度就越高。在机械加工过程中,由于各种因素的影响,使得加工出的零件不可能与理想的要求完全吻合。

零件的加工精度包含三方面内容:尺寸精度、形状精度和位置精度。这三者之间是有联系的。通常形状公差应限制在位置公差之内,而位置公差一般也应限制在尺寸公差之内。当尺寸精度要求高时,相应的位置精度、形状精度也要求高。但形状精度要求高时,相应的位置精度和尺寸精度有时不一定要求高,这要根据零件的功能要求来决定。

一般情况下,零件的加工精度越高则加工成本相对越高,生产效率则相对越低。因此,设计人员应根据零件的使用要求,合理地规定零件的加工精度。工艺人员则应根据设计要求、生产条件等采用适当的工艺方法,以保证加工误差不超过容许范围,并在此前提下尽量提高生产率和降低生产成本。

机械加工是在工艺系统中进行的,零件的尺寸、几何形状和表面间相对位置的获得,取决于工件和刀具在切削运动过程中的相对位置和相互运动关系,而零件的尺寸、几何形状和表面间相对位置的精度取决于机床、夹具、刀具和工件这个工艺系统的精度。工艺系统中的各种误差,都以不同的程度和方式反映为加工误差。工艺系统的误差是"因",是根源,加工误差是"果",是表现,因此把工艺系统的误差称为原始误差。

研究加工精度的目的就是要弄清各种原始误差的物理、力学本质,以及它们对加工精度影响的规律,掌握控制加工误差的方法,以期获得预期的加工精度,需要时能找出进一步提高加工精度的途径。

4.1.2　影响机械加工精度的因素

工艺系统中的各项原始误差,都会使工件和刀具的相对位置或相互运动关系发生变化,造成加工误差。分析产生各种原始误差的因素,积极采取措施,是保证和提高加工精度的关键。图 4.2 为活塞加工中精镗销孔示意图。加工过程中影响加工精度的因素如下。

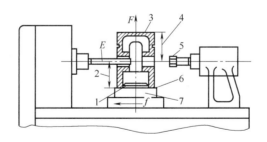

图 4.2　活塞精镗销孔工序示意图

1—定位止口;2—对刀尺寸;3—设计基准;4—设计尺寸;5—定位菱形销;6—定位基准;7—夹具

(1) 装夹:活塞以止口及其端面为定位基准,在夹具中定位,并用菱形销插入经半精镗的销孔中作周向定位。固定活塞的夹紧力作用在活塞的顶部。由于设计基准(顶面)与定位基准(止口端面)不重合,以及定位止口与夹具上凸台、菱形销与销孔的配合间隙会引起定位误差,若夹紧力过大会引起夹紧误差。这两项原始误差统称为工件装夹误差。

(2) 调整:装夹工件前后必须对机床、刀具和夹具进行调整,并在试切几个工件后再进行精确微调,才能使工件和刀具之间保持正确的相对位置。例如,本例需进行夹具在工作台上的位置调整，菱形销与主轴同轴度调整，以及对刀调整等。由于调整不可能绝对精确，因而就会产生调整误差。另外，机床、刀具、夹具本身的制造误差在加工前就已经存在。这类原始误差称为工艺系统的几何误差。应该注意的是，即使有夹具，在加工前也要进行一定的位置调整工作，这样才能使得待加工工件和加工刀具之间保持正确的相对位置。

(3) 加工：由于在加工过程中产生了切削力、切削热和摩擦力，它们将引起工艺系统的受力变形、受热变形和磨损，影响工件与刀具之间的相对位置，造成加工误差。这类在加工过程中产生的原始误差称为工艺系统的动误差。

(4) 测量：在加工过程中，还必须对工件进行测量，任何测量方法和量具、量仪都不可能绝对准确，由此产生的误差称为测量误差。

此外，工件在毛坯制造(铸、锻、焊、轧制)、切削加工和热处理时会产生内应力，将引起工件变形而产生加工误差。若采用了近似的成形方法或近似的刀刃形状加工，还会造成加工原理误差。

为清晰起见，将加工过程中可能出现的种种原始误差归纳如下。

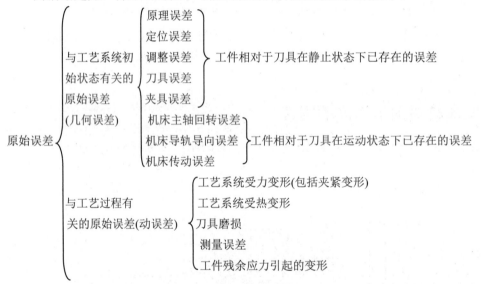

4.1.3　误差的敏感方向

切削加工过程中，各种原始误差的大小和方向是不同的，加工误差是在工序尺寸方向度量。因此，不同的原始误差对加工精度有不同的影响。当原始误差的方向与工序尺寸方向一致时，其对加工精度的影响就最大。

图 4.3 所示为车外圆。车削时工件的回转轴心是 O，刀尖正确位置在 A，设某一瞬时由于各种原始误差的影响，使刀尖位移到 A'。$\overline{AA'}$ 即为原始误差 δ，它与 $\overline{OA}$ 间的夹角为 ϕ，加工后工件的半径由 $R_0 = \overline{OA}$ 变为 $R = \overline{OA'}$，故半径上(即工序尺寸方向上)的加工误差 ΔR 为

$$\Delta R = \overline{OA'} - \overline{OA} = \sqrt{R_0^2 + \delta^2 + 2R_0\delta\cos\phi} - R_0 \approx \delta\cos\phi + \frac{\delta^2}{2R_0}$$

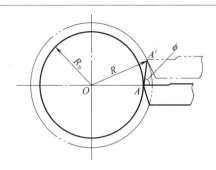

图 4.3 误差的敏感方向

可以看出，当原始误差方向恰为加工表面法线方向时($\phi=0$)，引起的加工误差 $\Delta R_{\phi=0}=\delta$ 为最大；当原始误差的方向恰为加工表面的切线方向时($\phi=90°$)，引起的加工误差 $\Delta R_{\phi=90°}=\delta^2/2R_0$ 最小，通常可以忽略。因此，把对加工精度影响最大的那个方向(即通过刀刃的加工表面的法向)称为误差的敏感方向，另一与之垂直的方向(即工件加工表面的切线方向)称为误差的非敏感方向。

4.1.4 研究加工精度的方法

研究加工精度的方法有以下两种。

(1) 单因素分析法：研究某一确定因素对加工精度的影响，为简单起见，一般不考虑其他因素的同时作用。通过分析计算，或测试、试验，得出该因素与加工误差间的关系。

(2) 统计分析法：以加工一批工件的实测结果为基础，运用数理统计方法进行数据处理，用以控制工艺过程的正常进行。当发生质量问题时，可以从中判断误差的性质，找出误差出现的规律，以减少加工误差。统计分析法只适用于批量生产。

在实际生产中，这两种方法常常结合起来应用。一般先用统计分析法寻找误差的出现规律，初步判断产生加工误差的可能原因，然后运用单因素分析法进行分析、试验，以便迅速有效地找出影响加工精度的主要原因。本章将分别对它们进行介绍。

4.2 工艺系统的几何精度对加工精度的影响

4.2.1 加工原理误差

加工原理误差是指采用近似的成形运动或近似的刀刃轮廓进行加工而产生的误差。例如，在三坐标数控铣削机床上铣削复杂形面零件时，通常要用球头刀并采用"行切法"加工。所谓行切法，就是球头刀与零件轮廓的切点轨迹是一行一行的，而行间的距离 s 是按零件加工要求确定的，究其实质，这种方法是将空间立体形面视为众多的平面截线的集合，每次走刀加工出其中的一条截线。

由于数控铣床一般只具有空间直线插补功能，所以即便是加工一条平面曲线，也必须用许多很短的折线段去逼近它。当刀具连续地将这些小线段加工出来，也就得到所需的曲线形状。逼近的精度可由每根线段的长度来控制。因此，就整个曲面而言，在三坐标联动的数控铣床上加工，实际上是以一段一段的空间直线所逼近空间曲面，或者说，整个曲面就是由大量加工出的小直线段来逼近的。这说明，在曲线或曲面的数控加工中，刀具相对于工件的成形运动是近似的。又如滚齿用的齿轮滚刀，就有两种误差，一是为了制造方便，采用阿基米德蜗杆或法向直廓蜗杆代替渐开线基本蜗杆而产生的刀刃齿廓近似造形误差；二是由于滚刀刀齿有限，实际上加工出的齿形是一条由微小折线段组成的曲线，和理论上的光滑渐开线有差异，这些都会产生加工原理误差。再如模数铣刀成形铣削齿轮，也采用近似刀刃齿廓，同样产生加工原理误差。

采用近似的成形运动或近似的刀刃轮廓，虽然会带来加工原理误差，但往往可简化机床结构或刀具形状，或可提高生产效率，有时甚至能得到高的加工精度。因此，只要其误差不超过规定的精度要求(一般原理误差应小于 10%~15%工件的公差值)，在生产中仍能得到广泛应用。

4.2.2 调整误差

在机械加工的每一道工序中，总是要对工艺系统进行这样或那样的调整工作。由于调整不可能绝对准确，因而会产生调整误差。

工艺系统的调整有两种基本方式，引起试切法调整误差的因素如下。

1. 试切法调整

(1) 测量误差：指量具本身的精度、测量方法或使用条件下的误差(如温度影响、操作者的细心程度)等，它们都影响调整精度，因而产生加工误差。

(2) 机床进给机构的位移误差：当试切最后一刀时，往往要按刻度盘的显示值来微量调整刀架的进给量，这时常会出现进给机构的"爬行"现象，结果使刀具的实际位移与刻度盘显示值不一致，造成加工误差。

(3) 试切与正式切削时切削层厚度不一致：不同材料刀具的刃口半径是不同的，因此，刀刃所能切除的最小切削层的极限厚度不同。切削厚度过小时，刀刃就会在切削表面上打滑(挤压、抛光)，不能切下一层金属。精加工时，试切最后一刀的切削层往往很薄，而正式走刀时的切深一般要比试切时大，所以刀刃不容易打滑，实际切深就会大一些，造成与试切时的尺寸不同；粗加工时，试切的最后一刀切削层厚度还较大，刀刃不会打滑，但正式切削时的切深更大，受力变形也大得多，因此正式切削时切除的金属层厚度就会比试切部分小一些，故同样引起工件的尺寸误差。

2. 调整法调整

在成批、大量生产中，先根据样件(或样板)进行初调，试切若干工件，再据此作精确微调。这样既缩短了调整时间，又可得到较高的加工精度。

由于采用调整法对工艺系统进行调整时也要以试切为依据，因此上述影响试切法调整精度的因素，同样也对调整法有影响。此外，影响调整精度的因素还有如下三个方面。

(1) 定程机构误差：在大批大量生产中广泛采用行程挡块、靠模、凸轮等机构保证加工尺寸。这时，这些定程机构的制造精度和调整，以及与它们配合使用的离合器、电气开关、控制阀等的灵敏度就成为调整误差的主要来源。

(2) 样件或样板的误差：包括样件或样板的制造误差、安装误差和对刀误差。这些也是影响调整精度的重要因素。

(3) 测量有限试件造成的误差：工艺系统初调好以后，一般都要试切几个工件，并以其平均尺寸作为判断调整是否准确的依据。由于试切加工的工件数(称为抽样件数)不可能太多，因此不能把整批工件切削过程中各种随机误差完全反映出来。因此，试切加工几个工件的平均尺寸与总体尺寸不可能完全吻合，因而造成误差。

4.2.3　机床误差

引起机床误差的原因是机床的制造、安装误差和磨损。机床误差的项目很多，这里着重分析对工件加工精度影响较大的导轨导向误差、主轴回转误差和传动链的传动误差。

1. 机床导轨导向误差

1) 导轨的导向精度

导轨导向精度是指机床导轨副的运动件实际运动方向与理想运动方向的吻合程度，这两者之间的偏差值则称为导向误差。导轨是机床中确定主要部件相对位置的基准，也是运动的基准，它的各项误差直接影响被加工工件的精度。在机床的精度标准中，直线导轨的导向精度一般包括下列主要内容。

(1) 导轨在水平面内的直线度Δy(弯曲)(见图 4.4)。

(2) 导轨在垂直面内的直线度Δz(弯曲)(见图 4.4)。

(3) 前、后导轨的平行度δ(扭曲) (见图 4.5)。

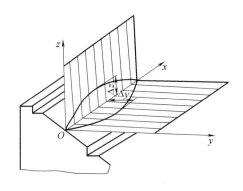

图 4.4　导轨的直线度

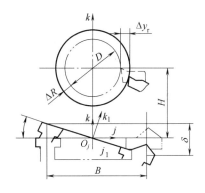

图 4.5　导轨扭曲引起的加工误差

(4) 导轨对主轴回转轴线的平行度(或垂直度)。

2) 导轨误差对加工精度的影响

导轨误差对加工精度的影响，因加工方法和加工表面不同而异。在分析导轨误差对加工精度的影响时，应主要考虑导轨误差引起刀具与工件在误差敏感方向上的相对位移。

例如，在普通卧式车床上车削外圆柱面时，误差的敏感方向是水平方向。如果导轨水平面内存在直线度误差Δy，纵向走刀后，则使工件产生轴向形状误差；而垂直面内的直线度误差Δz影响很小，可忽略。但在使用卧式六角转塔车床加工外圆时，情况正好相反，误差的敏感方向是垂直方向，垂直面内的直线度误差Δz影响很大，造成工件轴向形状误差；而对水平面内的直线度误差Δy影响很小，可忽略。

平面磨床的误差敏感方向是垂直方向，其误差将使工件产生尺寸和平面度误差；外圆磨床的误差敏感方向是水平方向，其误差使工件产生轴向形状误差。

3) 影响导轨导向精度的主要因素

影响导轨导向精度的主要因素有：导轨副的制造精度、安装精度和使用过程中的磨损。

机床安装不正确引起的导轨误差，往往远大于制造误差，特别是长度较长的龙门刨床、龙门铣床和导轨磨床等，它们的床身导轨是一种细长的结构，刚性较差，在本身自重的作用下就容易变形；如果安装不正确，或者地基不良，都会造成导轨弯曲变形(严重的可达 2~3mm)。因此，机床在安装时应有良好的基础，并严格进行测量和校正，而且在使用期间还应定期复校和调整。

导轨磨损是造成导轨误差的另一重要原因。由于使用程度不同及受力不均，机床使用一段时间后，导轨沿全长上各段的磨损量不等，同一横截面上各导轨面的磨损量也不相等。导轨磨损会引起床鞍在水平面和垂直面内发生位移，且有倾斜，从而造成刀刃位置误差。

机床导轨副的磨损与工作的连续性、负荷特性、工作条件、导轨的材质和结构等有关。一般卧式车床，两班制使用一年后，前导轨(三角形导轨)磨损量可达 0.04~0.05mm；粗加工条件下，磨损量可达 0.1~0.2mm。车削铸铁件，导轨磨损更大。

4) 减小导轨误差的措施

在设计时，应从结构、材料、润滑、防护装置等方面采取措施以提高导轨的导向精度和耐磨性；在制造时，应尽量提高导轨副的制造精度；机床安装时，应校正好水平和保证地基质量；另外，在使用时要注意调整导轨副的配合间隙，同时保证良好的润滑和维护。

2. 机床主轴的回转误差

1) 主轴回转误差的基本概念

机床主轴是用来装夹工件或刀具并传递主要切削运动的重要部件。它的回转精度是机床精度的一项重要指标，主要影响零件加工表面的几何形状精度、位置精度和表面粗糙度。

主轴回转时，其回转轴线的空间位置应该固定不变，即回转轴线没有任何运动。实际上，由于主轴部件中轴承、轴颈、轴承座孔等的制造误差和配合质量、润滑条件，以及回转时的动力因素的影响，往往瞬时回转轴线的空间位置都在周期性地变化。

所谓主轴回转误差，是指主轴实际回转轴线对其理想回转轴线的漂移。理想回转轴线虽然客观存在，但却无法确定其位置，因此通常是以平均回转轴线(即主轴各瞬时回转轴线的平均位置)来代替。

主轴回转轴线的运动误差可以分解为径向圆跳动、端面圆跳动和倾角摆动三种基本形式，如图 4.6 所示。

2) 主轴回转误差对加工精度的影响

机床不同、加工表面不同，主轴回转误差所引起的加工误差也不相同。

车削加工时，主轴端面圆跳动主要影响工件端面的形状精度、端面与内(外)圆的垂直度和轴向尺寸精度，径向圆跳动影响被加工工件圆柱面的形状精度，角度摆动影响被加工工件圆柱面与端面的加工精度。

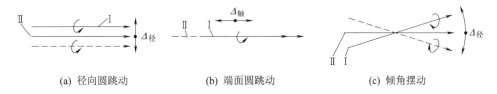

图 4.6　主轴回转误差的基本形式

例如，加工螺纹时，主轴的端面圆跳动将使工件螺距产生周期误差。因此，对机床主轴端面圆跳动的幅值通常都有严格要求，如精密车床的主轴端面圆跳动误差应控制在 2～3μm，径向圆跳动误差应控制在 5μm 以内，甚至更严。

3)　影响主轴回转精度的主要因素

引起主轴回转轴线漂移的原因主要包括轴承的误差、轴承间隙及与轴承配合零件的误差。

例如，当主轴采用滑动轴承结构时，对于工件回转类机床(如车床、磨床等)，由于切削力的方向大体上是不变的，主轴颈以不同部位和轴承内孔的某一固定部位相接触。因此，影响主轴回转精度的主要是主轴支承轴颈的圆度，而轴承孔影响较小。对于刀具回转类机床(如镗床等)，由于切削力方向随主轴的回转而改变，主轴颈在切削力作用下总是以其某一固定部位与轴承内表面的不同部位接触。因此，对主轴回转精度影响较大的是轴承孔的圆度，而支承轴颈的影响较小。

4)　提高主轴回转精度的措施

(1)　提高主轴部件的制造精度：首先，应提高轴承的回转精度，如选用高精度的滚动轴承，或采用高精度的多油楔动压轴承和静压轴承；其次，提高与轴承相配合零件(箱体支承孔、主轴轴颈)的加工精度。此外，还可在装配时先测出滚动轴承及主轴锥孔的径向圆跳动，然后调节径向圆跳动的方位，使误差相互补偿或抵消，以减少轴承误差对主轴回转精度的影响。

(2)　对滚动轴承进行预紧：对滚动轴承适当预紧以消除间隙，甚至产生微量过盈，由于轴承内外圈和滚动体弹性变形的相互制约，既增加了轴承刚度，又对轴承内外圈滚道和滚动体的误差起均化作用，因而可提高主轴的回转精度。

(3)　使主轴的回转误差不反映到工件上：直接保证工件在加工过程中的回转精度而不依赖于主轴，是保证工件形状精度的最简单而又有效的方法。例如，在外圆磨床上磨削外圆柱面时，为避免工件头架主轴回转误差的影响，工件采用两个固定顶尖支承，主轴只起传动作用，工件的回转精度完全取决于顶尖和中心孔的形状精度与同轴度，提高顶尖和中心孔的精度要比提高主轴部件的精度容易且经济得多。

3. 机床传动链的传动误差

1)　传动链精度分析

传动链的传动误差是指内联系的传动链中首末两端传动元件之间相对运动的误差。它是螺纹、齿轮、蜗轮以及其他按展成原理加工时，影响加工精度的主要因素。例如，在滚齿机上用单头滚刀加工直齿轮时，要求滚刀与工件之间具有严格的运动关系：滚刀转一

转，工件转过一个齿。这种运动关系是由刀具与工件间的传动链来保证的。对于如图 4.7
所示的机床传动系统，可具体表示为

$$\phi_n(\phi_g) = \phi_d \times \frac{64}{16} \times \frac{23}{23} \times \frac{23}{23} \times \frac{46}{46} \times i_c \times i_f \times \frac{1}{96}$$

式中：$\phi_n(\phi_g)$——工件转角；

$\quad\quad \phi_d$——滚刀转角；

$\quad\quad i_c$——差动轮系的传动比，在滚切直齿时，$i_c=1$；

$\quad\quad i_f$——分度挂轮传动比。

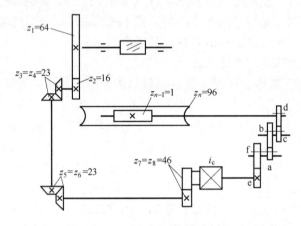

图 4.7 滚齿机传动链图

当传动链中的传动元件如齿轮、蜗轮、蜗杆、丝杠、螺母等有制造误差(如转角误
差)、装配误差(如装配偏心)时，就破坏了正确的运动关系，产生工件的加工误差。传动件
在传动链中的位置不同，它们的误差对加工精度的影响也不相同。升速传动时，传动件的
误差被放大；降速传动时，传动件的误差被缩小。而传动链最末端传动件将误差 1：1 反
映到工件上，造成加工误差。

2) 减小传动链传动误差的措施

(1) 传动件数越少，传动链越短，传动精度就越高。

(2) 提高传动件特别是末端传动副(如丝杆螺母副、蜗轮蜗杆副)的制造和装配精度。
此外，可采用各种消除间隙装置以消除传动齿轮间的间隙。

(3) 尽可能采用降速传动。

(4) 采用校正装置。校正装置的实质是在原传动链中人为地加入一误差，其大小与传
动链本身的误差相等且方向相反，从而使之相互抵消。

4. 夹具的误差

夹具的误差主要是指定位误差以及夹具上各元件或装置的制造误差、调整误差、安装
误差及磨损。夹具的误差将直接影响工件加工表面的位置精度或尺寸精度。夹具的误差将
在第 5 章进行重点介绍。

5. 刀具的制造误差与磨损

刀具误差对加工精度的影响，根据刀具的种类不同而异。

(1) 采用定尺寸刀具(如钻头、铰刀、键槽铣刀、浮动镗刀及圆拉刀等)加工时,刀具的尺寸精度直接影响工件的尺寸精度。

(2) 采用成形刀具(如成形车刀、成形铣刀、成形砂轮等)加工时,刀具的形状精度将直接影响工件的形状精度。

(3) 展成刀具(如齿轮滚刀、花键滚刀、插齿刀等)的刀刃形状必须是加工表面的共轭曲线。因此,刀刃的形状误差会影响加工表面的形状精度。

(4) 对于一般刀具(如车刀、镗刀、铣刀),其制造精度对加工精度无直接影响,但这类刀具的耐用度较低,刀具容易被磨损。

任何工具在切削过程中都不可避免地会产生磨损,都将引起工件的尺寸和形状误差。

4.3　工艺系统的受力变形对加工精度的影响

4.3.1　基本概念

切削加工时,工艺系统在切削力、夹紧力以及重力等的作用下,将产生相应的变形和位移,破坏了刀具和工件的相对位置,造成加工误差。

例如,在车削细长轴时,工件在切削力的作用下会发生变形,使加工出的轴出现中间粗、两头细的情况(见图 4.8(a));在内圆磨床上以横向切入法磨孔时,由于内圆磨头主轴弯曲变形,磨出的孔会出现圆柱度误差(锥度)(见图 4.8(b))。

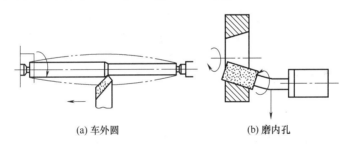

(a) 车外圆　　　　　　　　(b) 磨内孔

图 4.8　工艺系统受力变形引起的加工误差

由此可见,工艺系统的受力变形是加工中一项很重要的原始误差。事实上,它不仅严重影响工件加工精度,而且还影响加工表面质量和生产率。

工艺系统受力变形通常是弹性变形。一般来说,工艺系统抵抗弹性变形的能力越强,则加工精度越高。工艺系统抵抗变形的能力,叫刚度。所谓工艺系统刚度 k,是指工件加工表面法线方向的切削力分力 F_y(N)与工艺系统在该方向所产生的综合位移 y(mm)的比值。即 $k = F_y / y$ (N/mm)。

必须指出,除 F_y 外,切削分力 F_x、F_z 都会使系统在加工面的法线方向产生位移,因此 y 是 F_x、F_y、F_z 共同作用下的综合结果。

4.3.2　工艺系统刚度的计算

切削加工时,机床的有关部件、夹具、刀具和工件在各种外力作用下,都会产生不同

程度的变形，工艺系统在某一处的法向总变形 y 是各个组成环节在同一处的法向变形的叠加，即

$$y = y_{jc} + y_{jj} + y_d + y_g \qquad (4\text{-}1)$$

式中：y_{jc}、y_{jj}、y_d、y_g——机床、夹具、刀具、工件的受力变形(mm)。

根据刚度的概念可知，$k_{jc} = F_y/y_{jc}$，$k_{jj} = F_y/y_{jj}$，$k_d = F_y/y_d$，$k_g = F_y/y_g$，其中 k_{jc}、k_{jj}、k_d、k_g 分别代表机床刚度、夹具刚度、刀具刚度及工件的刚度。代入式(4-1)得

$$\frac{1}{k} = \frac{1}{k_{jc}} + \frac{1}{k_{jj}} + \frac{1}{k_d} + \frac{1}{k_g} \qquad (4\text{-}2)$$

式(4-2)表明，已知工艺系统各组成环节的刚度，即可求得工艺系统的刚度。

当工件、刀具的形状比较简单时，其刚度可以用材料力学中的有关公式求得，结果和实际出入不大。例如，装夹在卡盘中的工件以及压紧在车床方刀架上的车刀，可以按照悬臂梁受力变形公式求出刚度为

$$y_1 = \frac{F_y L^3}{3EI}, \quad k_1 = \frac{3EI}{L^3}$$

又如采用两顶尖间装夹时，可以用两支点简支梁的受力变形公式求出刚度为

$$y_2 = \frac{F_y L^3}{48EI}, \quad k_2 = \frac{48EI}{L^3}$$

式中：L——工件(刀具)长度(mm)；

$\quad\quad E$——材料的弹性模量(N/mm^2)，对于钢，$E = 2 \times 10^5$N/mm^2；

$\quad\quad I$——工件(刀具)的截面惯性矩(mm^4)；

$\quad\quad y_1$——外力作用在梁中点的最大位移(mm)；

$\quad\quad y_2$——外力作用在梁中点的最大位移(mm)。

对于由若干个零件组成的机床部件及夹具，其刚度多采用试验的方法测定，而很难用纯粹的计算方法求出。

4.3.3 工艺系统受力变形对加工精度的影响

1. 切削力作用点位置变化引起的工件形状误差

在切削过程中，工艺系统的刚度会随切削力作用点位置的变化而变化，因此使工艺系统受力变形也随之变化，引起工件形状误差。下面以在车床顶尖间加工光轴为例来说明这个问题。

(1) 机床的变形：在车床两顶尖间加工一短而粗的工件，同时车刀悬伸长度很短，即工件和刀具的刚度好，忽略其受力变形来讨论机床的变形。假定工件的加工余量很均匀，车刀进给过程中切削力保持不变。设当车刀处于如图 4.9 所示的 x 位置时，车床前顶尖受作用力 F_A，其变形 $y_{tj} = \overline{AA'}$；尾座顶尖受力 F_B，其变形 $y_{wz} = \overline{BB'}$；刀架受力 F_y，其变形 $y_{dj} = \overline{CC'}$。这时工件轴心线 AB 位移到 $A'B'$，因而刀具切削点 C 处工件轴线的位移 y_x 为

$$y_x = y_{tj} + \Delta x = y_{tj} + (y_{wz} - y_{tj})\frac{x}{L}$$

式中：L——工件长度(mm)；

x——车刀至主轴箱的距离(mm)。

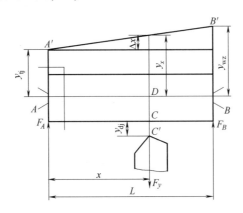

图 4.9　工艺系统变形随切削力位置变化而变化

考虑到刀架的变形 y_{dj} 与 y_x 的方向相反,所以机床总的变形为

$$y_{jc}=y_x+y_{dj} \tag{4-3}$$

由刚度定义有

$$y_{tj}=\frac{F_A}{k_{tj}}=\frac{F_y}{k_{tj}}\left(\frac{L-x}{L}\right),\quad y_{wz}=\frac{F_B}{k_{wz}}=\frac{F_y}{k_{wz}}\frac{x}{L},\quad y_{dj}=\frac{F_y}{k_{dj}}$$

式中:k_{tj}、k_{wz}、k_{dj}——主轴箱、尾座、刀架的刚度(N/mm)。

代入式(4-3),最后可得机床的总变形为

$$y_{jc}=F_y\left[\frac{1}{k_{tj}}\left(\frac{L-x}{L}\right)^2+\frac{1}{k_{wz}}\left(\frac{x}{L}\right)^2+\frac{1}{k_{dj}}\right]=y_{jc}(x) \tag{4-4}$$

这说明,随着切削力作用点位置的变化,工艺系统的变形是变化的。显然,这是由于工艺系统的刚度随切削力作用点变化而变化所致。

将 $x=0$(前顶尖处),$x=L$(后顶尖处),$x=L/2$(中间)分别代入式(4-4),并比较它们的结果可知,刀尖处于工件中间时系统的变形最小,刀尖处于工件两端时系统的变形大。加工后工件呈马鞍形的轴向形状误差见图4.10。

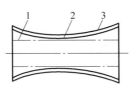

图 4.10　工件在顶尖上车削后的形状

1—机床不变形的理想情况;2—考虑主轴箱、尾座变形的情况;3—包括考虑刀架变形在内的情况

(2)　工件的变形:若在两顶尖间车削刚性很差的细长轴,则工艺系统中的工件变形必须考虑。假设此时不考虑机床和刀具的变形,即可由材料力学公式计算工件在切削点的变形量为

$$y_g=\frac{F_y}{3EI}\frac{(L-x)^2x^2}{L}$$

将 $x=0$(前顶尖处)，$x=L$(后顶尖处)，$x=L/2$(中间)分别代入上式，并比较它们的结果可知，刀尖处于工件中间时系统的变形最大，刀尖处于工件两端时系统变形为零。加工后工件呈腰鼓形的轴向形状误差。

(3) 工艺系统的总变形：当同时考虑机床和工件的变形时，工艺系统的总变形为二者的叠加(对于本例，车刀的变形可以忽略)，即

$$y = y_{jc} + y_g = F_y\left[\frac{1}{k_{tj}}\left(\frac{L-x}{L}\right)^2 + \frac{1}{k_{wz}}\left(\frac{x}{L}\right)^2 + \frac{1}{k_{dj}} + \frac{(L-x)^2 x^2}{3EIL}\right] \tag{4-5}$$

工艺系统的刚度为

$$k = \frac{F_y}{y_{jc} + y_g} = \frac{1}{k_{tj}}\left(\frac{L-x}{L}\right)^2 + \frac{1}{k_{wz}}\left(\frac{x}{L}\right)^2 + \frac{1}{k_{dj}} + \frac{(L-x)^2 x^2}{3EIL} \tag{4-6}$$

由式(4-5)可以看出，工艺系统的位移沿工件长度方向是不同的，车削后使工件产生轴向形状误差。

2. 切削力大小变化引起的加工误差

加工时，如果毛坯形状误差较大或材料硬度很不均匀，也会引起切削力的变化，造成工件加工误差。

例如，车削一椭圆形横截面毛坯(见图 4.11)，加工时，刀具调整好位置(图中双点划线圆)。在工件每转一转中，背吃刀量发生变化，由最大的 a_{p1} 到最小的 a_{p2}。假设毛坯材料的硬度是均匀的，那么 a_{p1} 处的切削力 F_{y1} 最大，相应的变形 y_1 也最大；a_{p2} 处的切削力 F_{y2} 最小，相应的变形 y_2 也最小。由此可见，当车削具有圆度误差 $\Delta m = a_{p1} - a_{p2}$ 的毛坯时，由于工艺系统受力变形的变化而使工件产生相应的圆度误差 $\Delta g = y_1 - y_2$，这种现象叫作"误差复映"。

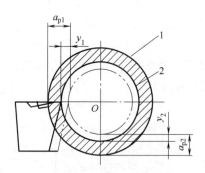

图 4.11　车削时的误差复映

1—毛坯外形；2—工件外形

如果工艺系统的刚度为 k，则工件的圆度误差为

$$\Delta g = y_1 - y_2 = \frac{1}{k}(F_{y1} - F_{y2}) \tag{4-7}$$

由切削原理可知

$$F_y = C_{F_y} a_p^{x_{F_y}} f^{y_{F_y}} (HB)^{n_{F_y}}$$

式中：C_{F_y}——与刀具几何参数及切削条件(刀具材料、工件材料、切削液等)有关的系数；

　　　a_p——背吃刀量(mm)；

　　　f——进给量(mm/r)；

　　　HB——工件材料硬度；

　　　x_{F_y}、y_{F_y}、n_{F_y}——指数。

在工件材料硬度均匀，刀具、切削条件和进给量一定的情况下，$C_{F_y} f^{y_{F_y}} (HB)^{n_{F_y}} = C$ 为常数。在车削加工中，$x_{F_y} \approx 1$，于是切削分力 F_y 可写成

$$F_y = C a_p$$

因此有

$$F_{y1} = C a_{p_1}, \quad F_{y2} = C a_{p_2}$$

代入式(4-7)得

$$\Delta g = \frac{C}{k}(a_{py} - a_{p2}) = \frac{C}{k}\Delta m = \varepsilon \Delta m \tag{4-8}$$

式中

$$\varepsilon = C/k \tag{4-9}$$

ε 称为误差复映系数。由于 Δg 总是小于 Δm，所以 ε 是一个小于 1 的正数。它定量地反映了毛坯误差经加工后所减小的程度。减小 C 或增大 k 都能使 ε 减小。例如，减小进给量 f，即可减小 C，使 ε 减小，又可提高加工精度，但切削时间增长。如果设法增大工艺系统刚度 k，不但能减小加工误差 Δg，而且可以在保证加工精度前提下相应增大进给量，提高生产率。

当工件的加工精度要求较高时，可增加走刀次数来减小工件的复映误差。设 ε_1、ε_2、ε_3…分别为第一、第二、第三次……走刀时的误差复映系数，则有

$$\Delta g_1 = \varepsilon_1 \Delta m$$
$$\Delta g_2 = \varepsilon_2 \Delta g_1 = \varepsilon_1 \varepsilon_2 \Delta m$$
$$\Delta g_3 = \varepsilon_3 \Delta g_2 = \varepsilon_1 \varepsilon_2 \varepsilon_3 \Delta m \cdots$$

总的误差复映系数为

$$\varepsilon_总 = \varepsilon_1 \varepsilon_2 \varepsilon_3 \cdots \tag{4-10}$$

由于 ε_1 是一个小于 1 的正数，多次走刀后，毛坯的误差就可以减小到满足精度要求的理想值。这就是精度要求高的零件安排加工次数多的原因。

由以上分析可知，当工件毛坯有形状误差(如圆度、圆柱度、直线度等)或相互位置误差(如偏心、径向圆跳动等)时，都会以一定的复映系数复映工件的加工误差。在成批和大量生产中用调整法加工一批工件时，如毛坯尺寸不一，或材质不均匀，都会使切削力发生变化，造成加工后一批工件的尺寸分散。

3. 夹紧力引起的加工误差

工件在装夹时，由于工件刚度较低或夹紧力着力点不当，会使工件产生相应变形，造成加工误差。用三爪卡盘夹持薄壁套筒时，假定工件是正圆形，夹紧后工件因弹性变形而呈三棱形，虽镗出的孔为正圆形，但松夹后，套筒弹性变形恢复使孔变成相反的三棱形。

为了减小加工误差，应使夹紧力均匀分布，可采用开口过渡环或采用专用卡爪夹紧(见图 7.14)。

4.3.4 减小工艺系统受力变形对加工精度影响的措施

减小工艺系统受力变形是保证加工精度的有效途径之一。在生产实际中，常从两个主要方面采取措施来予以解决：一是提高系统刚度，二是减小荷载及其变化。从加工质量、生产效率、经济性等问题全面考虑，提高工艺系统中薄弱环节的刚度是最重要的措施。

1. 提高工艺系统的刚度

(1) 合理的结构设计：在设计工艺装备时，应尽量减少连接面数目，并注意刚度的匹配，防止有局部低刚度环节出现。在设计基础件、支承件时，应合理选择零件结构和截面形状。一般来说，截面积相等时，空心截形比实心截形的刚度高，封闭的截形又比开口的截形刚度高。在适当部位增添加强肋也会有良好的效果。

(2) 提高连接表面的接触刚度：接触刚度是指互相接触的表面，受力后抵抗其变形的能力。由于部件的接触刚度远远低于实体的刚度，所以提高接触刚度是提高工艺系统刚度的关键。

① 提高机床部件中零件间接合表面的质量。提高机床导轨的刮研质量，提高顶尖锥柄同主轴和尾座套筒锥孔的接触质量等都能使实际接触面积增加，从而有效地提高表面的接触刚度。

② 给机床部件以预加荷载。此措施常用在各类轴承、滚珠丝杠螺母副的调整之中。给机床部件以预加荷载，可消除接合面间间隙，增加实际接触面积，减少受力后的变形量。

③ 提高工件定位基准面的精度和减小它的表面粗糙度值。工件的定位基准面一般总是承受夹紧力和切削力。如果定位基准面的尺寸误差、形状误差较大，表面粗糙度值较大，就会产生较大的接触变形。例如，在外圆磨床上磨轴，若轴的中心孔加工质量不高，不仅影响其定位精度，而且还会引起较大的接触变形。

(3) 采用合理的装夹和加工方式：如加工细长轴时，若改为反向进给(从主轴箱向尾座方向进给)，使工件从原来的轴向受压变为轴向受拉，也可提高工件刚度。

此外，增加辅助支承也是提高工件刚度的常用方法。例如，加工细长轴时采用中心架或跟刀架就是一个很典型的实例。

2. 减小荷载及其变化

采取适当的工艺措施如合理选择刀具几何参数(如增大前角、让主偏角接近 90° 等) 和切削用量(如适当减小进给量和背吃刀量)以减小切削力(特别是 F_y)，就可以减小受力变形。将毛坯分组，使一次调整中加工的毛坯余量比较均匀，就能减小切削力的变化，减小复映误差。

4.3.5 工件残余应力引起的变形

残余应力也称内应力，是指在没有外力作用下或去除外力后工件内存留的应力。

　　具有残余应力的零件处于一种不稳定的状态，它内部的组织有强烈的倾向要恢复到一个稳定的没有应力的状态。即使在常温下，零件也会不断缓慢地进行这种变化直到残余应力完全释放为止。在这一过程中，零件将会翘曲变形，原有的加工精度会逐渐丧失。

　　残余应力是由于金属内部相邻组织发生了不均匀的体积变化而产生的，促成这种变化的因素主要来自冷、热加工。

1. 毛坯制造和热处理过程中产生的残余应力

　　在铸、锻、焊、热处理等加工过程中，由于各部分冷热收缩不均匀以及金相组织转变的体积变化，使毛坯内部产生了相当大的残余应力。毛坯的结构越复杂，各部分的厚度越不均匀，散热的条件相差越大，则在毛坯内部产生的残余应力也就越大。具有残余应力的毛坯由于残余应力暂时处于相对平衡的状态，在短时间内还看不出有什么变化。当加工时某些表面被切去一层金属后，就打破了这种平衡，残余应力将重新分布，零件就明显地出现变形。

　　例如，如图 4.12 所示为一内外厚薄相差较大的铸件在铸造过程中产生残余应力的情形。铸件浇注后，由于壁 A 和 C 比较薄，散热容易，所以冷却速度较快。当 A、C 从塑性状态冷却到弹性状态(约 620℃)时，B 尚处于塑性状态。此时，A、C 继续收缩，B 不起阻止变形的作用，故不会产生残余应力。当 B 也冷却到弹性状态时，A、C 的温度已降低很多，其收缩速度变得很慢，但这时 B 收缩较快，因而受到 A、C 的阻碍。这样，B 内就产生了拉应力，而且 A、C 内就产生了压应力，形成相互平衡的状态。如果在 A 上开一缺口，A 上的压应力消失，铸件在 A、C 的残余应力作用下，B 收缩，C 伸长，其产生了弯曲变形，直至残余应力重新分布达到新的平衡状态为止。

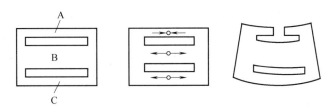

图 4.12　铸件残余应力的形成及变形

　　推广到一般情况，各种铸件都难免发生冷却不均匀而产生残余应力。例如，铸造后的机床床身，其导轨面和冷却快的地方都会出现压应力。带有压应力的导轨表面在粗加工中被切去一层后，残余应力就重新分布，结果使导轨中部下凹。

2. 冷校直带来的残余应力

　　冷校直带来的残余应力可以用图 4.13 来说明。弯曲的工件(原来无残余应力)要校直，必须使工件产生反向弯曲(见图 4.13(a))，使工件产生一定的塑性变形。当工件外层应力超过屈服强度时，其内层应力还未超过弹性极限，故其应力分布情况如图 4.13(b)所示。去除外力后，由于下部外层已产生拉伸的塑性变形，上部外层已产生压缩的塑性变形，故里层的弹性恢复受到阻碍。结果上部外层产生残余拉应力，上部里层产生残余压应力；下部外层产生残余压应力，下部里层产生残余拉应力(见图 4.13(c))。冷校直后虽然弯曲减小，但内部组织处于不稳定状态，如再进行一次加工，又会产生新的弯曲。

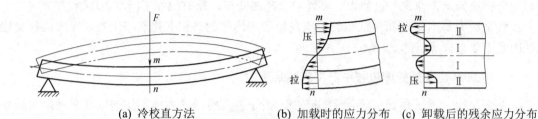

(a) 冷校直方法   (b) 加载时的应力分布   (c) 卸载后的残余应力分布

图 4.13　冷校直引起的残余应力

3. 切削加工带来的残余应力

切削过程中产生的力和热，也会使被加工工件的表面层产生残余应力。要减少残余应力，一般可采取下列三项措施。

(1) 增加消除内应力的热处理工序：例如，对铸、锻、焊接件进行退火或回火，对精度要求高的零件如床身、丝杠、箱体、精密主轴等在粗加工后进行时效处理等，以消除内应力。

(2) 合理安排工艺过程：例如，粗、精加工分开在不同工序中进行，使粗加工后有一定时间使残余应力重新分布，以减小变形对精加工的影响。在加工大型工件时，粗、精加工往往在一个工序中完成，这时应在粗加工后松开工件，让工件有自由变形的可能，然后再用较小的夹紧力夹紧工件后进行精加工。对于精密零件(如精密丝杠)，在加工过程中不允许采用冷校直(可用加大余量的方法)。

(3) 改善零件结构、提高零件的刚性、使壁厚均匀等措施均可减少残余应力的产生。

4.4　机械加工表面质量

4.4.1　表面质量的概念

实践表明，机械零件的破坏，一般是从表面层开始的。这说明零件的表面质量是至关重要的，它对产品的使用性能有很大影响。

研究加工表面质量的目的，就是要掌握机械加工中各种工艺因素对加工表面质量影响的规律，以便应用这些规律控制加工过程，最终达到提高加工表面质量、提高产品使用性能的目的。

加工表面质量包括两个方面的内容：加工表面的几何形状误差和表面层金属的力学物理性能。

1. 加工表面的几何形状误差

加工表面的几何形状误差，包括以下 4 个部分，如图 4.14 所示。

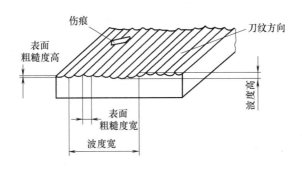

图 4.14 加工表面的几何形状误差

(1) 表面粗糙度：表面粗糙度是加工表面的微观几何形状误差，其波长与波高比值一般小于 50。

(2) 波度：加工表面不平度中波长与波高的比值为 50～1000 的几何形状误差称为波度，它是由机械加工中的振动引起的。当波长与波高比值大于 1000 时，称为宏观几何形状误差。例如，圆度误差、圆柱度误差等，它们属于加工精度范畴。

(3) 纹理方向：纹理方向是指表面刀纹的方向，它取决于表面形成过程中所采用的机械加工方法。图 4.15 给出了各种纹理方向及其符号标注。

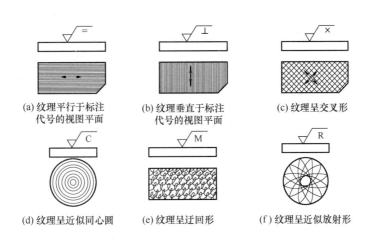

图 4.15 加工纹理方向及其符号标注

(4) 伤痕：是在加工表面上一些个别位置上出现的缺陷，如砂眼、气孔、裂痕等。

2. 表面层金属的力学物理性能和化学性能

由于机械加工中力因素和热因素的综合作用，加工表面层金属的力学物理性能和化学性能将发生一定变化，主要反映在以下三个方面。

(1) 表面层金属的冷作硬化：表面层金属硬度的变化用硬化程度和深度两个指标来衡量。在机械加工过程中，工件表面层金属都会有一定程度的冷作硬化，使表面层金属的显微硬度有所提高。一般情况下，硬化层的深度可达 0.05～0.30mm；若采用滚压加工，硬化层的深度可达几毫米。

(2) 表面层金属的金相组织：机械加工过程中，切削热的作用会引起表面层金属的金相组织发生变化。在磨削淬火钢时，由于磨削热的影响会引起淬火钢中的马氏体的分解，或出现回火组织等。

(3) 表面层金属的残余应力：由于切削力和切削热的综合作用，表面层金属晶格会发生不同程度的塑性变形或产生金相组织的变化，使表层金属产生残余应力。

4.4.2　加工表面质量对机器零件使用性能的影响

1. 表面质量对耐磨性的影响

1) 表面粗糙度对耐磨性的影响

由于零件表面存在微观不平度，当两个零件表面相互接触时，实际上有效接触面积只是名义接触面积的一小部分，表面越粗糙，有效接触面积就会越小。在两个零件作相对运动时，开始阶段由于接触面小，压强大，在接触点的凸峰处会产生弹性变形、塑性变形及剪切等现象，这样凸峰很快就会被磨掉。被磨掉的金属微粒落在相配合的摩擦表面之间，会加速磨损过程。即使在有润滑存在的情况下，也会因为接触点处压强过大，破坏油膜，形成干摩擦，加剧磨损。因此，零件表面在初期磨损阶段的磨损速度很快，起始磨损量较大。随着磨损的继续，有效接触面积不断增大，压强逐渐减小，磨损将以较慢的速度进行，进入正常磨损阶段。在这之后，由于有效接触面积越来越大，零件间的金属分子亲和力增加，表面的机械咬合作用增大，使零件表面又产生急剧磨损而进入快速磨损阶段，此时零件将不能使用。

表面粗糙度对零件表面磨损的影响很大。一般来说，表面粗糙度值越小，其耐磨性越好。但是表面粗糙度值太小，因接触面容易发生分子黏结，且润滑液不易储存，磨损反而增加。因此，就磨损而言，存在一个最优表面粗糙度值。荷载加大时，起始磨损量增大，最优表面粗糙度数值也随之加大。

2) 表面纹理对耐磨性的影响

表面纹理的形状及刀纹方向对耐磨性也有一定的影响，其原因在于纹理形状及刀纹方向将影响有效接触面积与润滑液的存留。一般来说，圆弧状、凹坑状表面纹理的耐磨性好；尖峰状的表面纹理由于摩擦副接触面压强大，耐磨性较差。在运动副中，两相对运动零件表面的刀纹方向均与运动方向相同时，耐磨性较好；两者的刀纹方向均与运动方向垂直时，耐磨性最差；其余情况居于上述两种状态之间。但在重载工况下，由于压强、分子亲和力及润滑液储存等因素的变化，耐磨性规律可能会有所差异。

3) 冷作硬化对耐磨性的影响

加工表面的冷作硬化，是指加工后零件表面的强度和硬度都有所提高的现象。它一般都能使耐磨性有所提高。其主要原因是，冷作硬化使表面层金属的显微硬度提高，塑性降低，减少了摩擦副接触部分的弹塑性变形，故可减少磨损。但并不是说冷作硬化的程度越高耐磨性越好，冷作硬化程度太高时会产生硬化层，容易脱落。

2. 表面质量对耐疲劳性的影响

1) 表面粗糙度对耐疲劳性的影响

表面粗糙度对承受交变荷载零件的疲劳强度影响很大。在交变荷载作用下，表面粗糙度的凹谷部位容易引起应力集中，产生疲劳裂纹。表面粗糙度值越小，表面缺陷越少，工件耐疲劳性越好；反之，加工表面越粗糙，表面的纹痕越深，纹底半径越小，其抵抗疲劳破坏的能力越差。

表面粗糙度对耐疲劳性的影响还与材料对应力集中的敏感程度和材料的强度极限有关。钢材对应力集中最为敏感，钢材的强度极限越高，对应力集中的敏感程度就越大，而铸铁和有色金属对应力集中的敏感性较弱。

2) 表面层金属的力学物理性质对耐疲劳性的影响

表面层金属的冷作硬化能够阻止疲劳裂纹的生长，可提高零件的耐疲劳强度。在实际加工中，加工表面在发生冷作硬化的同时，必然伴随产生残余应力。残余应力有拉应力和压应力之分，拉伸残余应力将使耐疲劳强度下降，而压缩残余应力则可使耐疲劳强度提高。

3. 表面质量对耐蚀性的影响

1) 表面粗糙度对耐蚀性的影响

零件的耐蚀性在很大程度上取决于表面粗糙度。大气中所含气体和液体与金属表面接触时，会凝聚在金属表面上而使金属腐蚀。表面粗糙度值越大，加工表面与气体、液体接触的面积越大，腐蚀物质越容易沉积于凹坑中，耐蚀性能就越差。

2) 表面层力学物理性质对耐蚀性的影响

当零件表面层有残余压应力时，能够阻止表面裂纹的进一步扩大，有利于提高零件表面抵抗腐蚀的能力。

4. 表面质量对零件配合质量的影响

表面质量对零件配合质量的影响很大。对于间隙配合的表面，如果太粗糙，初期磨损量就很大，配合间隙迅速加大，改变了配合性质。对于过盈配合表面，表面粗糙度越大，两表面相配合时表面凸峰易被挤掉，会使过盈量减少。对于过渡配合表面，则兼有上述两种配合的影响。表面的残余应力影响配合质量的稳定性，因此，当配合质量要求高时，表面的粗糙度值要小。

4.4.3　影响加工表面粗糙度的工艺因素

影响加工表面粗糙度的工艺因素主要有几何因素和物理因素两个方面。不同的加工方式，影响加工表面粗糙度的工艺因素各不相同。

1. 切削加工表面粗糙度

切削加工表面粗糙度值主要取决于切削残留面积的高度。影响切削残留面积高度的因素主要包括：刀尖圆弧半径 r_ε、主偏角 κ_r、副偏角 κ_r' 及进给量 f 等。

图 4.16 给出了车削、刨削时残留面积高度的计算示意图。图 4.16(a)是用尖刀切削的情况，切削残留面积的高度为

$$H = \frac{f}{\cot \kappa_r + \cot \kappa_r'} \tag{4-11}$$

图 4.16(b)是用圆弧刀刃切削的情况，切削残留面积的高度为

$$H = \frac{f^2}{8r_\varepsilon} \qquad (4\text{-}12)$$

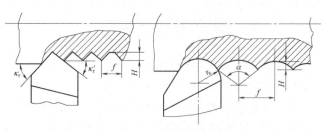

(a) 尖刀切削的情况　　　　(b) 圆弧刀刃切削的情况

图 4.16　车削、刨削时残留面积的高度

由式(4-11)、式(4-12)可知，进给量 f 和刀尖圆弧半径 r_ε 对切削加工表面粗糙度的影响比较明显。切削加工时，选择较小的进给量 f 和较大的刀尖圆弧半径 r_ε，将会使表面粗糙度得到改善。

切削加工后表面粗糙度的实际轮廓形状，一般都与纯几何因素所形成的理论轮廓有较大差别。这是由于切削加工中有塑性变形发生的缘故。

加工塑性材料切削速度 v 处于 20～50m/min 时，表面粗糙度最大，因为此时常容易出现积屑瘤，使加工表面质量严重恶化；当切削速度 v 超过 100m/min 时，粗糙度下降，并趋于稳定。在实际切削时，选择低速宽刀精切和高速精切，往往可以得到较小的表面粗糙度值。

加工脆性材料，切削速度对表面粗糙度的影响不大。一般来说，切削脆性材料比切削塑性材料容易达到表面粗糙度的要求。对于同样的材料，金相组织越是粗大，切削加工后的表面粗糙度值就越大。为减小切削加工后的表面粗糙度值，常在精加工前进行调质等处理，其目的在于得到均匀细密的晶粒组织和较高的硬度。

此外，合理选择切削液，适当增大刀具的前角、提高刀具的刃磨质量等，均能有效减小表面粗糙度值。

2. 磨削加工后的表面粗糙度

正像切削加工时表面粗糙度的形成过程那样，磨削加工表面粗糙度的形成也是由几何因素和表面层金属的塑性变形(物理因素)决定的，但磨削过程要比切削过程复杂得多。

1) 几何因素的影响

磨削表面是由砂轮上大量的磨粒刻划出的无数极细的沟槽形成的。单纯从几何因素考虑，可以认为在单位面积上刻痕越多，即通过单位面积的磨粒数越多，刻痕的等高性越好，则磨削表面的粗糙度值越小。

2) 表面层金属的塑性变形——物理因素的影响

砂轮的磨削速度远比一般切削加工的速度高得多，且磨粒大多为负前角，磨削比压大，磨削区温度很高，工件表层温度有时可达 90℃，工件表层金属容易产生相变而烧伤。因此，磨削过程的塑性变形要比一般切削的过程大得多。

由于塑性变形的缘故，被磨表面的几何形状与单纯根据几何因素所得到的原始形状大不相同。在力因素和热因素的综合作用下，被磨工件表层金属的晶粒在横向上被拉长，有时还产生细微的裂口和局部的金属堆积现象。影响磨削表层金属塑性变形的因素，往往是影响表面粗糙度的决定性因素。

4.5　机械加工过程中的振动

4.5.1　基本概念

机械加工过程中产生的振动，是一种十分有害的现象。振动不仅使加工表面产生振纹，影响零件的表面质量和使用性能，同时，使工艺系统承受动态交变荷载的作用，刀具极易磨损(甚至崩刃)，机床连接特性受到破坏，严重时甚至使切削加工无法继续进行；振动中产生的噪声还将危害操作者的身体健康。为减少振动，有时不得不降低切削用量，从而降低了生产效率。

机械加工中产生的振动主要有强迫振动和自激振动(颤振)两种类型。

4.5.2　机械加工中的强迫振动

1. 强迫振动产生的原因

强迫振动的振源来自机床内部的称为机内振源；也有来自机床外部的，称为机外振源。

机外振源甚多，但它们都是通过地基传给机床的，可以通过加设隔振地基加以消除。机内振源主要有机床旋转件的不平衡、机床传动机构的缺陷、往复运动部件的惯性力以及切削过程中的冲击等。

机床中各种旋转零件(如电动机转子、联轴节、带轮、离合器、轴、齿轮、卡盘、砂轮等)，由于形状不对称、材质不均匀或加工误差、装配误差等原因，难免会产生质量偏心。偏心质量引起的离心惯性力(周期性干扰力)与旋转零件转速的平方成正比，转速越高，产生周期性干扰力的幅值越大。

齿轮制造不精确或有安装误差会产生周期性干扰力。带传动中带接头连接不良、V 形带的厚度不均匀、轴承滚动体大小不一、链传动中由于链条运动的不均匀性等机床传动机构的缺陷所产生的动载荷都会引起强迫振动。

油泵排出的压力油，其流量和压力都是脉动的。由于液体压差及油液中混入空气而产生的空穴现象，会使机床加工系统产生振动。

在铣削、拉削加工中，刀齿在切入工件或从工件中切出时，都会有很大的冲击发生。加工不连续表面也会由于周期冲击而引起机床强迫振动。

在具有往复运动部件的机床中，最强烈的振源往往就是往复运动部件改变运动方向时所产生的惯性冲击。

2. 强迫振动的特征

在机械加工中产生的强迫振动，其振动频率与干扰力的频率相同，或是干扰力频率的整数倍。此种频率对应关系是诊断机械加工中所产生的振动是否为强迫振动的主要依据，并可利用上述频率特征去分析、查找强迫振动的振源。

强迫振动的幅值既与干扰力的幅值有关，又与工艺系统的动态特性有关。一般来说，在干扰力源频率不变的情况下，干扰力的幅值越大，强迫振动的幅值将随之增大。工艺系统的动态特性对强迫振动的幅值影响极大。如果干扰力的频率远离工艺系统各阶模态的固有频率，则强迫振动响应将处于机床动态响应的衰减区，振动幅值很小；当干扰力频率接近工艺系统某一固有频率时，强迫振动的幅值将明显增大；若干扰力频率与工艺系统某一固有频率相同，系统将产生共振。如工艺系统阻尼较小，则共振振幅将十分大。根据强迫振动的这一幅频响应特征，可通过改变运动参数或工艺系统的结构，使干扰力源的频率发生变化或让工艺系统的某阶固有频率发生变化，使干扰力源的频率远离固有频率，强迫振动的幅值就会明显减小。

4.5.3　机械加工中的自激振动

机械加工过程中，在没有周期性外力的作用下，由系统内部激发反馈产生的周期性振动称为自激振动，简称颤振。

既然没有周期性外力的作用，那么激发自激振动的交变力是怎样产生的呢？用传递函数的概念来分析，机床加工系统是一个由振动系统和调节系统组成的闭环系统。激励机床系统产生振动运动的交变力是由切削过程产生的，而切削过程同时又受机床系统振动运动的控制，机床系统的振动运动一旦停止，动态切削力也就随之消失。如果切削过程很平稳，即使系统存在产生自激振动的条件，也因切削过程没有交变的动态切削力，使自激振动不可能产生。但是，在实际加工过程中，偶然性的外界干扰(如工件材料硬度不均、加工余量有变化等)总是存在的，这种偶然性外界干扰所产生的切削力的变化作用在机床系统上，会使系统产生振动运动。系统的振动运动将引起工件、刀具间的相对位置发生周期性变化，使切削过程产生维持振动运动的动态切削力。如果工艺系统不存在产生自激振动的条件，这种偶然性的外界干扰，将因工艺系统存在阻尼而使振动运动逐渐衰减；如果工艺系统存在产生自激振动的条件，就会使机床加工系统产生持续的振动运动。

维持自激振动的能量来自电动机，电动机通过动态切削过程把能量传输给振动系统，以维持振动运动。

与强迫振动相比，自激振动具有以下特征：机械加工中的自激振动是在没有外力(相对于切削过程而言)干扰下所产生的振动运动，这与强迫振动有本质的区别；自激振动的频率接近于系统的固有频率，这就是说颤振频率取决于振动系统的固有特性。这与自由振动相似(但不相同)，而与强迫振动根本不同。自由振动受阻尼作用将迅速衰减，而自激振动却不因阻尼的存在而衰减。

4.5.4　机械加工振动的控制

消减震动的途径主要有三个方面：消除或减弱产生机械加工振动的条件；改善工艺系统的动态特性，提高工艺系统的稳定性；采用各种消振、减震装置。

1. 强迫振动的控制

1)　减小机内外干扰力的幅值

高速旋转零件必须进行平衡，如磨床的砂轮、车床的卡盘及高速旋转的齿轮等。尽量减小传动机构的缺陷，设法提高带传动、链传动、齿轮传动及其他传动装置的稳定性。对于高精度机床，应尽量少用或不用齿轮、平带等可能成为振源的传动元件，并使动力源(尤其是液压系统)与机床本体分离，放在分开的两个地基基础上。对于往复运动部件，应采用较平稳的换向机构。在条件允许的情况下，适当降低换向速度及减小往复运动件的质量，以减小惯性力。

2)　适当调整振源的频率

在选择转速时，使可能引起强迫振动的振源频率 f，远离机床加工系统薄弱模态的固有频率 f_n，一般应满足：

$$\left|\frac{f_n - f}{f}\right| \geqslant 0.25 \tag{4-13}$$

采取隔振措施。隔振有两种方式，一种是主动隔振，是为了阻止机床振源通过地基外传；另一种是被动隔振，是阻止机外干扰力通过地基传给机床。常用的隔振材料有橡皮、金属弹簧、空气弹簧、泡沫乳胶、软木、矿渣棉、木屑等。中小型机床多采用橡皮衬垫。

2. 自激振动的控制

(1)　调整振动系统小刚度零件的位置。

(2)　减小重叠系数：重叠系数 μ 直接影响再生效应的大小。重叠系统 μ 的数值取决于加工方式、刀具的几何形状及切削用量等，增大刀具的主偏角 κ_r、增大进给量 f，均可使重叠系数 μ 减小。在外圆切削时，采用 $\kappa_r=90°$ 的车刀，可有明显的减震作用。

(3)　增加切削阻尼：适当减小刀具后角，可以加大工件和刀具后刀面之间的摩擦阻尼，对提高切削稳定性有利。但刀具后角过小会引起摩擦颤振，一般后角取 $2°\sim3°$ 为宜，必要时还可在后刀面上磨出带有负后角的消振棱。但是，如果加工系统产生摩擦型颤振，则必须设法减小摩擦阻尼，并适当改变转速，使切削速度 v 处于 F-v 曲线的下降特性区之外。

(4)　采用变速切削方法加工：再生型颤振是切削颤振的主要形态，变速切削对于再生型颤振具有显著的抑制作用。所谓变速切削就是人为地以各种方式连续改变机床主轴转速所进行的一种切削方式。在变速切削中，机床主轴转速将以一定的变速幅度、一定的变速频率、一定的变速波形围绕某一基本转速作周期变化。

3. 改善工艺系统的动态特性，提高工艺系统的稳定性

1)　提高工艺系统刚度

提高工艺系统的刚度，可以有效地改善工艺系统的抗震性和稳定性。

在增强工艺系统刚度的同时，应尽量减小构件自身的质量。应把"以最小的质量获得最大的刚度"作为结构设计的一个重要原则。

2)　增大工艺系统的阻尼

工艺系统的阻尼主要来自零部件材料的内阻尼、结合面上的摩擦阻尼及其他附加阻尼等。材料的内阻尼是指由材料的内摩擦而产生的阻尼，不同材料的内阻尼是不同的。由于铸铁的内阻尼比钢要大，所以机床上的床身、立柱等大型支承件常用铸铁制造。除了选用内阻尼较大的材料制造外，还可以把高阻尼材料附加到零件上，如图 4.17 所示。

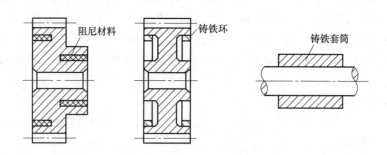

图 4.17　在零件上灌注阻尼材料和压入阻尼环

4. 采用各种消振、减震装置

如果不能从根本上消除产生切削振动的条件，又无法有效地提高工艺系统的动态特性，为保证必要的加工质量和生产率，可以采用消振、减震装置。常用的减震器有以下三种类型。

(1) 动力减震器。它是用弹性元件将一个附加质量连接到主振系统上，利用附加质量的动力作用，使其加到主振系统上的作用力(或力矩)与激振力(或力矩)大小相等、方向相反，从而达到抑制主振系统振动的目的。

(2) 摩擦减震器。它是利用摩擦阻尼来消散振动能量。

(3) 冲击式减震器。利用两物体相互碰撞要损失动能的原理，在振动体上装有一个起冲击作用的自由质量(冲击块)。系统振动时，自由质量将反复冲击振动体，以消散振动能量，达到减震的目的。

4.6　机械加工过程中的热变形

4.6.1　基本概念

在机械加工过程中，工艺系统会受到各种热的影响而产生温度变形，一般也称为热变形，这种变形将破坏刀具与工件的正确几何关系和运动关系，造成工件的加工误差。

热变形对加工精度影响比较大，特别是在精密加工和大件加工中，热变形所引起的加工误差通常会占到工件加工总误差的 40%～70%。

引起工艺系统变形的热源可分为内部热源和外部热源两大类。内部热源主要指切削热和摩擦热，它们产生于工艺系统内部，其热量主要以热传导的形式传递。外部热源主要是指工艺系统外部的、以对流传热为主要形式的环境温度(它与气温变化、通风、空气对流和周围环境等有关)和各种辐射热(包括由阳光、照明、暖气设备等发出的辐射热)。

切削热是切削加工中最主要的热源，它对工件加工精度的影响最为直接。在切削(磨削)过程中，消耗于切削层的弹、塑性变形能量及刀具、工件和切屑之间摩擦产生的机械能，绝大部分都转变成了切削热。切削热 $Q(J)$ 的大小与被加工材料的性质、切削用量及刀具的几何参数等有关。通常可按下式计算：

$$Q=P_z vt \tag{4-14}$$

式中：P_z——主切削力(N)；

　　　v——切削速度(m/min)；

　　　t——切削时间(min)。

　　影响切削热传导的主要因素是工件、刀具、夹具、机床等材料的导热性能，以及周围介质的情况。若工件材料热导率大，则由切屑和工件传导的切削热较多；同样，若刀具材料热导率大，则从刀具传出的切削热也会较多。通常，在车削加工中，切屑所带走的热量最多，可达 50%～80%(切削速度越高，切屑带走的热量占总切削热的百分比就越大)，传给工件的热量次之(约为 30%)，而传给刀具的热量则很少，一般不超过 5%；对于铣削、刨削加工，传给工件的热量一般在总切削热的 30%以下；对于钻削和卧式镗孔，因为有大量的切屑滞留在孔中，传给工件的热量就比车削时要高，如在钻孔加工中传给工件的热量往往超过 50%；磨削时磨屑很小，带走的热量很少(约为 4%)，大部分热量(84%左右)传入工件，致使磨削表面的温度高达 800℃～1000℃，因此磨削热既影响工件的加工精度，又影响工件的表面质量。

　　工艺系统中的摩擦热，主要是由机床和液压系统中运动部件产生的，如电动机、轴承、齿轮、丝杠副、导轨副、离合器、液压泵、阀等各运动部分产生的摩擦热。尽管摩擦热比切削热少，但摩擦热在工艺系统中是局部发热，会引起局部温升和变形，破坏了系统原有的几何精度，对加工精度也会带来严重影响。

　　外部热源的热辐射及周围环境温度对机床热变形的影响，有时也不容忽视。例如，在加工大型工件时，往往要昼夜连续加工，由于昼夜温度不同，引起工艺系统的热变形就不一样，从而影响了加工精度。又如照明灯光、加热器等对机床的热辐射往往是局部的，日光对机床的照射不仅是局部的，而且不同时间的辐射热量和照射位置也不同，因而会引起机床各部分不同的温升和变形，这在大型、精密加工时尤其不能忽视。

　　工艺系统在各种热源作用下，温度会逐渐升高，同时它们也通过各种传热方式向周围的介质散发热量。当工件、刀具和机床的温度达到某一数值时，单位时间内散出的热量与热源传入的热量趋于相等，这时工艺系统就达到了热平衡状态。在热平衡状态下，工艺系统各部分的温度就保持在一相对固定的数值上，因而各部分的热变形也就相应地趋于稳定。

　　由于作用于工艺系统各组成部分的热源，其发热量、位置和作用时间各不相同，各部分的热容量、散热条件也不一样，因此各部分的温升是不相同的。即使是同一物体，处于不同空间位置上的各点在不同时间其温度也是不等的。物体中各点温度的分布称为温度场。当物体未达到热平衡时，各点温度不仅是坐标位置的函数，也是时间的函数。这种温度场称为不稳态温度场。物体达到热平衡后，各点温度将不再随时间而变化，而只是其坐标位置的函数，这种温度场则称为稳态温度场。

　　目前，对于温度场和热变形的研究，仍然着重于模型试验与实测。热电偶、热敏电阻、半导体温度计是常用的测温手段；但由于测量技术落后，效率低，精度差，已不能满足现代机床热变形研究工作的要求。近年来红外测温、激光全息照相、光导纤维等技术在机床热变形研究中已开始得到应用，成为深入研究工艺系统热变形的先进手段。例如，人们可以用红外热像仪将机床的温度场拍摄成一目了然的热像图，用激光全息技术拍摄变形场，用光导纤维引出发热信号传入热像仪测出工艺系统内部的局部温升。此外，由于电子计算机的广泛应用，对微分方程进行数值解的有限元法和有限差分法在热变形研究方面也有了很大发展。

4.6.2　工件热变形对加工精度的影响

在工艺系统热变形中，机床热变形最为复杂，工件、刀具的热变形相对来说要简单一些。这主要是因为在加工过程中，影响机床热变形的热源较多，也较复杂，而对工件和刀具来说，热源比较简单。因此，工件和刀具的热变形常可用解析法进行估算和分析。

使工件产生热变形的热源，主要是切削热。对于精密零件，周围环境温度和局部受到日光等外部热源的辐射热也不容忽视。工件的热变形可以归纳为以下两种情况来分析。

1. 工件比较均匀地受热

对一些形状较简单的轴类、套类、盘类零件的内、外圆加工时，切削热比较均匀地传入工件，如不考虑工件温升后的散热，其温度沿工件全长和圆周的分布都是比较均匀的，可近似地看成均匀受热，因此，其热变形可以按物理学计算热膨胀的公式求出。

例如，磨削丝杠，若丝杠长度为 2m，每磨一刀其温度升高约 3℃，则丝杠的总伸长量为

$$\Delta L = \alpha_t L \Delta t$$
$$= 1.17 \times 10^{-5} \times 2000 \times 3 \text{ mm} = 0.07 \text{mm}$$

而 6 级丝杠的螺距累积误差在全长上不允许超过 0.02mm，由此可见热变形的严重性。

在粗加工时，可以不考虑工件的热变形对加工精度的影响，但是在工序很集中的情况下(如数控车削中心或铣削中心等)，粗加工时的热变形便不能忽视。

为了避免工件粗加工时热变形对精加工时加工精度的影响，在安排工艺过程时应尽可能把粗、精加工分开在两个工序中进行，以使工件粗加工后有足够的冷却时间恢复变形。

2. 工件不均匀受热

铣、刨、磨平面时，除在沿进给方向有温差外，更严重的是工件只是在单面受到切削热的作用，上、下表面间的温差将导致工件向上拱起，加工时中间凸起部分被切去，冷却后工件变成下凹，造成平面度误差。

磨削长 L、厚 S 的板类零件，其热变形挠度 f 可作如下近似计算(见图 4.18)。由于中心角 ϕ 很小，故中性层的弦长可近似视为原长 L，于是有

$$x = \frac{L}{2} \sin \frac{\phi}{4} \approx \frac{L}{8} \phi \tag{4-15}$$

又由于:

$$(R+S)\phi - R\phi = \alpha_t L \Delta t$$

所以有:

$$x = \frac{\alpha_t \Delta t L^2}{8S} \tag{4-16}$$

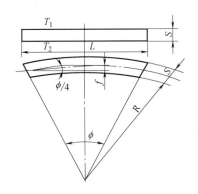

图 4.18　工件单面受热时的弯曲变形计算

可以看出，虽然热变形挠度随 L 的增长而急剧增大，但由于 L、H、α 均无法改变，故欲控制热变形 x，就必须减小温差 Δt，即要减少热量的传入。

对于大型精密板类零件(如高为 600mm、长为 2000mm 的机床床身)的磨削加工，工件(床身)的温差为 2.4℃时，热变形可达 20μm。这说明工件单面受热引起的误差对加工精度的影响很严重。为了减小这一误差，通常采取的措施是在切削时使用充分的切削液以减小切削表面的温升；也可采用误差补偿的方法，在装夹工件时使工件上表面产生微凹的夹紧变形，以此来补偿切削时工作单面受热面拱起的误差。

4.6.3　刀具热变形对加工精度的影响

刀具热变形主要是由切削热引起的。通常传入刀具的热量并没有太多，但由于热量集中在切削部分，以及刀体小，热容量小，故仍会有很高的温升，如车削时，高速钢车刀的工作表面温度可达 700℃～800℃，而硬质合金刀刃可达 1000℃以上。

在连续切削时，刀具的热变形在切削初始阶段增加很快，随后变得缓慢，经过不长的时间后(10～20min)便趋于热平衡状态。此后，热变形变化量就非常小(见图 4.19)。刀具总的热变形量可达 0.03～0.05mm。

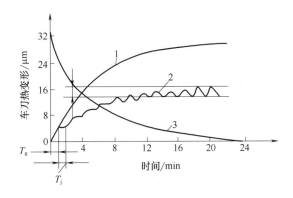

图 4.19　车刀热变形

1—连续切削；2—间断切削；3—冷却曲线；T_g—切削时间；T_j—间断时间

间断切削时，由于刀具有短暂的冷却时间，故其热变形曲线具有热胀冷缩的双重特性，且总的变形量比连续切削时要小一些，最后趋于稳定在δ范围内变动。

当切削停止后，刀具温度立即下降，开始冷却较快，以后逐渐减慢。

加工大型零件，刀具热变形往往造成几何形状误差。如车长轴时，可能由于刀具热伸长而产生锥度(尾座处的直径比主轴箱附近的直径大)。

为了减小刀具的热变形，应合理选择切削用量和刀具几何参数，并给予充分冷却和润滑，以减少切削热，降低切削温度。

4.6.4 机床热变形对加工精度的影响

机床在工作过程中，受到内、外热源的影响，各部分的温度将逐渐升高。由于各部件的热源不同，分布不均匀，以及机床结构的复杂性，因此不仅各部件的温升不同，而且同一部件不同位置的温升也不相同，形成不均匀的温度场，使机床各部件之间的相互位置发生变化，破坏了机床原有的几何精度而造成加工误差。

机床空运转时，各运动部件产生的摩擦热基本不变。运转一段时间之后，各部件传入的热量和散失的热量基本相等，即达到热平衡状态，变形趋于稳定。机床达到热平衡状态时的几何精度称为热态几何精度。在机床达到热平衡状态之前，机床几何精度变化不定，对加工精度的影响也变化不定。因此，精密加工应在机床处于热平衡之后进行。

对于磨床和其他精密机床，除受室温变化等影响之外，引起其热变形的热量主要是机床空运转时的摩擦发热，而切削热影响较小。因此，机床空运转达到热平衡的时间及其所达到的热态几何精度是衡量精加工机床质量的重要指标。而在分析机床热变形对加工精度的影响时，也应首先注意其温度场是否稳定。

一般机床，如车床、磨床等，其空运转的热平衡时间为 4～6h，中小型精密机床为 1～2h，大型精密机床往往要超过 12h，甚至达数十个小时。

机床类型不同，其内部主要热源也各不相同，热变形对加工精度的影响也会不相同。车、铣、钻、镗类机床，主轴箱中的齿轮、轴承摩擦发热，润滑油发热是其主要热源，使主轴箱及与之相连部分如床身或立柱的温度升高而产生较大变形。对卧式车床热变形试验结果表明，影响主轴倾斜的主要因素是床身变形，它约占总倾斜量的 75%，主轴前、后轴承温差所引起的倾斜量只占 25%。

对于不仅在水平方向上装有刀具，在垂直方向和其他方向上也都可能装有刀具的自动车床、转塔车床，其主轴热位移，无论在垂直方向还是在水平方向，都会造成较大的加工误差。

因此，在分析机床热变形对加工精度的影响时，还应注意分析热位移方向与误差敏感方向的相对角位置关系。对于处在误差敏感方向的热变形，需要特别注意控制。

4.6.5 减少工艺系统热变形对加工精度影响的措施

1. 减少热源的发热和隔离热源

工艺系统的热变形对粗加工加工精度的影响一般可不考虑，而精加工主要是为了保证零件加工精度，工艺系统热变形的影响不能忽视。为了减小切削热，宜采用较小的切削用量。如果粗、精加工在一个工序内完成，粗加工的热变形将影响精加工的精度。一般可以在粗加工后停机一段时间使工艺系统冷却，同时还应将工件松开，待精加工时再夹紧。这样就可减少粗加工热变形对精加工精度的影响。当对零件精度要求较高时，则应将粗、精加工分开为宜。

为了减小机床的热变形，凡是可能从机床分离出去的热源，如电动机、变速箱、液压系统、冷却系统等均应移出，使之成为独立单元。对于不能分离的热源，如主轴轴承、丝杠螺母副、高速运动的导轨副等则可以从结构、润滑等方面改善其摩擦特性，减少发热，如采用静压轴承、静压导轨，改用低黏度润滑油、锂基润滑脂，或使用循环冷却润滑、油雾润滑等；也可用隔热材料将发热部件和机床大件(如床身、立柱等)隔离开来。

对发热量大的热源，如果既不能从机床内部移出，又不便隔热，则可采取强制式的风冷、水冷等散热措施。

目前，大型数控机床、加工中心机床普遍采用冷冻机对润滑油、切削液进行强制冷却，以提高冷却效果。精密丝杠磨床的母丝杠中则通以冷却液，以减小热变形。

2. 均衡温度场

如 M7150A 型磨床，该机床床身较长，加工时工作台纵向运动速度较快，所以床身上部温升高于下部。为均衡温度场所采取的措施是：将油池搬出主机做成一单独油箱；在床身下部配置热补偿油沟，使一部分带有余热的回油经热补偿油沟后送回油池。采取这些措施后，床身上、下部温差降至 1℃～2℃，导轨的中凸量由原来的 0.0265mm 降为 0.0052mm。

3. 采用合理的机床部件结构及装配基准

(1) 采用热对称结构。在变速箱中，将轴、轴承、传动齿轮等对称布置，可使箱壁温升均匀，箱体变形减小。

机床大件的结构和布局对机床的热态特性有很大影响。以加工中心机床为例，在热源影响下，单立柱结构会产生相当大的扭曲变形，而双立柱结构由于左右对称，仅产生垂直方向的热位移，很容易通过调整的方法予以补偿。因此，双立柱结构的机床主轴相对于工作台的热变形比单立柱结构要小得多。

(2) 合理选择机床零部件的装配基准。

4. 加速达到热平衡状态

对于精密机床特别是大型机床，达到热平衡的时间较长。为了缩短这个时间，可以在加工前使机床作高速空运转，或在机床的适当部位设置控制热源，人为地给机床加热，使机床较快地达到热平衡状态，然后进行加工。

5. 控制环境温度

精密机床应安装在恒温车间，其恒温精度一般控制在±1℃以内，精密级为±0.5℃。恒温室平均温度一般为20℃，冬季可取 17℃，夏季取 23℃。

4.7　加工质量的统计分析方法与应用

前面已对影响加工精度的各种主要因素进行了分析，并提出了一些保证加工精度的措施，从分析方法上来说，属于单因素分析法。在实际生产中，影响加工精度的因素往往是错综复杂的，有时很难用单因素分析法来分析计算某一工序的加工误差，这时就必须通过对生产现场中实际加工出的一批工件进行检查测量，运用数理统计的方法加以处理和分析，从中便可发现误差的规律，指导人们找出解决加工精度的途径。这就是加工质量的统计分析法。

4.7.1　加工误差的性质

根据加工一批工件时误差出现的规律，加工误差可分为以下两类。

1. 系统误差

在顺序加工一批工件中，其加工误差的大小和方向都保持不变，或者按一定规律变化，统称为系统误差。前者称常值系统误差，后者称变值系统误差。

加工原理误差，机床、刀具、夹具的制造误差，工艺系统的受力变形等引起的加工误差，均与加工时间无关，其大小和方向在一次调整中也基本不变，因此都属于常值系统误差。机床、夹具、量具等由磨损引起的加工误差，在一次调整中也均无明显差异，故也属于常值系统误差。

机床、刀具和夹具等在热平衡前的热变形误差，刀具的磨损等，都是随加工时间而有规律地变化的，因此属于变值系统误差。

2. 随机误差

在顺序加工的一批工件中，其加工误差的大小和方向的变化是随机的，称为随机误差。例如，毛坯误差(余量大小不一、硬度不均匀等)的复映，定位误差(基准面精度不一、间隙影响)，夹紧误差，多次调整的误差，残余应力引起的变形误差等，都属于随机误差。

应该指出，在不同的场合下，误差的表现性质也有不同。例如，机床在一次调整中加工一批工件时，机床的调整误差是常值系统性误差。但是，当一批工件的加工中需要多次调整机床时，每次调整的误差就是随机误差。

4.7.2　分布图分析法

1. 试验分布图

采用调整法加工的一批零件中，随机抽取足够数量的工件(称为样本)测量，由于存在加工误差，实际的零件尺寸数值并不一致，称为尺寸分散。按尺寸大小把零件分成若干组(按表4.1选定)，同一尺寸间隔内的零件数量称为频数；频数与样本总数之比称为频率；频率与组距(尺寸间隔)之比称为频率密度。以零件尺寸为横坐标，以频率或频率密度为纵坐标，可绘出直方图。连接各直方块的顶部中点得到一条折线，即实际分布曲线。

表 4.1 分组数 K 的选定

n	25~40	40~60	60~100	100	100~160	160~250
k	6	7	8	10	11	12

2. 理论分布曲线

1) 正态分布

概率论已经证明，相互独立的大量微小随机变量，其总和的分布是符合正态分布的。在机械加工中，用调整法加工一批零件，其尺寸误差是由很多相互独立的随机误差综合作用的结果，如果其中没有一个是起决定作用的随机误差，则加工后零件的尺寸将近似于正态分布。

正态分布曲线的形状如图4.20所示。其概率密度函数表达式为

$$y = \frac{1}{\sigma\sqrt{2\pi}}e^{-\frac{1}{2}\left(\frac{x-\mu}{\sigma}\right)^2} \quad (-\infty < x < +\infty, \ \sigma > 0) \tag{4-17}$$

式中：y——分布的概率密度；

x——随机变量；

μ——正态分布随机变量总体的算术平均值，$\mu = \frac{1}{n}\sum\limits_{i=1}^{n}x_i$；

σ——正态分布随机变量的标准差，$\sigma = \sqrt{\dfrac{1}{n}\sum\limits_{i=1}^{n}(x_i-\mu)^2}$。

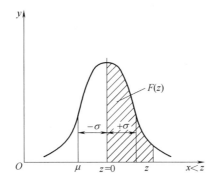

图 4.20 正态分布曲线

由式(4-17)及图 4.20 可以看出，当 $x=\mu$ 时，y 有最大值为

$$y = \frac{1}{\sigma\sqrt{2\pi}} \tag{4-18}$$

μ 是影响曲线位置的参数，其值的变化使曲线沿横坐标轴移动，其形状不变(见图 4.21(a))。

σ 是影响曲线形状的参数，σ 越小时，曲线形状越陡(尺寸越集中)；σ 越大时，曲线越平坦(尺寸越分散)(见图 4.21(b))。

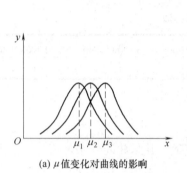

(a) μ值变化对曲线的影响

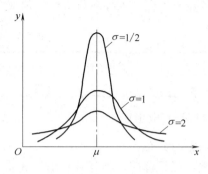

(b) σ值变化对曲线的影响

图 4.21 μ、σ 值对正态分布曲线的影响

$\mu=0$，$\sigma=1$ 的正态分布称为标准正态分布。任何不同的μ与σ的正态分布都可以通过坐标变换 $z = \dfrac{x-\mu}{\sigma}$，故可以利用标准正态分布的函数值，求得各种正态分布的函数值。

由分布函数的定义可知，正态分布函数是正态分布概率密度函数的积分

$$F(x) = \frac{1}{\sigma\sqrt{2\pi}} \int_{-\infty}^{x} e^{\frac{1}{2}\left(\frac{x-\mu}{\sigma}\right)} dx \tag{4-19}$$

由式(4-19)可知，$F(x)$为正态分布曲线上、下积分限间包含的面积，它表征了随机变量x落在区间$(-\infty, x)$上的概率。

令

$$z = \frac{x-\mu}{\sigma}$$

则有

$$F(z) = \frac{1}{\sqrt{2\pi}} \int_{0}^{z} e^{\frac{z^2}{2}} dz \tag{4-20}$$

$F(z)$为图 4.20 中有阴影线部分的面积。对于不同 z 值的 $F(z)$，可由表 4.2 查出。

当 $z=\pm3$，即 $x-\mu=\pm3\sigma$，由表 4.2 查得 $2F(3)=0.49865\times2=99.73\%$。这说明随机变量 x 落在$\pm3\sigma$范围以内的概率为 99.73%，落在此范围以外的概率仅为 0.27%，此值很小。因此，可以认为正态分布的随机变量的分散范围是$\pm3\sigma$。这就是所谓的$\pm3\sigma$原则。

$\pm3\sigma$的概念在研究加工误差时应用很广，是一个非常重要的概念。6σ的大小代表了某种加工方法在一定条件下(如毛坯余量、切削用量、正常的机床、夹具、刀具等)所能达到的加工精度。所以在一般情况下，应使所选择的加工方法的标准差σ与公差带宽度 T 之间具有下列关系：$6\sigma \leqslant T$。

2) 非正态分布

工件的实际分布，有时并不近似于正态分布。例如，将两次调整下加工的工件混在一起，由于每次调整时常值系统误差是不同的，如常值系统误差之值大于 2.2σ，就会得到双峰曲线；假如把两台机床加工的工件混在一起，不仅调整时常值系统误差不等，机床精度也不同(随机误差的影响也不同，即σ不同)，那么曲线的两个高峰也不一样。如果加工中刀具或砂轮的尺寸磨损比较显著，那么尽管在加工的每一瞬间，工件的尺寸呈正态分布，

但是随着刀具或砂轮的磨损，不同瞬间尺寸分布的算术平均值是逐渐移动的(当均匀磨损时，瞬时平均值可看成是匀速移动)，因此分布曲线为平顶。

当工艺系统存在显著的热变形时，分布曲线往往不对称。例如，刀具热变形严重，加工轴时曲线凸峰偏向左，加工孔时曲线凸峰偏向右。

用试切法加工时，操作者主观上存在着宁可返修也不可报废的倾向性，故分布图也会出现不对称情况：加工轴时宁大勿小，故凸峰偏向右；加工孔时宁小勿大，故凸峰偏向左。

表 4.2　F(z)的值

z	F(z)	z	F(z)	z	F(z)	z	F(z)	z	F(z)
0.00	0.0000	0.20	0.0793	0.60	0.2257	1.00	0.3413	2.00	0.4772
0.01	0.0040	0.22	0.0871	0.62	0.2324	1.05	0.3531	2.10	0.4821
0.02	0.0080	0.24	0.0948	0.64	0.2389	1.10	0.3643	2.20	0.4861
0.03	0.0120	0.26	0.1023	0.66	0.2454	1.15	0.3749	2.30	0.4893
0.04	0.0160	0.28	0.1103	0.68	0.2517	1.20	0.3849	2.40	0.4918
0.05	0.0199	0.30	0.1179	0.70	0.2580	1.25	0.3944	2.50	0.4938
0.06	0.0239	0.32	0.1255	0.72	0.2642	1.30	0.4032	2.60	0.4953
0.07	0.0279	0.34	0.1331	0.74	0.2703	1.35	0.4115	2.70	0.4965
0.08	0.0319	0.36	0.1406	0.76	0.2764	1.40	0.4192	2.80	0.4974
0.09	0.0359	0.38	0.1480	0.78	0.2823	1.45	0.4265	2.90	0.4981
0.10	0.0398	0.40	0.1554	0.80	0.2881	1.50	0.4332	3.00	0.49865
0.11	0.0438	0.42	0.1628	0.82	0.2039	1.55	0.4394	3.20	0.49931
0.12	0.0478	0.44	0.1700	0.84	0.2995	1.60	0.4452	3.40	0.49966
0.13	0.0517	0.46	0.1772	0.86	0.3051	1.65	0.4505	3.60	0.499841
0.14	0.0557	0.48	0.1814	0.88	0.3106	1.70	0.4554	3.80	0.499928
0.15	0.0596	0.50	0.1915	0.90	0.3159	1.75	0.4599	4.00	0.499968
0.16	0.0636	0.52	0.1985	0.92	0.3212	1.80	0.4641	4.50	0.499997
0.17	0.0675	0.54	0.2004	0.94	0.3264	1.85	0.4678	5.00	0.499999
0.18	0.0714	0.56	0.2123	0.96	0.3315	1.90	0.4713	—	—
0.19	0.0753	0.58	0.2190	0.98	0.3365	1.95	0.4744	—	—

对于端面圆跳动和径向圆跳动一类的误差，一般不考虑正负号，所以接近零的误差值较多，远离零的误差值较少，其分布(称为瑞利分布)也是不对称的。

对于非正态分布的分散范围，则不能认为是 6σ，而必须除以相对分布系数 k。即非正态分布的分散范围为

$$T = 6\sigma/k \tag{4-21}$$

k 值的大小与分布图形状有关，具体数值可参考有关资料和手册。

3. 分布图分析法的应用

1) 判别加工误差性质

如前所述，若加工过程中没有变值系统误差，那么其尺寸分布应服从正态分布，这是

判别加工误差性质的基本方法。

如果实际分布与正态分布基本相符，则加工过程中没有变值系统误差(或影响很小)，这时就可进一步根据样本平均值 μ 是否与公差带中心重合来判断是否存在常值系统误差(μ 与公差带中心不重合就说明存在常值系统误差)。

如实际分布与正态分布有较大出入，可根据直方图初步判断变值系统误差的性质。

2) 确定工序能力及其等级

所谓工序能力是指工序处于稳定状态时，加工误差正常波动的幅度。当加工尺寸服从正态分布时，其尺寸分散范围是 6σ，所以工序能力就是 6σ。

工序能力等级是以工序能力系数来表示的，它代表了工序能满足加工精度要求的程度。当工序处于稳定状态度时，工序能力系数 C_P 按下式计算：

$$C_P = T/6\sigma \tag{4-22}$$

式中：T——工件尺寸公差(mm)。

根据工序能力系数 C_P 的大小，可将工序能力分为 5 级，如表 4.3 所示。一般情况下，工序能力不应低于二级，即 $C_P > 1$。

表 4.3 工序能力等级

工序能力系数	工序等级	说　明
$C_P > 1.67$	特级	工艺能力过高，可以允许有异常波动，不一定经济
$1.67 \geqslant C_P > 1.33$	一级	工艺能力足够，可以允许有一定的异常波动
$1.33 \geqslant C_P > 1.00$	二级	工艺能力勉强，必须密切注意
$1.00 \geqslant C_P > 0.67$	三级	工艺能力不足，可能出现少量不合格品
$0.67 \geqslant C_P$	四级	工艺能力很差，必须加以改进

必须指出，如 $C_P > 1$，只说明该工序的工序能力足够，加工中是否会出废品，还要看调整得是否正确。如加工中有常值系统误差，μ 就与公差带中心位置 A_M 不重合，那么只有当 $C_P > 1$，且 $T \geqslant 6\sigma + 2|\mu - A_M|$ 时才不会出不合格品。如 $C_P < 1$，那么不论怎样调整，不合格品总是不可避免的。

3) 估算合格品率或不合格品率

不合格品率包括废品率和可返修的不合格品率。

分布图分析法的缺点在于，没有考虑一批工件加工的先后顺序，故不能反映误差变化的趋势，难以区别变值系统误差与随机误差的影响；必须等到一批工件加工完毕后才能绘制分布图，因此不能在加工过程中及时提供控制精度的信息。采用下面介绍的点图分析法，可以弥补上述不足。

4.7.3 点图分析法

工艺过程的分布图分析法是分析工艺过程精度的一种方法，应用这种分析方法的前提是工艺过程应该是稳定的。在这个前提下，讨论工艺过程的精度指标(如工序能力系数 C_P、废品率等)才有意义。

如前所述，任何一批工件的加工尺寸都有波动性，因此样本的平均值 $\bar{x}$ 和标准差 S 也会波动。假如加工误差主要是随机误差，而系统误差影响很小，那么这种波动属于正常波动，这一工艺过程也就是稳定的；假如加工中存在着影响较大的变值系统误差，或随机误差的大小有明显变化，那么这种波动就是异常波动，这样的工艺过程也就是不稳定的。

从数学的角度讲，如果一项质量数据总体分布的参数(如 μ、σ)保持不变，则这一工艺过程就是稳定的；如果有所变动，哪怕是往好的方向变化(如 σ 突然缩小)，都算不稳定。

分析工艺过程的稳定性，通常采用点图法。点图有多种形式，这里仅介绍单值点图和 $\bar{x}$-R 图两种。

用点图来评价工艺过程稳定性采用的是顺序样本，即样本是由工艺系统在一次调整中，按顺序加工的工件组成。这样的样本可以得到在时间上与工艺过程运行同步的有关信息，反映出加工误差随时间变化的趋势。而分布图分析法采用的是随机样本，不考虑加工顺序，而且是对加工好的一批工件有关数据处理后才能作出分布曲线。

1. 单值点图

如果按加工顺序逐个测量一批工件的尺寸，以工件序号为横坐标，工件尺寸(或误差)为纵坐标，就可作出如图 4.22(a)所示的点图。为了缩短点图的长度，可将顺次加工出的几个工件编为一组，以工件组序为横坐标，而纵坐标保持不变，同一组内各工件可根据尺寸分别点在同一组号的垂直线上，就可以得到如图 4.22(b)所示的点图。

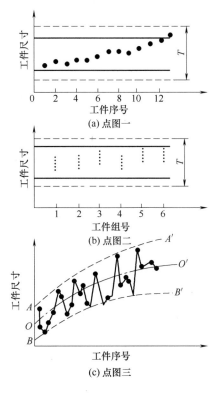

图 4.22　单值点图

上述点图都反映了每个工件尺寸(或误差)与加工时间的关系，故称为单值点图。

假如把点图的上、下极限点包络成两根平滑的曲线，并作出这两根曲线的平均值曲线，如图 4.22(c)所示，就能较清楚地揭示出加工过程中误差的性质及其变化趋势。平均值曲线 OO' 表示每一瞬时的分散中心，其变化情况反映了变值系统误差随时间变化的规律，其起始点 O 则可看成常值系统误差的影响；上、下限曲线 AA' 和 BB' 间的宽度表示每一瞬时的尺寸分散范围，也就是反映了随机误差的影响。

单值点图上画有上、下两条控制界线(图中用实线表示)和两极限尺寸线(用虚线表示)，作为控制不合格品的参考界线。

2. $\bar{x}\text{-}R$ 图

1) 样组点图的基本形式及绘制

为了能直接反映出加工过程中系统误差和随机误差随加工时间的变化趋势，实际生产中常用样组点图来代替单值点图。样组点图的种类很多，目前使用得最广泛的是 $\bar{x}\text{-}R$ 图。$\bar{x}\text{-}R$ 图是平均值 $\bar{x}$ 控制图和极差 R 控制图联合使用时的统称。前者控制工艺过程质量指标的分布中心，后者控制工艺过程质量指标的分散程度。

$\bar{x}\text{-}R$ 图的横坐标是按时间先后采集的小样本的组序号，纵坐标为各小样本的平均值 $\bar{x}$ 和极差。在 $\bar{x}\text{-}R$ 图上各有三根线，即中心线和上、下控制线。

绘制 $\bar{x}\text{-}R$ 图是以小样本顺序随机抽样为基础的。在工艺过程进行中，每隔一定时间抽取容量 $n=2\sim10$ 件的一个小样本，求出小样本的平均值 $\bar{x}$ 和极差 R。经过若干时间后，就可取得若干个(如 k 个，通常取 $k=25$)小样本，将各组小样本的 $\bar{x}$ 和 R 值分别点在 $\bar{x}\text{-}R$ 图上，即制成了 $\bar{x}\text{-}R$ 图。

2) $\bar{x}\text{-}R$ 图上、下控制线的确定

任何一批工件的加工尺寸都有波动性，因此各小样本的平均值 $\bar{x}$ 和极差 R 也都有波动性。要判别波动是否属于正常，就需要分析 $\bar{x}$ 和 R 的分布规律，在此基础上也就可以确定 $\bar{x}\text{-}R$ 图中上、下控制线的位置。

由概率论可知，当总体是正态分布时，其样本的平均值 $\bar{x}$ 的分布也服从正态分布，且 $\bar{x}\sim N\left(\mu,\dfrac{\sigma^2}{n}\right)$($\mu$、$\sigma$ 是总体的均值和标准差)。因此，$\bar{x}$ 的分散范围是 $\mu\pm3\sigma/\sqrt{n}$。

R 的分布虽然不是正态分布，但当 $n<10$ 时，其分布与正态分布也是比较接近的，因而 R 的分散范围也可取为($\bar{R}\pm3\sigma_R$)($\bar{R}$、σ_R 分别是 R 分布的均值和标准差)，而且 $\sigma_R=d\sigma$，其中 d 为常数，其值可由表4-4查得。

总体的均值 μ 和标准差 σ 通常是未知的。但由数理统计可知，总体的平均值 μ 可以用小样本平均值 $\bar{x}$ 的平均值 $\bar{\bar{x}}$ 来估计，而总体的标准差 σ 可以用 $a_n\bar{R}$ 来估计，即

$$\hat{\mu}=\bar{\bar{x}}, \quad \bar{\bar{x}}=\frac{1}{k}\sum_{i=1}^{k}\bar{x_i} \tag{4-23}$$

$$\hat{\sigma}=a_n\bar{R}, \qquad \bar{R}=\frac{1}{k}\sum_{i=1}^{k}R_i$$

式中：$\hat{\mu}$、$\hat{\sigma}$ ——μ、σ 的估计值；

$\bar{x_i}$ ——各小样本的平均值；

R_i——各小样本的极差；

a_n——常数，其值如表4.4所示。

用样本极差 R 来估计总体的 σ，其缺点是不如用样本的标准差 S 可靠，但由于其计算很简单，所以在生产中经常采用。

表 4.4　d、a_n、A_2、D_1、D_2 值

n/件	d	a_n	A_2	D_1	D_2
4	0.880	0.486	0.73	2.28	0
5	0.864	0.430	0.58	2.11	0
6	0.848	0.395	0.48	2.00	0

最后便可确定 $\bar{x}$-R 图上的各条控制线。

$\bar{x}$ 点图，中线：

$$\overline{\overline{x}} = \frac{1}{k}\sum_{i=1}^{k}\overline{x_i} \tag{4-24}$$

上控制线：

$$\overline{X}_s = \overline{\overline{X}} + A_2\overline{R} \tag{4-25}$$

下控制线：

$$\overline{X}_x = \overline{\overline{X}} - A_2\overline{R} \tag{4-26}$$

式中：A_2——常数，$A_2 = 3a_n/\sqrt{n}$，可查表 4.4。

R 点图，中线：

$$\overline{R} = \frac{1}{k}\sum_{i=1}^{k}R_i \tag{4-27}$$

上控制线

$$R_s = \overline{R} + 3\sigma_R = (1 + 3da_n)\overline{R} = D_1\overline{R} \tag{4-28}$$

下控制线

$$R_x = \overline{R} + 3\sigma_R = (1 - 3da_n)\overline{R} = D_2\overline{R} \tag{4-29}$$

式中：D_1、D_2——常数，可由表 4.4 查得。

在点图上作出中线和上、下控制线后，就可根据图中点的情况来判别工艺过程是否稳定(波动状态是否属于正常)，判别的标志如表 4.5 所示。

表 4.5　正常波动与异常波动标志

正常波动	异常波动
(1) 没有点超出控制线 (2) 大部分点在中线上、下波动，小部分在控制线附近 (3) 点没有明显的规律性	(1) 有点超出控制线 (2) 点密集在中线上、下附近 (3) 点密集在控制线附近 (4) 连续 7 点以上出现在中线一侧 (5) 连续 11 点中有 10 点出现在中线一侧 (6) 连续 14 点中有 12 点以上出现在中线一侧 (7) 连续 17 点中有 14 点以上出现在中线一侧 (8) 连续 20 点中有 16 点以上出现在中线一侧 (9) 点有上升或下降倾向 (10) 点有周期性波动

由上述可知，$\bar{x}$在一定程度上代表了瞬时的分散中心，故$\bar{x}$点图主要反映系统误差及其变化趋势；R在一定程度上代表了瞬时的尺寸分散范围，故R点图可反映出随机误差及其变化趋势。单独的$\bar{x}$点图和R点图不能全面地反映加工误差的情况，因此这两种点图必须联合起来应用。

必须指出，工艺过程稳定性与出不出废品是两个不同的概念。工艺的稳定性用$\bar{x}$-R图判断，而工件是否合格则用公差衡量。两者之间没有必然联系。例如，某一工艺过程是稳定的，但误差较大，若用这样的工艺过程来制造精密零件，则肯定都是废品。客观存在的工艺过程与人为规定的零件公差之间如何正确匹配，即是前面所介绍的工序能力系数的选择问题。

3. 机床调整尺寸

工艺系统调整时必须正确规定调整尺寸(调整时试切零件的平均值)，才能保证整批工件的尺寸分布在公差带范围内。

对于稳定的工艺过程，最理想的情况是使实际加工尺寸的分散中心μ与公差带中心A_M重合，但机床未进行加工前，尺寸分散中心μ是无法确定的，只能通过试切样件组(小样本)，并用样件组的平均值来估计。

如图4.23所示，当工件公差要求为T，且工序加工误差的分散范围为6σ时，为保证调整后加工零件不出废品，调整机床时应使得实际分布中心μ落在图上AA和BB之间。若实际分布中心μ偏在AA的左侧或BB的右侧，都将会出现废品。

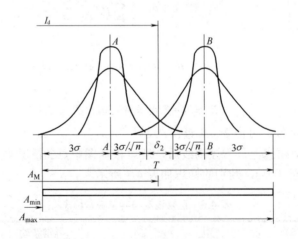

图4.23　机床调整尺寸计算

对于不稳定的工艺过程的调整，不仅要保证整批工件的尺寸分布不超出公差带范围，还要求两次调整间能加工尽可能多的工件，因此，不仅要考虑因随机误差引起的尺寸分散，还要考虑工艺系统热变形和刀具尺寸磨损等引起的变值系统误差的影响。

4.7.4　保证和提高加工精度的途径

为了保证和提高机械加工精度，必须找出造成加工误差的主要因素(原始误差)，然后采取相应的工艺技术措施来控制或减少这些因素的影响。

在生产实际中尽管有许多减少误差的方法和措施，但从误差减少的技术上看，可将它们分成以下两大类。

(1) 误差预防：指减少原始误差或减少原始误差的影响。实践与分析表明，当加工精度要求高于某一程度后，利用误差预防技术来提高加工精度所花费的成本将按指数规律增长。

(2) 误差补偿：通过分析、测量现有误差，人为地在系统中引入一个附加的误差源，使之与系统中现有的误差相抵消，以减少或消除零件的加工误差。在现有工艺条件下，误差补偿技术是一种有效而经济的方法，特别是借助计算机辅助加工技术，可达到良好的效果。

1. 误差预防技术

这是保证加工精度的最基本方法。因此，在制定零件加工工艺规程时，应对零件每道加工工序的能力进行精确评价，并尽可能合理采用先进的工艺和设备，使每道工序都具备足够的工序能力。随着产品质量要求的不断提高，产品生产数量的增大和不合格率的降低，经过成本核算将会证明采用先进的加工工艺和设备，其经济效益是十分显著的。

1) 直接减少原始误差法

直接减少原始误差法也是在生产中应用较广的一种基本方法。它是在查明影响加工精度的主要原始误差因素之后，设法对其直接进行消除或减少。例如，加工细长轴时，因工件刚度极差，容易产生弯曲变形和振动，严重影响加工精度。为了减少因吃刀抗力使工件弯曲变形所产生的加工误差，可采取下列措施：采用反向进给的切削方式，进给方向由卡盘一端指向尾座，使轴向作用力对工件起拉伸作用，同时尾座改用可伸缩的弹性顶尖，就不会因轴向作用力和热应力而压弯工件；采用大进给量和较大主偏角的车刀，增大轴向拉伸作用力，工件在强有力的拉伸作用下具有抑制振动的作用，可使切削平稳。

2) 转移原始误差法

误差转移法是把影响加工精度的原始误差转移到不影响(或影响小)加工精度的方向或其他零部件上去。例如，在成批生产中，用镗模加工箱体孔系的方法，也就是把机床的主轴回转误差、导轨误差等原始误差转移掉，工件的加工精度完全靠镗模和镗杆的精度来保证。由于镗模的结构远比整台机床简单，精度容易达到，故在实际生产中得到广泛应用。

3) 均分原始误差法

生产中会遇到这样的情况：本工序的加工精度是稳定的，但由于毛坯或上工序加工的半成品精度发生了变化，造成定位误差或复映误差太大，因而造成本工序的加工超差。解决这类问题最好采用分组调整(即均分误差)的方法：把毛坯按误差大小分为 n 组，每组毛坯的误差就缩小为原来的 $1/n$；然后按各组分别调整刀具与工件的相对位置或选用合适的定位元件，就可大大缩小整批工件的尺寸分散范围。这个办法比起提高毛坯精度或上工序加工精度往往要简便易行一些。

4) 均化原始误差法

在加工过程中，机床、刀具(磨具)等的误差总是要传递给工件的。机床、刀具的某些误差(如导轨的误差、机床传动误差等)只是根据局部地方的最大误差值来判定的。利用有密切联系的表面之间的相互比较、相互修正，或者利用互为基准进行加工，就能让这些局部较大的误差比较均匀地影响到整个加工表面,使传递到工件表面的加工误差较为均匀,因而工件的加工精度也就大大提高。

例如,研磨时,研具的精度并不是很高,分布在研具上的磨料粒度大小也可能不一样,但由于研磨时工件和研具间有复杂的相对运动轨迹,使工件上各点均有机会与研具的各点相互接触并受到均匀的微量切削,同时工件和研具相互修整,精度也逐步共同提高,进一步使误差均化,因此就可获得精度高于研具原始精度的加工表面。

用易位法加工精密分度蜗轮是均化原始误差法的又一典型实例。影响被加工蜗轮精度中很关键的一个因素就是机床母蜗轮的累积误差,它直接反映为工件的累积误差。所谓易位法,就是在工件切削一次后,将工件相对于机床母蜗轮转动一个角度,再切削一次,使加工所产生的累积误差重新分布一次,易位法的关键在于转动工件时必须保证ϕ角内包含着整数的齿,因为在第二次切削中只许修切去由误差本身造成的很小余量,不允许由于易位不准确而带来新的切削余量。理论上,易位角越小,即易位次数越多,则被加工蜗轮的误差也越小。但由于受易位时转位精度和滚刀刃最小切削厚度的限制,易位角太小也不一定好,一般可易位三次,第一次180°,第二次再易位90°(相对于原始状态易位了270°),第三次再易位180°(相对于原始状态易位90°)。

5) 就地加工法

在机械加工和装配中,有些精度问题牵涉很多零部件的相互关系,如果单纯依靠提高零部件的精度来满足设计要求,有时不仅困难,甚至不可能。而采用就地加工法可解决这种难题。例如,在转塔车床制造中,转塔上六个安装刀架的大孔轴线必须保证与机床主轴回转轴线重合,各大孔的端面又必须与主轴回转轴线垂直。如果把转塔作为单独零件加工出这些表面,那么在装配后要达到上述两项要求是很困难的。采用就地加工方法,把转塔装配到转塔车床上后,在车床主轴上装镗杆和径向进给小刀架来进行最终精加工,就很容易保证上述两项精度要求。这种"自干自"的加工方法,在生产中应用很多。例如,牛头刨床、龙门刨床为了使它们的工作台面分别对滑枕和横梁保持平行的位置关系,就都是在装配后在自身机床上进行"自刨自"的精加工。平面磨床的工作台面也是在装配后作"自磨自"的最终加工。

2. 误差补偿技术

如前所述,误差补偿的方法就是人为地造出一种新的原始误差去抵消当前成为问题的原有的原始误差,并应尽量使两者大小相等、方向相反,从而达到减小加工误差、提高加工精度的目的。

一般来说,用误差补偿的方法来消除或减小常值系统误差是比较容易的,因为用于抵消常值系统误差的补偿量是固定不变的。对于变值系统误差的补偿就不是用一种固定的补偿量所能解决的。于是生产中就发展了所谓积极控制的误差补偿方法,积极控制有以下三种形式。

(1) 在线检测:这种方法是在加工中随时测量出工件的实际尺寸(形状、位置精度),随时给刀具以附加的补偿量以控制刀具和工件间的相对位置。这样,工件尺寸的变动范围就始终在自动控制之中。现代机械加工中的在线测量和在线补偿就属于这种形式。

(2) 偶件自动配磨:这种方法是将互配件中的一个零件作为基准,去控制另一个零件的加工精度。在加工过程中自动测量工件的实际尺寸，并和基准件的尺寸比较，直至达到规定的差值时机床就自动停止加工，从而保证精密偶件间要求很高的配合间隙。柴油机高压油泵柱塞的自动配磨采用的就是这种形式的积极控制。

(3) 积极控制起决定作用的误差因素：在某些复杂精密零件的加工中，当无法对主要精度参数直接进行在线测量和控制时，就应该设法控制起决定作用的误差因素，并把它掌握在很小的变动范围内。精密螺纹磨床的自动恒温控制就是这种控制方式的一个典型例子。

加工中直接测量和控制工件螺距累积误差是不可能的。采用校正尺的方法来补偿母丝杠的热伸长，只能消除常值系统误差，即只能补偿母丝杠和工件丝杠间温差的恒值部分，而不能补偿各自温度变化所产生的变值部分。尤其是现在对精密丝杠的要求越来越高，丝杠的长度也越做越长，利用校正尺补偿已不能满足加工精度的要求。因此，应设法控制影响工件螺距累积误差的主要误差因素——加工过程中母丝杠和工件丝杠的温度变化。

4.8　实　　训

4.8.1　实训题目

磨削如图 4.24 所示挺杆球面 C，要求磨削后球面对 $\phi 25_{-0.017}^{-0.013}$ 外圆轴心线的跳动不大于 0.05mm。试用 $\overline{x}\text{-}R$ 图分析该工序工艺过程的稳定性。

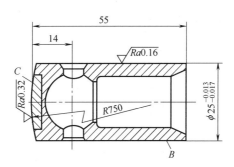

图 4.24　挺杆零件图

4.8.2　实训目的

巩固课程中所学到的有关加工误差统计分析方法的基本理论和知识，运用误差统计分析方法的基本理论和知识来分析某工序的加工精度。本试验在调整好的外圆磨床上，连续加工一批同尺寸试件，测量其加工尺寸，对测得的数据进行不同处理，以达到以下目的。

(1) 掌握加工精度统计分析方法的基本原理和应用。

(2) 绘制试验分布曲线，计算均方根误差 σ。

(3) 绘制点图。

(4) 绘制 $\overline{x}\text{-}R$ 质量控制图。

(5) 确定本工序的加工精度，并分析其加工稳定性。

4.8.3 实训过程

试验仪器设备：①普通外圆磨床一台；②外径千分尺或数显卡尺若干把；③测量平台。

(1) 抽样、测量：严格按加工顺序依次抽取样组。本例取 100 件，25 个子样组。将所测样组中每个零件的误差值记于表 4.6 中。

表 4.6 挺杆球面跳动量 $\bar{x}$-R 图记录表 μm

样组号	观测值				平均值 $\bar{x}$	极差 R	样组号	观测值				平均值 $\bar{x}$	极差 R
	x_1	x_2	x_3	x_4				x_1	x_2	x_3	x_4		
1	30	18	20	20	22	12	14	30	10	10	30	20	20
2	15	22	25	20	20.5	10	15	30	30	20	10	22.5	20
3	15	20	10	10	13.75	10	16	30	10	15	25	20	20
4	30	10	15	15	17.5	20	17	15	10	35	20	20	25
5	25	20	20	30	23.75	10	18	30	10	20	30	30	20
6	20	35	25	20	25	15	19	20	40	20	20	20	20
7	20	20	30	30	25	10	20	10	35	10	40	23.75	30
8	10	30	20	20	20	20	21	10	10	20	20	15	10
9	25	20	25	15	21.25	10	22	10	10	10	30	15	20
10	20	30	10	15	18.75	20	23	15	10	45	20	25	30
11	10	10	20	10	16.25	15	24	20	10	30	20	20	20
12	10	10	10	30	15	20	25	15	10	15	20	15	10
13	10	50	30	20	27.5	40	总和					512.5	457

	中线	上控制线	下控制线
$\bar{x}$ 点图	$\bar{\bar{x}}=\dfrac{\sum \bar{x}}{k}=\dfrac{512.5}{25}=20.5$	$\bar{x}_s=\bar{\bar{x}}+A_2\bar{R}$ $=20.5+0.7285\times18.28$ $=33.82$	$\bar{x}_x=\bar{\bar{x}}-A_2\bar{R}$ $=20.5-0.7285\times18.28$ $=7.18$
R 点图	$\bar{R}=\dfrac{\sum R}{k}=\dfrac{457}{25}=18.28$	$R=D_1\bar{R}$ $=2.2819\times18.28$ $=41.71$	$R_x=D_2\bar{R}=0$

(2) 绘制 $\bar{x}$-R 图：先计算出各子样组的平均值和极差，然后算出 $\bar{x}$ 的平均值 $\bar{\bar{x}}$ 和 R 的平均值 $\bar{R}$，以及 $\bar{x}$ 点图的上、下控制线 $\bar{x}_s$ 和 $\bar{x}_x$，R 点图的上、下控制线 R_s 和 R_x。将上述数据填入表 4.6 内，并据以作出 $\bar{x}$-R 点图(见图 4.25)。

(3) 计算工序能力系数，确定工序能力等级

$$\sigma=\sqrt{\frac{1}{n}\sum_{i=1}^{n}(x_i-\mu)^2}\ \mu m=8.96\mu m$$

工序能力系数为

$$C_P=\frac{0.05}{6\times0.008\,96}=0.93$$

查表 4.3 可知属于三级工艺。

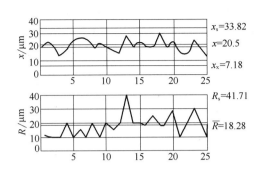

图 4.25　磨挺杆球面工序跳动量的 $\bar{x}-R$ 点图

4.8.4　实训总结

由 $\bar{x}$ 点图可以看出，$\bar{x}$ 点在中线 $\bar{x}$ 附近波动，这说明其分布中心稳定，无明显变值系统误差影响；R 点图上连续 8 个点出现在 $\bar{R}$ 中线上侧，并有逐渐上升趋势，说明随机误差随加工时间的增加而逐渐增加，因此不能认为本工序工艺过程非常稳定。本工序的工序能力系数 $C_{P}=0.93$，属三级工艺，说明工序能力不足，有可能产生少量废品(尽管样本中未出现废品)。因此，有必要进一步查明引起随机性误差逐渐增大的原因，并加以解决。

4.9　习　　题

1. **选择题**

(1) 磨削平板零件时由于单面受到切削热的作用，零件受到热变形影响，加工完毕后将使工件产生(　　)的形状误差。

　　　　A. 中凹　　　　　　　B. 中凸　　　　　　　C. 上凸　　　　　　　D. 下凸

(2) 镗孔加工(　　)校正孔的位置精度。

　　　　A. 可以　　　　　　　B. 不可以　　　　　　C. 有时可以，有时不可以

(3) 由于变形大的地方从工件上切去的金属层薄，变形小的地方切去的金属层厚，因此机床受力变形而使加工出来的工件呈(　　)。

　　　　A. 对称鼓形　　　　　B. 鞍形　　　　　　　C. 锥形

(4) 机床的主运动是指加工中其消耗功率(　　)的那个运动。

　　　　A. 最小　　　　　　　B. 中等　　　　　　　C. 最大

(5) 插床和刨床的运动形式和加工原理(　　)。

　　　　A. 不同　　　　　　　B. 相同

(6) 车床导轨在(　　)内的直线度误差是处于误差敏感方向的位置。

　　　　A. 垂直面　　　　　　B. 水平面　　　　　　C. 30°斜面

(7) 机床主轴转速对主轴回转误差(　　)影响。

　　　　A. 没有　　　　　　　B. 也有

(8) (　　)是切削加工过程中最主要的热源，它对工件加工精度的影响最为直接。

    A. 切削热   B. 空气   C. 摩擦热   D. 环境温度

(9) 切削加工时采用成形刀具(如成形车刀、成形铣刀、成形砂轮等)加工时，刀具的形状精度(　　)工件的形状精度。

    A. 直接影响   B. 不影响   C. 有时影响

(10) 在不使用夹具的情况下，扩孔和铰孔(　　)提高孔的位置精度。

    A. 不可以   B. 可以

2. 填空题

(1) 引起工艺系统变形的热源可以分为_____和_____两大类。

(2) 机床制造误差对工件精度影响较大的有_____、_____和传动链误差。

(3) 系统性误差可以分为_____和_____两种。

(4) 车床导轨在_____面内的直线度误差是处于误差敏感方向的位置。

(5) 评定冷作硬化的指标有三项，即表层金属的_____、_____和_____程度。

(6) 在机械加工的每一个工序中，总是要对工艺系统进行这样或那样的调整工作。由于调整不可能绝对准确，因而产生_____误差。

(7) 研究加工精度的方法有两种：①_____分析法；②_____分析法。

(8) _____误差是指采用了近似的成形运动或近似的刀刃轮廓进行加工而产生的误差。

(9) 所谓主轴回转误差是指主轴_____回转轴线对其_____回转轴线的漂移。

(10) 机械加工过程中，在没有周期性外力(相对于切削过程而言)作用下，由系统内部激发反馈产生的周期性振动称为_____振动。

3. 判断题

(1) 光整加工阶段一般没有纠正表面间位置误差的作用。   (　　)

(2) 机床部件的刚度呈现其变形与荷载不呈线性关系的特点。   (　　)

(3) 两结合表面越粗糙，其部件的接触刚度就越高。   (　　)

(4) 弱化作用的大小取决于温度高低、温度持续时间长短和强化程度大小。 (　　)

(5) 提高传动链中降速传动元件的精度可以显著提高传动精度。   (　　)

(6) 零件主要工作表面最终工序加工方法的选择将决定在该表面留下的残余应力的性质。   (　　)

(7) 在车床切削时，在轴向力、径向力和切向力中，轴向力是最大的。 (　　)

(8) 车床加工外圆或内孔时，主轴径向回转误差对加工工件端面的垂直度有较大影响。   (　　)

(9) 一般来说，车床尾架的刚度比其头架的刚度要大。   (　　)

(10) 砂轮的粒度号越大，磨削后工件的表面粗糙度值也越大。   (　　)

(11) 由工件和刀具组成的系统称为工艺系统。   (　　)

(12) 由于机床误差而导致的工件加工误差是产生加工误差的原始误差之一。 (　　)

(13) 加工精度指的是零件加工后的实际几何参数与理想几何参数的吻合程度。 (　　)

(14) 弱化作用的大小取决于温度的高低及持续时间的长短和强化程度的大小。（　　）

(15) 刀具材料在切削各种材料的工件时，不会存在一个最佳的切削温度范围。（　　）

4. 问答题

(1) 简述机械加工误差分析中的"6σ"原则。

(2) 机械加工精度的具体含义是什么？

(3) 什么叫毛坯误差复映现象？试举例说明。

(4) 何为加工经济精度？

(5) 主轴回转误差包括哪几种基本形式？试举例说明。

(6) 什么叫刚度？机床刚度曲线有什么特点？

(7) 简述提高主轴回转精度应该采取的措施。

(8) 影响试切法调整精度的因素，同样也对调整法有影响。此外，影响调整精度的因素还有哪些？

(9) 机械加工过程中的自激振动是怎么定义的？

(10) 机械加工中产生的振动主要有哪两种类型？试举例说明。

5. 实作题

(1) 磨削一批 $d=\phi 12^{-0.016}_{-0.043}$ mm 销轴，工件尺寸呈正态分布，工件的平均尺寸 $x=11.974$mm，均方根偏差 $\sigma=0.005$。请分析该工序的加工质量，应如何加以改进？

$\dfrac{X-\bar{X}}{\sigma}$	1.00	2.00	2.50	3.00
F	0.3413	0.4772	0.4938	0.4987

(2) 在热平衡条件下，磨一批 $\phi 18_{-0.035}$ 的光轴，工件尺寸呈正态分布，现测得平均尺寸 $x=17.975$，标准偏差 $\sigma=0.01$。试计算工件的分散尺寸范围与废品率。

$\dfrac{X-\bar{X}}{\sigma}$	1.00	2.00	2.50	3.00
F	0.3413	0.4772	0.4938	0.4987

第5章 夹具设计

教学目标 ▌▌

在机械加工中，必须使工件、夹具、刀具和机床之间保持正确的相互位置，才能加工出合格的零件。即工件在夹具中定位正确和夹紧可靠，夹具在机床上安装正确，刀具相对于工件的位置正确。

本章主要介绍专用夹具设计的基本知识和方法，包括定位元件的选择、定位误差的分析与计算、加紧力的确定及典型夹紧装置、各类机床夹具的基本类型、特点和设计要点，专用机床夹具设计的基本方法与步骤。简单介绍了组合夹具的基本概念。

通过本章的学习，能根据零件的结构和加工要求，合理确定零件的定位和夹紧方案，初步掌握专用机床夹具的设计方法与技巧。

教学重点和难点 ▌▌

- 定位误差的分析与计算
- 各类典型夹具的特点和设计要点
- 专用夹具的设计方法

案例导入 ▌▌

如图 1.42(a)所示的轴套工件，其内、外表面和端面均已加工完毕，现需要在其外圆柱面上距端部(37.5 ± 0.02)mm 处加工一$\phi 6H7$ 的孔，如通过划线找正定位的方法实现，精度难以保证，而且操作不便，生产率也不高。现根据零件的结构特点和精度要求，按照基准重合的原则，选择轴套内孔$\phi 6H7$ 和左端面作为定为基准，在如图 1.42(b)所示的钻夹具中通过定位销 6 实现工件的定位，并通过开口垫圈 4 和螺母 5 实现工件的轴向压紧，由安装在钻模板上的钻套引导刀具，再通过夹具体和钻模板确定钻套和工件之间的位置。加工时工件的定位、夹紧和刀具的引导全部由夹具完成，不仅操作方便，降低了对操作人员的要求，而且生产效率更高。因此，在大批量生产中，工件的安装主要靠专用夹具来完成，专用夹具的设计直接关系到工件的加工质量以及加工的生产率。

5.1 工件的定位方式及定位元件

工件的定位是通过工件上的定位表面与夹具上的定位元件的配合或接触来实现的。定位基准是确定工件位置时所依据的基准，它通过定位基面所体现。如图 5.1 所示，轴套工件以圆孔在心轴上定位，工件的内圆面称为定位基面，它的轴线称为定位基准；与此对应，定位元件心轴的外圆柱面称为限位基面，心轴的轴线称为限位基准。工件以平面与定位元件接触时，工件上实际存在的面是定位基面，它的理想状态是定位基准。如果工件上实际存在的平面形状误差很小，可认为定位基面与定位基准重合。同样，定位元件以平面限位时，如果形状误差很小，也可以认为限位基面与限位基准重合。工件在夹具上定位时，理论上定位基准与限位基准应重合，定位基面与限位基面应接触。定位基面与限位基面合称为定位副。当工件有几个定位基面时，限制自由度最多的称为主要定位面，相应的限位基面称为主要限位面。定位元件的选择及其制造精度直接影响工件的定位精度和夹具的制造及使用性能。

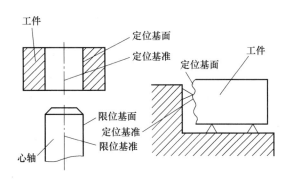

图 5.1　基准与基面

5.1.1　定位元件的主要技术要求和常用材料

1. 对定位元件的基本要求

(1) 足够的精度：定位元件应具有足够的精度，以保证工件的定位精度。

(2) 较好的耐磨性：由于定位元件的工作表面经常与工件接触和摩擦，容易磨损，为此，要求定位元件工作表面的耐磨性要好，以保持使用寿命和定位精度。

(3) 足够的强度和刚度：定位元件在受工件重力、夹紧力和切削力的作用时，不应变形和损坏，因此，要求定位元件有足够的刚度和强度，否则会影响工件定位精度。

(4) 较好的工艺性：定位元件应便于制造、装配和维修。

(5) 便于清除切屑：定位元件的工作表面形状应有利于清除切屑，以防切屑嵌入而影响精度。

2. 常用定位元件及所能限制的自由度

常用定位元件可按工件定位基准面的形状分为以下三种。

(1) 用于平面定位的定位元件：包括固定支承(支承钉和支承板)、自位支承、可调支承和辅助支承等。

(2) 用于外圆柱面定位的定位元件：包括 V 形块、定位套和半圆定位座等。

(3) 用于孔定位的定位元件：包括定位销(圆柱定位销和圆锥定位销)、圆柱心轴和小锥度心轴等。

应根据工件定位基面的形状和定位元件的结构特点选择定位元件。

常用定位元件所能限制的自由度如表 5.1 所示。

表 5.1 典型定位元件的定位分析

工件的定位面		夹具的定位元件			
平面	支承钉	定位情况	1个支承钉	2个支承钉	2个支承钉
		图示			
		限制自由度	$\vec{Y}$	$\vec{X},\hat{Z}$	$\hat{X},\vec{Y},\hat{Z}$
平面	支承板	定位情况	1块条形支承板	2块条形支承板	1块矩形支承板
		图示			
		限制自由度	$\vec{X},\hat{Z}$	$\hat{X},\vec{Y},\hat{Z}$	$\hat{X},\vec{Y},\hat{Z}$
孔	圆柱销	定位情况	短圆柱销	长圆柱销	两段短圆柱销
		图示			
		限制自由度	$\vec{X},\vec{Z}$	$\vec{X},\vec{Z},\hat{X},\hat{Z}$	$\vec{X},\vec{Z},\hat{X},\hat{Z}$
	圆锥销	定位情况	固定圆锥销	浮动圆锥销	固定与浮动锥销组合
		图示			
		限制自由度	$\vec{X},\vec{Y},\vec{Z}$	$\vec{X},\vec{Z}$	$\vec{X},\vec{Y},\vec{Z},\hat{X},\hat{Z}$
	心轴	定位情况	长圆柱心轴	短圆柱心轴	小锥度心轴
		图示			
		限制自由度	$\vec{X},\vec{Z},\hat{X},\hat{Z}$	$\vec{X},\vec{Z},$	$\vec{X},\vec{Z},\hat{X},\hat{Z}$
外圆柱面	V形块	定位情况	1块短V形块	2块短V形块	1块长V形块
		图示			
		限制自由度	$\vec{X},\vec{Z}$	$\vec{X},\vec{Z},\hat{X},\hat{Z}$	$\vec{Y},\vec{Z},\hat{Y},\hat{Z}$

工件的定位面	夹具的定位元件			
外圆柱面	定位套	定位情况	1 个短定位套	2 个短定位套	1 个长定位套
		图示	(图示)	(图示)	(图示)
		限制自由度	$\vec{Y},\vec{Z}$	$\vec{Y},\vec{Z},\hat{Y},\hat{Z}$	$\vec{Y},\vec{Z},\hat{Y},\hat{Z}$
圆锥面	锥顶尖及锥度心轴	定位情况	固定顶尖	浮动顶尖	大锥度心轴
		图示	(图示)	(图示)	(图示)
		限制自由度	$\vec{X},\vec{Y},\vec{Z}$	$\vec{X},\vec{Z}$	$\vec{X},\vec{Y},\vec{Z},\hat{X},\hat{Z}$

5.1.2　工件以平面定位时的定位元件

1. 主要支承

用来限制工件的自由度，起定位作用。常用的元件有固定支承、自位支承和可调支承三种。

(1) 固定支承。固定支承有支承钉和支承板两种形式，其结构和尺寸均已标准化。

① 支承钉。支承钉有平头、球头、齿纹头三种。其中，平头支承钉用于面积较小且经过加工的平面定位，如图 5.2(a)所示；球头支承钉用于未经加工的平面定位，如图 5.2(b)所示；齿纹头支承钉用于侧面定位或未经加工的平面定位，如图 5.2(c)所示。

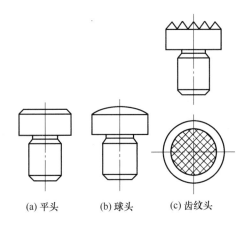

(a) 平头　　　(b) 球头　　　(c) 齿纹头

图 5.2　支承钉

② 支承板。支承板用于面积较大、经过加工的平面定位，有不带斜槽 A 型和带斜槽 B 型两种，如图 5.3 所示。其中，带斜槽的支承板(见图 5.3(a))，便于清除切屑，采用较多；不带斜槽的支承板(见图 5.3(b))则主要被用于侧面定位。

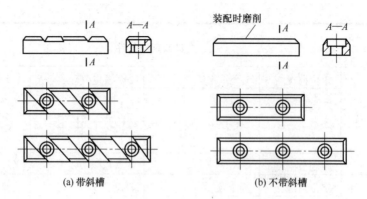

(a) 带斜槽　　　　　　　　　　　　(b) 不带斜槽

图 5.3　支承板

(2) 自位支承。自位支承又称浮动支承，在定位过程中能自动调整的位置。自位支承虽有两个或三个支承点，由于自位和浮动作用，只相当于一个支承点，如图 5.4 所示。

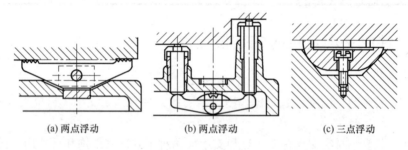

(a) 两点浮动　　　　　　　　(b) 两点浮动　　　　　　　　(c) 三点浮动

图 5.4　自位支承

(3) 可调支承。可调支承用于在工件定位过程中，支承钉的高度需要调整的场合。其结构如图 5.5 所示。

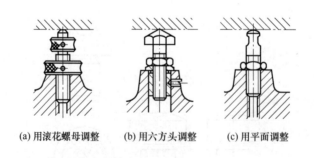

(a) 用滚花螺母调整　　　(b) 用六方头调整　　　(c) 用平面调整

图 5.5　可调支承

2．辅助支承

辅助支承用来提高工件的装夹刚度和稳定性，如图 5.6 所示。辅助支承不起限制工件自由度的作用，是在工件定位、夹紧后才工作，每个工件都要调整支承点高度，效率低。

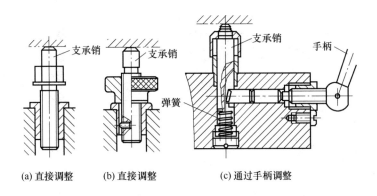

(a) 直接调整　　　(b) 直接调整　　　(c) 通过手柄调整

图 5.6　辅助支承

5.1.3　工件以内孔定位时的定位元件

1. 圆柱定位销(圆柱销)

图 5.7 为常用圆柱销的结构。圆柱销的结构和尺寸已标准化,不同直径的定位销有其相应的结构形式,可根据工件定位内孔的直径选用。其工作表面的直径尺寸与相应工件定位孔的基本尺寸相同,精度可根据工件的加工精度、定位孔的精度和工件装卸的方便,按g5、g6、f6、f7 制造。如图 5.7(a)～图 5.7(c)所示为固定式定位销,可直接用过盈配合装配在夹具体上,当定位销的工作表面直径 $d>3\sim10\text{mm}$ 时,为增加强度,避免定位销因撞击而折断或热处理时淬裂,通常采用图 5.7(a)所示形式。图 5.7(d)所示为可换式定位销,便于定位销磨损后进行更换,可用于大批量生产中。为便于工件的顺利装入,定位销的头部应有 15° 倒角。

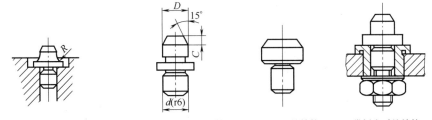

(a)$D>3\sim10\text{mm}$的结构　　(b)$D>10\sim18\text{mm}$的结构　　(c)$D>18\text{mm}$的结构　　(d) 带衬套时的结构

图 5.7　定位销

2. 圆锥定位销(圆锥销)

圆锥定位销如图 5.8 所示。图 5.8(a)所示的结构用于未经加工的孔定位;图 5.8(b)所示的结构用于已加工孔的定位;图 5.8(c)所示形式为浮动圆锥销,用于工件需平面和圆孔同时定位的情况。

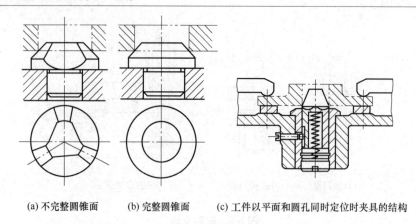

(a) 不完整圆锥面　　(b) 完整圆锥面　　(c) 工件以平面和圆孔同时定位时夹具的结构

图 5.8　圆锥定位销

3.心轴

常用的心轴有圆柱心轴和小锥度心轴。图 5.9 为常用心轴的结构形式。它主要用于套类、盘类零件的车削、磨削和齿轮加工中。为了便于夹紧和减小工件因间隙造成的倾斜，常以孔和端面联合定位。因此，工件定位内孔与基准端面应有较高的垂直度。图 5.9(a)所示为间隙配合心轴，装卸方便，但定心精度不高。图 5.9(b)所示为小锥度心轴，采取过盈配合，制造简单，定位准确，不用另设夹紧装置，但装卸不便，适于工件定位精度不低于 IT7 的精车和磨削加工，不能加工端面。图 5.9(c)所示为花键心轴，用于以花键孔定位的工件。

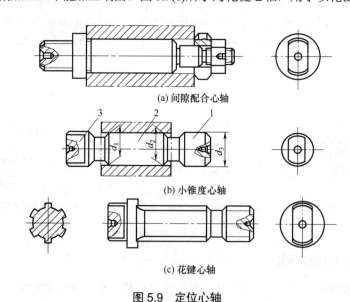

(a) 间隙配合心轴

(b) 小锥度心轴

(c) 花键心轴

图 5.9　定位心轴

1—引导部分；2—工作部分；3—传动部分

5.1.4　工件以外圆定位时的定位元件

1.V 形块

V 形块工作面间的夹角常取 60°、90°、120° 三种，其中 90° 的 V 形块应用最多。90°

V 形块的典型结构和尺寸已标准化，使用时可根据定位圆柱面的长度和直径进行选择。V
形块结构有多种形式，图 5.10(a)所示为用于较短的经过加工的外圆面定位；图 5.10(b)所示
为用于较长的未经加工的圆柱面定位；图 5.10(c)所示为用于较长的加工过的圆柱面定
位；如图 5.10(d)所示为用于工件较长、直径较大的重型工件的圆柱面定位，这种 V 形块
一般制作成在铸铁底座上镶淬硬支承板或硬质合金板的结构形式。

除上述固定 V 形块外，夹具上还经常采用活动 V 形块。活动 V 形块除具有定位作用
外，还兼有夹紧作用。

使用 V 形块定位的优点一是对中性好，二是可用于非完整外圆表面的定位。因此，V
形块是应用最多的定位元件之一。

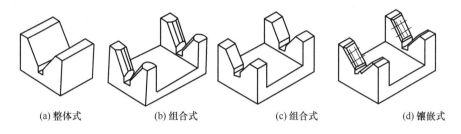

(a) 整体式　　　　(b) 组合式　　　　(c) 组合式　　　　(d) 镶嵌式

图 5.10　V 形块

2．定位套

定位套常用作工件定位圆柱面精度较高(一般不低于 IT8)时的定位元件，有定位套和半
圆形定位座两种形式，如图 5.11 所示。为了限制工件的轴向移动自由度，定位套常与其端
面配合使用。图 5.12 所示为半圆形定位座，适用于轴类及轴向装卸不便的工件，不宜以整
个圆孔定位的情况，其下面的半圆套起定位作用，上面的半圆套起夹紧作用。采用半圆套
定位时，限制工件自由度的情况与定位套相同，但工件定位基准面的精度不应低于 IT8～
IT9，半圆套的最小内径应取定位基准面的最大直径。

定位套结构简单、制造容易，但定心精度不高，一般适用于精基准的定位。为了限制
工件的轴向移动自由度，定位套常与其端面配合使用。

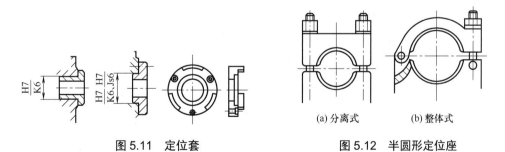

图 5.11　定位套　　　　　　　　　　图 5.12　半圆形定位座

(a) 分离式　　(b) 整体式

5.1.5　工件以一面二孔定位时的定位元件

在加工箱体、杠杆、盖板和支架等工件时，工件常以两个互相平行的孔及与两孔轴线
垂直的大平面为定位基准面。如图 5.13 所示，所用的定位元件为一支承板，它限制了工件
的三个自由度；一个短圆柱销，它限制了工件的两个自由度；一个菱形销(或称削边销)，

它可限制工件绕圆柱销转动的一个自由度。这种定位，即以工件的一个面、两个孔(简称"一面两孔")形成组合定位。工件以一面两孔定位，共限制了工件的六个自由度，属于完全定位形式，而且易于做到在工艺过程中的基准统一，便于保证工件的相互位置精度。

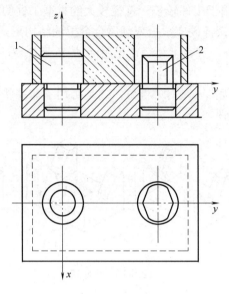

图 5.13　工件以一面两孔定位

工件以一面两孔定位时，如不采用一个圆柱销和一个削边销，而是采用两个短圆柱销，则平面限制了 3 个自由度($\hat{z}$、$\hat{x}$、$\hat{y}$)，短圆柱销 1 限制两个自由度 $\hat{x}$、$\hat{y}$，短圆柱销 2 限制两个自由度 $\hat{y}$、$\hat{z}$。其中，自由度 $\hat{y}$ 被重复限制，属过定位。此时，由于工件上定位孔的孔距及夹具上两销的销距都有误差，当误差较大时，这种过定位会导致两定位销无法同时进入工件定位孔内。为解决这一过定位问题，可将定位销 2 在定位干涉方向(y 方向)上削边，做成如图 5.14 所示的菱形销，以避免干涉。装配时，应使菱形销的削边方向垂直于两销连心线方向。

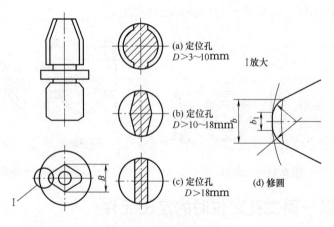

图 5.14　菱形销的结构

工件上的两个定位孔可以是零件结构上原有的孔，也可以是为了实现一面两孔定位而专门加工出来的工艺孔。

采用一面两孔定位时，圆柱销、菱形销的主要参数确定如下。

(1) 圆柱销的直径 d_1 的基本尺寸及公差。圆柱销的基本尺寸应等于与之相配合的工件定位孔的最小极限尺寸，其公差一般取 g6 或 f7。

(2) 圆柱销与菱形销之间的中心距及公差。两销之间的中心距的平均尺寸应等于工件上两定位孔之间中心距的平均尺寸，其公差一般为

$$\delta_{Ld} = \left(\frac{1}{3} \sim \frac{1}{5}\right)\delta_{LD} \tag{5-1}$$

式中：δ_{Ld}、δ_{LD}——两销之间中心距的公差和两定位孔之间中心距的公差。

其中，工件加工精度要求较高时取 1/5，加工精度较低时取 1/3。

(3) 菱形销的直径 d_2 的基本尺寸及公差。菱形销的直径 d_2 及其公差可按下列步骤确定。

先按表 5.2 查得菱形销的 b(采用修圆菱形销时应为 b_1)与 B，再代入式(5-2)进行计算：

$$d_{2\max} = D_{2\min} - \frac{b(\delta_{Ld} + \delta_{LD})}{D_{2\min}} \tag{5-2}$$

式中：$d_{2\max}$——允许的菱形销直径的最大值；

$D_{2\min}$——与菱形销相配合的孔的最小极限尺寸。

销与孔的配合一般取 h6。由于其上偏差为零，故 $d_{2\max}$ 等于菱形销直径 d_2 的基本值。

表 5.2　菱形销的尺寸

单位：mm

D_2	>3~6	>6~8	>8~20	>20~24	>24~30	>30~40	>40~50
B	d-0.5	d-1	d-2	d-3	d-4	d-5	d-5
b_1	1	2	3	3	3	4	5
b	2	3	4	5	5	6	8

5.2　定位误差的分析与计算

在前面几部分内容中，分别讨论了根据工件的加工要求，确定工件应被限制的自由度，以及选择工件定位基准和根据工件定位面的情况选择合适的定位元件等问题。但还没讨论是否能满足工件加工精度的要求，要解决这一问题，需要进行工件定位误差的分析和计算来判断。考虑到加工中还存在其他误差，因此，如果工件的定位误差不大于工件加工尺寸公差值的1/3，一般认为该定位方案能满足本工序加工精度的要求。

5.2.1　产生定位误差的原因

定位误差是由于工件在夹具上(或机床上)的定位不准确而引起的加工误差。例如，在轴上铣键槽，要保证尺寸 H(见图 5.15)。若采用 V 形块定位，键槽铣刀按尺寸 H 调整好位置，由于工件外圆直径有公差，使工件中心位置发生变化，造成加工尺寸 H 发生变化(若不考虑加工过程中产生的其他加工误差)。此变化量(即加工误差)是由于工件的定位而引起的，故称为定位误差。

定位误差的来源主要包括两个方面。

1. 基准不重合误差

由于工件的工序基准与定位基准不重合而造成的加工误差称为基准不重合误差，用Δ_B表示。

如图 5.16 所示，工件以底面定位铣台阶面，要求保证尺寸 A，工序基准为工件顶面，定位基准为底面，这时刀具的位置按定位面到刀具端面间的距离 D(调整尺寸)调整，由于一批工件中尺寸 B 的公差使工件顶面(工序基准)位置在一范围内变动，从而使加工尺寸 A 产生误差。这个误差就是基准不重合误差，它等于工序基准相对于定位基准在加工尺寸方向上的最大变动量。

基准不重合误差的大小等于工序基准到定位基准的距离(称为定位尺寸)的公差，即：

$$\Delta_B = B_{max} - B_{min} = T$$

需要注意的是，当定位基准和工序基准不重合，并且工序基准的变动方向和加工尺的方向不一致时，基准不重合误差等于定位尺寸的公差在加工尺寸方向上的投影。

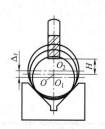

图 5.15　基准不重合引起的定位误差

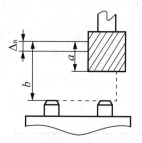

图 5.16　定位误差

2. 基准位移误差

由于定位副制造不准确，使定位基准在加工尺寸方向上产生位移，导致各个工件的位置不一致而造成的加工误差，称为基准位移误差，用Δ_Y表示。

图 5.17 所示为在圆柱面上铣键槽，加工尺寸为 A 和 B。图 5.17(b)所示为加工示意图。工件以内孔在圆柱心轴上定位，O 是心轴轴心(限位基准)，O_1、O_2 是工件孔的轴心(定位基准)。轴按 $d_{-T_d}^{0}$ 制造，工件内孔的尺寸为 $D_0^{+T_D}$。对工序尺寸 A 而言，工序基准与定位基准重合，$\Delta_B=0$。但由于心轴外圆和工件内孔都存在制造误差，造成定位基准与限位基准在一定范围内变化，致使加工尺寸 A 也发生变化($A_{min} \sim A_{max}$)，即基准位移误差。

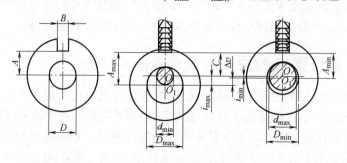

(a) 工序简图　　　　　　　(b) 定位示意图

图 5.17　基准位移误差

由图 5.17 可以求出基准位移误差 Δ_Y：

$$\Delta_Y = O_1 O_2 = O O_1 - O O_2 = \frac{D_{max} - d_{min}}{2} - \frac{D_{min} - d_{max}}{2}$$

$$= \frac{D_{max} - D_{min}}{2} + \frac{d_{max} - d_{min}}{2} = \frac{T_D}{2} + \frac{T_d}{2} \tag{5-3}$$

从式(5-3)可以看出，基准位移误差是由定位副的制造误差造成的。

由上面的分析可知：①定位误差只产生在按调整法加工一批工件的情况下，用试切法加工时，不存在定位误差；②定位误差(包括基准不重合误差和基准位移误差)都与工件的定位方式有关。

5.2.2　定位误差的计算方法

根据定位误差产生的原因，定位误差应由基准不重合误差 Δ_B 与基准位移误差 Δ_Y 组合而成。可表示为

$$\Delta_D = \Delta_Y \pm \Delta_B \tag{5-4}$$

在具体计算时，先分别求出 Δ_B 和 Δ_Y，然后按公式(5-4)将两项合成。合成的方法如下：

(1) 当 $\Delta_B \neq 0$，$\Delta_Y = 0$ 时，$\Delta_D = \Delta_B$。

(2) 当 $\Delta_B = 0$，$\Delta_Y \neq 0$ 时，$\Delta_D = \Delta_Y$。

(3) 当 $\Delta_B \neq 0$，$\Delta_Y \neq 0$ 时，如果工序基准不在定位基面上，$\Delta_D = \Delta_Y + \Delta_B$；如果工序基准在定位基面上，则 $\Delta_D = \Delta_Y \pm \Delta_B$。

"+""−"的确定方法如下。

(1) 分析定位基面直径由小变大(或由大变小)时，定位基准的变动方向。

(2) 当定位基面直径作同样变化时，设定位基准的位置不变动，分析工序基准的变动方向。

(3) 两者变动方向相同时，取"+"号，反之取"−"号。

这种情况只可能出现在工件以曲面作为定位基准面时，如工件以平面定位，由于一般情况下 $\Delta_Y = 0$，所以不存在两项误差的合成问题。

5.2.3　常见定位方式的定位误差计算

1. 工件以平面定位时定位误差的计算

工件以平面定位时，由于定位副容易制造得准确，可视 $\Delta_Y = 0$；若工件以粗基准定位，则工序尺寸的公差值很大($> \Delta_Y$)，也可视 $\Delta_Y = 0$。故只计算 Δ_B 即可。

例 5.1　按图 5.18(a)所示的定位方案铣工件上的台阶面，试分析和计算工序尺寸 (20±0.15)mm 的定位误差，并判断这一方案是否可行。

解　由于工件以 B 面为定位基准，而加工尺寸(20±0.15)mm 的工序基准为 A 面，两者不重合，所以存在基准不重合误差。工序基准和定位基准之间的联系尺寸是 (40±0.14)mm，因此基准不重合误差 $\Delta_B = 0.28$mm。

当因为工件以加工过的平面定位时，不考虑定位副的制造误差，即$\varDelta_Y=0$，所以

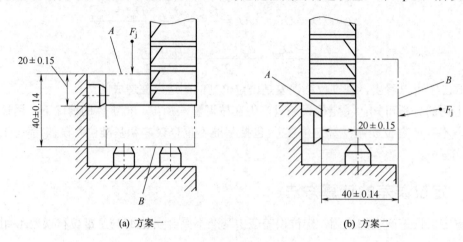

(a) 方案一   (b) 方案二

图 5.18　工件以平面定位时误差计算

$$\varDelta_D = \varDelta_B = 0.28\text{mm} > \left[\left(\frac{1}{3}\right) \times 2 \times 0.15\right]\text{mm} = 0.1\text{mm}$$

由于定位误差 0.28mm 远大于工序尺寸公差值 0.3mm 的 1/3，故该定位方案不能保证加工精度。若将工件转 180°，采用如图 5.17(b)所示的定位方案，由于基准重合，$\varDelta_D = \varDelta_B = 0$，则此方案可行。

2．工件以内孔在心轴(或圆柱销)上定位时定位误差的计算

工件以内孔作为定位基准时的定位误差，与工件内孔的制造精度、定位元件的放置形式、定位基面与限位基面的配合性质及工序基准与定位基准是否重合等因素有关。

如图 5.19 所示，工件以内孔在水平放置的心轴上定位。对图 5.18(b)~图 5.18(g)所示要保证的工序尺寸而言，采用了同一种定位方案，工件内孔中心线为定位基准，工件内孔圆柱面为定位基准面，定位心轴的外圆柱面为限位基面。所以，基准位移误差基本上是相同的，但由于被铣削面 P 的工序基准不同，造成不同情况下产生的基准不重合误差不同。相应的定位误差也就有所不同。

(1) 由图 5.19(a)及式(5-3)可知，图 5.19(b)~图 5.19(f)所示各种情况下的基准位移误差均为

$$\varDelta_Y = \frac{\delta_D + (\delta_{d_2} - \delta_{d_1})}{2}$$

(2) 如图 5.19(b)所示，当工序尺寸为 H_1 时，工序基准为工件外圆柱面的下母线，工序基准与定位基准不重合，故 $\varDelta_B = \delta_d / 2$。

又因工序基准不在定位基准面(工件内孔圆柱面)上，所以有

$$\varDelta_D = \varDelta_B + \varDelta_Y = \frac{\delta_D + (\delta_{d_2} - \delta_{d_1}) + \delta_d}{2}$$

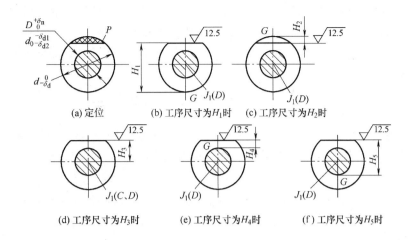

图 5.19　工件以内孔定位时定位误差分析

(3)　如图 5.19(c)所示，当工序尺寸为 H_2 时，工序基准与定位基准不重合，故
$$\Delta_B = \delta_d / 2$$
又因工序基准不在定位基准面上，所以同样可得
$$\Delta_D = \Delta_B + \Delta_Y = \frac{\delta_D + (\delta_{d_2} - \delta_{d_1}) + \delta_d}{2}$$

(4)　如图 5.19(d)所示，当工序尺寸为 H_3 时，工序基准与定位基准重合，即
$$\Delta_B = 0$$
所以
$$\Delta_D = \Delta_Y = \frac{\delta_D + (\delta_{d_2} - \delta_{d_1})}{2}$$

(5)　如图 5.19(e)所示，当工序尺寸为 H_4 时，工序基准与定位基准不重合。故
$$\Delta_B = \delta_D / 2$$

因工序基准在定位基准面上，所以，需分析基准不重合误差与基准位移误差如何合成，如当定位基面(即工件内孔)由小变大，假设定位基准位置不变，则工序基准随着内孔的变大而向上移动，工序尺寸变小；当工件内孔由小变大后，定位基面与定位元件相脱离，这时，在重力的作用下工件向下移动，直到内孔上母线与心轴上母线相接触为止，因此定位基准与工序基准也随之向下移动，工序尺寸随之变大。由于两种情况下工序尺寸变化方向相反，故根据公式(5-4)及 "+" "−" 号确定方法可得
$$\Delta_D = \Delta_Y - \Delta_B = \frac{\delta_D + (\delta_{d_2} - \delta_{d_1})}{2} - \frac{\delta_D}{2} = \frac{(\delta_{d_2} - \delta_{d_1})}{2}$$

(6)　如图 5.19(f)所示，当工序尺寸为 H_5 时，工序基准为工件内孔下母线，工序基准与定位基准不重合，且工序基准在定位基准面上，与上述(5)分析的方法相同。根据式(5-4)及 "+" "−" 号确定方法可知 Δ_B 与 Δ_Y 应相加，故
$$\Delta_D = \Delta_Y + \Delta_B = \frac{\delta_D + (\delta_{d_2} - \delta_{d_1})}{2} + \frac{\delta_D}{2} = \frac{2\delta_D + (\delta_{d_2} - \delta_{d_1})}{2}$$

应该注意：心轴水平放置与竖直放置时基准位移误差的计算方法是不一样的，前者因

重力作用，工件与心轴的接触为固定边接触，即工件内孔上母线与心轴上母线接触，定位基准的位移方向总是向下，其位移量为 $X_{\min}/2$（$X_{\min}$ 为孔和心轴之间的最小配合间隙）。因此，在加工前，应预先将刀具向下调低 $X_{\min}/2$，这时最小配合间隙 $X_{\min}$ 不影响定位精度，基准位移误差为

$$\Delta_Y = \frac{\delta_D + (\delta_{d_2} - \delta_{d_1})}{2} \tag{5-5}$$

而当心轴竖直放置时，工件内孔与心轴是任意边接触，即定位基准的位移可在任意方向。因此，工件内孔与心轴之间的最小配合间隙影响了定位精度，基准位移误差为

$$\Delta_Y = D_{\max} - d_{\min} = \delta_D + (\delta_{d_2} - \delta_{d_1}) + X_{\min} \tag{5-6}$$

凡能预知心轴与孔接触方式的定位，都能用式(5-5)或式(5-6)计算基准位移误差。

当采用弹性可涨心轴为定位元件时，则定位元件与定位基准之间无相对位移，因此基准位移误差为零。

3. 工件以外圆柱面定位时定位误差的计算

工件以外圆定位时，常见的定位元件为各种定位套、支承板和 V 形块等。定位套定位和支承板定位时误差分析与前述以内孔定位相似。下面分析工件以外圆在 V 形块上定位时的定位误差。

如图 5.20(a)所示，工件以外圆柱面在 V 形块上定位，定位基准为工件中心线，定位基准面为工件外圆柱面。当工序基准不同时，基准不重合误差是不一样的；如不考虑 V 形块的制造误差，由于 V 形块具有对中性好的特点，因此，工件在垂直于 V 形块对称面方向上的基准位移误差为零，而在 V 形块对称面方向上的基准位移误差均为

$$\Delta_Y = OO_1 = \frac{d}{2\sin(\alpha/2)} - \frac{d - \delta_d}{2\sin(\alpha/2)}$$

$$= \frac{\delta_d}{2\sin(\alpha/2)} \tag{5-7}$$

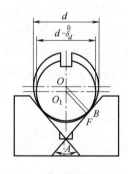
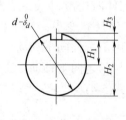

(a) 定位方案　　　　　(b) 槽深的三种标注

图 5.20　工件以外圆柱面在 V 形块上定位时定位误差分析

图 5.20(b)所示为槽深的三种标注方法，下面分别计算它们的定位误差：

(1) 当工序尺寸为 H_1 时，定位基准和工艺基准重合，故 $\Delta_B=0$。

所以

$$\Delta_D = \Delta_Y = \frac{\delta_d}{2\sin\alpha}$$

(2) 当工序尺寸为 H_2 时，工序基准为外圆下母线，工序基准与定位基准不重合，故

$$\Delta_B = S_d / 2$$

因工序基准在定位基准面上，需要分析 Δ_B、Δ_Y 应如何合成。当定位基准面直径由小变大时，先暂时假设定位基准位置不变，则工序基准随定位基准面的直径变大而向下移动，工序尺寸变大；但实际上，当定位基准面的直径由小变大后，工件要在 V 形块上定位，就需向上移动，定位基准(即工件中心)及工序基准也随之向上移动，因此尺寸变小，所以公式(5-4)中符号取"−"号，即

$$\Delta_D = \Delta_Y - \Delta_B = \frac{\delta_d}{2\sin(\alpha/2)} - \frac{\delta_d}{2}$$

$$= \frac{\delta_d}{2}\left[\frac{1}{\sin(\alpha/2)} - 1\right]$$

(3) 当工序尺寸为 H_3 时，同样可知，公式(5-4)中应取"+"号外，故

$$\Delta_D = \Delta_Y + \Delta_B = \frac{\delta_d}{2\sin(\alpha/2)} + \frac{\delta_d}{2}$$

$$= \frac{\delta_d}{2}\left[\frac{1}{\sin(\alpha/2)} + 1\right]$$

注意：当上述定位用的外圆柱面直径的上偏差不为零时，上述各式中的 δ_d 应改为外圆直径的公差 T_d。

(4) 工序尺寸 10±0.15mm 的定位误差。

定位基准与工序基准重合，故 $\Delta_B = 0$。

由于定位孔销之间存在间隙，产生基准位移误差。孔销之间存在四种极限位置情况：两销同侧与孔接触(见图 5.22(a))；两销异侧与孔接触(见图 5.22(b))。后者造成工件相对夹具上两定位销连线发生偏移，产生最大转角误差 Δ_α。此时对加工尺寸 10±0.15mm 影响最大的是由转角误差产生的位移量，它大于两孔和两销同一侧接触的位移量，所以最大转角误差 Δ_α 所产生的基准位移量是定位误差。

基准位移误差对左右两端小孔的影响不同，应分别计算左端两小孔和右端两小孔的基准位移误差，取最大的作为 10±0.15mm 的基准位移误差。

例 5.2　图 5.21 为加工连杆盖四个定位销孔工序图，加工时采用一面两销定位方式。假设已知双销中心距 $L_d = (59 \pm 0.02)$mm，圆柱销直径 $d_1 = 12_{-0.017}^{-0.006}$mm，菱形销直径 $d_2 = 12_{-0.091}^{-0.08}$mm。求图中所注四孔有关工序尺寸的定位误差。

解　本工序的加工尺寸较多，除了四孔的直径和深度外，还有(63±0.1)mm、(20±0.1)mm、(31.5±0.2)mm 和(10±0.15)mm。其中，(63±0.1)mm 和(20±0.1)mm 没有定位误差，因为它们的大小主要取决于钻套间的距离，与工件定位无关；而(31.5±0.2)mm 和(10±0.15)mm 均受工件定位的影响，存在定位误差。

(1) 加工尺寸(31.5±0.2)mm 的定位误差。由于定位基准和工序基准不重合，定位尺寸为(29.5±0.1)mm，所以 $\Delta_B = 0.2$mm。

由于尺寸(31.5 ± 0.2)mm 的方向与两定位孔连心线平行，此时该方向的位移误差取决于孔与圆柱销间的最大间隙。所以

$$\Delta_Y = X_{1max} = 0.044\text{mm}$$

由于工序基准不在定位基面上，所以

$$\Delta_D = \Delta_Y + \Delta_B = 0.244\text{mm}$$

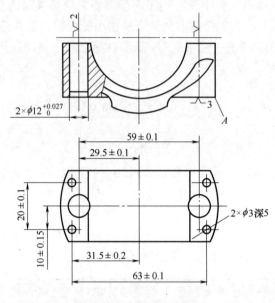

$2\times\phi12^{+0.027}_{0}$

59 ± 0.1

29.5 ± 0.1

20 ± 0.1

10 ± 0.15

$2\times\phi3$深5

31.5 ± 0.2

63 ± 0.1

图 5.21　连杆盖工序图

(2) 影响加工尺寸(10 ± 0.15)mm 的定位误差。因为定位基准与工序基准重合，故$\Delta_B=0$。定位基准与限位基准不重合将产生基准位移误差。位移的极限位置有四种情况：两孔两销同侧或另一侧单边接触(见图 5.22(a))，两孔和两销上、下错移接触(见图 5.22(b))。后者造成工件相对夹具上两定位销连线发生偏移，产生最大转角误差Δ_α。此时，对加工尺寸(10 ± 0.15)mm 的影响是最大转角误差产生的位移量，它大于两孔和两销同一侧接触的位移量，所以最大转角误差Δ_α所产生的基准位移量是定位误差。

由图 5.22(b)可得

$$\tan\Delta_\alpha = \frac{O_1O_1' + O_2O_{21}'}{2L} = \frac{X_{1max} + X_{1max}}{2L}$$

$$\Delta_\alpha = \arctan\frac{X_{1max} + X_{1max}}{2L}$$

实际上，工件还可能向另一方向偏转Δ_α，所以真正的转角误差应当是$\pm\Delta_\alpha$，代入数值计算得

$$\tan\Delta_\alpha = \frac{0.044 + 0.118}{2\times59} = 0.00128$$

从图 5.22 中可见，左边两小孔的基准位移误差为

$$\Delta_{Y1} = X_{1max} + 2L_2\tan\Delta_\alpha = 0.05\text{mm}$$

右边两小孔的基准位移误差为

$$\Delta_{Y2} = X_{21max} + 2L_2\tan\Delta_\alpha = 0.124\text{mm}$$

由于(10±0.15)mm 是对四小孔的同一要求，因此其定位误差为
$$\Delta_D = \Delta_{Y2} = 0.124\text{mm}$$

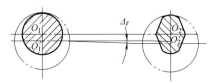

(a) 两销同侧与孔接触

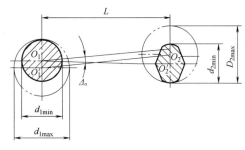

(b) 两销异侧与孔接触

图 5.22　一面两孔组合定位的定位误差

例 5.3　如图 5.23 所示为盖板零件简图，上、下两平面和 $2\times\phi 40_{0}^{+0.027}$ mm 孔均已加工完毕，现以下平面和 $2\times\phi 12_{0}^{+0.027}$ mm 孔定位，加工孔 Ⅰ、孔 Ⅱ 和孔Ⅲ以及通槽。试计算各工序尺寸的定位误差。已知圆柱销 $\phi 12_{-0.017}^{-0.006}$ mm，菱形销 $\phi 12_{-0.044}^{-0.033}$ mm，两销中心距为(200±0.015) mm。

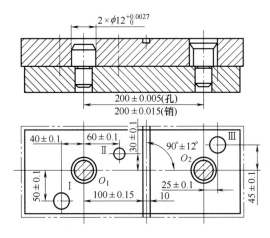

图 5.23　盖板零件简图

解　(1) 计算工序尺寸(40±0.1)mm 的定位误差。由于定位基准与工序基准重合，故 $\Delta_B=0$。

$$\Delta_D = \Delta_Y = D_{1\max} - d_{1\min} = (0.027 + 0.017)\ \text{mm}$$
$$= 0.044\text{mm} < \frac{1}{3} \times 0.2\text{mm} = 0.067\ \text{mm}$$

该定位误差小于工序尺寸公差的1/3，故初步判定能满足加工技术要求。

(2) 计算工序尺寸(60±0.1)mm 的定位误差。与上述(1)的计算方法相同，$\Delta_B =0$。

$$\Delta_D = \Delta_Y = D_{1max} - d_{1min} = (0.027 + 0.017)\,\text{mm}$$

$$= 0.044\text{mm} < \left(\frac{1}{3} \times 0.2\right)\text{mm} = 0.067\,\text{mm}$$

该定位误差小于工序尺寸的1/3，所以也能满足加工技术的要求。

(3) 计算工序尺寸(100±0.015)mm 的定位误差。与上述(1)和(2)的计算方法完全相同，$\Delta_B =0$。

$$\Delta_D = \Delta_Y = D_{1max} - d_{1min} = (0.027 + 0.017)\,\text{mm}$$

$$= 0.044\text{mm} < \left(\frac{1}{3} \times 0.3\right)\text{mm} = 0.1\,\text{mm}$$

故也能满足加工技术要求。

(4) 计算工序尺寸(25±0.1)mm 的定位误差。由于加工孔III时的定位基准是孔 O_1 的中心，而工序尺寸(25±0.1)mm 的工序基准是孔 O_2 的中心，故定位基准与工序基准不重合，所以$\Delta_B =(2\times0.05)\text{mm}=0.01\text{mm}$。而基准位移误差与上述几种情况相同，即

$$\Delta_Y = D_{1max} - d_{1min} = 0.044\,\text{mm}$$

由于工序基准不在定位基准面上，所以

$$\Delta_D = \Delta_B + \Delta_Y = (0.1 + 0.044)\text{mm} = 0.144\text{mm} > \left(\frac{1}{3} \times 0.2\right)\text{mm} = 0.067\text{mm}$$

故初步判定难以保证加工精度。但最终是否能保证加工精度，还需视加工过程中的其他误差大小而定。

从上述分析计算中可以看出，当工序尺寸与两定位孔中心连线方向一致时，定位误差计算是很简单的。而对于与两定位孔中心线相垂直的工序尺寸(50±0.1)mm、(30±0.1)mm、(45±0.1)mm 和垂直度来说，由于工件相对于两定位销可向同侧移动或向异侧交错移动，情况要复杂一些，主要是基准位移误差计算复杂。显然，对于工序尺寸(50±0.1)mm、(45±0.1)mm(即加工表面的位置不在两定位孔之间)和垂直度来说，当工件相对于两定位销向异侧交错移动后产生的基准位移误差最大。而对于工序尺寸(30±0.1)mm(即加工表面的位置处于两定位孔之间)来说，工件相对于两定位销向同侧移动后(即两定位孔中心连线的位置是 L_2 和 L_3 时)，产生的基准位移误差最大。

(5) 计算工序尺寸。工序尺寸(50±0.1)mm、(45±0.1)mm、(30±0.1)mm 和90°±12′的定位误差计算。由图 5.23 可以看出，工序尺寸(50±0.1)mm、(45±0.1)mm、(30±0.1)mm 和垂直度的定位基准与工序基准都是两定位孔的中心连线，即基准重合，故$\Delta_B =0$。其基准位移误差可用前述的转角误差计算公式计算，也可用相似形的比例关系计算。具体计算过程如下。

定位孔Ⅰ和定位孔Ⅱ在连心线的垂直方向上的最大位移分别是

$$X_{1max} = D_{1max} - d_{1min} = 0.044\text{mm}$$

$$X_{2max} = D_{2max} - d_{2min} = 0.071\text{mm}$$

(50±0.1)mm 的基准位移为

$$\Delta_{D50} = \Delta_{Y50} = X_{1max} + 2 \times 40 \times \tan \Delta_\alpha$$

$$= X_{1\max} + 2 \times 40 \times \frac{X_{1\max} + X_{2\max}}{2 \times 200}$$

$$= \left[0.044 + \frac{1}{5} \times (0.044 + 0.071) \right] = 0.067 \text{mm}$$

同理，可求得

$$\Delta_{D45} = \Delta_{Y45} = X_{1\max} + 2 \times (200 + 25) \times \tan \Delta_{\alpha}$$

$$= (X_{1\max} + 2 \times 200 \times \tan \Delta_{\alpha}) + 2 \times 25 \times \tan \Delta_{\alpha} = X_{2\max} + 2 \times 25 \times \tan \Delta_{\alpha}$$

$$= X_{2\max} + 2 \times 25 \times \frac{X_{1\max} + X_{2\max}}{2 \times 200}$$

$$= \left[0.071 + \frac{1}{8} \times (0.044 + 0.071) \right] = 0.085 \text{mm}$$

$$\Delta_{D30} = \Delta_{Y30} = X_{1\max} + 2 \times 60 \times \tan \Delta_{\alpha}'$$

$$= X_{1\max} + 2 \times 60 \times \frac{X_{2\max} - X_{1\max}}{2 \times 200}$$

$$= \left[0.044 + \frac{60}{200} \times (0.071 - 0.044) \right] = 0.052 \text{mm}$$

垂直度的基准位移误差即工件最大的双向转角误差，可利用式(5-13)直接计算

$$\Delta_{Y90^{\circ}} = \arctan \frac{X_{1\max} + X_{2\max}}{200}$$

$$= \arctan \frac{0.044 + 0.071}{200}$$

$$= 0.033^{\circ} \approx 2'$$

故工件的最大双向转角误差 $2' < \frac{1}{3} \times 24'$，由于该定位误差小于垂直度误差值的 1/3，因此该定位方案可行。

5.3　工件的夹紧

在工件定位之后，切削加工之前，必须用夹紧装置将其夹紧，以保证工件在加工过程中，在切削力、重力、惯性力等的作用下不产生位移或振动，导致影响加工质量，甚至使加工无法顺利进行。因此，作为夹具重要组成部分的夹紧装置的合理选用与设计至关重要。夹紧装置也是机床夹具的重要组成部分，对夹具的使用性能和制造成本等有很大影响。

5.3.1　夹紧装置的组成和基本要求

1. 夹紧装置的组成

夹紧装置的结构形式很多。但就其组成来说，一般夹紧装置都是由力源装置、中间传力机构和夹紧装置三大部分组成。

(1) 力源装置：提供原始作用力的装置称为力源装置，常用的力源装置有液压装置、气动装置、电磁装置、电动装置、真空装置等。以操作者的人力为力源时，称为手动夹

紧，没有专门的力源装置。

(2) 中间传力机构：是将力源装置产生的力以一定的大小和方向传递给夹紧元件的机构。中间传力机构在传递力的过程中起着改变力的大小、方向、作用点和自锁的作用。手动夹紧必须有自锁功能，以防在加工过程中工件产生松动而影响加工过程，甚至造成事故。

(3) 夹紧元件：是夹紧装置的最终执行元件(即夹紧件)，它与工件直接接触，负责把工件夹紧。

如图 5.24 所示的夹具，其夹紧装置就是由液压缸(力源装置)、压板(夹紧元件)和连杆(中间传力机构)所组成。

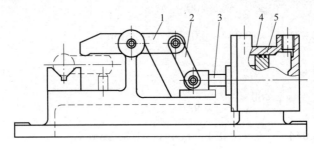

图 5.24　夹紧装置的组成

1—压板；2—连杆；3—活塞杆；4—液压缸；5—活塞

2．对夹紧装置的基本要求

(1) 加紧过程可靠：应保证夹紧不破坏工件在夹具定位元件上所获得的正确位置。

(2) 夹紧力大小适当：夹紧后的工件变形和表面压伤程度必须在加工精度的允许范围内。

(3) 结构工艺性好：夹紧装置的复杂程度应与生产纲领相适应，在保证生产率的前提下，结构应力求简单、紧凑，便于制造和维修。

(4) 使用性好：夹紧动作迅速，操作方便，安全省力。

5.3.2　确定夹紧力的原则

夹紧力的确定就是确定夹紧力的大小、方向和作用点。在确定夹紧力的三要素时，要分析工件的结构特点、加工要求、切削力及其他外力作用于工件的情况，而且必须考虑定位装置的结构形式和布置方式。

1．夹紧力方向和作用点的确定

(1) 夹紧力方向应朝向主要定位基准面。如图 5.25 所示，在直角支座上镗孔，工件被镗孔与 A 面垂直，故应以 A 面为主要定位基准面，在确定夹紧力方向时，应使夹紧力朝向 A 面(即主要定位基准面)，以保证孔与 A 面的垂直度。反之，若朝向 B 面，当工件 A、B 两面有垂直度误差时，就无法实现以主要定位基准面定位，影响所镗孔与 A 面垂直度要求。

(2) 夹紧力应朝向工件刚性好的方向。由于工件在不同的方向上刚度是不等的，不同的受力表面也因其接触面积大小不同而变形各异，夹紧力的方向应使工件变形尽可能小，尤其在夹紧薄壁零件时更要注意。图 5.26(a)所示的薄壁套筒，其轴向刚度比径向好，用卡爪径向夹紧，工件变形大，若沿轴向施加夹紧力，则变形会小得多。夹紧 5.26(b)所示薄壁箱体时，夹紧力不应作用在箱体的顶面，而应作用在刚性好的凸缘上。当箱体没有凸缘时，可在顶部采取多点夹紧以分散夹紧力，来减少夹紧变形。

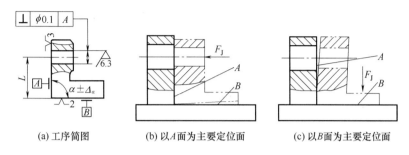

图 5.25　夹紧力方向示意图

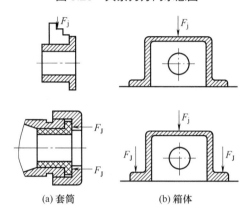

图 5.26　夹紧力的方向和作用点与夹紧变形的关系

(3) 夹紧力方向应尽可能实现"三力"同向，以便减小所需的夹紧力。当夹紧力、切削力、工件自身重力的方向均相同时，加工过程中所需的夹紧力最小，从而能简化夹紧装置结构和便于操作，且利于减少工件变形。

(4) 夹紧力作用点应落在定位元件的支承区域内。图 5.27 所示为夹紧力作用点位置不合理的实例。夹紧力作用点位置不合理，会使工件倾斜或移动，破坏工件的定位。

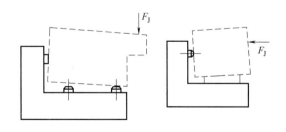

图 5.27　夹紧力作用点的位置不正确

(5) 夹紧力作用点应尽量靠近加工部位。夹紧力作用点靠近加工部位可提高加工部位的夹紧刚性，防止或减少工件振动。如图 5.28 所示，主要夹紧力 F_J 垂直作用于主要定位基准面，如果不再施加其他夹紧力，因夹紧力 F_J 没有靠近加工部位，在加工过程中易产生振动。所以，应在靠近加工部位处采用辅助支承并施加夹紧力 F_J 或采用浮动夹紧装置，既可提高工件的夹紧刚度，又可减小振动。

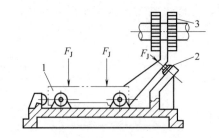

图 5.28　夹紧力作用点应尽量靠近加工部位

1—工件；2—辅助支承；3—铣刀

2．夹紧力大小的确定

夹紧力的大小要适当，夹紧力太小，难以夹紧工件；夹紧力过大，将增大夹紧装置的结构尺寸，且会增大工件变形，而影响加工质量。

理论上，夹紧力的大小应与在加工过程中工件受到切削力、离心力、惯性力及重力等力的合力或力矩相平衡。实际上，在加工过程中，切削力本身是变化的，夹紧力的大小还与工艺系统的刚性、夹紧装置的传递效率等有关。所以夹紧力的计算是一个很复杂的问题，一般只能在静态下进行粗略估算。

估算夹紧力的方法具体如下。

(1)　先假设工艺系统为刚性系统，切削过程处于稳定状态。

(2)　常规情况下，只考虑切削力(矩)在力系中的影响，切削力(矩)用有关公式计算。

(3)　对重型工件应考虑工件重力的影响，在工件做高速运动的场合，必须计入惯性力。

(4)　分析对夹紧最不利的瞬时状态，按静力平衡方程式计算此状态下所需的夹紧力，即为计算夹紧力。

(5)　将计算夹紧力再乘以安全系数 K，即为实际所需的夹紧力。K 的具体数值可查有关手册，一般取 $K=1.5\sim3$。

夹紧力计算实例可参考夹具设计手册。

5.3.3　常用夹紧装置

夹紧装置的种类很多，这里只简单介绍其中一些典型装置，其他实例详见有关手册或图册。

1．斜楔夹紧装置

图 5.29 所示为几种斜楔夹紧装置夹紧工件的实例。图 5.29(a)所示为工件上钻互相垂直的 $\phi8mm$、$\phi5mm$ 的两个孔。工件装入后，锤击斜楔大头、夹紧工件。加工完成后，锤击小头，松开工件。由于用斜楔直接夹紧工件时夹紧力小且费时、费力，所以生产实践中单独应用的不多，一般情况下是将斜楔与其他机构联合使用。图 5.29(b)所示为将斜楔与滑柱压板组合而成的机动夹紧装置。图 5.29(c)所示为由端面斜楔与压板组合而成的手动夹紧装

置。当用斜楔手动夹紧工件时，应使斜楔具有自锁功能，即斜楔的斜面升角应小于斜楔与工件和斜楔与夹具体之间的摩擦角之和(见图 5.29(a))。

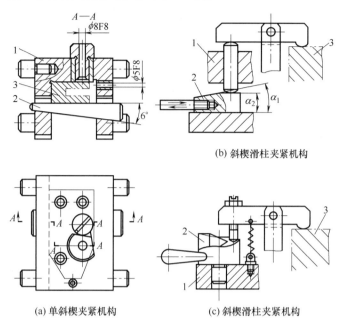

(b) 斜楔滑柱夹紧机构

(a) 单斜楔夹紧机构   (c) 斜楔滑柱夹紧机构

图 5.29 斜楔夹紧装置

1—夹具体；2—斜楔；3—工件

2. 螺旋夹紧装置

采用螺旋直接夹紧或采用螺旋与其他元件组合实现夹紧的机构，称为螺旋夹紧装置。图 5.30 所示为应用这种机构夹紧工件的实例。

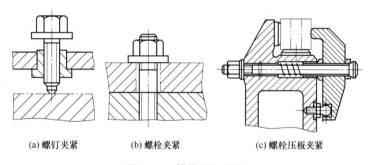

(a) 螺钉夹紧   (b) 螺栓夹紧   (c) 螺栓压板夹紧

图 5.30 螺旋夹紧装置

螺旋夹紧装置不仅结构简单，容易制造，而且由于螺旋相当于平面斜楔缠绕在圆柱表面形成，且螺旋线长、升角小，所以螺旋夹紧装置自锁性能好、夹紧力和夹紧行程大，是应用最广泛的一种夹紧装置。其缺点是夹紧动作慢，所以在机动夹紧装置中较少应用。

(1) 简单螺旋夹紧装置：图 5.30(a)、图 5.30(b)所示为直接用螺钉或螺母夹紧工件的机构，称为简单螺旋夹紧装置。在图 5.30(a)中，螺钉头直接压在工件表面上，接触面积小、压强大，螺钉转动时，可能会损伤工件已加工表面或带动工件旋转。克服这一缺点的方法是在螺钉头部装上如图 5.31 所示的摆动压块。摆动压块的结构已经标准化，可根据具体夹紧表面进行选择。

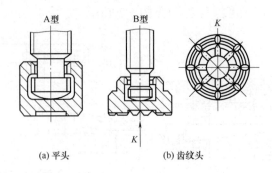

(a) 平头　　　　　　　　(b) 齿纹头

图 5.31　摆动压块

为克服简单螺旋夹紧装置夹紧动作慢、工件装卸费时的缺点，可采用如图 5.32 所示的快速螺旋夹紧装置。图 5.32(a)使用了开口垫圈，且所用螺母外径小于工件内孔，当松夹时，螺母拧松几扣，抽出开口垫圈，工件即可卸掉。图 5.32(b)采用了快卸螺母，卸掉工件时，将螺母旋松并向右摆动即可直接卸掉螺母，实现快速装夹的目的。如图 5.32(c)所示，螺旋轴上的直槽连着螺旋槽，先推动手柄使摆动压块迅速靠近工件，继而转动手柄，即可夹紧工件并自锁。

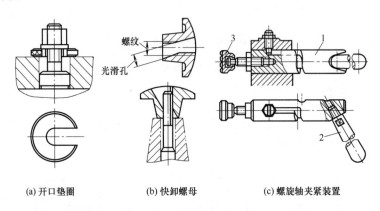

(a) 开口垫圈　　　　　　(b) 快卸螺母　　　　　　(c) 螺旋轴夹紧装置

图 5.32　快速螺旋夹紧装置

1—螺旋轴；2—手柄；3—摆动压块

(2) 螺旋压板夹紧装置：在夹紧装置中，螺旋压板夹紧结构形式变化最多、应用最为广泛。图 5.33 所示为螺旋压板夹紧装置的四种典型结构。图 5.33(a)、图 5.33(b)为移动压板，图 5.33(c)、图 5.33(d)为回转压板。

(3) 钩形压板夹紧装置：图 5.34 所示为螺旋钩形压板夹紧装置。其特点是结构紧凑，使用方便。螺旋钩形压板夹紧装置的种类很多，使用时可参考有关手册。当钩形压板妨碍工件装夹时，可采用图 5.35 所示的自动回转钩形压板。设计时，应确定压板的回转角 ϕ 和升程 h。

3. 偏心夹紧装置

用偏心件直接或间接夹紧工件的机构，称为偏心夹紧装置。常用的偏心件是偏心轮和偏心轴，图 5.36 所示为偏心夹紧装置的应用实例。图 5.36(a)、图 5.36(b)用的是偏心轮，

图 5.36(c)用的是偏心轴，图 5.36(d)用的是偏心叉。

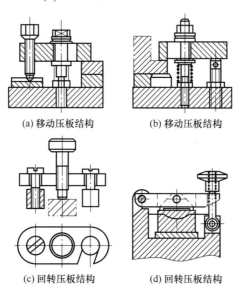

(a) 移动压板结构　　　　(b) 移动压板结构

(c) 回转压板结构　　　　(d) 回转压板结构

图 5.33　螺旋压板机构

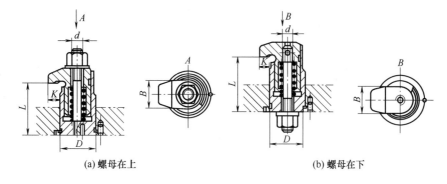

(a) 螺母在上　　　　　　(b) 螺母在下

图 5.34　螺旋钩形压板机构

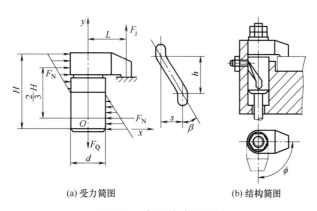

(a) 受力简图　　　　　　(b) 结构简图

图 5.35　自回转钩形压板

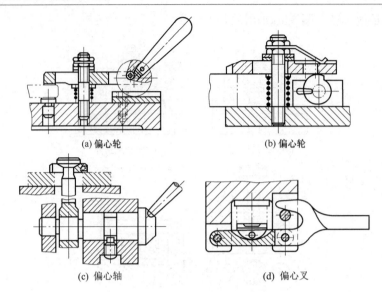

(a) 偏心轮   (b) 偏心轮

(c) 偏心轴   (d) 偏心叉

图 5.36　圆偏心夹紧装置

　　偏心夹紧装置的特点是结构简单、操作方便、夹紧迅速，缺点是夹紧力和夹紧行程小，一般用于切削力不大、振动小、没有离心力影响的加工中。

　　圆偏心轮的参数已经标准化，具体设计时，有关参数可查阅夹具设计手册。

4．联动夹紧装置

　　利用单一力源实现单件或多件的多点、多向同时夹紧的机构称为联动夹紧装置。联动夹紧装置便于实现多件加工，故能减少机动时间；又因集中操作，简化了操作程序，可减少动力装置数量、辅助时间和工人劳动强度等，能有效提高生产率，在大批量生产中应用广泛。

　　联动夹紧装置可分为单件联动夹紧装置和多件联动夹紧装置，前者可对一个工件实现多点夹紧，后者可同时夹紧几个工件。

　　1)　单件联动夹紧装置

　　这类夹紧装置其夹紧力作用点有两点、三点或多至四点，夹紧力的方向可以相同、相反、相互垂直或交叉。如图 5.37(a)所示，两个夹紧力互相垂直，拧紧螺母即可在侧面、顶面同时夹紧工件；图 5.37(b)所示为两个夹紧力方向相同，拧紧右边螺母 1，通过拉杆 3 带动平衡杠杆 5 即可实现两副压板均匀地同时夹紧工件。

　　2)　多件联动夹紧装置

　　多件联动夹紧装置一般分为平行式多件联动夹紧装置和连续式多件联动夹紧装置。

　　(1)　平行式多件联动机构。如图 5.38 所示，在四个 V 形块上装四个工件，各夹紧力方向互相平行，若采用刚性压板(见图 5.38(a))则因一批工件定位直径实际尺寸不一致，使各工件所受的夹紧力不等，甚至夹不紧工件。如果采用图 5.38(b)所示的带有三个浮动压板的结构，既可同时夹紧工件，又可使各工件所受的夹紧力理论上相等，即

$$F_{J1} = F_{J2} = F_{J3} = F_{J4} = \frac{F_J}{n}$$

式中：F_J——夹紧装置的总夹紧力；

　　　　n——被夹紧工件的个数。

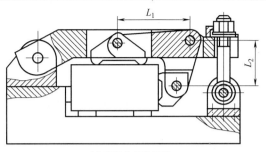

(a) 夹紧力方向垂直

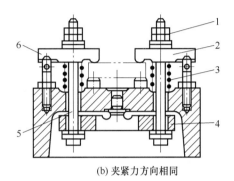

(b) 夹紧力方向相同

图 5.37　单件联动夹紧装置

1—螺母；2，6—压板；3，5—螺柱；4—平衡杆

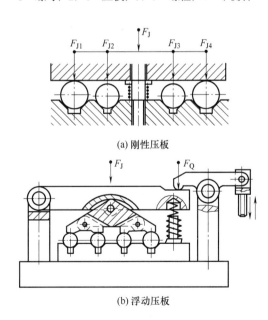

(a) 刚性压板

(b) 浮动压板

图 5.38　平行式多件夹紧装置

(2) 连续式多件联动夹紧装置。图 5.39 所示为同时铣削四个工件的夹具。工件以外圆柱面在 V 形块中定位，当压缩空气推动活塞向下移动时，活塞杆上的斜面推动滚轮使推杆向右移动，通过杠杆使顶杆顶紧 V 形块，通过中间三个移动 V 形块及固定 V 形块，连续

夹紧四个工件。加工完毕后，活塞做反方向移动，推杆在弹簧的作用下退回到原位，V 形块松开，即可装卸工件。

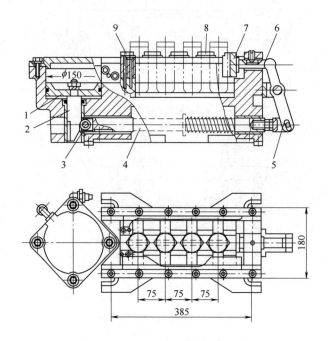

图 5.39　连续式多件联动夹紧装置

1—活塞；2—活塞杆；3—斜面推动滚轮；4—推杆；5—杠杆；
6—顶杆；7—V 形块；8—移动 V 形块；9—固定 V 形块

这种连续夹紧方式，由于工件的误差和定位-夹紧元件的误差依次传递，逐个积累，造成工件在夹紧方向的位置误差非常大，故只适用于加工在夹紧方向上没有加工要求的工件；理论上每个工件所受的夹紧力等于总夹紧力，但由于摩擦力的存在，每个工件上的实际夹紧力并不相等；由于工件定位面制造误差的影响，夹紧工件时，还会出现中间 V 形块中鼓的现象。

3)　设计联动夹紧装置时应注意的问题

(1)　设置必要的浮动环节。为使联动夹紧装置的各个夹紧元件能均匀地夹紧工件，各夹紧元件应能协调浮动。在平行式多件联动夹紧装置中，浮动环节数等于所夹工件数减 1。

(2)　同时夹紧的工件数不宜太多。

(3)　联动夹紧装置要有较大的总夹紧力和足够的刚度。

(4)　联动夹紧装置应力求增力，并使结构简单、紧凑。

(5)　应注意累积误差对加工精度的影响。

5. 定心夹紧装置

在机构加工中，常遇到许多具有对称轴线、对称平面或对称中心的工件，这时可采用定心夹紧装置。由于采用定心夹紧装置时，对称轴线、对称平面或对称中心线是工件的定位基准，因而可使定位基准不产生位移，基准位移误差为零。如果对称轴线、对称平面或对称中心又是工件的工序基准，则定位基准与工序基准重合，基准不重合误差也为零，总的定位误差为零。

定心夹紧装置具有在实现定心作用的同时并将工件夹紧的特点。而且定心夹紧装置中与工件接触的元件既是定位元件又是夹紧元件(称为工作元件)，各个工作元件能同步趋近或离开工件，不论各个工作元件处于何位置，其对称中心的位置都不变。正是这些特点能使工件的定位基准不变，定位基准不产生位移，即基准位移误差 $\Delta_y=0$，从而实现定心夹紧的作用。

常用的定心机构有以下两大类。

1) 机械传动式定心夹紧装置

此类机构是利用机械传动装置使工作元件等速移动来实现定心夹紧作用。三爪自定心卡盘就是此类机构的典型实例。

这类定心夹紧装置的特点是具有较大的夹紧力和夹紧行程，但受其配合间隙的影响，定心精度不高，故只适用于工件上定心精度要求不高的半精加工或粗加工。

生产实际中也常利用定心夹紧装置可调整的特点，通过适当改进而用于工件的精加工中。例如，在三爪卡盘的三个爪上焊上相同的黄铜块，然后根据工件的直径直接在车床上加工出带有台阶端面和较高精度的内孔而形成所谓的软爪，用于套类零件的精加工。

2) 弹性变形式定心夹紧装置

(1) 弹簧筒夹定心夹紧装置。图 5.40(a)所示为装夹工件以外圆柱面定位的弹簧夹头，图 5.40(b)所示为装夹工件以内孔定位的弹簧心轴。这类机构的主要元件是弹性筒夹，它是在一个锥形套筒上开出 3 条或 4 条轴向槽而形成的。在图 5.40(a)中，旋转螺母时，在螺母端面的作用下，弹性筒夹在锥套内向左移动，锥套迫使弹性筒夹收缩变形，从而使工件外圆定心并被夹紧。反向旋转螺母，即可卸下工件。在图 5.40(b)中，旋转螺母时，由于锥套和夹具体上圆锥面的作用，迫使弹簧筒向外胀开，使工件圆孔定心并夹紧，反转螺母即可松夹。

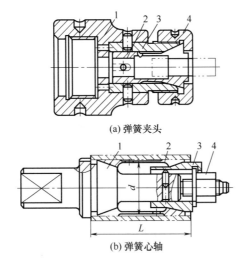

(a) 弹簧夹头

(b) 弹簧心轴

图 5.40　弹性夹头和弹性心轴

1—夹具体；2—弹性元件；3—夹紧元件；4—螺母

弹性筒夹的结构参数、材料及热处理等，均可从《夹具设计手册》中查到。

(2) 膜片卡盘式定心夹紧装置。图 5.41 所示为膜片卡盘。弹性元件为膜片，其中有 6 个或更多个卡爪，每个卡爪上均装有一个可调节螺钉，几个可调节螺钉的端面形成的圆直径应略小(另一种是略大)于工件定位基准面的直径，一般约差 0.4mm。装夹工件时，用推杆将膜片向右推，使其凸起变形，其上的卡爪连同螺钉一起张开，工件在三个支承钉上轴向定位后，推杆退回，膜片在其恢复弹性变形的趋势下，带动卡爪连同螺钉一起对工件定心夹紧，通过可调节螺钉可以适应不同尺寸工件的需要。也可将几个可调节螺钉端面形成圆的直径调节得略大于工件定位基准面的直径，推杆改为拉杆，拉杆向左拉动膜片使其凸起变形，其上的卡爪连同螺钉一起收缩，使工件定心并夹紧。拉杆退回，膜片在其恢复弹性变形的趋势下松开工件。

这一类定心夹紧装置的特点是夹紧行程小，定心精度高，但制造较困难。

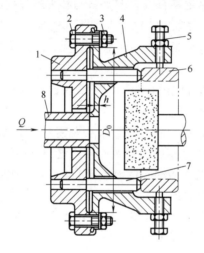

图 5.41　膜片卡盘

1—夹具体；2—螺钉；3—螺母；4—膜片；5—可调节螺钉；6—工件；7—支承钉；8—推杆

5.4　典型夹具

在实际生产中，专用夹具的应用非常普遍，本节主要介绍在生产实际中应用较多的钻床夹具、车床夹具、铣床夹具、镗床夹具等几种典型夹具，并对组合夹具进行了简要介绍。

5.4.1　钻床夹具

钻床夹具是在钻床上用来钻孔、扩孔、铰孔等的机床夹具。这类夹具上装有钻模板和钻套，故习惯上称为钻模。通过钻套引导刀具进行加工，是钻模的主要特点。

1. 钻床夹具的类型与特点

由于使用上的要求不同，其结构形式可分为固定式、回转式、翻转式、盖板式以及滑柱式等。

(1) 固定式钻模。固定式钻模的特点是在加工中钻模的位置固定不动。钻模通常是用 T 形螺栓通过钻模夹具体上的耳座孔固定在钻床工作台上的，也可用螺栓和压板直接将钻模压紧在钻床工作台上。固定式钻模主要用于在立式钻床上加工较大的单孔或在摇臂钻床上加工平行孔系。如果在立式钻床上使用固定式钻模加工平行孔系，则需要在机床主轴上安装多轴传动头。

在立式钻床上安装钻模时，一般应先将装在主轴上的定尺寸刀具(精度要求高时用心轴)伸入钻套中，以确定钻模的位置，然后将其紧固。这种加工方式的钻孔精度比较高。

图 5.42(a)所示为加工杠杆上 $\phi10\text{mm}$ 孔的固定式钻模，该钻模可用螺栓和压板固定于钻床工作台上。工件以 $\phi30\text{H}7$ 孔及大端面在定位销上定位，用活动 V 形块使 $\phi20\text{mm}$ 外圆对中，以限制工件的转动自由度；用螺旋夹紧装置及开口垫圈夹紧工件，$\phi20\text{mm}$ 外圆下端面用辅助支承支撑，然后钻头通过钻套引导，加工 $\phi10\text{mm}$ 孔。

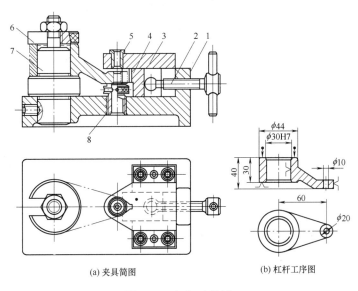

(a) 夹具简图　　　　　　　　(b) 杠杆工序图

图 5.42　杠杆孔钻模

1—夹具体；2—固定手柄压紧螺钉；3—钻模板；4—活动 V 形块；

5—钻套；6—开口垫圈；7—定位销；8—辅助支承

此类钻模如不固定在钻床工作台上，则成为移动式钻模，可用于单轴立式钻床上，先后钻削小型工件同一表面上的多个平行小孔。

(2) 回转式钻模。回转式钻模用于加工同一圆周上的平行孔系或分布在圆周上的径向孔系。其结构按回转轴线的方位可分为立轴、卧轴和斜轴回转三种基本形式。这类钻模上应设置回转分度装置或与通用回转台配套使用。因通用回转台的结构已标准化，故多数情况下只需设计专用的工件夹具与其配套后使用，特殊情况下才设计带有专门回转分度装置的回转式钻模。

图 5.43(a)所示为立轴回转式钻模，加工 $\phi70$ 圆周上均布的 $6\times\phi10\text{mm}$ 孔。工件以底面、$\phi40\text{H}7$ 孔及键槽侧面为定位基准，在定位盘和组合定位销及键上定位，通过螺母、开口垫圈夹紧。夹具通过定位盘上的衬套孔装在通用转台转盘中心的定位销上，然后用螺钉紧固。此外，在转台上安装一个铰链式钻模板，通过转盘的回转分度，完成 $6\times\phi10\text{mm}$ 孔的加工。

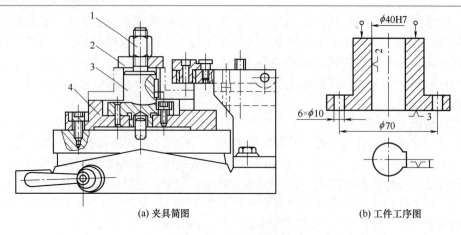

(a) 夹具简图　　　　　　　　　(b) 工件工序图

图 5.43　回转式钻模

1—夹紧螺母；2—开口垫圈；3—组合定位销；4—定位盘

(3) 翻转式钻模。此类钻模主要用于加工小型工件分布在不同表面上的小孔。其结构简单，在使用过程中需人工进行翻转，即加工完一个面上的孔后，工件随同夹具翻转一定角度，接着加工其他面上的孔。由于此类夹具需经常翻转，所以夹具连同工件的质量不能太大(一般为 8～10kg)。又因不固定在钻床工作台上，因此，所加工的孔一般不大于 ϕ10mm。

图 5.44 所示为用来加工套筒圆柱面上四个径向小孔的翻转式钻模。工件以端面和孔在定位销上定位，用螺母和开口垫圈将工件夹紧，钻完一组孔后，将钻模翻转 60° 再钻另一组孔。

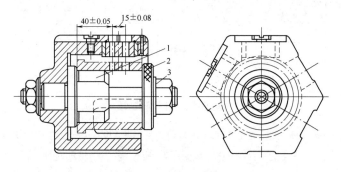

图 5.44　翻转式钻模

1—定位销；2—开口垫圈；3—螺母

(4) 盖板式钻模。这类钻模没有夹具体，常用于在大型工件上加工多个平行小孔。一般情况下，钻模板上除了钻套外，还装有定位元件和夹紧装置，加工时只要将它覆盖在工件上即可。图 5.45 所示为加工车床溜板箱上多个小孔的盖板式钻模，它以圆柱销、削边销在工件两孔中定位，靠三个支承钉支撑在工件的上表面上。当钻模板较重，加工的孔又较小时，在加工时可不进行夹紧。

(5) 滑柱式钻模。滑柱式钻模由夹具体、滑柱、升降钻模板和锁紧机构等组成，其结构已通用化和规格化，所以可简化设计工作。这种钻模不必使用单独的夹紧装置，操作方便，夹紧迅速，在生产中使用较广，但钻孔的垂直度和孔距精度不太高。图 5.46 所示为手动滑柱式钻模的通用底座，升降钻模板通过两根导柱与夹具体的导孔相连。转动操纵手柄，经斜齿轮带动斜齿条轴杆移动，使钻模板实现升降。根据不同工件的形状和加工要求，配置相应的定位、夹紧元件和钻套，便可组成一个滑柱式钻模。

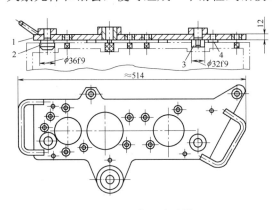

图 5.45   盖板式钻模

1—盖板；2—圆柱销；3—削边销；4—支承钉

图 5.47 所示为手动滑柱式钻模，它是用来钻、扩、铰拨叉工件上的 $\phi20H7$ 孔。工件以外圆端面、底面及后侧面分别放在定位圆锥套和两个可调定位支承钉及圆柱挡销上定位，这些定位元件都安装在底座上。然后转动手柄通过齿轮、齿条机构，使滑柱带动钻模板下降，两个压柱就把工件夹紧。刀具依次从快换钻套中通过，就可以钻、扩、铰孔。

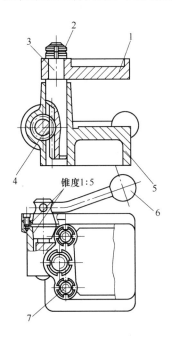

图 5.46   手动滑柱式钻模通用底座

1—升降钻模板；2—锁紧螺母；3—斜齿条轴杆；
4—斜齿轮；5—夹具体；6—操纵手柄；7—导柱

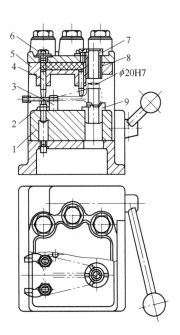

图 5.47   手动滑柱式钻模

1—底座；2—可调定位支承钉；3—圆柱挡销；
4—压柱；5—压柱体；6—螺塞；7—快换钻套；
8—衬套；9—定位圆锥套

2. 钻床夹具的设计要点

1) 钻套形式的选择和设计

(1) 钻套形式。钻套是钻模的特有元件，其作用是确定刀具与夹具的相互位置，引导钻头、扩孔钻或铰刀，以防止加工过程中偏斜，从而保证被加工孔的位置精度。其结构有以下4种类型。

① 固定钻套：主要用于中小批量生产中。如图5.48所示，其中，图5.48(a)所示为无肩钻套，图5.48(b)所示为带肩钻套，如果需用钻套台肩下端面作为装配基面，或者钻模板较薄以及需要防止钻模板上切屑等杂物进入钻套孔内时，常采用带肩钻套。钻套与钻模板的配合一般选用 $\dfrac{H7}{n6}$ 或 $\dfrac{H7}{r6}$。这种钻套钻孔位置精度较高，结构简单，但磨损后不易更换。

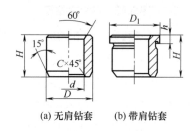

(a) 无肩钻套   (b) 带肩钻套

图5.48 固定钻套

② 可换钻套：主要用于大批量生产中。当钻套磨损后，为更换钻套方便，常采用如图5.49所示的可换钻套。为避免更换钻套时钻模板的磨损，在钻套与钻模板之间加一衬套，并用螺钉固定钻套。

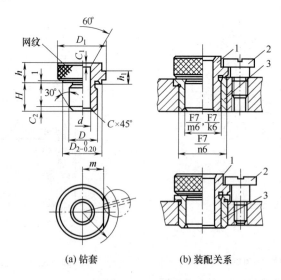

(a) 钻套   (b) 装配关系

图5.49 可换钻套

1—可换钻套；2—钻套螺钉；3—钻套用衬套

③　快换钻套：当被加工孔需要依次进行钻、扩、铰孔或加工台阶孔、攻螺纹等多工步加工时，应采用快换钻套，以便迅速更换不同内径的钻套。如图 5.50 所示，更换钻套时，不需拧松螺钉，只要将钻套反转过一定角度，使削边(或缺口)对准螺钉头部即可取出。但削边(或缺口)的位置应考虑刀具与钻套内孔壁间摩擦力矩的方向，以免退刀时钻套随刀具自行拔出。

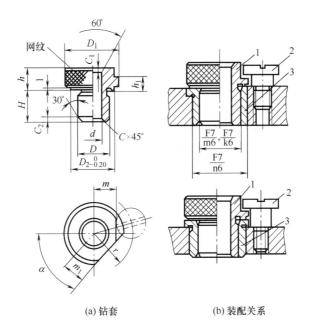

(a) 钻套　　　　　　　　　　(b) 装配关系

图 5.50　快换钻套

1—快换钻套；2—钻套用螺钉；3—钻套用衬套

以上三种钻套结构已标准化，设计时可参阅有关资料。

④　特殊钻套：如果受工件的形状或加工孔位置的分布等限制不能采用上述标准钻套时，可根据需要设计特殊结构的钻套。图 5.51 所示为几种特殊钻套的结构形式。图 5.51(a) 所示为钻套用于加工沉孔或凹槽上的孔；图 5.51(b) 所示为钻套用于在斜面或圆弧面上钻孔，可防止钻头切入时引偏或折断；图 5.51(c) 所示为钻套用于加工多个近距离孔；图 5.51(d) 所示为钻套是在借助其作为辅助夹紧时使用，由于要承受夹紧反力，钻套与衬套用螺纹连接，而且钻套与衬套还要有一段圆柱面配合，以保证引导孔的正确位置。

(2) 钻套主要结构参数设计。在选定了钻套结构类型之后，需要确定钻套的内孔尺寸及其他相关尺寸。

①　钻套导向高度 H：如图 5.52 所示，钻套导向高度尺寸 H 的大小对刀具的导向作用和钻套与刀具之间的摩擦影响很大。当 H 较大时，导向性能好，但刀具与钻套之间的摩擦力较大；当 H 过小，则导向性能不良。一般情况下，取 $H=(1\sim2.5)d$。对于加工精度要求较高的孔或直径小、刀具刚性差的孔取较大的值；反之，可取较小的值。

②　钻套内孔直径尺寸：一般钻套内孔的基本尺寸应等于刀具的最大极限尺寸，与刀具之间取基轴制间隙配合。当所加工孔的精度低于 IT8 级时，钻套内孔可按 F8 或 G7 加工；加工孔精度高于 IT8 级时，则按 H7 或 G6 加工。

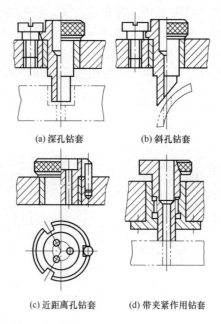

(a) 深孔钻套　　　　　(b) 斜孔钻套

(c) 近距离孔钻套　　　(d) 带夹紧作用钻套

图 5.51　特殊钻套

③　钻套与工件间的排屑间隙 h：如图 5.52 所示，此间隙不宜过大，否则会影响钻套的导向作用，但也不能太小，否则切屑不易顺利排出，尤其是加工塑性材料时，易阻塞在工件与钻套之间而影响正常加工。一般取 $h=(1/3\sim1)D$。加工铸铁和黄铜等脆性材料时，h 取小值；对于钢质工件，h 取大值。孔的位置精度要求较高时，允许 h 取小值或 $h=0$。加工深孔时，要求排屑顺利，一般 h 不小于 $1.5D$。在斜面上钻孔或钻斜孔时，h 值应尽可能取小些。

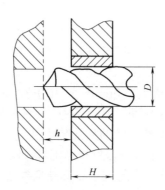

图 5.52　钻套的导向尺寸及排屑间隙

2)　钻模板

用于安装钻套的钻模板，按其与夹具体的连接方式的不同，可分为以下三种类型。

(1)　固定式钻模板：如图 5.42 所示，固定式钻模板与夹具体可做成连体式、装配式或焊接式。其结构简单，钻孔精度高；但有时装卸工件不方便。

(2)　铰链式钻模板：当钻模板妨碍工件装卸或钻孔后需攻螺纹、锪孔等时，可采用如图 5.53 所示的铰链式钻模板。由于铰链轴、孔之间存在配合间隙，采用该类钻模板所能保证的加工精度比采用固定式钻模板低，所以用于钻孔位置精度不高的场合。

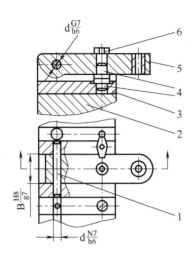

图 5.53　铰链式钻模板

1—铰链销；2—夹具体；3—铰链座；4—支承钉；5—钻模板；6—菱形螺母

(3) 分离式钻模板：如图 5.54 所示，钻模板以两孔在夹具体上的圆柱销和削边销上定位，并用铰链螺栓将钻模板和工件一起夹紧。加工完一件后，将钻模板卸下，才能装卸工件。此类钻模板装卸费时、费力，钻套的位置精度较低，故一般多在使用其他类型钻模板不便于装夹工件时才采用。

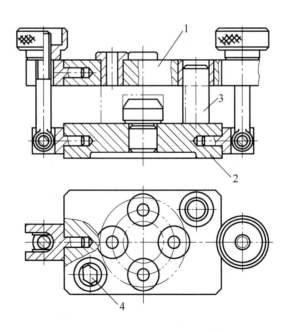

图 5.54　分离式钻模板

1—钻模板；2—夹具体；3—圆柱销；4—削边销

5.4.2 车床夹具

1．车床夹具的类型与特点

车床主要用于加工零件的内外圆柱面、圆锥面、回转成型面、螺纹表面及端面等。根据这一加工特点和夹具在机床上安装的位置，可将车床夹具分为以下两种基本类型。

1) 安装在车床主轴上的夹具

这类夹具中，除了各种卡盘、花盘、顶尖等通用夹具或机床附件外，还可根据加工需要设计各种心轴或其他专用夹具，加工时夹具随机床主轴一起旋转，刀具做进给运动。

2) 安装在车床床鞍上的夹具

对于某些形状不规则和尺寸较大的工件，常常把夹具安装在车床床鞍上，刀具安装在车床主轴上做旋转运动，夹具做进给运动。

本节主要介绍应用最为广泛的安装在车床主轴上的夹具。

2．专用车床夹具的典型实例

生产中常遇到在车床上加工壳体、支座、杠杆、接头等类零件的圆柱表面及端面的情况。这些零件形状往往比较复杂，不能用三爪自定心卡盘等通用夹具装夹，若使用花盘采用找正法装夹，效率会很低。在批量生产这些工件时，需要设计专用车床夹具。下面介绍两种典型的车床夹具。

例 5.4 加工轴承座内孔的角铁式专用车夹具。

如图 5.55 所示，工件以一平面(底面)和两孔为定位基准在夹具的定位支承板和一个圆柱销、一个削边定位销上定位，用两块压板夹紧工件。夹具体上的孔 C 是找正圆，用于在制造、安装夹具时确定或找正相关位置。

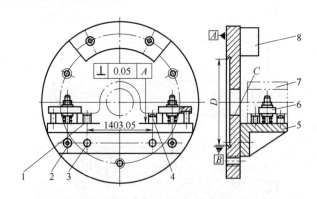

图 5.55 角铁式车床夹具

1—削边定位销；2—螺钉；3—圆柱销；4—圆柱定位销；5—夹具体；
6—承压板；7—工件；8—平衡块；C—找正孔

例 5.5 加工齿轮泵壳体的花盘式专用车夹具。

图 5.56 所示为齿轮泵壳体的工序图。工件外圆 D 及端面 A 已经加工，加工表面为两个 $\phi35^{+0.027}_{0}$ mm 孔、端面 T 和孔的底面 B。主要工序要求是保证两个 $\phi35^{+0.027}_{0}$ mm 孔尺寸精

度、两孔的中心距 $30_{-0.02}^{+0.01}$ mm 及孔、面的位置精度要求。

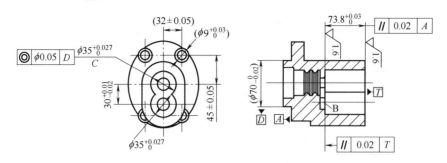

图 5.56　齿轮泵壳体工序图

图 5.57 所示为齿轮泵壳体所使用的专用夹具。工件以端面 A、外圆 ϕ70mm 及小孔 ϕ9mm 为定位基准，在转盘 2 的 N 面、圆孔 ϕ70mm 和削边销上定位，用两副螺旋压板夹紧。转盘则由两副螺旋压板压紧在夹具体上。当加工好其中的一个 ϕ35mm 孔后，拔出对定销并松开两副螺旋压板，将转盘连同工件一起回转 180°，对定销即在弹簧力作用下插入夹具体上另一分度孔中，再夹紧转盘后即可加工第二个 ϕ35mm 孔。专用夹具利用夹具体上的止口 E 通过过渡盘与车床主轴连接，安装夹具时按找正圆 K(代表夹具的回转轴线)校正夹具与车床主轴的同轴度。

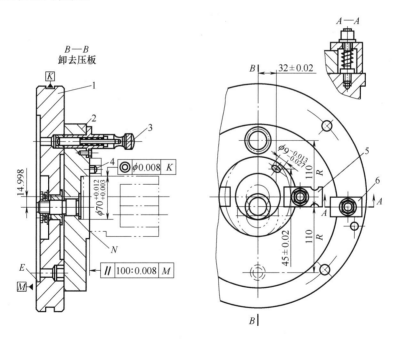

图 5.57　车齿轮泵壳体两孔的夹具

1—夹具体；2—转盘；3—对定销；4—削边销；5，6—螺旋压板

3．车床夹具的设计要点

1) 定位装置

在车床上加工回转表面时，要求工件加工面的轴线与车床主轴的旋转轴线重合，夹具上定位装置的结构和布置需保证这一点。因此，要求夹具主要定位元件的工作表面与夹具的基准轴线保证同轴、对称或其他对应的位置要求，对夹具体端面保证垂直度或平行度的要求。

2) 夹紧装置

由于车削时工件和夹具一起随主轴做旋转运动，故在加工过程中，工件除受切削扭矩的作用外，整个夹具还受到离心力的作用，转速越高离心力越大，会影响夹紧装置产生的夹紧效果；此外，工件定位基准的位置相对于切削力和重力的方向来说是变化的。因此，夹紧装置所产生的夹紧力必须足够，自锁性能要好，以防止工件在加工过程中脱离定位元件的工作表面。对于角铁式车床夹具，夹紧力的施力要注意防止引起夹具变形。

3) 车床夹具与机床主轴的连接

车床夹具与机床主轴的连接精度对夹具的回转精度有决定性影响。因此，要求夹具的回转轴线与车床主轴轴线有尽可能高的同轴度。根据车床夹具径向尺寸的大小，其在机床主轴上的安装一般有两种方式。

(1) 对于径向尺寸 $D<140\text{mm}$，或 $D<(2\sim3)d$ 的小型夹具，一般通过锥柄与主轴连接。结构如图 5.58(a)所示，将锥柄安装在车床主轴内锥孔中，并用穿过主轴孔的螺栓拉杆拉紧。这种连接方式的定心精度较高。

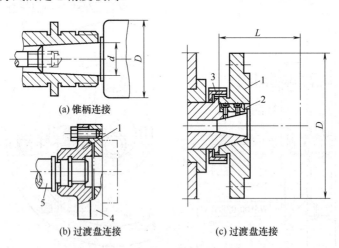

(a) 锥柄连接

(b) 过渡盘连接　　　　(c) 过渡盘连接

图 5.58　夹具与车床主轴的连接

1—过渡盘；2—平键；3—螺母；4—夹具；5—主轴

(2) 对于径向尺寸较大的夹具，通过过渡盘与车床主轴前端连接。过渡盘的结构如图 5.58(b)、图 5.58(c)所示。过渡盘的一面与机床主轴连接，其配合表面形状取决于机床主轴前端的结构形式；过渡盘的另一面通常具有凸缘，它与夹具体上的定位止口配合，从而实现夹具在主轴上的定位。图 5.58(c)中过渡盘通过主轴前端结构以圆锥面定心，用活套在主轴上的螺母锁紧，转矩由平键传递。通过过渡盘在主轴上安装夹具，如果供夹具安装用的凸缘的结构尺寸统一，可简化夹具体的设计，且使专用车床夹具能在不同主轴结构的车床上使用。若不用过渡盘，可将夹具直接安装到机床主轴上，这时夹具体与主轴连接的一面必须与主轴前端结构相适应。

4)　找正孔或找正圆

在车床夹具的夹具体上一般应设有找正孔或找正圆，如图 5.55 和图 5.57 所示。找正孔或找正圆既是车床夹具在车床主轴上安装时，保证车床夹具与车床主轴同轴度的找正基准，也是车床夹具装配时的装配基准，还常常是夹具体本身加工过程中的工艺基准。找正孔或找正圆一般应加工至 H7 或 h7。

5)　对夹具总体结构的要求

(1)　结构紧凑、悬伸短：车床夹具一般是在悬臂状态下工作，为保证加工的稳定性，夹具结构应力求紧凑、轻便，悬臂尺寸要短，使重心尽可能靠近主轴；否则，应采取辅助支承措施。

(2)　平衡：为消除回转不平衡所引起的振动现象，结构不对称的夹具需采取一定的平衡措施。其方法有两种，一种是在较轻的一侧加平衡块，另一种是在较重的一侧加减重孔。平衡块的位置最好可以调节。

(3)　安全：夹具上尽可能避免有尖角或凸出夹具体圆形轮廓之外的元件，必要时应加防护罩。此外，夹紧装置的自锁性能应可靠，以防止在回转过程中产生松动，导致工件有飞出的危险。

5.4.3　铣床夹具

铣床夹具主要用于加工平面、凹槽及各种成形表面。它主要由定位元件、夹紧装置、夹具体、定位键和对刀装置(对刀块和塞尺)组成。

1. 铣床夹具的类型与特点

由于铣削过程中一般是夹具安装在铣床工作台上和工作台一起做进给运动，因此可根据进给方式不同，将铣床夹具分为直线进给式、圆周进给式和仿形靠模式三种。

1)　直线进给式铣床夹具

直线进给式是铣床夹具的主要形式。这类夹具在加工过程中同工作台一起做直线进给运动。按一次装夹工件数目的多少，可分为单件铣床夹具和多件铣床夹具。在批量不太大的生产中使用单件夹具较多；而在大批量的中小型零件加工中，多件夹具则得到广泛应用。

2)　圆周进给式铣床夹具

圆周进给式铣床夹具多在有回转工作台的铣床上或在组合机床上使用，在通用铣床上使用时，应进行改装，在铣床上增加一个回转工作台。

工作台的驱动可采用挂轮等机构或另加减速机。圆周进给运动是连续不断的，能在不停车的情况下装卸工件，即切削的基本时间和装卸工件的辅助时间重合，因此生产率高，适用于大批大量生产中的中小型工件加工，但应特别注意工作安全和操作者的劳动强度。

3) 仿形靠模式铣夹具

仿形靠模式铣夹具用于机械仿形加工。靠模送进的进给运动由一个直线或圆周运动和附加仿形送进运动合成，靠模的形状、加工面的轮廓、滚子直径、铣刀直径之间遵循包络面形成的基本规律。这类铣夹具的基本问题请参阅有关书籍。

2．专用铣床夹具典型实例

图 5.59 所示为连杆铣结合面专用夹具。工件以侧面、$\phi 20H8$ 孔及 N 面通过支承板侧面、定位销 7 和防转销 2 实现定位。利用开口压板 5 和螺母 6 夹紧。件 1 是方便对刀的对刀块，件 8 是用来确定夹具在机床上位置的定位键。

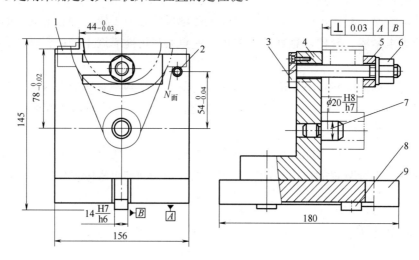

图 5.59　连杆铣结合面专用夹具

1—对刀块；2—防转销；3—拉杆；4—支承板；5—开口压板；
6—螺母；7—定位销；8—定位键；9—夹具体

图 5.60 所示为车床尾座顶尖套筒铣键槽和油槽的工序图。工件内、外圆及两端面均已加工，本工序的加工要求如下。

(1) 键槽宽度 12H11，键槽对工件轴线的对称度公差为 0.1mm，平行度公差为 0.08mm，控制键槽深度尺寸为 64.8mm，轴向长度尺寸为 282mm。

(2) 油槽半径为 R_3，其圆心在轴的圆柱面上。油槽长度为 170mm。

(3) 键槽与油槽的对称面应在同一平面内。

如图 5.61 所示，该工序采用两把铣刀同时进行加工。在工位 Ⅰ 上用三面刃盘铣刀铣键槽，工件以外圆和端面在 V 形块 8、10 和止推销 13 上定位，限制了工件的五个自由度。在工位 Ⅱ 上，用圆弧铣刀铣油槽，工件以外圆、已加工过的键槽和端面作为定位基准，在 V 形块 9、11 及防转销 12 和止推销 14 上完全定位。由于键槽和油槽的长度不等，为了能同时加工完毕，可将两个止推销的位置前后错开，并设计成可调支承，以便于调整。夹紧采用液压驱动联动夹紧，当压力油从油路系统进入液压缸 5 的上腔时，推动活塞下移，通过支钉 4、浮动杠杆 2、螺杆 3 带动铰链压板 7 下移夹紧工件。为了使压板均匀地夹紧工件，联动夹紧装置的各环节采用浮动连接。此外，应注意夹紧力的着力点。

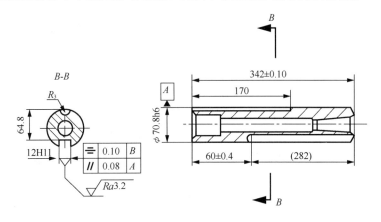

图 5.60　顶尖套筒铣双槽工序图

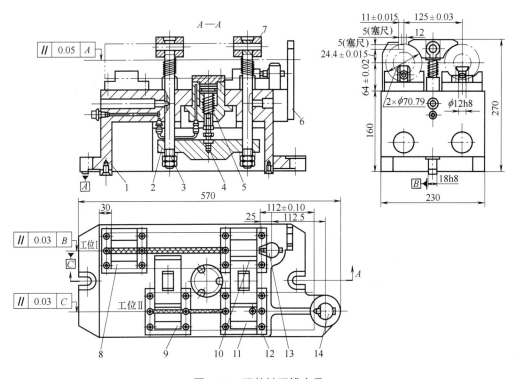

图 5.61　双件铣双槽夹具

1—夹具体；2—浮动杠杆；3—螺杆；4—支钉；5—液压缸；6—对刀块；

7—铰链压板；8，9，10，11—V 形块；12—防转销；13，14—止推销

3．铣床夹具的结构特点与要求

1）　铣床夹具的结构特点

在铣削加工时，切削力比较大，并且是不连续切削，易引起冲击和振动，所以对夹紧

力要求较大，以保证工件夹紧可靠，因此铣床夹具要具有足够的强度和刚度。在设计和布置定位元件时，应尽量使主要支承面大些，定位元件的两个支承之间要尽量远些。

设计夹紧装置时，为防止工件在加工过程中因振动而松动，夹紧装置要有足够的夹紧力和自锁性能。施力方向和作用点要恰当，必要时可采用辅助支承和浮动夹紧装置，以提高夹紧刚度。

用于卧式铣床上的夹具，应注意防止夹紧装置上凸出的部位与铣刀杆相碰。

2) 定位键

铣床夹具上一般都有定位键安装在夹具体底面的纵向槽中，一般使用两个，其距离应尽可能布置得远些，小型夹具也可使用一个断面为矩形的长键。通过定位键与铣床工作台T 形槽配合，其主要作用是使夹具上的定位元件的工作表面相对于铣床工作台的进给方向具有正确的位置关系，同时还可以承受部分切削力矩，以减轻夹具体与铣床工作台连接用螺栓的负荷，增强夹具在加工过程中的稳定性。

定位键有矩形和圆柱形两种，如图 5.62 所示。

常用的矩形键有两种结构形式，一种在键侧开有沟槽或台阶把键分为上、下两部分，如图 5.62(a)、图 5.62(b)所示，上部尺寸按 H7/h6 与夹具体上的键槽配合；下部宽度尺寸为 b，和工作台 T 形槽配合，常取 H8/h8 或 H7/h6，即定位键的键宽 b 常按 h8 或 h6 制造。定位键与槽的配合间隙有时会影响工件的加工精度，因此为提高夹具的定向精度，定位键下部尺寸 b 可留有余量以便修配，或在安装夹具时把它推向一边，使定位键的一侧和工作台 T 形槽侧面贴紧；另一种矩形定位键没有开出沟槽或台阶，即上、下两部分尺寸相同，适宜在夹具的定向精度要求不高时采用。由于夹具体上键槽的精度保证较困难，因此近年来出现了圆柱形定位键，如图 5.62(c)所示。使用这种定位键时，夹具体上的两孔在坐标镗床上加工，能得到很高的位置精度，简化了夹具的制造过程。

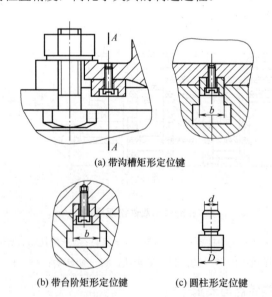

(a) 带沟槽矩形定位键

(b) 带台阶矩形定位键　　　　(c) 圆柱形定位键

图 5.62　定位键的使用

某些精度较高的夹具并不采用定位键，而是将夹具体侧面铣出一窄条平面作为制造、安装和找正的基准。

3) 对刀装置

在铣床夹具上一般都设计有对刀装置以方便对刀，对刀装置由对刀块和塞尺组成。对刀块用来确定夹具和刀具的相对位置，使用塞尺是为了防止对刀时碰伤刀刃和对刀块工件表面。使用时，将塞尺塞入刀具与对刀装置之间，根据接触的松紧程度来确定刀具相对于夹具的最终位置。图 5.63 所示为几种常见的对刀装置。图 5.63(a)所示结构用于加工平面，图 5.63(b)所示结构用于铣键槽，图 5.63(c)、图 5.63(d)所示结构用于成型铣刀加工成型面。

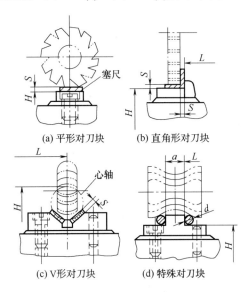

(a) 平形对刀块   (b) 直角形对刀块

(c) V形对刀块   (d) 特殊对刀块

图 5.63 对刀装置

对刀块通常用销钉和螺钉紧固在夹具体上，其位置应便于对刀和工件的装卸。对刀块的工作表面与定位元件之间应有一定的位置精度要求。如图示中的尺寸 H 和 L 应以定位元件的工作表面或其对称中心作为基准来标注。当对刀调整要求较高或不便于设置对刀块时，可采用试切法、标准件对刀法或者用百分表来校正定位元件相对于刀具的位置。

定位键、对刀块、塞尺都是铣床夹具上的特有元件，其结构尺寸大多已标准化，设计时可查阅有关资料。

4) 夹具的总体设计及夹具体

铣床夹具的结构形式在很大程度上取决于定位元件、夹紧装置和其他元件的结构与布置。为使夹具结构紧凑，保证夹具在机床上安装的稳定性，夹具体应有足够的强度和刚度，且使工件的加工表面尽可能靠近工作台面，以降低夹具的重心。夹具体的高宽比应限制在 $H/B \leqslant 1 \sim 1.25$ 范围内，如图 5.64(a)所示。此外，还应合理地设置加强筋和耳座等。常见耳座结构如图 5.64(b)、图 5.64(c)所示，其结构已标准化，设计时可查阅有关资料。如果夹具体较宽时，可在同一侧设置两个耳座，两耳座的中心距要和铣床工作台两 T 形槽中心距一致。对于重型铣床夹具，应在夹具体上设置吊环等，以便搬运。

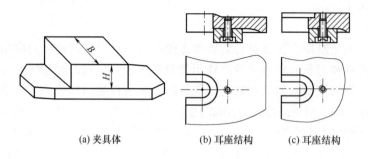

(a) 夹具体　　　　　　(b) 耳座结构　　　　　　(c) 耳座结构

图 5.64　夹具体

5.4.4　镗床夹具

1. 镗床夹具的类型与特点

镗床夹具也是孔加工用的夹具，比钻床夹具的加工精度要高。其主要用于箱体、支架等类工件的精密孔系加工。和钻模一样，被加工孔系的位置一般镗床夹具靠专门的引导元件——镗套引导镗杆来保证(这类镗床夹具简称镗模)，所以采用镗模以后，镗孔的幅度不受机床精度的影响。这样，在缺乏镗床的情况下，可以通过使用专用镗模来扩大车床、铣床、钻床的工艺范围进行孔加工。因此，镗模在不同类型的生产中被广泛使用。

为了便于确定镗床夹具相对于工作台送进方向的相对位置，可以使用定向键或按底座侧面的找正基面用百分表找正。

根据镗套的布置形式，镗模分为单支承导向和双支承导向两类。

1)　单支承引导镗模

单支承引导镗模中只用一个镗套做引导元件，镗杆的一端与机床主轴刚性连接。这种镗模形式简单，但镗孔精度与机床的回转精度相关，安装时需找正，又可分为两种。

(1)　单支承前引导：如图 5.65(a)所示，镗套在镗杆的前端，加工面在中间。这种支承引导形式的特点是支承形式较好，可以加工较长的、大的通孔，但由于镗杆较细，不适合加工小孔。

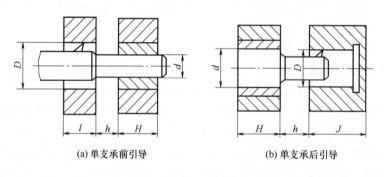

(a) 单支承前引导　　　　　　　　　(b) 单支承后引导

图 5.65　单支承引导结构

(2)　单支承后引导：如图 5.65(b)所示，加工面在镗杆的前端，镗套在加工面与主轴之间。这种支承引导形式的特点是可以加工盲孔，因 $D<d$，即镗杆可以较粗，故适合加工较短的小孔。图 5.65(b)中尺寸 h 既要保证装卸刀具和测量方便，又要不使镗杆伸出过长，

一般应取 $l=(0.5\sim1)D$。

2)　双支承引导镗模

镗杆与机床主轴采用浮动连接,镗孔的位置精度取决于镗套的位置精度,理论上镗孔精度与机床的回转精度无关,是镗模的主要形式,如图 5.66 所示。

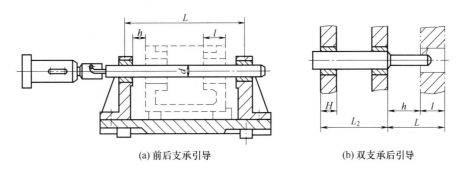

(a) 前后支承引导　　　　　　　　(b) 双支承后引导

图 5.66　双支承引导结构

双支承引导又有以下两种基本形式。

(1)　前后支承引导:加工的特点、适用性与单支承前引导类似,特别适合加工较大的同轴孔系。这种结构缺点是镗杆过长,刀具装卸不便。当镗套间距 $L>10d$ 时,应增加中间引导支承,提高镗杆刚度。

(2)　双支承后引导:加工的特点、适用性与单支承后引导类似,是在刀具后方布置两个镗套。由于镗杆为悬臂梁,一般应使 $L<5d$、$L_2>(1.25\sim1.5)l$,以利于增强镗杆的刚度和轴向移动时的平稳性。

2.专用镗床夹具典型实例

图 5.67 所示为支架壳体工序图。该工件要求加工 $2\times\phi20H7$ 的同轴孔和 $\phi35H7$、$\phi40H7$ 的同轴孔。工件的装配基准为底面及侧面。本工序所加工孔都为 IT7 级精度,同时有一些形位公差要求。因此,使用专用镗床夹具,粗镗、精镗 $\phi40H7$ 和 $\phi35H7$ 孔,钻扩铰 $2\times\phi20H7$ 孔。此时,孔距 (82 ± 0.2)mm 应由镗模的制造精度保证。根据基准重合原则,定位基准选为 a、b、c 三个平面。

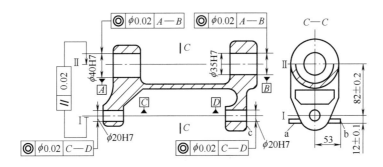

图 5.67　支架壳体工序图

图 5.68 所示为支架壳体镗床夹具,夹具上支承板 10(其中一块带侧立面)和一个挡销 9 为定位元件。夹紧时,利用压板 8 压在工件两侧板上,使工件重力与夹紧方向一致。加工

ϕ40H7 和ϕ35H7 孔时，镗杆支承在镗套 4 和 5 上，加工孔ϕ20H7 的镗杆支承在镗套 3 和 6 上。镗套安装在导向支架 2 和 7 上。支架用销钉和螺钉紧固在夹具体 1 上。

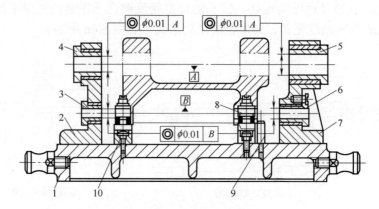

图 5.68   支架壳体镗床夹具

1—夹具体；2，7—导向支架；3，6—镗套；4，5—镗套；8—压板；9—挡销；10—支承板

3. 镗模的设计要点

1) 镗套的设计

镗套结构分为固定式和回转式两种。

(1) 固定式镗套：在镗孔过程中镗套不随镗杆转动，其结构与快换钻套相同。图 5.69(a)所示为带有压配式油杯的镗套，内孔开有油槽，加工时可适当提高切削速度。由于镗杆在镗套内回转和轴向移动，镗套容易磨损，故不带油杯的镗套只适于低速切削。

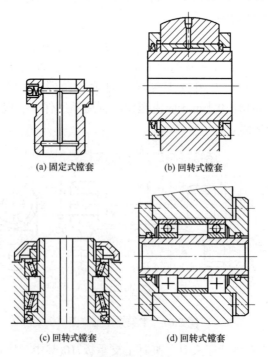

(a) 固定式镗套   (b) 回转式镗套

(c) 回转式镗套   (d) 回转式镗套

图 5.69   镗套

(2)　回转式镗套：在镗孔过程中，镗套随镗杆一起转动，特别适用于高速镗削，如图 5.69(b)、图 5.69(c)、图 5.69(d)所示。其中，图 5.69(b)所示为滑动回转式镗套。内孔带有键槽，镗杆上的键带动镗套回转，有较高的回转精度和减震性能，结构尺寸小，需充分润滑。图 5.69(c)、图 5.69(d)所示为滚动式回转镗套，分别用于立式和卧式镗孔。其转动灵活，允许的切削速度快，但其径向尺寸较大，回转精度低。如需减小径向尺寸，可采用滚针轴承。镗套的长度 H 影响导向性能，一般取固定式镗套 $H=(1.5\sim2)d$(H 为镗套的长度，d 为镗杆直径)。滑动回转式镗套 $H=(1.5\sim3)d$，滚动回转式镗套双支承时 $H=0.75d$，单支承时与固定式镗套相同。镗套的材料可选用铸铁、青铜、粉末冶金或钢等，其硬度一般应低于镗杆硬度。

镗套内孔直径应按镗杆的直径配制。设计镗杆时，一般取镗杆直径 $d=(0.6\sim0.8)D$，镗孔直径 D、镗杆直径 d、镗刀截面 $B\times B$ 之间的关系，应符合公式：$(D-d)/2=(1\sim1.5)B$。镗杆的制造精度对其回转精度有很大影响。其导向部分的直径精度要求较高，粗镗时按 g6、精镗时按 g5 制造。镗杆材料一般采用 45 号钢或 40Cr，硬度为 40～45HRC；也可用 20 号钢或 20Cr 渗碳淬火处理，硬度为 61～63HRC。精度要求高时用氮化钢 38CrMoAlA。

2)　支架和底座的设计

镗模支架和底座为铸铁件，常分开制造，这样便于加工、装配和时效处理。它们要有足够的刚度和强度，以保证加工过程的稳定性。尽量避免采用焊接结构，宜采用螺钉和销钉刚性连接。支架不允许承受夹紧力。支架设计时除了要有适当壁厚外，还应合理设置加强筋。在底座平面上有与其他元件连接的地方应设置相应的凸台面。在底座面对操作者一侧应加工有一窄长平面，用于作为找正基面，以便将镗模安装于工作台上。底座上应设置适当数目的耳座，以保证镗模在机床工作台上安装牢固可靠。同时还应有起吊环，以便于搬运。

5.4.5　组合夹具

组合夹具是一种标准化、系列化、通用化程度很高的柔性化夹具，我国目前已基本普及。组合夹具由一套预先制造好的不同形状、不同规格、不同尺寸的标准元件及部件组装而成。使用时，按照工件的加工要求可从中选择适用的组件和部件，以搭积木的方式组装成各种所需专用夹具。按照夹具组件间连接定位的基准不同，分为槽系和孔系两类。使用较多的是槽系。图 5.71 为加工图 5.70 所示钻盘类零件径向分度孔的组合夹具。

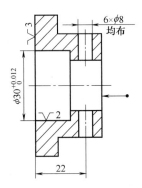

图 5.70　钻盘类零件钻孔工序图

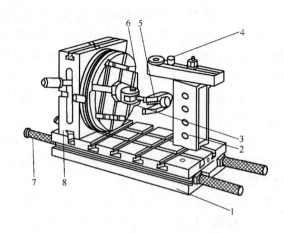

图 5.71　钻盘类零件径向孔的组合夹具

1—基础件；2—支承件；3—定位件；4—导向件；5—夹紧件；6—紧固件；7—其他件；8—合件

1. 组合夹具的特点

组合夹具把专用夹具的设计、制造、使用、报废的单向过程变为组装、拆卸、清洗入库、再组装的循环过程。与专用夹具相比，虽然初次投资较大，但使用时可大量减少专用夹具的设计和制造工作，缩短生产准备周期；节省了工时和材料，降低了生产成本；还可减少夹具库房面积，有利于管理。

组合夹具的元件精度高、耐磨，并且实现了完全互换，元件精度一般为 IT7～IT6 级。用组合夹具加工的工件，位置精度一般可达 IT9～IT8 级，若精心调整，可以达到 IT7 级。

组合夹具用过后又可方便地拆卸，供下次另行组装使用。组合夹具系统的应用范围很广，不受工件形状的限制，能组装成钻、铣、刨、车、镗等机床专用夹具，也能组装成检验、装配、焊接等夹具，最适用于新产品试制和产品经常更换的单件、小批生产以及临时任务。

组合夹具的主要缺点是体积较大，刚度较差，一次投资大，成本高，这使组合夹具的推广应用受到一定的限制。

2. 槽系组合夹具

1)　槽系组合夹具的规格

为了适应不同工厂、不同产品的需要，槽系组合夹具分为大、中、小型三种规格。

2)　槽系组合夹具的元件

(1)　基础件：有长方形、圆形、方形及基础角铁等。它们常作为组合夹具的夹具体。

(2)　支承件：有 V 形支承、长方形支承、加肋角铁和角度支承等。它们是组合夹具中的骨架元件，数量最多，应用最广。它们既可作为各元件间的连接件，又可作为大型工件的定位件。图 5.71 中支承件 2 将钻模板与基础板连成一体，并保证钻模板的高度和位置。

(3)　定位件：有平键、T 形键、圆形定位销、菱形定位销、圆形定位盘、定位接头、方形定位支承、六边形定位支承座等。其主要用于工件的定位及元件之间的定位。图 5.71 中，定位件 3 为菱形定位盘，用作工件的定位；支承件 2 与基础件 1、钻模板之间的平键、合件(端齿分度盘)8 与基础件 1 之间的 T 形键，均用作元件之间的定位。

(4) 导向件：有固定钻套、快换钻套、钻模板、左右偏心钻模板、立式钻模板等。它们主要用于确定刀具与夹具的相对位置，并起引导刀具的作用。图 5.71 中，安装在钻模板上的导向件 4 为快换钻套。

(5) 夹紧件：有弯压板、摇板、U 形压板、叉形压板等。它们主要用于压紧工件，也可用作垫板和挡板。图 5.71 中的夹紧件 5 为 U 形压板。

(6) 紧固件：有各种螺栓、螺钉、垫圈、螺母等。它们主要用于紧固组合夹具中的各种元件及压紧被加工件。由于紧固件在一定程度上影响整个夹具的刚性，所以螺纹件均采用细牙螺纹，可增加各元件之间的连接强度。同时，所选用的材料、制造精度及热处理等要求均高于一般标准紧固件。图 5.71 中紧固件 6 为关节螺栓，用来压紧工件，且各元件间均采用槽用方头螺栓、螺钉、螺母、垫圈等紧固件紧固。

(7) 其他件：有三爪支承、支承环、手柄、连接板、平衡块等。它们是指以上六类元件之外的各种辅助元件。

(8) 合件：有尾座、可调 V 形块、折合板、回转支架等。合件由若干零件组合而成，在组装过程中不拆散使用的独立部件。使用合件可以扩大组合夹具的使用范围，加快组装速度，简化组合夹具的结构，减小夹具体积。图 5.71 中的合件 8 为端齿分度盘。

3. 孔系组合夹具

孔系组合夹具的元件用一面两圆柱销定位，属允许使用的过定位；其定位精度高，刚性比槽系组合夹具好，组装可靠，体积小，元件的工艺性好，成本低，可用作数控机床夹具。但组装时元件的位置不能随意调节，常用偏心销钉或部分开槽元件进行弥补。图 5.72 所示为孔系组合夹具的示意图。

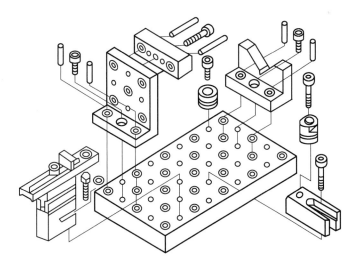

图 5.72　孔系组合夹具组装示意图

5.5 专用夹具设计方法

5.5.1 专用夹具设计的设计步骤

1. 明确设计任务，收集研究原始资料

在接到夹具设计任务书后，首先，要仔细阅读加工件的零件图和与之有关的部件装配图，了解零件的作用、结构特点和技术要求；其次，要认真研究加工件的工艺规程，充分了解本工序的加工内容和加工要求，了解本工序使用的机床和刀具，研究分析夹具设计任务书上所选用的定位基准和工序尺寸。

2. 拟定夹具结构方案，绘制夹具草图

拟定夹具的结构方案时，主要解决以下 5 个问题。
(1) 确定工件的定位方式，设计定位装置。
(2) 确定工件的夹紧方案，设计夹紧装置。
(3) 确定对刀或引导方式，选择或设计对刀装置或引导元件。
(4) 确定其他元件或装置的结构形式，如定位键、分度装置等。
(5) 确定夹具的总体结构及夹具在机床的安装方式。在确定夹具结构方案的过程中，应提出几种不同的方案，画出草图，经比较分析，选取最佳方案。

3. 绘制夹具总图

除特殊情况外，夹具总图绘制比例，一般均应按 1∶1 绘制，以使所设计夹具有良好的直观性。总图上的主视图，应选取与操作者正对的位置。

绘制夹具装配图可按如下顺序进行：用双点划线画出工件的外形轮廓和定位面、加工面；画出定位元件和导向元件；按夹紧状态画出夹紧装置；画出其他元件或机构；最后画出夹具体，把上述各组成部分连接成一体，形成完整的夹具。在夹具装配图中，被加工件视为透明体。

4. 确定并标注有关尺寸和夹具技术要求

夹具总图上应标注轮廓尺寸，必要的装配尺寸、检验尺寸及其公差，标注主要元件、装置之间的相互位置精度要求等。当加工的技术要求较高时，应进行工序精度分析。

5. 绘制夹具零件图

夹具中的非标准零件都必须绘制零件图。在确定这些零件的尺寸、公差或技术要求时，应注意使其满足夹具总图的要求。

5.5.2 夹具总图技术要求的制定

1. 夹具总图上应标注的尺寸与公差

在夹具总图上标注尺寸和技术要求的目的是便于绘制零件图、装配和检验。应有选择

地标注以下 6 项内容。

(1) 夹具的外形轮廓尺寸。

(2) 与夹具定位元件、引导元件以及夹具安装基面有关的配合尺寸、位置尺寸及公差。

(3) 夹具定位元件与工件的配合尺寸。

(4) 夹具引导元件与刀具的配合尺寸。

(5) 夹具与机床的连接尺寸及配合尺寸。

(6) 其他主要配合尺寸。

2．形状、位置要求

(1) 定位元件间的位置精度要求。

(2) 定位元件与夹具安装面之间的相互位置精度要求。

(3) 定位元件与对刀引导元件之间的相互位置精度要求。

(4) 引导元件之间的相互位置精度要求。

(5) 定位元件或引导元件对夹具找正基面的位置精度要求。

(6) 与保证夹具装配精度有关的或与检验方法有关的特殊的技术要求。

夹具的有关尺寸公差和形位公差通常取工件相应公差的 1/5～1/2。当工序尺寸未注公差时，夹具公差取为±0.1mm(或±10′)，或根据具体情况确定；当加工表面未提出位置精度要求时，夹具上相应的公差一般不超过(0.02～0.05)/100。

在具体选用时，要结合生产类型、工件的加工精度等因素综合考虑。对于生产批量较大、夹具结构较复杂，而加工精度要求又较高的情况，夹具公差值可取得小些。这样，虽然夹具制造较困难，成本较高，但可以延长夹具的寿命，并可靠保证工件的加工精度，因此是经济合理的；对于批量不大的生产，则在保证加工精度的前提下，可使夹具的公差取得大些，以便于制造。另外，为便于保证工件的加工精度，在确定夹具的距离尺寸偏差时，一般应采用双向对称分布，基本尺寸应为工件相应尺寸的平均值。

与工件的加工精度要求无直接联系的夹具公差如定位元件与夹具体、导向元件与衬套、镗套与镗杆的配合等，一般可根据元件在夹具中的功用凭经验或根据公差配合国家标准来确定。在设计时，具体可参阅《机床夹具设计手册》等资料。

5.5.3　精度分析

进行加工精度分析可以帮助我们了解所设计的夹具在加工过程中产生误差的原因，以便探索控制各项误差的途径，为制定、验证、修改夹具技术要求提供依据。

用夹具装夹工件进行机械加工时，工艺系统中影响工件加工精度的因素有：定位误差 Δ_D、对刀(引导)误差 Δ_T、夹具在机床上的安装误差 Δ_A 和加工所引起的加工误差 Δ_G(详见第 7 章)。上述各项误差均导致刀具相对于工件的位置不准确，而形成总的加工误差 Δ_K。以上各项误差应满足误差不等式：$\sum \Delta = \Delta_D + \Delta_A + \Delta_T + \Delta_G \leqslant Tk$，其中 Tk 为工件的工序尺寸公差值。

5.6 实 训

在成批和大批大量生产中，工件的安装主要靠专用夹具来完成，专用夹具的设计直接关系到所设计夹具能否保证加工质量的要求，以及生产效率的提高。下面以图 5.73 所示连杆零件的铣槽夹具设计为例，具体说明一般专用夹具的设计方法和过程。

5.6.1 实训题目

图 5.73 所示为连杆零件的铣槽工序简图，零件材料为 45 号钢，生产类型为成批生产，所用机床为 X62W。本工序要求铣工件两端面处的 8 个槽，槽宽 $10^{+0.2}_{0}$ mm，槽深 $3.2^{+0.4}_{0}$ mm，表面粗糙度 Ra 值为 $6.3\,\mu m$；槽的中心线与两孔中心连线夹角为 $45°\pm30'$，且通过孔 $\phi42.6^{+0.1}_{0}$ mm 的中心。工件两孔 $\phi42.6^{+0.1}_{0}$ mm 和 $\phi15.3^{+0.1}_{0}$ mm 及厚度为 $14.3^{0}_{-0.1}$ mm 的两个端面均已在先行工序加工完毕，两孔的中心距为 (57 ± 0.06) mm，两端面间的平行度公差为 0.03/100。

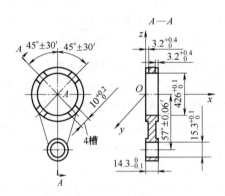

图 5.73 连杆铣槽工序简图

5.6.2 实训目的

熟悉机床夹具的设计原则、步骤和方法，能够根据零件加工工艺的要求，拟定夹具设计方案，进行必要的定位误差计算，最终设计出符合工序加工要求、使用方便、经济实用的夹具。

5.6.3 实训过程

1. 分析零件的工艺过程和本工序的加工要求，明确设计任务

本工序的加工在 X62W 卧式铣床上用三面刃盘铣刀进行。所以，槽宽由铣刀宽度保证，槽深和角度位置要通过夹具来保证。

工序规定了该工件将通过四次安装加工完 8 个槽，每次安装的基准都用两个孔和一个端面，并在大孔端面上进行夹紧。

2．拟定夹具的结构方案

夹具的结构方案包括以下 6 个方面。

1) 定位方案的确定

根据连杆铣槽工序的尺寸、形状和位置精度要求，工件定位时需限制六个自由度。工件的定位基准和夹紧位置虽然在工序图上已经确定，但在拟定定位夹紧方案时仍需要对其进行分析研究，分析定位基准的选择能否满足工件位置精度的要求，夹具的结构能否实现。在连杆铣槽的工序中，工件在槽深方向的工序基准是和槽相连的端面，若以此端面为平面定位基准，可以达到与工序基准相重合。但由于要在此面上开槽，那么夹具的定位面就势必要设计成朝下的，会给定位和夹紧带来麻烦，夹具结构也比较复杂。如果选择与所加工槽相对的另一端面为定位基准，则会引起基准不重合误差，其大小等于工件两端面之间联系尺寸的公差 0.1mm。考虑到槽深的公差较大(0.4mm)，完全可以保证加工精度要求。而这样又可以使定位夹紧可靠，操作方便，所以应选择工件底面为定位基准。采用支承板作为定位元件。

在保证角度尺寸 45°±30′方面，工序基准是两孔的中心线，以两孔为定位基准，不仅可以做到基准重合，而且操作方便。为了避免发生不必要的过定位现象，采用一个圆柱销和一个菱形销作为定位元件。由于被加工槽的角度位置是以大孔的中心为基准的，槽的对称面大孔应通过大孔的中心，并与两孔连线呈 45° 角，因此应将圆柱销放在大孔，菱形销放在小孔，如图 5.74 所示。工件以一面两孔为定位基准，定位元件采用一面两销，分别限制工件的六个自由度，属完全定位。

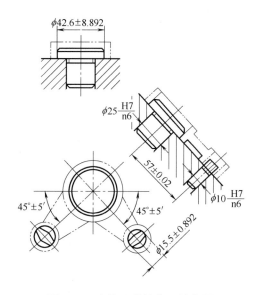

图 5.74 定位元件结构及其布置

2) 定位元件的结构尺寸及其在夹具中位置的确定

由上可知，定位元件由支承板、圆柱销、菱形销组成。

(1) 两定位销中心距的确定

$$L \pm \frac{\delta L_d}{2} = L \pm \left(\frac{1}{2} - \frac{1}{5}\right)\frac{\delta L_d}{2} = 57\text{mm} \pm \left(\frac{1}{2} - \frac{1}{5}\right) \times 0.06\text{mm}$$

取

$$L \pm \frac{\delta L_d}{2} = (57 \pm 0.02)\text{mm}$$

(2) 圆柱销尺寸的确定。

取定位孔 $\phi 42.6_0^{+0.1}$ mm 的最小值为圆柱销的基本尺寸，销与孔按 $\dfrac{H7}{g6}$ 配合，则圆柱销的直径和公差为 $\phi 42.6_{-0.025}^{-0.009}$ mm。

(3) 菱形销尺寸的确定。

查阅《机床夹具设计手册》，取 $b=4$，$B=13$，经计算可得菱形销直径 $d_2=15.258$mm。

直径公差按 h6 确定，可得：$d_2 = \phi 15.258_{-0.011}^{0} = \phi 15.3_{-0.053}^{-0.042}$ mm。

两销与夹具体连接选用过渡配合 $\dfrac{H7}{n6}$ 或 $\dfrac{H7}{r6}$。

(4) 分度方案的确定。

由于连杆每一面各有两对呈 90° 完全相同的槽，为提高加工效率，应在一道工序中完成，这就需要按工件正、反面分别加工，而且在加工任一面时，一对槽加工完成后，还必须变更工件在夹具中的位置。实现这一目的的方法有两种：一是采用分度盘，工件装夹在分度盘上，当加工完一对槽后，将工件与分度盘一起转过 90°，再加工另一对槽；另一种是在夹具上装两个相差为 90° 的菱形销(见图 5.74)，加工完一对槽后，卸下工件，将工件转过 90° 套在另一个菱形销上，重新进行夹紧后再加工另一对槽。显然，第一种方案，工件不用重新装夹，定位精度较高，效率也较高，但要转动分度盘，而且分度盘也需要锁紧，夹具结构较为复杂；第二种方案，夹具结构简单，但工件需要进行两次装夹。考虑该产品生产批量不大，因而选择第二种分度方案。

3) 夹紧方案的确定

根据工件的定位方案，考虑夹紧力的作用点及方向，采用图 5.75 所示的方式较好。因它的夹紧点选在大孔端面，接近被加工面，增加了工件的刚度，切削过程中不易产生振动，工件的夹紧变形也小，夹紧可靠；但对夹紧机构的高度要加以限制，以防止和铣刀杆相碰。

由于该工件较小，批量又不大，为使夹具结构简单，可采用手动的螺旋压板夹紧机构。

4) 对刀方案的确定

本工序被加工槽的精度一般，主要保证槽深和槽中心线通过大孔($\phi 42.6_0^{+0.1}$ mm)中心等要求。夹具中采用直角对刀块及塞尺的对刀装置来调整铣刀相对于夹具的位置。其中，利用对刀块的垂直对刀面及塞尺调整铣刀，使其宽度方向的对称面通过圆柱销的中心，从而保证零件加工后，两槽中心对称线通过 $\phi 42.6_0^{+0.1}$ mm 大孔中心。利用对刀块水平对刀面及塞尺调整铣刀圆周刃口位置，从而保证槽深尺寸 $3.2_0^{+0.4}$ mm 的加工要求。对刀块采用销钉定位、螺钉紧固的方式与夹具体连接。其具体结构参见图 5.75。

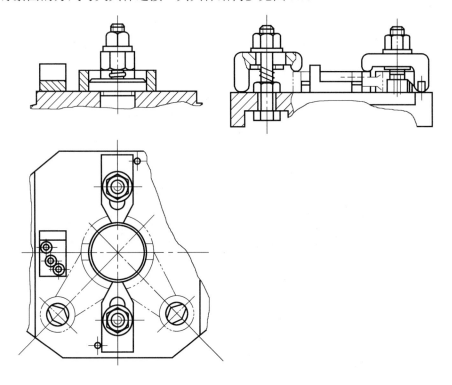

图 5.75　夹紧和对刀装置

5)　夹具在机床上的安装方式

考虑本工序工件加工精度一般，因此夹具可通过定向键与机床工作台 T 形槽的配合实现在机床上的定位，并通过 T 形槽螺栓将夹具固定在工作台上，如图 5.76 所示。

6)　夹具体及总体设计

夹具体的设计应通盘考虑，使各组成部分通过夹具体有机地联系起来，形成一个完整的夹具。从夹具的总体设计考虑，由于铣削加工的特点，在加工中易引起振动，故要求夹具体及其上各组成部分的所有元件的刚度、强度要足够。夹具体及夹具总体结构参见图 5.76。

3. 夹具总图设计

在绘制夹具结构草图的基础上，绘出夹具总装图并标注有关的尺寸、公差配合和技术条件。夹具总装图参见图 5.76。

1)　夹具总装图上应标注的尺寸及公差配合

(1)　夹具的外轮廓尺寸 180mm×140mm×70mm。

(2)　两定位销的尺寸（$\phi42.6_{-0.025}^{-0.009}$ mm 与 $\phi15.3_{-0.034}^{-0.016}$ mm），两定位销的中心距尺寸（(57±0.06)mm）等。

(3)　两菱形销之间的方向位置尺寸 45°±5′。

(4)　对刀块工作表面与定位元件表面间的尺寸((7.85±0.02)mm 和(8±0.02)mm)。

(5) 其他配合尺寸。圆柱销及菱形销与夹具体孔的配合尺寸 $\left(\phi 25\dfrac{\mathrm{H7}}{\mathrm{n6}}\ 和\ \phi 10\dfrac{\mathrm{H7}}{\mathrm{n6}}\right)$。

(6) 夹具定位键与夹具体的配合尺寸 $18\dfrac{\mathrm{H7}}{\mathrm{n6}}$。

2) 夹具总图上应标注的技术要求

(1) 圆柱销、菱形销的轴心线相对于定位面 N 的垂直度公差为 0.03mm。

(2) 定位面 N 相对于夹具底面 M 的平行度公差为 0.02mm。

(3) 对刀块与对刀工作面相对于定位键侧面的平行度公差为 0.05mm。

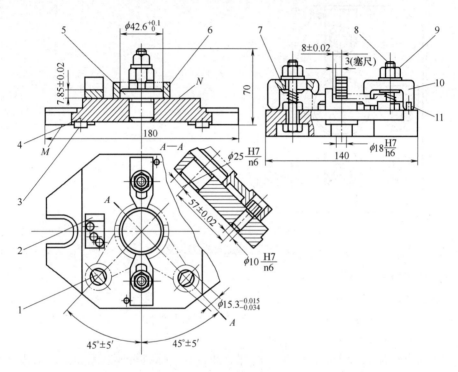

图 5.76　连杆铣槽夹具总图

1—菱形定位销；2—对刀块；3—定位键；4—夹具体；5—定位心轴；

6—零件；7、10—压板；8—螺柱；9—螺母；11—挡销

4．夹具精度的校核

1) 槽深精度的校核

影响槽深精度的主要因素有以下 3 个

(1) 定位误差。其中，基准不重合误差 $\Delta_B=0.1\mathrm{mm}$，基准位移偏差 $\Delta_y=0$，所以 $\Delta_D=\Delta_B=0.1\mathrm{mm}$。

(2) 夹具安装误差。由于夹具定位面 N 和夹具底面 M 间的平行度误差等会引起工件的倾斜，使被加工槽的底面和端面不平行，进而影响槽深的尺寸精度。夹具技术要求规定为不大于 0.03/100，故工件大头约 50mm 范围内的影响值为 0.015mm。

(3) 与加工方法有关的误差。根据实际生产经验，这方面的误差一般可控制在被加工

工件公差的 1/3 范围内，这里取为 0.15mm。

以上三项合计为 0.265mm，即可能的加工误差为 0.265mm，这远小于工件加工尺寸要求保证的公差 0.4mm。

2) 角度尺寸 45°±30′的校核

(1) 定位误差。由于工件定位孔与夹具定位销之间的配合间隙会造成基准位移误差，有可能导致工件两定位孔中心连线对规定位置的倾斜，其最大转角误差为

$$\Delta_{\alpha} = \arctan \frac{\delta_{D1} + \delta_{d1} + x_{1\min} + \delta_{D2} + \delta_{d2} + x_{2\min}}{2L}$$

$$= \arctan \frac{0.1 + 0.016 + 0.009 + 0.1 + 0.018 + 0.016}{2 \times 57}$$

$$= \arctan 0.00227 = 7.8'$$

即倾斜对工件 45°角的最大影响量为±7.8′。

(2) 夹具上两菱形销分别和大圆柱销中心连线的角度方向位置误差为±5′，这会影响工件的 45°角。

(3) 与加工方法有关的误差。主要是机床纵向走刀方向与工作台 T 形槽方向的平行度误差，查阅相关机床手册，一般为 0.03/100，经换算，相当于角度误差为±1′。

综合以上三项误差，其最大角度误差为±13.8′，此值远小于工序要求的角度公差±30′。

结论：从以上所进行的分析和计算可看出，本夹具能满足连杆铣槽工序的精度要求，可以应用。

5.6.4 实训总结

通过上述机床夹具设计的实训过程可以看出，进行机床夹具设计是一项实践性很强的工作，需要熟练掌握机床夹具的设计原则、步骤和方法，勤学多练才能逐步掌握。特别要注意以下三点。

(1) 机床夹具是为零件加工服务的，对零件加工质量的保证是第一位的。要想做到这一点，首先，必须明确相应工序的加工要求，可能的话，多考虑几种方案，再进行必要的计算，最终确定能满足定位精度要求的、合理的定位和夹紧方案；其次，必须明白，定位与夹紧是相辅相成的，光有正确的定位，没有合理的(夹紧力的大小和方向要合理)夹紧装置，同样无法保证加工质量。

(2) 机床夹具是在机床上使用的，要想保证零件与机床刀具之间的正确位置，除了夹具本身的结构设计外，还必须了解各种机床的结构特点，注意夹具与机床的连接方式，保证夹具在机床上的准确定位。

(3) 夹具的设计，除了要能够保证工序的加工质量外，还必须做到能提高生产效率，易于工人操作，否则会被操作工人束之高阁。

5.7 习　　题

1. 选择题(可多选)

(1) 机床夹具中,用来确定工件在夹具中位置的元件是(　　)。
    A. 定位元件　　　　　　　　　　　　B. 对刀-导向元件
    C. 夹紧元件　　　　　　　　　　　　D. 连接元件

(2) 夹紧力作用方向的确定原则是(　　)。
    A. 应垂直向下　　　　　　　　　　　B. 应垂直于主要定位基准面
    C. 使所需夹紧力最小　　　　　　　　D. 使工件变形尽可能小
    E. 应与工件重力方向垂直

(3) 偏心轮的偏心量取决于(　　)和(　　),偏心轮的直径和(　　)密切有关。
    A. 夹紧行程　　　　　　　　　　　　B. 夹紧力大小
    C. 偏心轮工作范围　　　　　　　　　D. 销轴直径
    E. 自锁条件

(4) 定位元件的材料一般选(　　)。
    A. 20 号钢渗碳淬火　　　　　　B. 铸铁　　　　　　　　　C. T7A 钢淬火
    D. 中碳钢淬火　　　　　　　　　E. 硬质合金

(5) 机床主轴一起转动的夹具与主轴的连接方式取决于(　　)。
    A. 夹具结构尺寸　　　　　　　　　　B. 机床主轴端部的结构形式
    C. 夹具连接部的结构形式　　　　　　D. 机床主轴的转速

(6) 用钻床夹具,决定被加工孔直径的是(　　)。
    A. 钻套　　　　　　　　　　　　　　B. 钻模板
    C. 刀具　　　　　　　　　　　　　　D. 衬套

(7) 夹具与机床的连接方式主要取决于(　　)。
    A. 零件的加工精度　　　　　　　　　B. 机床的类型
    C. 夹具的结构　　　　　　　　　　　D. 刀具的安装方式

(8) 工件以圆柱面在短 V 形块上定位时,限制了工件(　　)个自由度。
    A. 5　　　　　　　　B. 4　　　　　　　　C. 3　　　　　　　　D. 2

(9) 既要完成在其上定位并夹紧,还承担沿自动线输送工件任务的夹具是(　　)。
    A. 通用夹具　　　　　　　　　　　　B. 专用可调夹具
    C. 随行夹具　　　　　　　　　　　　D. 组合夹具

(10) 活动短 V 形块限制工件的自由度数为(　　)。
    A. 0 个　　　　　　　　B. 1 个　　　　　　　　C. 2 个　　　　　　　　D. 3 个

(11) 在外力一定时,欲增大斜楔产生的作用力,可采用(　　)。
    A. 增大楔角　　　　　　　　　　　　B. 减小楔角
    C. 无楔角　　　　　　　　　　　　　D. 楔角不变

(12) 主要适合于小批生产时用钻头钻孔的钻套是(　　)。

    A. 固定钻套　　　　　　　　　　B. 可换钻套

    C. 快换钻套　　　　　　　　　　D. 特殊钻套

(13) 在常用的典型夹紧机构中，扩力比最大的是(　　)。

    A. 斜楔夹紧机构　　　　　　　　B. 螺旋夹紧机构

    C. 偏心夹紧机构　　　　　　　　D. 弹簧夹头

(14) 在夹具上确定夹具和刀具相对位置的是(　　)。

    A. 定位装置　　　　　　　　　　B. 夹紧装置

    C. 对刀-导向装置　　　　　　　　D. 大数互换法

(15) 确定工件在夹具中的位置是(　　)。

    A. 定位元件　　　　　　　　　　B. 夹紧元件

    C. 对刀-导向元件　　　　　　　　D. 连接元件

(16) 工件以平面定位时起定位作用的支承有(　　)。

    A. 固定支承　　　　　　　　　　B. 可调支承

    C. 浮动支承　　　　　　　　　　D. 辅助支承

(17) 安装在机床主轴上，能带动工件一起旋转的夹具是(　　)。

    A. 钻床夹具　　　　　　　　　　B. 车床夹具

    C. 铣床夹具　　　　　　　　　　D. 镗床夹具

(18) 在钻模上加工孔时，孔的尺寸精度主要取决于(　　)。

    A. 机床精度　　　　　　　　　　B. 钻套精度

    C. 钻套在钻模板上的位置精度　　D. 刀具精度

(19) 加工小型工件分布在不同表面上的孔宜采用(　　)。

    A. 固定式钻模　　　　　　　　　B. 回转式钻模

    C. 翻转式钻模　　　　　　　　　D. 盖板式钻模

(20) 加工一批中小型工件位于同一表面上的一组孔，孔距公差大于±0.15mm，则优先选用的钻模形式为(　　)。

    A. 固定式　　　　B. 移动式　　　　C. 盖板式　　　　D. 滑桩式

(21) 加工孔可以获得较高位置精度的钻模板形式是(　　)。

    A. 固定式　　　　B. 链接式　　　　C. 分离式　　　　D. 悬挂式

(22) 一般来说，夹具上夹紧机构的作用是(　　)。

    A. 将工件压紧，夹牢在定位元件上　B. 起定位作用

    C. 把夹具紧固在机床上　　　　　　D. 使工件在外力作用下发生位移

(23) 夹紧装置设计得是否合理，直接影响到(　　)。

    A. 加工质量　　　　　　　　　　B. 加工效率

    C. 工人劳动强度　　　　　　　　D. 操作安全

(24) 夹紧力作用点的选择原则应该是(　　)。

    A. 尽量作用在不加工表面上　　　B. 尽量靠近加工表面

    C. 尽量靠近支承面的几何中心　　D. 尽量作用在工件刚性好的地方

(25) 偏心夹紧机构的特点是(　　)。

    A. 结构简单　　　　B. 动作迅速　　　C. 自锁性好　　　D. 夹紧行程小

(26) 螺旋夹紧机构的优点是(　　)。

    A. 增力大　　　　　B. 夹紧时间长　　C. 结构简单　　　D. 自锁性好

(27) 根据分度盘和分度定位的相互位置配置情况,分度装置的基本形式有(　　)。

    A. 转角分度　　　　B. 直线分度　　　C. 轴向分度　　　D. 径向分度

(28) 属于夹具装配图上应标注的尺寸是(　　)。

    A. 轮廓尺寸　　　　　　　　　　　　　　　　B. 配合尺寸

    C. 对刀-导引元件与定位元件的位置尺寸　　　D. 定位元件之间的尺寸

2. 填空题

(1) 在常用的三种夹紧机构中,增力特性最好的是_____机构,动作最快的是_____机构。

(2) _____和_____两个过程综合称为装夹,完成工件装夹的工艺装备称为机床夹具。

(3) 机床夹具是在机床上使用的一种使工件_____和_____的工艺装置。

(4) 夹紧力三要素为: _____、_____、_____。

(5) 机床夹具的定位误差主要是由_____和_____引起的。

(6) 铣床夹具在机床的工作台上定位是通过夹具上的两个_____实现的。

(7) 铣床上用来确定刀具相对于夹具上定位元件位置的元件是_____。

(8) V 形块两斜面夹角,一般选用 60°、90° 和_____。其中,以_____应用最多。

(9) 利用夹具可以提高生产率和_____,并且可以扩大机床的_____。

(10) 设计夹具时应根据零件的_____基准选择定位基准。

(11) V 形块是夹具上的_____元件,主要用于_____的定位。

(12) 多点夹紧机构中必须有_____元件。

(13) 铣床夹具与机床工作台的连接除了底平面外,通常还通过_____与铣床工作台 T 形槽配合。

(14) 夹具在机床回转主轴上的连接方式取决于_____。

(15) 钻模导引孔的公称尺寸应等于所导引刀具的_____尺寸。

(16) 利用钻模加工孔,孔的尺寸精度是由_____保证,孔的坐标位置由_____保证。

(17) 夹具尺寸公差一般取相应尺寸公差的_____。

(18) 铣床夹具与其他夹具在结构上的不同之处是具有_____和_____。

(19) 夹紧装置一般由_____、_____和力源装置组成。

(20) 在夹紧装置中,基本的夹紧机构类型有: _____、螺旋夹紧机构和偏心夹紧机构。

(21) 夹具的作用主要有_____、_____、扩大机床使用性能、改善劳动条件等。

(22) 辅助支承的主要作用是增加工件的_____和_____，但不起定位作用。

(23) 为改善劳动条件和提高劳动生产率，在大批量生产中广泛采用_____、_____、电磁和真空夹紧装置。

(24) 分度对定和转位机构的形式很多，一般由_____和_____组成。

(25) 生产批量较大时，为了便于更换磨损的钻套，应使用_____钻套。当对同孔需进行多工步加工时(如钻孔、铰孔)，应使用_____钻套。

(26) 镗杆与镗床主轴是_____连接的，孔的_____精度主要由镗模的精度保证。

(27) 在设计夹具时，一般要求定位误差不超过工件加工尺寸公差的_____分之一。

3. 判断题

(1) 专用夹具是为某道工序设计制造的夹具。 (　　)

(2) 夹具上的定位元件是用来确定工件在夹具中正确位置的元件。 (　　)

(3) 两点式浮动支承能限制工件的两个自由度。 (　　)

(4) 辅助支承是为了增加工件的刚性和定位稳定性，并不限制工件的自由度。(　　)

(5) 一个三点浮动支承约束 3 个自由度。 (　　)

(6) 辅助支承不仅能起定位作用，还能增加刚性和稳定性。 (　　)

(7) 定位误差是指一个工件定位时，工序基准在加工要求方向上的最大位置变动量。

(　　)

(8) 基准不重合误差是由于定位基准与设计基准不重合引起的。 (　　)

(9) 工件定位时，若定位基准与工序基准重合，就不会产生定位误差。 (　　)

(10) 扩力机构可将夹紧力扩大或改变夹紧力的方向。 (　　)

(11) 夹紧力的作用点应尽量靠近定位元件，以提高加工部位刚性。 (　　)

(12) 工件一旦被夹紧，其六个自由度就全部被限制。 (　　)

(13) 夹紧力的方向一致，使夹紧力最小。 (　　)

(14) 螺旋夹紧机构适用于切削负荷大和振动也较大的场合。 (　　)

(15) 斜楔夹紧的增力比偏心夹紧的增力比大。 (　　)

(16) 斜楔自锁条件为某斜角 α 应不小于斜楔与工件以及斜楔与夹具体之间的摩擦角 ϕ_1 与 ϕ_2 之和。

(　　)

(17) 偏心夹紧的增力比小于螺旋夹紧的增力比。 (　　)

(18) 斜楔夹紧能改变力的方向。 (　　)

(19) 多点联动夹紧机构中必须有浮动元件。 (　　)

(20) 滑柱式钻模比固定式钻模的加工精度和生产率都高。 (　　)

(21) 钻套导引孔的公称尺寸应等于所引导刀具的最大极限尺寸。 (　　)

(22) 孔的尺寸精度和孔距精度越高，钻套高度应取大些。 (　　)

(23) 在铣床上调整刀具与夹具上定位元件间的尺寸时，通常将刀调整到和对刀块刚接触上就算调好。 (　　)

(24) 在铣夹具上设置对刀块是用来调整刀具相对夹具的相对位置，但对刀精度不高。

（　　）

(25) 定向键和对刀块是钻床夹具上的特殊元件。　　　　　　　　　　　（　　）

(26) 采用对刀装置有利于提高生产率，但其加工精度不高。　　　　　　（　　）

(27) 镗床夹具是用镗套来引导镗刀方向并确定镗刀位置的。　　　　　　（　　）

(28) 在绘制夹具总图时，用粗实线画出工件的轮廓，并将其视为透明体。　（　　）

4. 问答题

(1) 对定位元件的要求有哪些？

(2) 何谓定位误差？定位误差是由哪些因素引起的？定位误差的数值一般应控制在零件公差的什么范围内？

(3) 试述一面两孔组合时，需要解决的主要问题，定位元件设计及定位误差的计算。

(4) 对夹紧装置的基本要求有哪些？

(5) 典型的夹紧机构有哪几种？最常用的典型夹紧机构是什么？

(6) 何谓联动夹紧机构？设计联动夹紧机构时应注意哪些问题？试举例说明。

(7) 夹紧装置由哪几部分组成？

(8) 中间递力机构有何作用？

(9) 偏心夹紧机构的特点是什么？

(10) 夹紧力作用点与作用方向的选择应考虑哪些问题？

(11) 何谓定心夹紧机构？它有什么特点？

(12) 在钻模板的结构中，哪种工作精度最高？

(13) 车床夹具与车床主轴的连接方式有哪几种？如何保证车床夹具与车床主轴的正确位置关系？

(14) 设计车床夹具时应注意哪些问题？

(15) 铣床夹具主要有几种类型？钻套的作用是什么？钻套分哪两大类？

(16) 在铣床夹具中，使用的对刀块和塞尺起什么作用？

(17) 按铣削时的进给方式，铣床夹具分为哪几种？

(18) 镗床夹具分为哪三类？

(19) 常用的镗套分为哪两类？

(20) 夹具体设计的基本要求有哪些？

(21) 夹具总图上应标注哪些尺寸和公差？

5. 实作题

(1) 图 5.77(a)为工件铣槽工序简图，图 5.77(b)为工件定位简图。试计算加工尺寸 $90_{-0.15}^{0}$ mm 的定位误差。

(2) 工件尺寸及工序要求如图 5.78(a)所示，欲加工键槽并保证工序尺寸 $45_{-0.2}^{0}$ mm 及对内孔中心的对称度 0.05mm，试分别计算图 5.78(b)~图 5.78(e)所示各种定位方案的定位误差。

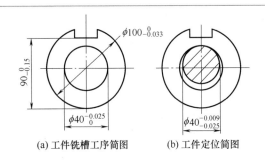

(a) 工件铣槽工序简图　　　(b) 工件定位简图

图 5.77　套筒及定位方案

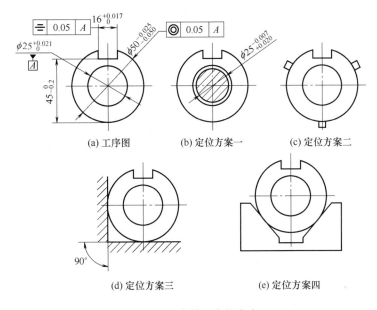

(a) 工序图　　　(b) 定位方案一　　　(c) 定位方案二

(d) 定位方案三　　　(e) 定位方案四

图 5.78　套筒及定位方案

(3)　用钻模在一批铸铁工件上加工$\phi 12H8$ 孔。先用$\phi 11.8mm$ 麻花钻钻孔，再用$\phi 12h8$ 高速钢机用铰刀铰孔达到要求。试确定各快换钻套内孔直径的基本尺寸和极限偏差。

(4)　如图 5.79 所示的支架，加工支架上$\phi 10H7$ 孔，试设计所需的钻模(只画草图)。

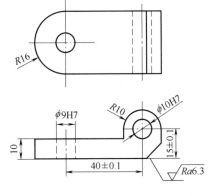

图 5.79　支架

(5) 图 5.80 所示为一钻夹具(钻模)装配图,用于在套筒上钻孔。试指出图中各数字表示零件的意义,填入下面的括号中。(如 1—夹具体)

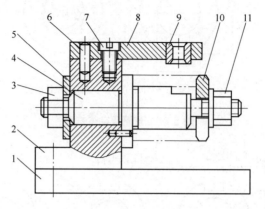

图 5.80　钻模装配图

2—(　　　　　　)　　4—(　　　　　　　)　　8—(　　　　　　　)

9—(　　　　　　)　　10—(　　　　　　　)　　11—(　　　　　　　)

第 6 章 机械装配工艺基础

任何机械产品都是由若干零件和部件组成的。根据规定的技术要求将有关的零件接合成部件，或将有关的零件和部件接合成产品的过程称为装配，前者称为部件装配，后者称为总装配。通过本章学习应能设计一般机器的装配工艺规程；掌握保证装配精度的四种装配方法；能根据产品或部件的需要，选择合适的装配方法并合理设计各零件的尺寸及其精度。

- 装配工艺性
- 装配工艺规程的设计
- 保证产品装配精度的四种方法

图 6.1 所示为车床装配结构示意图，试分析其结构的装配工艺性，怎样设计其装配工艺，应该采用什么方法装配，各零件的尺寸、公差和偏差应怎样确定和保证。

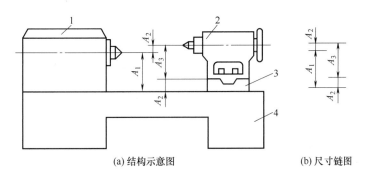

(a) 结构示意图　　　　　(b) 尺寸链图

图 6.1　主轴箱主轴与尾座套筒中心线等高结构示意图

1—主轴箱；2—尾座；3—底板；4—床身

6.1　机器结构的装配工艺性

装配工艺性是指设计的机器结构装配的可行性和经济性。装配工艺性好，是指装配时操作方便、生产率高。

6.1.1　机器装配的基本概念

对结构比较复杂的产品，通常根据其结构特点，划分为若干能进行独立装配的部分，这些独立装配的部分称为装配单元。

零件是组成产品的最小单元。零件一般都是预先装成合件、组件、部件后才进入总装,直接装入机器的零件并不太多。

合件是在一个基准零件上装上一个或若干个零件构成的。例如,装配式齿轮(见图 6.2),由于制造工艺的原因,分成两个零件,在基准零件上套装齿轮并用铆钉固定。为此进行的装配工作称为合装。

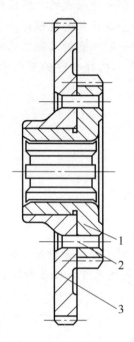

图 6.2 合件-装配式齿轮

1—基准零件;2—铆钉;3—齿轮

组件是在一个基准零件上,装上若干合件及零件而构成的。例如,机床主轴箱中的主轴,在基准轴件上装上齿轮、套、垫片、键及轴承的组合件称为组件。为此而进行的装配工作称为组装。组装还可分为一级组装、二级组装等。

部件是在一个基准零件上,装上若干组件、合件和零件构成的。部件在机器中能完成一定的、完整的功用。例如,车床的主轴箱装配就是部装。主轴箱箱体为部装的基准零件。

产品是在一个基准零件上装上若干部件、组件、合件和零件而构成的。

6.1.2 装配工艺系统图

在装配工艺规程制定的过程中,表明产品零部件间相互装配关系、装配流程及装配顺序的示意图称为装配系统图。每个零件用一个矩形框来表示,内容有零件名称、编号及数量,如图 6.3 所示。这种矩形框不仅可以表示零件,也可以表示合件、组件和部件等装配单元。如图 6.4 所示为机器装配系统图,装配工艺系统图主要被用于大批量生产中。

图 6.3　装配单元的表示图

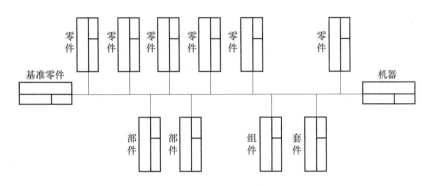

图 6.4　机器装配系统图

6.1.3　机器结构的装配工艺性

根据机器的装配实践和装配工艺的需要对机器结构的装配工艺性提出以下 3 项要求。

1. 机器结构应能分成独立的装配单元

为了最大限度地缩短机器的装配周期，有必要把机器分成若干独立的装配单元，以便使许多装配工作同时平行进行，它是评定机器结构装配工艺性的重要标志之一。

所谓划分成独立的装配单元，就是要求机器结构能划分成独立的组件、部件等。首先按组件或部件分别进行装配，然后再进行总装配。例如，卧式车床是由主轴箱、进给箱、溜板箱、刀架、尾座和床身等部件组成。这些独立的部件装配完之后，可以在专门的试验台上检验或试车，待合格后再送去总装。

把机器划分成独立的装配单元，对装配过程有以下 4 个好处。

(1) 可组织平行装配作业，各单元装配互不妨碍，缩短装配周期，便于多厂协作生产。

(2) 机器的有关部件可以预先进行调整和试车，各部件以较完善的状态进入总装，这样既可保证总机的装配质量，又可以减少总装配的工作量。

(3) 机器局部结构改进后，整个机器只是局部变动，机器改装起来更方便，有利于产品的改进和更新换代。

(4) 有利于机器的维护和检修，便于重型机器的包装、运输。

另外，有些精密零部件，不能在使用现场进行装配，而只能在特殊(如高度洁净、恒温等)环境下进行装配及调整，然后以部件的形式进入总装配。例如，精密丝杠车床的丝杠就是在特殊的环境下装配的，以便保证机器的精度。

图 6.5(a)所示的转塔车床，原先结构的装配工艺性较差：机床的快速行程轴的一端装在箱体内，轴上装有一对圆锥滚子轴承和一个齿轮，轴的另一端装在拖板的操纵箱内，这

种结构装配起来很不方便。为此,将快速行程轴分拆成两个零件,如图 6.5(b)所示,一段为带螺纹的较长的光轴,另一段为较短的阶梯轴,两轴用联轴器连接起来。这样,箱体、操纵箱便成为两个独立的装配单元,分别平行装配。而且由于长轴被分拆为两段,其机械加工也较之前更容易了。

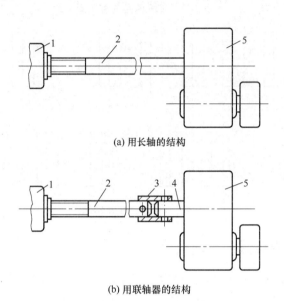

图 6.5　转塔车床的两种结构

1—操纵箱;2—光轴;3—联轴器;4—阶梯轴;5—箱体

图 6.6 所示为轴的两种结构的比较。当轴上齿轮直径大于箱体轴承孔时(见图 6.6(a)),轴上零件需依次在箱内装配。当齿轮直径小于轴承孔时(见图 6.6(b)),轴上零件可在组装成组件后一次装入箱体内,从而简化装配过程,缩短装配周期。

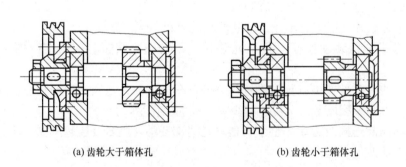

图 6.6　轴的两种结构比较

图 6.7 所示为传动齿轮箱的两种不同结构。图 6.7(a)中各齿轮轴系分别装配在大箱体上,装配过程十分不便。如将大箱体改为如图 6.7(b)所示的形式,传动齿轮轴系装配在分离的小齿轮箱内,成为独立的装配单元。这样既提高了装配的劳动生产率,又便于以后进行维修。

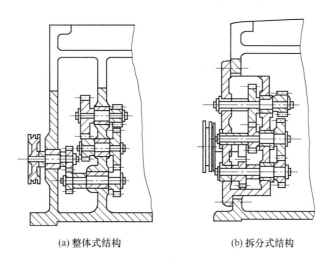

(a) 整体式结构　　　　　　　(b) 拆分式结构

图 6.7　传动齿轮箱的两种不同结构

2. 减少装配时的修配和机械加工

多数机器在装配过程中，难免要对某些零部件进行修配，这些工作多数由手工操作，不仅技术水平要求高，而且难以掌握工作量，因此，在机器结构设计时，应尽量减少装配时的修配工作量。

图 6.8 所示为车床主轴箱与床身的不同装配结构形式。主轴箱如采用如图 6.8(a)所示的山形导轨定位，装配时，基准面修刮工作量很大；若采用如图 6.8(b)所示的平导轨定位，则装配工艺得到明显改善。

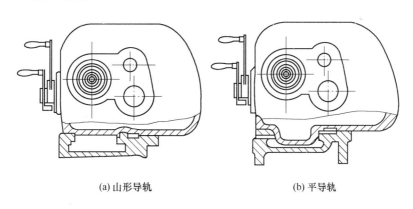

(a) 山形导轨　　　　　　　　(b) 平导轨

图 6.8　主轴箱与床身的不同装配结构形式

图 6.9 所示为圆锥齿轮两种不同的轴向定位结构形式。其中，图 6.9(a)为采用修配轴肩的方式调整圆锥齿轮的啮合间隙；改为如图 6.9(b)所示的由削面圆销定位结构后，只需修刮圆销的削面就可以调整圆锥齿轮的啮合间隙。显然，如图 6.9(b)所示的结构的修配工作量要比图 6.9(a)所示的结构少得多。

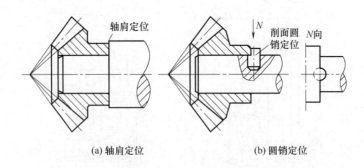

(a) 轴肩定位   (b) 圆销定位

图 6.9   圆锥齿轮两种不同轴向定位结构

图 6.10 所示为两种不同的轴上油孔结构。如图 6.10(a)所示为结构需要在组合装配后，在箱体上配钻油孔，使装配产生机械加工工作量；如图 6.10(b)所示为结构改在轴套上预先加工好油孔，便可消除装配时的机械加工工作量。

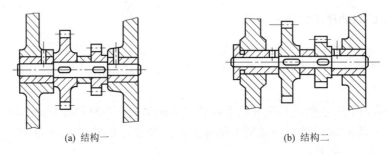

(a) 结构一   (b) 结构二

图 6.10   两种不同的轴上油孔结构

图 6.11 所示为两种活塞连接结构。将如图 6.11(a)所示的活塞上配钻销孔的销钉连接改为如图 6.11(b)所示的螺纹连接，便从根本上取消了装配中的机械加工。

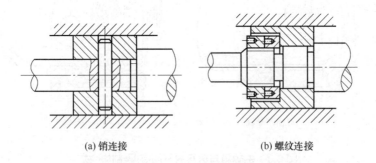

(a) 销连接   (b) 螺纹连接

图 6.11   两种活塞连接结构

3. 机器结构应便于装配和拆卸

机器的结构设计应使装配工作简单、方便。其重要的一点是组件的几个表面不应该同时装入基准零件(如箱体零件)的配合孔中，而是先后依次进行装配。

6.2　装配工艺规程设计

装配工艺规程是指导装配生产的主要技术文件，设计装配工艺规程是生产技术准备工作的主要内容之一。

装配工艺规程对保证装配质量、提高装配生产效率、缩短装配周期、减轻工人劳动强度、缩小装配占地面积、降低生产成本等都有重要影响。它取决于装配工艺规程制定的合理性，这就是制定装配工艺规程的目的。

以下是装配工艺规程的主要内容。

(1)　分析产品图样，划分装配单元，确定装配方法。

(2)　拟定装配顺序，划分装配工序。

(3)　计算装配时间定额。

(4)　确定各工序装配技术要求、质量检查方法和检查工具。

(5)　确定装配时零部件的输送方法及所需要的设备和工具。

(6)　选择和设计装配过程中所需的工具、夹具和专用设备。

6.2.1　制定装配工艺规程的基本原则及原始资料

1. 制定装配工艺规程的原则

(1)　保证产品装配质量，力求提高质量，以延长产品的使用寿命。

(2)　合理安排装配顺序和工序，尽量减少钳工手工劳动量，缩短装配周期，提高装配效率。

(3)　尽量减少装配占地面积，提高单位面积的生产率。

(4)　尽量减少装配工作所占的成本。

2. 制定装配工艺规程的原始资料

制定装配工艺规程时，需要具备以下 3 项原始资料。

(1)　产品的装配图及验收技术标准。产品的装配图应包括总装图和部件装配图，并能清楚地表示出所有零件相互连接的结构视图和必要的剖视图，零件的编号，装配时应保证的尺寸，配合件的配合性质及精度等级，装配的技术要求，零件的明细表等。为了在装配时对某些零件进行补充机械加工和核算装配尺寸链，有时还需要某些零件图。

(2)　产品的生产纲领。生产纲领决定了产品的生产类型。生产类型不同，装配的生产组织形式、工艺方法、工艺过程的划分、工艺装备的多少、手工劳动的比例均有很大不同。

(3)　生产条件。应了解工厂的装配工艺装备、工艺方法、工人技术水平、装配车间面积等。

6.2.2　设计装配工艺规程的步骤

根据上述原则和原始资料，可以按下列步骤设计装配工艺规程。

1. 研究产品的装配图及验收技术条件

审核产品图样的完整性、正确性，分析产品的结构工艺性，审核产品装配的技术要求和验收标准，分析与计算产品装配尺寸链。

2. 确定装配方法与组织形式

装配的方法和组织形式主要取决于产品的结构特点(尺寸和质量等)和生产纲领，并应考虑现有的生产技术条件和设备。

装配组织形式主要分为固定式和移动式两种。固定式装配是全部装配工作在某一固定的地点完成，多用于单件小批量生产，或质量大、体积大的批量生产中。移动式装配是将零部件用输送带或输送小车，按装配顺序从一个装配地点移动到下一个装配地点，分别完成一部分装配工作，各装配地点工作的总和就完成了产品的全部装配工作。根据零部件移动的方式不同，又分为连续移动、间歇移动和变节奏移动三种方式。这种装配组织形式常用于产品的大批量生产中，以组成流水作业线和自动作业线。

3. 划分装配单元，确定装配顺序

将产品划分为合件、组件及部件等装配单元是制定工艺规程中最重要的一个步骤，这对大批量生产结构复杂的产品尤为重要。无论哪一级装配单元，都要选定某一零件或比它低一级的装配单元作为装配基准件。装配基准件通常应是产品的基体或主干零部件。基准件应有较大的体积和质量，有足够的支承面，以满足陆续装入零部件时的作业要求和稳定性要求。例如，床身零件是床身组件的装配基准零件，床身组件是床身部件的装配基准组件，床身部件是机床产品的装配基准部件。

在划分装配单元、确定装配基准零件以后，即可安排装配顺序，并以装配系统图的形式表示出来。具体来说，一般是先难后易、先内后外、先下后上，且预处理工序在前。

4. 划分装配工序

装配顺序确定后，就可将装配工艺过程划分为若干工序，其主要工作如下。

(1) 确定工序集中与分散的程度。

(2) 划分装配工序，确定工序内容。以下是划分装配工序顺序的原则。

① 预处理工序先行，如清洗、去毛刺、防锈防腐等。

② "先里后外""先下后上"，保证先装部分不影响后续的装配，并使重心稳定。

③ "先难后易"，保证难装的有较开阔的安装、调整、检测空间。

④ 带强力、加温或有补充加工的尽量先行，以免影响前面的装配质量。

⑤ 尽可能集中连续安排位于基准件同侧或使用相同工装或有特殊环境要求的工序，便于提高生产率。

⑥ 易燃易碎或有毒物质、部件的装配尽量靠后。

⑦ 合理安排电线、管道的装配工序。

⑧ 及时安排检测工序，保证装配质量。

(3) 确定各工序所需的设备和工具，如需专用夹具与设备，则应拟定设计任务书。

(4) 制定各工序装配操作规范，如过盈配合的压入力、变温装配的装配温度以及紧固

件的力矩等。

（5）制订各工序装配质量要求与检测方法。

（6）确定工序时间定额，平衡各工序节拍。

5. 编制装配工艺文件

单件小批量生产时，通常只绘制装配系统图。装配时，按产品装配图及装配系统图工作。

在成批生产时，通常还制订部件、总装的装配工艺卡，写明工序次序、简要工序内容、设备名称、工夹具名称与编号、工人技术等级和时间定额等项。

在大批量生产中，不仅要制订装配工艺卡，而且要制订装配工序卡、装配检验及试验卡，以直接指导工人进行产品装配。

6.3　装配尺寸链

要保证产品的装配精度，必须了解各组成零件之间内在的尺寸联系，通过装配尺寸链，可以定量分析各尺寸间的内在联系，以确定能达到装配精度各零件的尺寸和精度。

6.3.1　装配精度

装配精度即产品的精度，它会影响机器或部件的工作性能。对于机床，装配精度将直接影响在机床上加工零件的精度。

1. 装配精度的内容

产品的装配精度一般包括以下 3 项内容。

（1）相互位置精度：指产品中相关零部件间的距离精度或相互位置精度，如主轴箱中各轴中心距尺寸精度及平行度等。

（2）相对运动精度：指产品中有相对运动的零部件之间在运动方向或相对运动速度的精度。运动方向的精度常表现为部件间相对运动的平行度和垂直度，如机床溜板在导轨上的移动精度即溜板移动轨迹对主轴中心线的平行度。相对运动速度的精度即传动精度，如滚齿机滚刀主轴与工作台的相对运动精度。

（3）配合精度：指包括配合表面间的配合质量和接触质量。配合质量是指零件配合表面之间达到规定的配合间隙或过盈的程度，它影响配合的性质。接触质量是指两配合或连接表面间达到规定的接触面积的大小和接触点分布的情况，它既影响接触刚度，也影响配合质量。

不难看出，各装配精度间有密切的关系，相互位置精度是相对运动精度的基础，配合精度对相对位置精度和相对运动精度的实现有较大影响。

2. 装配精度与零件精度的关系

应当说，零件的精度在很大程度上影响产品的装配精度，特别是关键零件的精度。

例如，在卧式车床装配中，要满足尾座移动对溜板移动的平行度要求，只要保证床身上溜板移动时导轨 A 与尾座移动时导轨 B 相互平行即可，如图 6.12 所示。这种由一个零件的精度来保证某项装配精度的情况，称为"单件自保"。

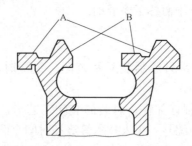

图 6.12　尾座对溜板移动精度由床身导轨精度单件自保示意图

如果零件的精度不是很高，可以通过选择合适的装配方法，在装配时通过对选定零件的再加工(或调整)来得到很高的装配精度。例如，如图 6.1 所示的卧式车床主轴锥孔中心和尾座顶尖套锥孔中心的等高度要求(只许尾座顶尖高为 0～0.06mm)，影响该精度的主要因素是主轴箱、尾座、底板等零件的加工精度，若单靠控制这 3 个零件的加工误差来保证该项精度是不经济的，实际生产中常常是通过装配时对底板的再加工来保证等高度。

由此可知，零件精度是装配精度的基础，但不起决定作用。零件精度高可能装出高精度的产品；当零件精度不高时，如果在装配时能采取措施，消除零件的累积误差，仍然能获得高精度的产品。

6.3.2　装配尺寸链的建立

要了解组成装配精度要求中各零件间内在的尺寸联系，必须通过尺寸链的解算，装配尺寸链就是分析和解决这类问题的关键。

1. 装配尺寸链的基本概念

在机器的装配关系中，由相关零件的尺寸或相互位置关系所组成的尺寸链，称为装配尺寸链。

装配时要保证的装配精度或技术要求就是装配尺寸链的封闭环。装配精度(封闭环)是零部件装配后才最后形成的尺寸或位置关系。

在装配关系中，对装配精度有直接影响的零部件的尺寸和位置关系，都是装配尺寸链的组成环。如同工艺尺寸链那样，装配尺寸链的组成环也分为增环和减环。如图 6.13(a)所示轴、孔配合的装配尺寸链，装配后要求轴、孔存在一定的间隙。轴、孔间的间隙 A_Σ 就是该尺寸链的封闭环，其尺寸链如图 6.13(b)所示，其中 A_1 为增环，A_2 为减环。

2. 装配尺寸链的查找方法

查找影响装配精度的组成环是正确解算装配尺寸链的关键。

首先根据装配精度要求确定封闭环。再取封闭环两端的任一个零件为起点，沿装配精度要求的位置方向，以装配基准面为查找的线索，分别找出影响装配精度要求的相关零件(组成环)，直至找到同一基准零件，甚至是同一基准表面为止。这一过程与查找工艺尺链的跟踪法在实质上是一致的。

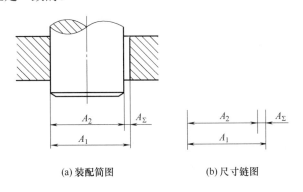

(a) 装配简图　　　　　　(b) 尺寸链图

图 6.13　轴、孔配合的装配尺寸链

当然，装配尺寸链也可从封闭环的一端开始，依次查找相关零部件直至封闭环的另一端。也可以从共同的基准面或零件开始，分别查到封闭环的两端。

在查找装配尺寸链时，应注意以下 3 个问题。

(1) 装配尺寸链应进行必要的简化。机械产品的结构通常都比较复杂，对装配精度有影响的因素很多，在查找尺寸链时，在保证装配精度的前提下，可以不考虑那些影响较小的因素，使装配尺寸链适当简化。

(2) 路线最短原则。由尺寸链的基本理论可知，在装配精度既定的条件下，组成环数越少，则各组成环所分配到的公差值就越大，零件加工就越容易、越经济。

在查找装配尺寸链时，每个相关的零部件最多只有一个尺寸作为组成环列入装配尺寸链。这样，组成环的数目就小于或等于有关零部件的数目，这就是装配尺寸链的最短路线(环数最少)原则。

例 6.1　如图 6.14(a)所示为尾架顶尖套的装配图。要求后盖装入后，螺母在套筒内的轴向窜动不大于某一值，可建立两个尺寸链，如图 6.14(b)、图 6.14(c)所示。图 6.14(b)中尺寸链的组成环有 3 个，图 6.14(c)中的尺寸链中有 4 个组成环，而组成该间隙的零件只有3 个，因此，图 6.14(b)是正确的。

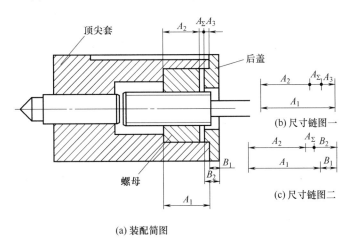

(a) 装配简图

(b) 尺寸链图一

(c) 尺寸链图二

图 6.14　尾架顶尖套装配图

(3) 装配尺寸链的"方向性"。在同一装配结构中，在不同位置方向都有装配精度的要求时，应按不同方向分别建立装配尺寸链。例如，蜗杆副传动结构，为保证其正常啮合，要同时保证蜗杆副两轴线间的距离精度、垂直度精度、蜗杆轴线与蜗轮中间平面的重合精度，这是三个不同位置方向的装配精度，因而需要在三个不同方向分别建立尺寸链。

6.3.3　装配尺寸链的计算方法

装配尺寸链的计算可分为正计算和反计算。已知装配尺寸链中有关零部件的基本尺寸及其偏差，要计算装配精度(封闭环)时，称为反计算，它用于对已设计好的图样进行校核验算。当已知装配精度(封闭环)，要求影响该项装配精度的有关零部件的基本尺寸及其偏差时，称为正计算，它用于产品的设计过程中，以确定各零部件的尺寸和偏差。

装配尺寸链的计算公式与工艺尺寸链相同，见 3.3.2 小节。

6.4　保证装配精度的装配方法

根据产品的性能要求、结构特点和生产形式、生产条件等，可采取不同的装配方法。保证产品装配精度的方法有互换装配法、选择装配法、修配装配法和调整装配法，下面分别作出介绍。

6.4.1　互换装配法

互换装配法是在装配过程中，零件互换后仍能达到装配精度要求的装配方法。产品采用互换装配法时，装配精度主要取决于零件的加工精度。互换法的实质就是用控制零件的加工误差来保证产品装配精度的方法。

根据零件的互换程度不同，互换法又可分为完全互换法和大数互换法。

1. 完全互换装配法

装配时各组成环不经任何选择、调整和修配，装配后即能达到装配精度要求的装配方法称为完全互换装配法。

这种装配方法的特点是：装配质量稳定可靠，装配过程简单，生产效率高，易于实现装配机械化、自动化，便于组织流水作业和零部件的协作与专业化生产，有利于产品的维护和零部件的更换。但是，当装配精度要求较高，尤其是组成环数目较多时，零件精度难以达到。

这种装配方法常被用于高精度少环尺寸链或低精度多环尺寸链的大批量生产装配中。

2. 大数互换装配法

完全互换装配法的装配过程虽然简单，但它是根据极大和极小的极端情况下确定的组成环公差，对一般情况而言，显得过于严格，增加了加工的难度。实际上，运用概率论的理论，所有零件同时出现极值的概率极小，因此零件的公差值可以取得稍大。

在产品的装配中，绝大多数组成环不需挑选或改变其大小或位置，装配后即能达到装配精度的要求，这种装配方法称为大数互换装配法(或部分互换装配法)。

这种装配方法的特点是：零件的公差比完全互换装配法的公差稍大，有利于零件的经济加工，装配过程与完全互换法一样简单、方便。但有极少数零件装配后不合格。这种装配方法适用于大批量生产时，组成环较多、装配精度要求较高的场合。

例 6.2　在如图 6.14(a)所示的尾架顶尖套的装配图中。第一题：已知 $A_1=60^{+0.2}_{0}$ mm，$A_2=57^{0}_{-0.2}$ mm，$A_3=3^{0}_{-0.1}$ mm，若采用大数互换装配法装配，求装配后形成的间隙 A_Σ(反计算)；第二题：已知 $A_1=60$ mm，$A_2=57$ mm，$A_3=3$ mm，$A_\Sigma=0.1\sim0.4$ mm，若采用完全互换装配法装配，求各环公差及偏差(正计算)。

解　第一题：依题意，画出装配尺寸链图(见图 6.14(b))，其中 A_1 为增环，A_2、A_3 为减环。

①　封闭环的基本尺寸：$A_\Sigma=A_1-A_2-A_3=0$。

②　封闭环的公差：$T_0=\sqrt{\sum T_i^2}=\sqrt{0.2^2+0.2^2+0.1}$ mm=0.3mm。

③　封闭环平均偏差：$\Delta_\Sigma=\Delta A_1-(\Delta A_2+\Delta A_3)=0.25$mm。

④　封闭环上下偏差：$\mathrm{ES}A_\Sigma=\Delta_\Sigma+T_\Sigma/2=(0.25+0.3/2)$mm=0.4mm，
$$\mathrm{EI}A_\Sigma=\Delta_\Sigma-T_\Sigma/2=(0.25-0.3/2)\text{mm}=0.1\text{mm}。$$

所以装配后形成的间隙为：$A_\Sigma=0^{+0.4}_{+0.1}$ mm。

第二题：依题意，画出装配尺寸链图(见图 6.14(b))，其中 A_1 为增环，A_2、A_3 为减环。

①　组成环平均公差：$T_{\mathrm{av}}=T_\Sigma/(m+n)=(0.4-0.1)/3$mm=0.1mm。

②　在平均公差的基础上，根据组成环尺寸的大小及加工的难易程度分配公差，设 $T_1=0.12$mm，$T_2=0.12$mm，$T_3=T_\Sigma-T_1-T_2=0.06$mm(留一协调环通过计算确定)。

③　按"入体"原则标注组成环偏差：$A_1=60^{+0.12}_{0}$ mm，$A_2=57^{0}_{-0.12}$ mm，A_3 为协调环，必须通过尺寸链计算求得，否则 $T_\Sigma=0.1\sim0.4$mm 将无法保证。

④　计算协调环偏差：根据 $\mathrm{ES}A_\Sigma=\mathrm{ES}A_1-(\mathrm{EI}A_2+\mathrm{EI}A_3)$，得 $\mathrm{EI}A_3=-0.16$；根据 $\mathrm{EI}A_\Sigma=\mathrm{EI}A_1-(\mathrm{ES}A_2+\mathrm{ES}A_3)$，得 $\mathrm{ES}A_3=-0.1$，$A_3=3^{-0.1}_{-0.16}$ mm。

所以各环尺寸为：$A_1=60^{+0.12}_{0}$ mm，$A_2=57^{0}_{-0.12}$ mm，$A_3=3^{-0.1}_{-0.16}$ mm。

6.4.2　选择装配法

选择装配法是将尺寸链中组成环的公差放大，使其能按经济精度加工，装配时选择合适的零件进行装配，以保证装配精度的要求。

这种装配方法常用于装配精度要求高而组成环数又较少的成批或大批量生产中。

选择装配法有三种不同的形式：直接选择装配法、分组选择装配法和复合选择装配法。

1. 直接选择装配法

在装配时，工人从许多待装配的零件中直接选择合适的零件进行装配，以保证装配精度的要求。

这种装配方法的优点是能达到很高的装配精度。其缺点是，在装配时，工人凭经验来选择零件，装配精度在很大程度上取决于工人的技术水平，装配节拍难以掌握；另外，最后可能出现无法满足要求的"剩余零件"。因此，这种装配方法不宜用于生产节拍要求较严的大批量流水作业中。

2. 分组选择装配法

当封闭环精度要求很高时，采用完全互换装配法或大数互换装配法解尺寸链，组成环公差非常小，使加工十分困难而又不经济。这时，在零件加工时，常将各组成环的公差相对完全互换装配法所求数值放大数倍，使其尺寸能按经济精度加工，再按实际测量尺寸将零件分为数组，按对应组进行装配，以达到装配精度的要求。由于同组内零件可以互换，故这种方法又称为分组互换装配法。

在大批量生产中，对于组成环数少而装配精度要求高的部件，常采用分组装配法。例如，滚动轴承的装配、发动机气缸活塞环的装配、活塞与活塞销的装配、精密机床中某些精密部件的装配等。

例 6.3 如图 6.15 所示为活塞销与活塞的装配关系，按技术要求，销轴直径 d 与销孔直径 D 在冷态装配时，应有 $0.0025 \sim 0.0075$mm 的过盈量(Y)，即 $Y_{min}=d_{min}-D_{max}=0.0025$mm，$Y_{max}=d_{max}-D_{min}=0.0075$mm。

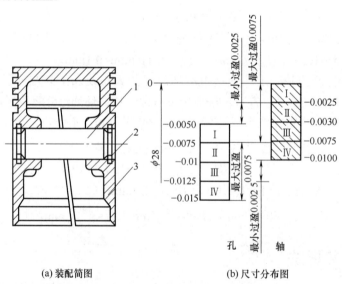

(a) 装配简图　　　　　　　　(b) 尺寸分布图

图 6.15　活塞销与活塞的装配关系

1—活塞销；2—卡环；3—活塞

此时封闭环的公差为 $T_0=Y_{max}-Y_{min}=(0.0075-0.0025)mm=0.0050$mm。

如果采用完全互换法装配，则销与孔的平均公差仅为 0.0025mm。由于销轴是外表面按基轴制(h)确定极限偏差，取销孔为协调环，则 $d= 28^{0}_{-0.0025}$mm，$D= 28^{-0.0050}_{-0.0075}$mm。

显然，制造这样高精度的销轴与销孔既困难又不经济。在实际生产中，采用分组装配法，可将销轴与销孔的公差在相同方向上放大 4 倍(上偏差不动，变动下偏差)，即 $d= 28^{0}_{-0.010}$mm，$D= 28^{-0.005}_{-0.015}$mm。

这样活塞销可用无心磨加工，活塞销孔用金刚镗床加工，加工后用精密量具测量其尺寸，并按尺寸大小分成 4 组，涂上不同颜色加以区别，以便进行分组装配。具体分组情况如表 6.1 所示。

表 6.1　活塞销与活塞销孔直径分组　　　　　　　　　　　mm

组别	标志颜色	活塞销直径 $d = \phi 28_{-0.010}^{0}$	活塞销孔直径 $D = \phi 28_{-0.015}^{-0.005}$	配合情况	
				最小过盈	最大过盈
I	红	$\phi 28_{-0.0025}^{0}$	$\phi 28_{-0.0075}^{-0.0050}$		
II	白	$\phi 28_{-0.0050}^{-0.0025}$	$\phi 28_{-0.0100}^{-0.0075}$	0.0025	0.0075
III	黄	$\phi 28_{-0.0075}^{-0.0050}$	$\phi 28_{-0.0125}^{-0.0100}$		
IV	绿	$\phi 28_{-0.0100}^{-0.0075}$	$\phi 28_{-0.0150}^{-0.0125}$		

采用分组装配法时应注意以下 4 点。

(1) 为保证分组后各组的配合性质及配合精度与原装配要求相同，配合件的公差范围应相等；公差应同方向增加；增大的倍数应等于以后的分组数。

(2) 为保证零件分组后数量相匹配，应使配合件的尺寸分布相同(如正态分布)。

如果分布曲线不相同，则各组零件数量不等，会因不配套而导致浪费，如图 6.16 所示。

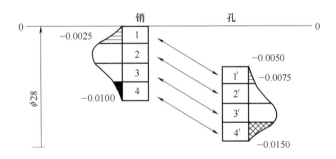

图 6.16　活塞销与活塞销孔的各组数量不等

(3) 配合件的表面粗糙度、相互位置精度和形状精度不能随尺寸精度放大而放大，否则，将不能保证配合质量。

(4) 分组数不宜过多，零件尺寸公差只要放大到经济加工精度即可，否则，就会因零件的测量、分组工作量的增加而不便管理。

3. 复合选择装配法

复合选择装配法是分组选择装配法与直接选择装配法的复合，即零件加工后先测量分组，装配时，在对应组内选配。

这种装配方法的特点是配合件公差可以不等，装配速度较快、质量高，能满足一定生产节拍的要求。例如，发动机气缸与活塞的装配多采用此种方法。

上述互换装配法和选择装配法的共同点是零件能够互换，这对于大批量生产来说是非常重要的。

6.4.3 修配装配法

在成批量生产或单件小批量生产中，当装配精度要求较高，组成环数目又较多时，若按互换装配法装配，对组成环的公差要求过严，则加工困难。而采用选择装配法又因零件数量少、种类多而难以分组。这时，常采用修配装配法来保证装配精度。

修配装配法是将尺寸链中各组成环按经济加工精度制造。装配时，通过对尺寸链中某一选定的零件进行再加工的方法来保证装配精度。装配时再加工的零件称为修配件(或修配环、补偿环)。对修配件再加工的目的是补偿组成环的累积误差。

采用修配装配法装配时应正确选择补偿环，补偿环一般应满足以下两项要求。

(1) 便于装拆，零件形状比较简单，修配面积小，易于修配。

(2) 不选择公共环，即该件只与一项装配精度有关，否则难以同时满足多个尺寸链要求。

采用修配装配法装配时，解尺寸链的主要问题是，确定补偿环的尺寸及其偏差。

修配补偿环对封闭环的影响有两种情况：一是使封闭环尺寸变大，二是使封闭环尺寸变小。因此，用修配装配法装配时，首先应判断修配环的变化对封闭环的影响情况。

当修配补偿环后使封闭环尺寸变大时，称为"越修越大"，按封闭环的最大极限尺寸(或上偏差)计算为

$$A_{\Sigma max} = A'_{\Sigma max} \tag{6-1}$$

式中：$A_{\Sigma max}$——设计要求的封闭环最大极限尺寸；

$A'_{\Sigma max}$——放大组成环公差后实际形成的封闭环最大极限尺寸。

当修配补偿环后使封闭环尺寸变小时，称为"越修越小"，按封闭环的最小极限尺寸(或下偏差)计算，即

$$A_{\Sigma min} = A'_{\Sigma min} \tag{6-2}$$

式中：$A_{\Sigma min}$——设计要求的封闭环最小极限尺寸(mm)；

$A'_{\Sigma min}$——放大组成环公差后实际形成的封闭环最小极限尺寸(mm)。

应该注意：按照式(6-1)或式(6-2)计算出的修配环，其最小修配量为零，即在极限情况下可能不用修配就能满足封闭环的要求。如果有些装配要求每件必修，则应在求出的修配环的基础上再附加一最小修配量，以使每件都有量可修。

例 6.4 在如图 6.17(a)所示的齿轮轴装配关系中，已知 A_1=30mm，A_2=5mm，A_3=43mm，A_4=$3_{-0.050}^{0}$ mm(标准件)，A_5=5mm，要求装配后齿轮与挡圈的轴向间隙为 0.1～0.35mm。现采用修配装配法装配，试确定各组成环的公差及其偏差。

解 ① 画尺寸链图(见图 6.17(b))，校核各环基本尺寸，A_Σ 为封闭环，A_3 为增环，其余为减环。

② 选择补偿环。从装配图可以看出，组成环 A_5 为一垫圈，此件装拆较为容易，又不是公共环，修配也很方便，故选择 A_5 为补偿环。

③ 确定各组成环公差。除标准件(T_4=0.05mm)外，各组成环公差按经济精度确定：T_1=T_3=0.20mm，T_2=T_5=0.10mm。

④ 按"入体"原则确定各组成环(除补偿环外)的极限偏差。$A_3 = 43^{+0.20}_{0}$ mm；$A_1 = 30^{0}_{-0.20}$ mm，$A_2 = 5^{0}_{-0.10}$ mm，A_4 为标准件，$A_4 = 3^{0}_{-0.05}$ mm ($A_\Sigma = 0^{+0.35}_{+0.1}$ mm)。

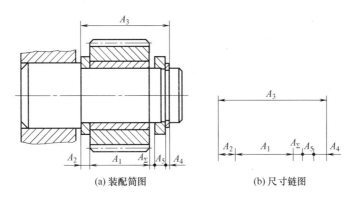

(a) 装配简图　　　　　　(b) 尺寸链图

图 6.17　齿轮与轴的装配关系

⑤ 判断修配环对封闭环的影响。从尺寸链图(见图 6.17(b))可以看出，修配 A_5 后使封闭环尺寸变大。

⑥ 按式(6-1)计算补偿环 A_5 的极限尺寸为

$$A_{\Sigma \max} = A_{3 \max} - (A_{1 \min} + A_{2 \min} + A_{4 \min} + A_{5 \min})$$

$$0.35 = (43 + 0.2) - [(30 - 0.2) + (5 - 0.1) + (3 - 0.05) + A_{5 \min}]$$

$$A_{5 \min} = 5.2 \text{mm}$$

$$A_{5 \max} = (A_{5 \min} + T_5) = (5.2 + 0.1) \text{ mm} = 5.3 \text{mm}$$

所以有

$$A_5 = 5^{+0.3}_{+0.2} \text{ mm}$$

在实际生产中，通过修配来达到装配精度的方法很多，但最常见的为以下三种。

(1) 单件修配装配法。单件修配法是在多环装配尺寸链中，选定某一固定的零件作为修配件(补偿环)，装配时用去除金属层的方法改变其尺寸，以满足装配精度的要求。这种修配方法在生产中应用最广。

(2) 合并加工修配装配法。这种方法是将两个或更多的零件合并在一起再进行加工修配，合并后的尺寸可看作一个组成环，这样就减少了装配尺寸链组成环的数目，并可以相应减少修配的劳动量。合并加工修配法由于零件合并后再加工和装配，给组织装配生产带来很多不便，因此这种方法多被用于单件小批量生产中。

(3) 自身加工修配装配法。在机床制造中，有些装配精度要求较高，又没有合适的修配件可选，则在总装时可以利用机床本身来加工自己的某些部位，从而保证机床的装配精度，这种方法称为自身加工修配法。例如，在牛头刨床总装后，用自刨的方法加工工作台面，就较容易保证滑枕运动方向与工作台面平行度的要求。

又如转塔车床，通常总装时，在车床主轴上安装镗刀，依次镗削转塔上的六个孔。这样可以方便地保证主轴中心与转塔上的六个孔中心的等高度。此外，平面磨床用本身的砂轮磨削工作台面等。

6.4.4 调整装配法

与修配装配法相似，采用调整装配法时，各组成零件的公差按经济精度的原则制定，在装配时，通过改变产品中可调整零件(协调环)的相对位置或选择适合尺寸的调整件来保证装配精度的方法称为调整装配法。调整装配法与修配装配法的区别是调整装配法在装配时不需要去除金属。

常见的调整装配方法有固定调整装配法、可动调整装配法、误差抵消调整装配法三种。

1. 固定调整装配法

根据各组成环实际形成累积误差的大小，选择合适尺寸的调整件装配，以保证装配精度的方法即为固定调整装配法。所选的调整件应形状简单，容易制造和装拆。常用的调整件有轴套、垫片、垫圈等。

采用固定调整装配法装配时，主要问题是确定各级调整件的尺寸。现以例 6.3 为例说明计算调整件各级尺寸的方法和步骤。

例 6.5 对如图 6.17 所示的齿轮与轴的装配关系采用调整装配法装配，确定各组成环的尺寸及其偏差。

解 (1) 画尺寸链图，校核各环基本尺寸，与例 6.4 相同。

(2) 选择调整件。A_5 为一垫圈，其加工比较容易、装卸方便，故选择 A_5 为调整件。

(3) 确定各组成环公差。除调整环和标准件外，均按经济精度确定各组成环公差：$T_1=T_3=0.20\text{mm}$，$T_2=0.10\text{mm}$，A_4 为标准件，$T_4=0.05\text{mm}$。调整件公差在其加工方便的情况下应尽量取小值，否则会造成调整件级数过多(见下面的(7))，取 $T_5=0.05\text{mm}$。

(4) 确定各组成环极限偏差。按"入体"原则确定各组成环的极限偏差：$A_1=30_{-0.20}^{0}\text{mm}$，$A_2=5_{-0.10}^{0}\text{mm}$，$A_3=43_{0}^{+0.20}\text{mm}$，$A_4=3_{-0.05}^{0}\text{mm}$。

(5) 确定各环的中间偏差。$\varDelta_1=-0.10\text{mm}$，$\varDelta_2=-0.05\text{mm}$，$\varDelta_3=+0.10\text{mm}$，$\varDelta_4=-0.025\text{mm}$，$\varDelta_\Sigma=0.225\text{mm}$。

(6) 计算调整件 A_5 的调整(补偿)量 F。除调整环外，组成环的累积误差即为调整量 F：$F=T_1+T_2+T_3+T_4=(0.2+0.1+0.2+0.05)\text{mm}=0.55\text{mm}$。

(7) 计算各组调整件的尺寸间隔 S 及组数 M：$S=T_\Sigma-T_5=(0.25-0.05)\text{mm}=0.2\text{mm}$，$M=F/S=0.55/0.2=2.75$。

注意：M 不能为小数，应圆整为邻近的较大整数，取 $M=3$。这时，可适当调整组成环公差，使 F/S 接近 3。通常，分组数不宜过多，否则会给调整件制造和装配工作造成麻烦，一般分组数取 3~4 为宜。

(8) 计算调整件 A_5 的平均尺寸。调整件 A_5 的中间偏差为

$$\varDelta_\Sigma=\varDelta_3-(\varDelta_1+\varDelta_2+\varDelta_4+\varDelta_5)$$
$$\varDelta_5=\varDelta_3-(\varDelta_\Sigma+\varDelta_1+\varDelta_2+\varDelta_4)$$
$$=0.10\text{mm}-(0.225-0.10-0.05-0.025)\text{mm}$$
$$=0.05\text{mm}$$

调整件的平均尺寸：$A_{5,\text{av}}=A_5+\varDelta_5=(5+0.05)\text{mm}=5.05\text{mm}$

(9) 确定各组调整件的尺寸。在确定各组调整件的尺寸时，根据调整件组数 M 的奇偶

性分为以下两种情况。

①　当调整件的组数 M 为奇数时，第(8)步求出的平均尺寸是调整件中间一组的平均尺寸，其余各组的平均尺寸通过相应增加或减少各组尺寸间隔 S 推得。

②　当调整件的组数 M 为偶数时，第(8)步求出的平均尺寸为调整件尺寸的对称中心，再根据尺寸间隔 S 推出其余各组的平均尺寸。

本例 $M=3$ 为奇数，则有：

$$A_{51,av}=(5.05-0.2)\text{mm}=4.85\text{mm}$$
$$A_{53,av}=(5.05+0.2)\text{mm}=5.25\text{mm}$$

各组尺寸为

$$A_{51}=(4.85\pm0.025)\text{mm}=4.875\,^{0}_{-0.05}\text{mm}\approx4.88\,^{0}_{-0.05}\text{mm}$$
$$A_{52}=(5.05\pm0.025)\text{mm}=5.075\,^{0}_{-0.05}\text{mm}\approx5.08\,^{0}_{-0.05}\text{mm}$$
$$A_{53}=(5.25\pm0.025)\text{mm}=5.275\,^{0}_{-0.05}\text{mm}\approx5.28\,^{0}_{-0.05}\text{mm}$$

固定调整装配法多用于大批量生产时装配精度要求高的多环尺寸链中。

2. 可动调整装配法

通过改变调整件的相对位置来保证装配精度的方法称为可动调整装配法。

在机械产品的装配中，零件可动调整的方法很多，如图 6.18 所示为卧式车床中可动调整的一些实例。如图 6.18(a)所示为通过调整套筒的轴向位置来保证齿轮的轴向间隙，如图 6.18(b)所示为机床横刀架采用调整螺钉使楔块上、下移动来调整丝杠和螺母的轴向间隙。调整法有很多优点：不仅能按经济加工精度加工零件，而且装配方便，可以获得比较高的装配精度。在使用期间，可以通过调整件来补偿由于磨损、热变形所引起的误差，使之恢复原来的精度要求。它的缺点是增加了一定的零件数及要求较高的调整技术。但是由于调整装配法的优点更为突出，因而使用较为广泛。

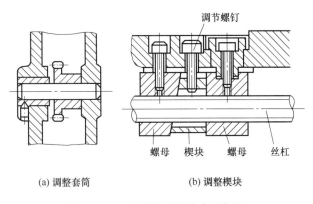

(a) 调整套筒　　　　　　(b) 调整楔块

图 6.18　可动调整装配法应用实例

3. 误差抵消调整装配法

预先测量出相关零部件误差的大小和方向，在装配时作定向装配，使其误差相互抵消一部分，以提高产品精度的装配方法称为误差抵消调整装配法。这种方法在机床装配时应用较多，如在装配机床主轴时，通过调整前后轴承的径向圆跳动方向来控制主轴的径向圆跳动；在滚齿机工作台分度蜗轮装配中，通过调整二者偏心方向来达到抵消误差、提高分度蜗轮装配精度的目的。

6.4.5 装配方法的选择

通常，机械产品的设计步骤是：首先根据设计任务书的要求设计产品的总装图，并根据产品的技术性能指标制定总装图的技术要求；再根据总装图的技术要求(如间隙、过盈量、位置要求等)设计各零件并制订零件的技术要求。零件的技术要求包括零件各表面的尺寸及其偏差、形状、位置要求等。在制订零件的技术要求前，应确定产品各部分的装配方法。而装配方法的确定应考虑产品的结构、装配精度要求、装配尺寸链环数的多少、生产类型及具体生产条件等因素。同一产品的不同部分可以采用不同的装配方法。

例如，在车床主轴箱的装配中，传动轴上各零件径向尺寸(齿轮内孔与轴等)可以采用完全互换装配法装配，轴向尺寸(垫圈、轴套等)可以采用固定调整装配法或修配装配法装配等。

一般情况下，应优先采用完全互换装配法装配。若生产批量较大、组成环又较多时，可以考虑采用大数互换装配法装配。大批量生产，装配精度要求较高时，可以考虑采用分组装配法，组成环数较多应采用固定调整装配法装配；单件小批量生产常用修配装配法装配，成批生产常用调整装配法或修配装配法装配。

6.5 实 训

1. 实训题目

制定如图 6.19 所示的齿轮轴的装配工艺过程和装配系统图。该齿轮轴为减速器中的输出轴组件。

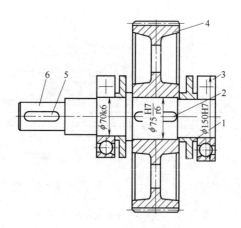

图 6.19 齿轮轴简图

1—挡油环；2，5—键；3—轴承；4—齿轮；6—轴

2. 实训目的

了解制订装配工艺的方法和步骤、组件的装配工艺过程、装配系统图的绘制。

3. 实训过程

根据如图 6.19 所示齿轮轴的装配关系，齿轮轴组件的装配过程如下：将挡油杯 1 和键 5 装入轴 6；再将齿轮 4 和键 2 装入轴 6；将轴承油加热到 200℃装入轴 6 形成齿轮轴组件 001。将所有的部件、组件和零件总装就可得到减速器。组件装配系统如图 6.20 所示。

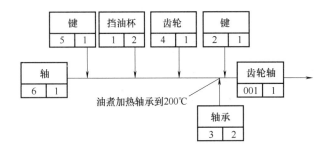

图 6.20　齿轮轴装配工艺系统图

4. 实训总结

通过实训，初步掌握了制订装配工艺的方法和步骤，明确了组件的装配工艺过程，并且可以根据自己画出的装配系统图进行装配。

6.6　习　　题

1. 选择题

(1) 互换装配法是在装配过程中，零件互换后(　　)装配精度要求的装配方法。

　　A. 不能达到　　　　　　　B. 仍能达到　　　　　　　C. 可能达到

(2) 修配装配法是将尺寸链中各组成环按(　　)精度制造。装配时，通过改变尺寸链中某一预先确定的组成环尺寸的方法来保证装配精度。

　　A. 经济加工　　　　　　　B. 高　　　　　　　C. 一般

(3) 单件修配装配法是在多环装配尺寸链中，选定某一固定的零件作为修配件(补偿环)，装配时用(　　)金属层的方法改变其尺寸，以满足装配精度的要求。

　　A. 修磨　　　　　　　B. 修配　　　　　　　C. 去除

(4) 在装配时，用改变产品中可调整零件的(　　)或选用合适的调整件以达到装配精度的方法称为调整装配法。

　　A. 相对位置　　　　　　　B. 绝对位置

(5) 机器结构的装配工艺性是指机器结构能保证装配过程中使相互连接的零部件修配和机械加工，用较少的劳动量、(　　)手工劳动，花费较少的时间按产品的设计要求顺利地装配起来。

　　A. 全部用　　　　　　　B. 不用或少用　　　　　　　C. 大量使用

2. 填空题

(1) 为保证装配精度，一般可采取下列四种装配方法：①互换装配法；②_____；

③_____；④_____。

(2) 采用互换装配法装配时，被装配的每个零件_____作挑选、修配和调整就能达到规定的装配精度。

(3) 在装配时，工人从许多待装配的零件中直接选择合适的零件进行装配，以保证装配精度的要求，这种装配方法称为_____。

(4) _____选配装配法是分组装配法与直接选配装配法的复合，即零件加工后先检测分组，装配时，在各对应组内由工人进行适当选配。

(5) 在成批量生产或单件小批量生产中，当装配精度要求较高，组成环数目又较多时，若按互换法装配，对组成环的公差要求过严，从而造成加工困难。而采用分组装配法又因生产零件数量少，种类多而难以分组。这时，常采用_____装配法来保证装配精度的要求。

3. 判断题

(1) 组件是在一个基准零件上，装上若干部件及零件而构成的。（　）

(2) 机器结构的装配工艺性是指机器结构能保证装配过程中使相互连接的零、部件不用或少用修配和机械加工，用较少的劳动量，花费较少的时间按产品的设计要求顺利地装配起来。（　）

(3) 在机器结构设计上，经常采用调整装配法代替修配装配法，可以从根本上减少修配工作量。（　）

(4) 部件是在一个基准零件上，装上若干组件、套件和零件构成的。（　）

(5) 装配工艺规程是指导零件生产的主要技术文件，设计装配工艺规程是生产技术准备工作的主要内容之一。（　）

(6) 机器和部件虽然是由许多零件装配而成的，但是零件的精度特别是关键零件的精度不会直接影响相应的装配精度。（　）

(7) 在机器的装配关系中，由相关零件的尺寸或相互位置关系所组成的尺寸链，称为装配尺寸链。（　）

(8) 在装配关系中，对装配精度有直接影响的零部件的尺寸和位置关系，都是装配尺寸链的组成环。如同工艺尺寸链一样，装配尺寸链的组成环也分为增环和减环。（　）

(9) 平面尺寸链是由呈角度关系布置的长度尺寸构成，且各环处于同一或彼此平行的平面内。（　）

(10) 装配方法与装配尺寸链的解算方法密切相关。同一项装配精度，采用不同装配方法时，其装配尺寸链的解算方法相同。（　）

4. 问答题

(1) 装配工艺规程的主要内容是什么？
(2) 在制订装配工艺规程前，需要准备哪些原始资料？
(3) 设计装配工艺规程的步骤是什么？
(4) 产品装配精度所包括的内容可根据机械的工作性能来确定，一般可包括哪些内容？

(5) 什么是大数互换法(或部分互换法)?

5. 实作题

图 6.21 所示为某双联转子(摆线齿轮)泵的轴向装配关系图。已知各基本尺寸为：$A_1=41\text{mm}$，$A_2=A_4=17\text{mm}$，$A_3=7\text{mm}$。根据要求，冷态下的轴向装配间隙 $A_\Sigma=0^{+0.15}_{+0.05}\text{mm}$，求各组成环的公差及其偏差。

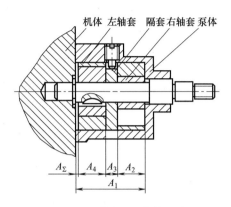

图 6.21　双联转子泵的轴向装配图

第7章 典型零件加工

机械产品是由很多不同功能和结构的零件组成的，虽然各零件的要求不同，但同种类型零件的加工具有一定的共性。分析典型零件的加工工艺，找出这类零件的加工特性，就可以用来指导同种类型零件的工艺设计工作。

轴、套、箱体、齿轮类零件的加工工艺特点

分析如图 7.1 所示的主轴零件，其结构有什么特点，有哪些尺寸、形状以及位置精度要求，怎样编制其加工工艺规程，加工过程中机床、夹具、刀具和工件怎样影响它们，我们需要采取什么工艺方法和措施才能较好地保证这些加工精度的要求？

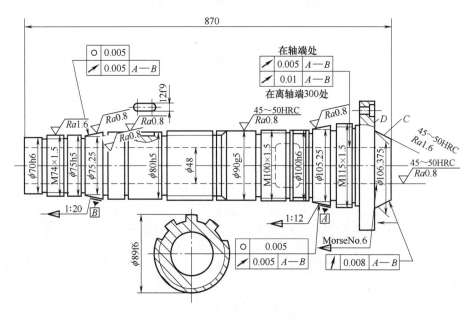

图 7.1　车床主轴零件简图

7.1　轴类零件加工

7.1.1　概述

1. 轴类零件的功用与结构特点

轴类零件是机器中的主要零件之一，其功用是支承传动件和传递扭矩。轴的结构特点是长度大于直径的回转体。轴的加工表面主要为内外圆柱面、圆锥面、螺纹、花键、沟槽等。图 7.2 为几种典型结构形状的轴。图 7.1(a)～图 7.1(e)的结构较为常见，图 7.2(f)～图 7.2(i)为比较复杂的轴。

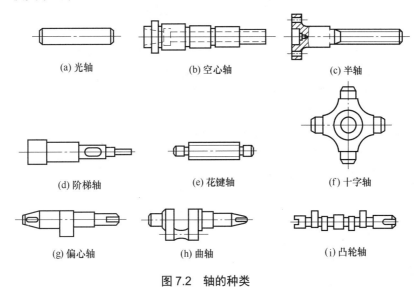

(a) 光轴	(b) 空心轴	(c) 半轴
(d) 阶梯轴	(e) 花键轴	(f) 十字轴
(g) 偏心轴	(h) 曲轴	(i) 凸轮轴

图 7.2　轴的种类

2. 轴类零件的技术要求

以图 7.1 所示的车床主轴为例，轴类零件的主要表面是轴颈，与轴承配合的表面称为支承轴颈，其精度要求最高；与传动件(如齿轮)配合的表面称为配合轴颈。除此之外，主轴前端的平面、短锥及内锥孔，也是要求较高的表面。

1) 尺寸精度

车床主轴属于精度要求较高的零件，其支承轴颈的尺寸精度要求最高，通常为 IT6～IT5，其余轴颈的尺寸精度一般为 IT9～IT7。

2) 形状精度

支承轴颈的形状精度会直接影响主轴的回转精度，所以圆度要求较高，圆度允许公差为 0.005mm，其余轴颈的形状精度低于支承轴颈，如无特殊要求，一般应控制在尺寸公差的二分之一以内。

3) 位置精度

轴类零件位置精度主要是保证配合轴颈相对支承轴颈的同轴度。为便于检验，常采用径向圆跳动公差，它既包含被测要素与基准要素的位置误差，也包含被测要素本身的形状误差。在图 7.1 中，配合轴颈对支承轴颈的径向圆跳动公差为 0.005mm；C 面对支承轴颈的圆跳动公差为 0.008mm(高精度主轴的这两项跳动公差达 0.005～0.001mm)。另外，主轴零件还有前端内锥孔对支承轴颈的径向圆跳动为 0.005mm，D 面对支承轴颈的端面圆跳动公差为 0.008mm。

4) 表面粗糙度

支承轴颈和重要工作表面的粗糙度要求最高，Ra 为 0.8～0.4μm，配合轴颈和其他表面的 Ra 为 1.6～0.8μm。

3. 轴类零件的材料、毛坯及热处理

1) 轴类零件的材料

轴类零件最常用的材料为 45 号钢，根据要求采用不同的热处理(如正火、调质、淬火等)，以获得需要的机械性能。45 号钢的缺点是淬透性较差，淬火后易形成较大的内应力。对于中等精度且转速较高的轴，可选用 40Cr 等合金结构钢。这类钢淬火时用油冷却，这样热处理后的内应力小，并且有良好的韧性。精度较高的轴，可选用轴承钢 GCr15 和弹簧钢 65Mn 等，这类材料经调质和表面处理后，具有较高的耐磨性和抗疲劳强度；缺点是韧性较差。对于高转速、重荷载等条件下工作的轴，选用 20CrMnTi、20Mn2B、20Cr 等低碳合金钢，经渗碳淬火，使表层具有很高的硬度和耐磨性，而心部又有较高的强度和韧性。其缺点是渗碳淬火的变形较大。对于高精度、高转速的主轴，需选用 38CrMoAlA 专用渗氮钢，调质后再经渗氮处理，因渗氮处理的温度较低且不需要淬火，热处理变形很小，心部的强度和表层的硬度、耐磨性、抗疲劳强度都很好，加工后轴的精度稳定性也好。

2) 轴类零件的毛坯

轴类零件最常用的毛坯是圆棒料和锻件。除强度要求较高或轴颈尺寸相差较大的轴用锻件外，其余轴一般采用棒料。锻件中，对于中、小批量生产，结构简单的轴，采用自由锻；在大批量生产时，采用模锻。

3) 轴类零件的热处理

轴类零件的热处理取决于轴的材料、毛坯形式、性能和精度要求等。锻造毛坯在机械加工之前，均需进行正火或退火(高碳钢和高碳合金钢)处理，以使钢的晶粒细化(或球化)，消除锻造后的内应力，降低毛坯的硬度，改善切削加工性能。

调质是轴类零件最常用的热处理工艺，调质既可获得良好的综合力学性能，又可作为后续表面热处理的预备热处理。调质处理一般安排在粗加工后、半精加工之前；主要是为消除粗加工所产生的残余内应力。另外，经调质后的工件硬度比较适合于半精加工。对于加工余量很小的轴，调质也可安排在粗加工之前。

局部淬火、表面淬火及渗碳淬火等热处理一般安排在半精加工之后、精加工之前。对于精度较高的轴，在局部淬火或粗磨后，为了保持加工后尺寸的稳定，需进行低温时效处理(在 160℃油中进行长时间的低温时效)，以消除磨削所产生的内应力、淬火内应力和残余奥氏体。

通常，轴的精度越高，为保证其精度的稳定性，其材料及热处理要求也越高，需要进行的热处理次数越多。

7.1.2 主轴的加工工艺分析

1. 主轴的加工工艺过程

图 7.2 所示的车床主轴零件，该轴材料为 45 号钢，其结构有台阶、螺纹、花键、圆锥等表面，而且是空心轴，精度要求比较高。其大批生产时的工艺过程如表 7.1 所示。

表 7.1 主轴的加工工艺过程

序　号	工序名称	工序内容(工序简图或说明)	设　备
1	备料		—
2	锻造	自由锻，大端用胎模锻	—
3	热处理	正火	—
4	锯头	锯小端，保持总长(878±1.5)mm	—
5	铣钻	同时铣两端面、钻两端中心孔(外圆柱面定位并夹紧)	专用机床
6	荒车	车各外圆(一夹一顶)	卧式车床
7	热处理	调质	
8	车大端各部		卧式车床
9	仿形车小端各部外圆		仿形车床
10	钳	在大端钻ϕ48mm 导向孔(一夹一托)	卧式车床
11	钳	钻ϕ48mm 深孔(一夹一托)	深孔钻床
12	车小端内锥孔(工艺用)	 配 1:20 锥堵用	卧式车床
13	车大端锥孔	先车ϕ56 内槽，再车锥孔、外短锥及端面 (锥孔配莫氏6号锥堵用)	卧式车床
14	钳	钻大端面各孔(用钻模)	摇臂钻床

续表

序　号	工序名称	工序内容(工序简图或说明)	设　备
15	热处理	ϕ90g5，短锥及莫氏 6 号锥孔，高频感应淬火 52HRC	—
16	精车	精车小端各外圆并切槽(两端配锥堵后用两顶尖装夹)	数控车床
17	检验	检验	—
18	研磨	修研中心孔	卧式车床
19	磨二段外圆		外圆磨床
20	粗磨莫氏6号锥孔		内圆磨床
21	检验	检验	—
22	铣	铣花键(大端再配锥堵后用两顶尖装夹)	花键铣床
23	铣	铣键槽(专用夹具，以ϕ50 h5 外圆定位)	立式铣床
24	车	车大端内侧面和三段螺纹(配螺母)(两顶尖装夹)	卧式车床
25	研磨	修研中心孔	卧式车床
26	磨各外圆柱面至尺寸		外圆磨床
27	磨三段外圆锥面至尺寸，靠磨大端面D		专用磨床

续表

序 号	工序名称	工序内容(工序简图或说明)	设 备
28	精磨莫氏6号内锥孔	⊲ Morse No.6 $\phi 80h5$ $\phi 100h6$ $Ra0.8$ $\phi 63.348$ 2 2 (卸去两端锥堵,用专用夹具)	专用磨床
29	检验	—	—

2．主轴加工的工艺特点

1) 加工阶段的划分

分析表 7.1 所示的加工工艺过程，可以将加工过程分为四个阶段：工序 1～4 为毛坯准备阶段，从工序 5 到工序 14 为粗加工阶段，工序 16～24 为半精加工阶段，工序 25～28 为精加工阶段。较具特殊性的是调质和表面淬火两道热处理工序都安排得比较靠前，这是因为工序 6 切除了大部分余量，调质处理可紧随其后；将表面淬火提前，磨削莫氏 6 号锥孔后再进行精车，则是为了提高定位基准的精度和充分消除热处理后的变形。

2) 定位基准的选择与转换

轴类零件的定位基准，最常用的是两中心孔。因为轴类零件的内外圆表面、螺纹、键槽等的设计基准均为轴心线，以两中心孔定位，不仅符合基准重合原则，同时符合基准统一原则，还能够在一次装夹中加工多处表面，使这些表面具有较高的相对位置精度。因此，只要有可能，总是尽量采用中心孔作为定位基准。但有时为了提高零件的装夹刚度，也采用一夹一顶(一头用卡盘夹紧，一头使用顶尖)定位。在车削锥孔时用外圆定位是为了保证锥孔对支承轴颈的径向圆跳动要求。磨削锥孔时，按基准重合原则，应选支承轴颈定位，但由于支承轴颈为圆锥面，为简化夹具的结构，故选择其相邻的具有较高精度的圆柱表面定位。

由于空心轴在钻出通孔后就失去了中心孔，为了能继续用双顶尖定位，一般都采用带有中心孔的锥堵或锥套心轴。当主轴孔的锥度较小(如表 7.1 中车床主轴的莫氏 6 号锥孔)时，可用锥堵(见图 7.3(a))；当主轴孔的锥度较大或为圆柱孔时，则用锥套心轴(见图 7.3(b))。

堵的中心孔既是锥堵本身制造的定位基准，又作为主轴加工的精基准，因此必须有较高的精度，其中心孔与圆锥面要有较高的同轴度要求。另外，在使用过程中，应尽量减少锥堵的装拆次数，以减少安装误差。

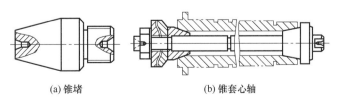

(a) 锥堵　　　　　　　(b) 锥套心轴

图 7.3 锥堵与锥套心轴

在表 7.1 所示的主轴工艺过程中,定位基准的选择与转换过程如下:以外圆面为粗基准,铣端面钻中心孔,为粗车外圆准备好定位基准;粗车好的外圆又为钻通孔准备了定位基准;之后加工前后锥孔,以便安装锥堵,为半精加工外圆准备基准。为提高主轴莫氏锥孔与外圆的同轴度,互为基准加工对方。在外圆粗、精磨和键槽、花键、螺纹加工前先拆下锥堵,用外圆定位粗磨莫氏锥孔,重上锥堵后再用两中心孔定位完成花键、螺纹及外圆的加工。最后,用精磨好的轴颈定位终磨莫氏锥孔。另外,为了提高定位基准的精度和消除高频淬火产生的变形,安排了反复修研顶尖孔。

3) 加工顺序的安排

在安排主轴的加工工序时,应以支承轴颈和内锥孔的加工作为主线,其他表面的加工穿插进行,按"先粗后精"的顺序,逐步达到零件要求的精度。具体的工序安排还应注意以下事项。

(1) "基准先行。"前一工序应为后一工序准备基准。首道加工工序是加工中心孔,为粗车外圆准备好基准,后续的工序也应如此,如工序 11 钻通孔,之后加工两端锥孔并配锥堵,接着用锥堵中心孔定位钻大端轴向孔;工序 20 磨削莫氏锥孔,将基准精度提高后作为加工花键、螺纹和外圆各表面的精基准;精加工后的外圆表面又作为莫氏锥孔终磨的精基准。由此可以看出,整个工艺过程是贯穿"基准先行"原则的。

(2) 先大端后小端。安排外圆各表面的加工顺序时,一般先加工大端外圆,再加工小端外圆,以避免一开始就降低工件的刚度。

(3) 钻孔工序的安排。钻通孔属于粗加工,应靠前,但钻孔后定位用的中心孔消失,不便定位。所以,深孔加工应安排在外圆粗车或半精车之后,这时就有较精确的轴颈定位(搭中心架用),避免使用锥堵。另外,钻孔要安排在调质之后进行,因为调质处理引起工件变形较大(孔歪斜),而钻通孔无后续工序纠正这种歪斜变形。主轴孔的歪斜将影响加工时棒料的通过。钻孔不能安排在外圆精加工之后,因为钻孔加工是粗加工,发热量大,会破坏外圆的加工精度。

(4) 次要表面的安排。主轴上的键槽、花键、螺纹、横向孔等都属于次要表面,它们一般都安排在外圆的精车或粗磨之后加工。因为如果在精车前就铣出键槽和花键,精车外圆时因断续切削而产生振动,既影响加工质量,又容易损坏刀具。另外,键槽的深度也难以控制。但是也不宜放在外圆表面精磨之后,以避免破坏主要表面已获得的精度。

主轴上的螺纹是配上螺母后用来调整轴承间隙或对轴承预紧的,要求螺母的端面与主轴轴线垂直,否则会使轴承歪斜产生回转误差,另外使主轴承受弯曲应力。这类螺纹的要求较高,若安排在淬火前加工,会因淬火而产生变形甚至开裂。因此,螺纹加工必须安排在局部淬火之后,且其定位基准应与精磨外圆的定位基准相同,以保证与外圆的同轴度要求。对于高精度主轴上需要淬硬的螺纹,则必须在外圆精磨后直接用螺纹磨床磨出。

4) 主轴加工中的几个工艺问题

(1) 主轴外圆的车削。

轴类零件的结构特点是阶梯多、槽多,且精度要求较高,它的粗加工和半精加工都采用车削。在小批量生产时,多在卧式车床上加工,生产效率低。大批量生产时,常采用多刀加工或液压仿形加工。

多刀加工如图 7.4 所示,在半自动车床上进行。由于多刀复合加工,走刀距离缩短,调整轴向尺寸辅助时间减少,可提高生产率。但调整刀具花费时间较多,而且切削力大,要求机床的功率和刚度也大。

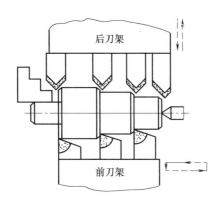

图 7.4　多刀加工示意图

图 7.5 所示为液压仿形车削示意图。床鞍纵向进给,通过触头随样件的形状移动,由液压随动阀使油缸驱动中滑板跟随触头动作,从而车出工件的外圆轮廓。此时,切削各阶梯无须调整,生产效率高,质量较稳定。由于液压仿形系统具有通用性,加工对象变化时,更换样件就可适应加工,所以这种方法在中、小批量生产时较多采用。

目前,生产中用数控车床加工多阶梯轴,不仅切削过程可自动进行,加工精度高于液压仿形(一般为±0.01mm),而且只要改变数控程序和刀具即可适应加工对象的变化,所以对大、小批量的生产均适用。车削加工中心则更具有复合加工能力及自动换刀装置,可采用工序高度集中的方式加工。例如,车完各外圆后,就可换切槽刀加工沟槽,还可以更换铣刀铣键槽或平面、钻孔、攻螺纹等,除中心孔加工和磨削外,其余大部分表面都有可能在一次装夹中完成,使零件的生产周期大为缩短。

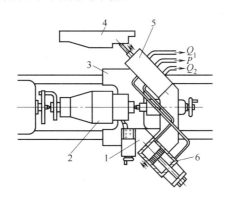

图 7.5　液压仿形车削示意图

1—中滑板;2—工件;3—床鞍;4—样件;5—随动阀;6—油缸

(2) 中心孔的作用与修研方法。

实践证明,中心孔的质量对轴类零件外圆的加工有很大影响。作为定位基准,除了中心孔的位置会影响定位精度外,中心孔本身的圆度误差将直接反映到工件上去。图 7.6 所示为磨削外圆时中心孔不圆对工件的影响。受磨削力的作用，工件始终被推向一侧，砂轮与顶尖保持不变的距离为 a，因此工件外圆的形状就取决于中心孔的形状。

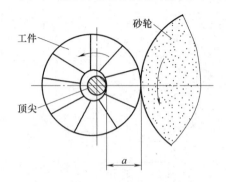

图 7.6　中心孔对磨削外圆的影响

为了提高外圆表面的加工质量，修研中心孔是重要手段之一。轴的精度要求越高，需要修研中心孔的次数就越多。

常用的中心孔修研方法如图 7.7 所示。图 7.7(a)是用铸铁、油石或橡胶砂轮做成顶尖状作为研具，然后用尾架顶尖将工件夹持在研具与顶尖之间，在中心孔中加入少许润滑油，在卡盘高速转动时，手持工件缓缓转动。该方法修研中心孔的质量好、效率高、应用较多。其缺点是研具要经常修正。另一种方法是用硬质合金制成锥面上带槽和刃带的顶尖(见图 7.7(b))修研，通过刃带对中心孔的切削和挤压作用提高中心孔的精度。这种方法生产率高，但质量稍差。

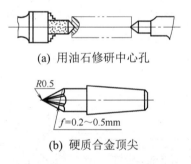

(a) 用油石修研中心孔

(b) 硬质合金顶尖

图 7.7　中心孔的修研

(3) 主轴莫氏锥孔的磨削。

主轴锥孔对主轴支承轴颈的径向圆跳动公差是机床的主要精度指标之一，因此锥孔的磨削是关键工序。磨削主轴锥孔的专用夹具如图 7.8 所示。夹具由底座、支架及浮动夹头三部分组成。支架固定在底座上，工件轴颈放在支架内的 V 形体上定位，其轴线必须与磨头中心等高，否则磨出的锥孔会产生双曲线误差。后端的浮动夹头锥柄装在磨床头架主轴锥孔内，工件尾部插入弹性套内夹紧，用弹簧将夹头外壳连同工件轴向左拉，通过钢球压向带有硬质合金的锥柄端面，以限制工件的轴向窜动。这样，工件轴的定位精度将不受内圆磨床头架轴回转精度的影响。

3．外圆表面的精密加工

当外圆的精度在 IT5 以上，或表面粗糙度为 $Ra0.2\mu m$ 以下时，需要在精加工之后再安排精密加工或超精密加工。以下是精密加工的主要方法。

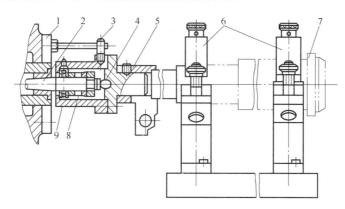

图 7.8　磨削主轴锥孔夹具

1—拨盘；2—锥柄；3—拨销；4—钢球；5—弹性套；6—支架；7—工件；8—弹簧；9—夹头外壳

1)　研磨

研磨是在研具和工件之间放入研磨剂，施加一定的作用力并给予复杂的相对运动，通过磨粒和研磨液对工件表面的机械、化学作用，从工件表面切除一层极薄的金属而完成光整加工。

研磨剂由磨粒加上煤油等调制而成，有时还加入化学活性物质，如硬脂酸或油酸等，可与工件表面的氧化膜产生化学作用，使被研磨表面软化，提高研磨效果。

研具材料应比工件软，常用铸铁、青铜等制成。其形状与工件形状相适应。研磨外圆时，研具为弹性套。手工研磨时，将工件装在车床卡盘或顶尖上，由主轴带动低速旋转，手持研具作往复直线运动。手工研磨虽简单、方便，但工作量大、生产率低，研磨质量与工人技术水平有关，一般适用于单件、小批生产。机械研磨在研磨机上进行，适于批量生产。

研磨的尺寸一般可达到 IT6～IT4 级，形状精度(圆度为 0.003～0.001mm)，表面粗糙度为 $Ra0.1$～$0.08\mu m$；因研磨余量极小(一般为 0.005～0.003mm)，又没有强制的运动约束，故不能提高工件的位置精度。

2)　超精加工

超精加工是用细粒度的油石，以较小的压力(约 1.5MPa)作用在工件表面上，并做三种运动(见图 7.9)：工件低速转动、装在磨头上的油石沿工件轴向进给和高速往复振动。因此，磨粒在工件表面留下近似正弦曲线的复杂轨迹。在加工初期，由于工件表面粗糙，只有少数的凸峰与油石接触，比压大，切削作用强烈；随着凸峰逐渐磨平，接触面积增大，比压降低，切削作用逐渐减弱，而摩擦抛光作用渐强；到最后，工件与油石之间形成液体摩擦的油膜，切削作用停止，完全是抛光作用。

超精加工可获得表面粗糙度 Ra 值为 0.08～0.01μm，其加工余量为 0.005～0.025mm，但是它只能磨平工件表面的凸峰，不能纠正形状和位置误差。超精加工的生产率高，所用设备简单，操作简便，适于加工高精度的轴径以及滚动轴承的滚道等。

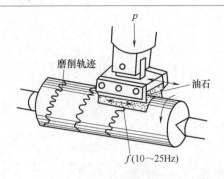

图 7.9　超精加工

3)　精密及超精密磨削加工

精密磨削是指加工误差为 1～0.1μm，表面粗糙度为 $Ra0.16～0.06$μm 的磨削工艺；而超精密磨削是指加工误差在 0.1μm 以下，表面粗糙度为 $Ra0.04～0.02$μm 以下的磨削工艺；镜面磨削则是表面粗糙度达 $Ra0.01$μm 的磨削工艺。

精密磨削的关键技术在于修整砂轮。如图 7.10 所示，普通砂轮表面每一颗磨粒就是一个切削刃(见图 7.10(a))，由于这些磨粒不等高，较凸出的磨粒在工件表面切出较深的痕迹，使加工表面粗糙。精细修整砂轮后，使磨粒形成更细的微刃，且具有等高性(见图 7.10(b))。当这种微刃达到半钝化状态时(见图 7.10(c))，磨削的切削作用降低，但在压力作用下，能产生摩擦抛光作用，使工件获得很细的表面粗糙度。

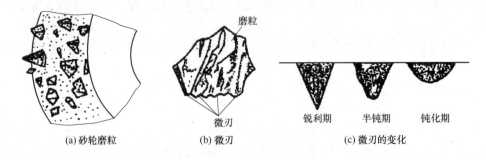

(a) 砂轮磨粒　　　　　(b) 微刃　　　　　(c) 微刃的变化

图 7.10　磨粒的微刃性和等高性

超精密磨削采用人造金刚石、立方氮化硼等超硬磨料，用等高的微刃进行超微量切削；镜面磨削的特点是用半钝化的微刃对工件表面进行摩擦、挤压和抛光作用形成镜面，最后进行反复多次的无火花清磨。

7.2　套类零件加工

7.2.1　概述

1. 套类零件的功用与结构特点

套类零件在机械产品中的应用很广，其主要作用是支承运动轴，如轴承、钻套、镗套、气缸套、液压缸等，其结构如图 7.11 所示。

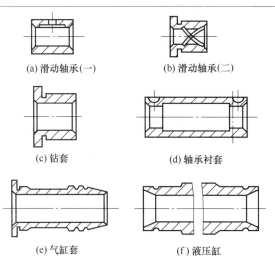

(a) 滑动轴承(一)　　　(b) 滑动轴承(二)

(c) 钻套　　　(d) 轴承衬套

(e) 气缸套　　　(f) 液压缸

图 7.11　套筒零件示例

套类零件的结构特点是：长度大于直径；主要由同轴度要求较高的内、外旋转表面组成，零件壁的厚度较小；易变形等。

2．套类零件的技术要求

1) 孔的要求

孔是套类零件起支承和导向作用最主要的表面，通常与运动着的轴、刀具或活塞等相配合。孔的直径尺寸公差一般为 IT7 级，精密轴套为 IT6 级。孔的形状精度一般控制在孔径公差之内，精密套筒应控制在孔径公差的 1/3～1/2，或更严格。孔的表面粗糙度 Ra 值一般在 3.2～0.2μm 的范围，要求特别高而超出此范围的，需要采用精密加工工艺。

对于气缸和液压缸等零件，由于与其相配的活塞上有密封圈，故其尺寸精度要求不高，通常为 IT9 级，但为保证密封性和相对运动的特性，孔的形状精度和表面粗糙度要求却很高。

2) 外圆面的要求

外圆是套筒的支承面，常以过盈配合或过渡配合装入箱体或机架。外径尺寸公差为 IT6～IT7 级，形状精度控制在外径公差以内，表面粗糙度 Ra 值一般为 3.2～0.4μm。

3) 位置精度要求

孔的位置精度有孔与外圆的同轴度以及端面对孔、外圆的垂直度，一般为 0.01～0.05mm，是套类零件加工时要重点考虑和保证的。

3．套类零件的材料与毛坯

套类零件一般用钢、铸铁、青铜或黄铜等制成，有些滑动轴承采用双金属结构，即以离心铸造法在钢或铸铁壁上浇注巴氏合金等轴承合金材料，既保证基体有一定的强度，又使工作表面具有减摩性，并节约了贵重的有色金属。

套筒的毛坯选择与其材料、结构、尺寸及生产批量有关。孔径小的套筒，一般选择热轧钢或冷拉棒料，也可采用实心铸件；孔径大的套筒，常选择无缝钢管或带孔的铸件或锻件。大批量生产时，常采用冷挤压和粉末冶金等工艺，可节约材料和提高生产率。

7.2.2 套类零件加工工艺分析

1. 套类零件加工工艺过程

长套筒和短套筒的装夹及加工方法有很大差别，图 7.12 所示为一个短衬套，材料为铸造锡青铜，中批生产。图 7.13 是一个液压缸的简图，材料为 20 号钢，属于长套筒零件。两工件的加工工艺分别列于表 7.2 和表 7.3 中。

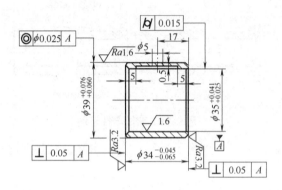

图 7.12　衬套筒图

表 7.2　衬套加工工艺过程

序　号	工序名称	工序内容	定位夹紧	设　备
1	铸	铸毛坯(五件合一)	—	—
2	车	粗车外圆	梅花顶尖，顶尖	卧式车床
3	车	粗镗内孔	夹外圆	卧式车床
4	车	车端面，精镗内孔至要求，精车外圆至要求，倒角切断	夹一端外圆	卧式车床
5	车	车另一端面，倒角	夹外圆，端面	卧式车床
6	刮	开润滑油槽	夹外圆，端面	专用机床
7	钳	钻油孔	孔，端面，油槽	立式钻床
8	钳	去毛刺	—	—
9	检验	检验入库	—	—

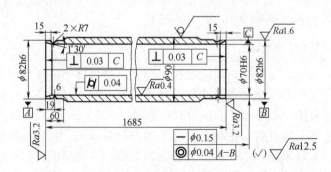

图 7.13　液压缸筒图

表 7.3　液压缸加工工艺　　　　　　　　　　mm

序　号	工序名称	工序内容	定位夹紧	设　备
1	配料	无缝钢管切断		锯床
2	车	(1) 车 ϕ82mm 到 ϕ88mm，M88 螺纹 (工艺用)	一夹一顶	居中
		(2) 车端面、倒角	一夹一托	
		(3) 调头车 ϕ82mm 外圆到 ϕ84mm	一夹一顶	
		(4) 车端面、倒角	一夹一托	
3	深孔镗	(1) 半精镗孔至 ϕ68mm	一端用 M88×1.5 螺纹固定，另一端搭中心架	卧式镗床
		(2) 精镗孔至 ϕ69.85mm		
		(3) 精铰(或浮动镗)至 ϕ(70±0.02)mm		
4	滚压孔	用滚压头滚压孔	同上	卧式车床
5	车	(1) 车去工艺螺纹至 ϕ82mm，车 $R7$ 槽	一夹(软爪)一顶	卧式车床
		(2) 镗内锥孔及车端面	一夹(软爪)一托	
		(3) 调头车 ϕ82mm，车 $R7$ 槽	一夹(软爪)一顶	
		(4) 镗内锥孔及车端面	一夹(软爪)一托	

2．套类零件加工的工艺特点

1)　保证套类零件内、外圆同轴度的方法

(1) "一刀下"。即在一次装夹中完成内、外圆柱面和端面的终加工。这时工件内、外圆的同轴度及端面与内孔的垂直度主要取决于机床的几何精度，而机床的几何精度较高，因此工件的位置精度高。但"一刀下"的加工，一般只适合于小型套类零件的车削加工。

(2) 先外圆后内孔。即先终加工外圆，然后以外圆为精基准最后加工孔。采用这种方法是保证位置精度的关键，必须采用定心精度高的夹具，如弹性膜片卡盘、液性塑料定心夹具及经过就地修磨的三爪自定心卡盘或就地车削的软爪等。

(3) 先内孔后外圆。先终加工内孔，再以孔为精基准终加工外圆。这种方法由于所用的夹具(心轴)结构简单、定心精度高而广泛应用。

与短套筒不同，加工长套筒外圆时，一般以两端顶或一夹一顶(一头夹紧、一头用尾架顶尖顶)定位；而加工内孔时，采用一夹一托(一头夹紧、一头用中心架托)。位置精度要求高时，要互为基准反复多次加工，与空心主轴的工艺过程有类似之处。

2)　防止加工中套筒变形的措施

套筒零件壁较薄，加工中常因夹紧力、切削力、内应力和切削热等因素的影响而产生变形。因此，在工艺上要注意以下问题。

(1) 粗、精分开。为了减少切削力和切削热的影响，粗、精加工应分开进行，以使粗加工时产生的变形在精加工中得到纠正。

(2) 尽量减少夹紧力的影响。套筒零件径向的刚度最差，按通常的径向夹紧很容易产生变形，因此可使用宽爪卡盘或通过过渡套、弹簧套等来夹紧工件(见图 7.14(a)、(b))，刚性特别差的或精度高的套筒一般不宜用径向夹紧，可在端部设计凸台结构，采用轴向夹紧或用工艺螺纹夹紧(见图 7.14(c))。

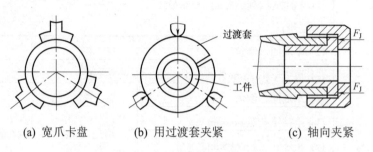

(a) 宽爪卡盘　　　　(b) 用过渡套夹紧　　　　(c) 轴向夹紧

图 7.14　薄壁套筒的夹紧

(3) 减少热处理变形的影响。一般将热处理安排在粗、精加工之间，使热处理变形在精加工中得到纠正。

3) 套筒孔加工的几种工艺方法

(1) 深孔加工：一般将孔的长度 L 与直径 D 之比 $L/D>5$ 的孔称为深孔。深孔加工时因刀具刚性差使孔的轴线易歪斜，并且刀具的散热差、排屑难，给加工带来困难。为此，深孔加工一般采用工件旋转的方式来减轻轴线歪斜的问题，并采用强制冷却和排屑。

深孔钻削：深孔钻削是深孔加工的基本方法，单件小批生产时，常采用接长的麻花钻在卧式车床上进行。为了排屑和冷却刀具，钻孔每进给一小段距离就要退出一次。钻头的频繁进退，既影响钻孔效率，又增加劳动强度。

在成批生产中的深孔钻削，常采用深孔钻头在深孔钻床上进行。

深孔镗削：经过钻削的深孔，当需要进一步提高精度和减小表面粗糙度值时，还可进行深孔镗削。深孔镗仍在深孔钻床上进行。

(2) 孔的珩磨：珩磨属于孔的光整加工方法之一，其工作原理如图 7.15 所示。珩磨所用的磨具，是由几块粒度很细的磨料(油石)组成的珩磨头。珩磨头的油石有三种运动(见图 7.15(a))，即旋转运动、往复直线运动、加压力的径向运动。旋转和往复直线运动是珩磨的主体运动，这种运动使油石的磨粒在孔表面上的切削轨迹成为交叉而不重复的网纹(见图 7.15(b))，珩磨过程中油石逐步径向加压，当珩到要求的孔径时，压力为零，珩磨停止。

珩磨在精磨孔之后进行，油石与孔壁接触面积大，磨粒的切削负荷很小，切削速度又远比普通磨削低，所以发热小，不易烧伤孔的表面，并能获得很高的形状精度。珩磨的尺寸精度可达 IT6 级，圆度和圆柱度可达 0.003～0.005mm，表面粗糙度为 $Ra0.4～0.05\mu m$，甚至可达 $Ra0.01\mu m$ 的镜面，其交叉网纹表面有利于储存润滑液，这尤其适用于各种发动机的气缸内孔。

(3) 孔的滚压：在精镗孔的基础上进行滚压加工，精度可控制在 0.01mm 内，表面粗糙度值为 $Ra0.2\mu m$ 或更小，工件表面因加工硬化而提高了耐磨性，生产效率高。

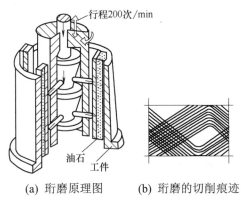

(a) 珩磨原理图　　　(b) 珩磨的切削痕迹

图 7.15　珩磨原理

7.3　箱体类零件加工

7.3.1　概述

1. 箱体零件的功用与结构特点

箱体是机器的基础件，其功用是将轴、轴承、齿轮等传动件按一定的相互关系连接成一个整体，并实现预定的运动。因此，箱体的加工质量将直接影响机器的性能、精度和使用寿命。箱体零件的结构一般都比较复杂，呈封闭或半封闭形，且壁薄、壁厚不均匀。箱体上面孔多，其尺寸、形状和相互位置精度要求都比较高。

2. 箱体零件的主要技术要求

1) 孔的精度

支承孔是箱体上的重要表面，为保证轴的回转精度和支承刚度，应提高孔与轴承配合精度，其尺寸公差为 IT6～IT7，形状误差不应超过孔径尺寸公差的一半，要求严格的可另行规定。

2) 孔与孔的位置精度

同轴线上各孔不同轴或孔与端面不垂直，装配后会使轴歪斜，造成轴回转时的径向圆跳动和轴向窜动，加剧轴承的磨损。同轴线上支承孔的同轴度一般为 $\phi 0.01～0.03$mm。各平行孔之间轴线的不平行，则会影响齿轮的啮合质量。支承孔之间的平行度为 0.03～0.06mm，中心距公差一般为 ±(0.02～0.08)mm。

3) 孔和平面的位置精度

各支承孔与装配基面间距离尺寸及相互位置精度也是影响机器与设备的使用性能和工作精度的重要因素。一般支承孔与装配基面间的平行度为 0.03～0.1mm。

4) 主要平面的精度

箱体装配基面、定位基面的平面度与表面粗糙度直接影响箱体安装时的位置精度及加工中的定位精度，影响机器的接触精度和有关的使用性能。其平面度一般为 0.1～0.02mm。主要平面间的平行度、垂直度为 300∶(0.02～0.1)mm。

5) 表面粗糙度

重要孔和主要平面的表面粗糙度会影响结合面的配合性质或接触刚度，一般要求主要轴孔的表面粗糙度为 $Ra0.8\sim0.4\mu m$，装配基面或定位基面为 $Ra3.2\sim0.8\mu m$，其余各表面为 $Ra12.5\sim1.6\mu m$。

3．箱体的材料及毛坯

箱体的材料一般采用铸铁，选用 HT150～350，常用 HT200。因为箱体零件形状比较复杂，而铸铁容易成形，且具有良好的切削性、吸振性和耐磨性。结构小而负荷大的箱体可采用铸钢件，其成本将比灰铸铁件高出许多。一般的箱体铸件为消除内应力要进行一次时效处理，重要铸件要增加一次时效，以进一步提高箱体加工精度的稳定性。

铸铁毛坯在单件小批量生产时，一般采用木模手工造型，毛坯精度较低，余量大；在大批量生产时，通常采用金属模机器造型，毛坯精度较高，加工余量可适当减小。单件小批量生产孔径大于 50mm、成批生产大于 30mm 的孔，一般都铸出底孔，以减少加工余量。铝合金箱体常用压铸制造，毛坯精度很高，余量很小。

7.3.2 箱体加工的工艺过程

箱体的结构复杂，形式多样，其主要加工面为孔和平面。因此，应主要围绕这些加工面和具体结构的特点来制订工艺过程。下面就车床主轴箱的加工过程分析其工艺特点。

1．主轴箱的加工工艺过程

图 7.16 所示为某车床主轴箱简图，材料为 HT200，大批生产时的工艺过程如表 7.4 所示。

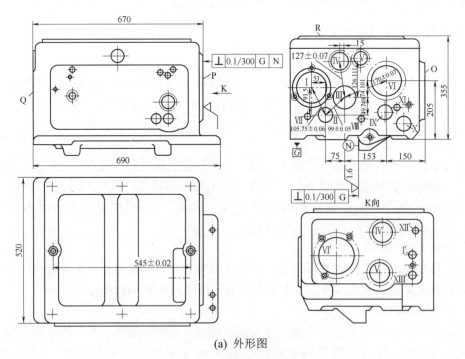

(a) 外形图

图 7.16 车床主轴箱箱体简图

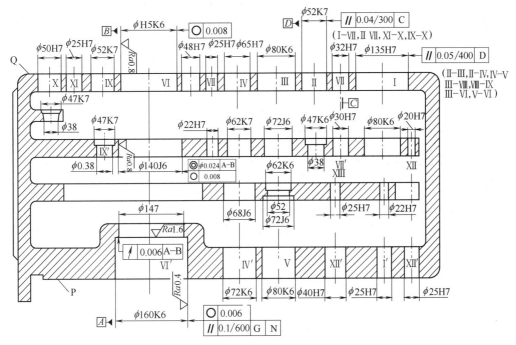

(b) 纵向孔系展开图

图 7.16　车床主轴箱箱体简图(续)

表 7.4　车床主轴箱箱体大批生产工艺过程

序　号	工序名称	工序内容	定位夹紧	设　备
1	铸造	—	—	—
2	热处理	人工时效	—	—
3	漆底漆	—	—	—
4	铣	粗铣顶面 R	VI、I 轴铸孔	立式铣床
5	钳	钻、扩、铰顶面 R 上两工艺孔，加工其他紧固孔	端面 R、VI 轴孔、内壁一端	摇臂钻床
6	铣	粗铣 G、N、O 面	顶面 R 及两工艺孔	龙门铣床
7	铣	粗铣 P 及 Q 面	顶面 R 及两工艺孔	龙门铣床
8	磨	磨顶面 R	G 面及 Q 面	平面磨床
9	镗	粗镗纵向孔系	顶面 R 及两工艺孔	组合机床
10	热处理	人工时效	—	—
11	镗	精镗各纵向孔	顶面 R 及两工艺孔	组合机床
12	镗	半精镗、精镗主轴三孔	顶面 R 及两工艺孔	专用机床
13	钳	钻、铰横向孔及攻螺纹	顶面 R 及两工艺孔	专用机床
14	钳	钻 G、P、Q 各面上的孔及攻螺纹	顶面 R 及两工艺孔	专用机床
15	磨	磨底面 G、N，侧面 O	顶面 R 及两工艺孔	组合平面磨床

序　号	工序名称	工序内容	定位夹紧	设　备
16	磨	磨P、Q面	顶面R及两工艺孔	组合平面磨床
17	钳	去毛刺、修锐边	—	钳工台
18	清洗	—	—	清洗机
19	检验	—	—	检验台

2．主轴箱加工的工艺特点

1) 加工阶段的划分

箱体零件的结构复杂，壁厚不均匀，并存有铸造内应力。箱体零件不仅有较高的精度要求，还要求加工精度的稳定性良好。因此，拟定箱体加工工艺时，要划分加工阶段，以减少内应力和热变形对加工精度的影响。划分阶段后还能及时发现毛坯缺陷，采取措施，以避免更大浪费。

在表7.4中，工序4~8为粗加工阶段，通过时效消除内应力后，再进行主要表面的半精加工和精加工，加工余量较小的次要表面安排在外表面精加工之前进行。

一般箱体零件装夹比较费时，粗、精加工分开后，必然要分几次装夹，这对于小批量生产或用加工中心机床的加工来说很不经济。这时，也可以把粗、精加工安排在一个工序内，将粗、精加工工步分开，同时采取相应的工艺措施，如在粗加工后，将工件松开一点，然后再用较小的夹紧力夹紧工件，使工件因夹紧力而产生的弹性变形在精加工之前得以恢复；减少切削用量，增加走刀次数、减少切削力和切削热的影响等。

2) 加工顺序为"先面后孔"

安排箱体零件的加工顺序时，要遵循"先面后孔"的原则，以较精确的平面定位来加工孔。其理由为：一是孔比平面难加工，先加工面就为孔提供了稳定可靠的基准，还能使孔的加工余量均匀；二是加工平面时切除了孔端面上的不平和夹砂等缺陷，减少了刀具的引偏和崩刃。

3) 箱体加工定位基准的选择

箱体的加工工艺随生产批量的不同有很大差异，定位基准的选择也不相同。

(1) 粗基准的选择。当批量较大时，应先以箱体毛坯的主要支承孔作为粗基准，直接在夹具上定位。采用的夹具如图7.17所示。

工件先放在预定位支承1、4上，箱体侧面紧靠支承7，操纵液压手柄控制两短轴6插入主轴孔两端，两短轴6上各有三个活动短柱8，分别顶在主轴孔的毛面上，实现了主轴孔的预定位，同时工件被抬起，脱离了预定位支承。为了限制工件绕两短轴转动的自由度，需调节两可调支承3(位于前部)，并用校正板校正Ⅰ轴孔的位置，将辅助支承2(位于后部)调整到与箱体底面接触，再将液压控制的两压块5伸入两端孔内压紧工件，完成工件的装夹。

如果箱体零件是单件小批量生产，由于毛坯的精度较低，不宜直接用夹具定位装夹，而常采用划线找正装夹。

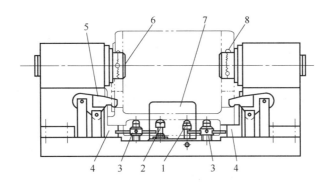

图 7.17　以主轴孔为粗基准铣顶面的夹具

1，4—预定位支承；2—辅助支承；3—可调支承；5—压块；6—短轴；7—侧支承；8—活动支柱

(2)　精基准的选择。在大批量生产时，大多数工序中，以顶面及两个工艺孔作为定位基准，符合"基准统一"的原则，这时箱体口朝下(见图 7.18)，其优点是采用了统一的定位基准，各工序夹具结构类似，夹具设计简单；当工件两壁的孔跨距大，需要增加中间导向支承时，支承架可以很方便地固定在夹具体上。这种定位方式的缺点是基准不重合，由于箱体顶面不是设计基准，存在基准不重合误差，精度不易保证；另外，由于箱口朝下，加工时无法观察加工情况和测量加工尺寸，也不便调整刀具。

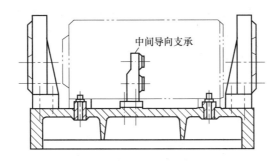

图 7.18　用箱体顶面及两销定位的镗模

单件、小批量生产时一般用装配基准即箱体底面作为定位基准，装夹时箱口朝上，其优点是基准重合，定位精度高，装夹可靠，加工过程中便于观察、测量和调整；其缺点是，当需要增加中间导向支承时，就带来很大麻烦。由于箱底是封闭的，中间支承只能用如图 7.19 所示的吊架从箱体顶面的开口处伸入箱体内。因每加工一个零件吊架需装卸一次，所需辅助时间长，且吊架的刚性差、制造和安装精度也不是很高，影响了箱体的加工质量和生产率。

4)　箱体的孔系加工

箱体上一系列有相互位置精度要求的孔称为孔系。孔系可分为平行孔系、同轴孔系和交叉孔系。保证孔系的位置精度是箱体加工的关键。由于箱体的结构特点，孔系的加工方法大多采用镗孔。

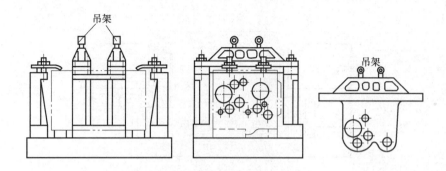

图 7.19　吊架式夹具

(1)　对于平行孔系，主要保证各孔轴线的平行度和孔距精度。根据箱体的生产批量和精度要求的不同分为以下 4 种加工方法。

①　找正法。这是靠工人在通用机床(镗床、铣床)上利用辅助工具来找正要加工孔正确位置的加工方法。

加工前按照图纸要求在箱体毛坯上划出各孔的加工位置线，然后按划好的线调整加工。此法划线和找正时间较长，生产率低，加工出来的孔距精度也一般在 0.5～1mm。若再结合试切法，经过几次测量、调整，可达到较高的孔距精度，但加工时间较长。

用样板或块规找正有可能获得较高的孔距精度。但对操作者的技术要求很高，所需的辅助时间也较多。找正法所需设备简单，适用于单件、小批量生产。

②　镗模法。镗模法是用镗床夹具来加工的方法。使用镗模来加工孔系，孔的位置精度完全由镗模决定，与机床的精度无关，加工时的刚性好，生产率高。在大批量生产时，还可在组合机床上进行多轴、多刀以及多方向加工。用镗模法加工的孔距精度在 0.1mm 左右，加工质量比较稳定。因为镗模成本高，故一般用于成批生产。

③　坐标法。在坐标镗床上加工孔系的方法称为坐标法。此法先将箱体加工孔的孔距尺寸换算成为两个互相垂直的坐标尺寸，然后按此坐标尺寸精确地调整机床主轴与工件的相对位置，加工出平行孔系。根据坐标镗床上坐标读数精度不同，坐标法能达到的孔距精度在 0.1～0.005mm 的范围，精度较高；但生产率低，适用于单件、小批量生产。

④　数控法。数控法的加工原理源于坐标法。将加工要求编成指令程序，由数控系统按指令完成加工，精度和生产率大大提高，当加工对象改变时，只要改变程序，即可令机床按新的程序工作，适合各种生产类型。数控法加工一般在数控铣镗床或铣镗加工中心上进行，能保证孔距精度为±0.01mm。

(2)　对于同轴孔系，主要保证各同轴孔的同轴度。在成批生产时，同轴度几乎都是由镗模来保证；单件、小批量生产时，其同轴度可用下面 3 种方法保证。

①　利用已加工孔作为支承导向。如图 7.20 所示，当箱体前壁上的孔加工好后，在孔内装一导向套，支承和导引镗杆加工后壁上的孔。此法适用于加工箱壁较近的同轴孔。

②　利用镗床后立柱上的导向套支承导向。镗杆在主轴箱和后立柱之间两端支承，刚性提高，但镗杆要长，调整麻烦，只适用于大型箱体加工。

③　采用调头镗。当箱体壁相距较远时，可采用调头镗。工件在一次装夹，镗好一端后，将工作台回转180°，调整工作台位置，使已加工孔与镗床主轴同轴然后再加工孔。

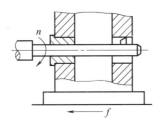

图 7.20　利用已加工孔导向

(3) 对于交叉孔系，主要保证各孔轴线的交叉角度(多为 90°)。成批生产时，交叉角都是由镗模来保证；单件、小批量生产时，用镗床回转工作台的转角来保证。

7.4　圆柱齿轮加工

7.4.1　概述

齿轮是变速机构中最常用的零件之一，其功用是传递动力和运动。

1. 圆柱齿轮的结构特点

齿轮由齿圈和轮体两部分组成，在齿圈上切出直齿、斜齿等齿形，而轮体的结构可以是实心轴或带孔的盘。

由于齿轮轮体的结构形状直接影响齿轮的工艺性，所以，齿轮多以轮体的结构形状进行分类，如图 7.21 所示。图 7.21 中的扇形齿轮属于齿圈不完整的齿轮，齿条是齿圈半径无限大的齿轮。各种结构形式的齿轮中，以盘类齿轮的应用范围最广。一个圆柱齿轮可以有一个或多个齿圈。多齿圈的齿轮结构有时会妨碍加工，这时可将齿轮做成几个单齿圈齿轮的组合结构。

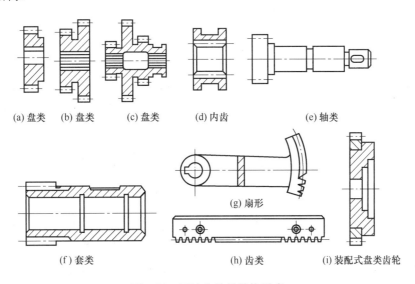

(a) 盘类　(b) 盘类　(c) 盘类　　(d) 内齿　　　(e) 轴类

(f) 套类　　　　　　　(g) 扇形

(h) 齿类　　　　(i) 装配式盘类齿轮

图 7.21　圆柱齿轮的结构形式

2. 圆柱齿轮传动的精度要求

国家标准 GB/T 10095—2001 规定齿轮及齿轮副有 12 个精度等级，其中 1、2 级为尚待开发的超高精度等级，通常称 3~4 级为超精密级，5~6 级为精密级，7~8 级为普通级，9~12 级为低精度级。

圆柱齿轮的传动精度包括以下 4 个方面。

(1) 运动精度：所规定的是传递运动的准确性。要求齿轮能准确地传递运动，传动比恒定，即在齿轮一转中，转角误差不超过一定范围。

(2) 工作平稳性：要求齿轮传递运动平稳，冲击、振动和噪声要小。这就要求限制齿轮传动瞬时传动比的变化，也就是要限制短周期(同一齿啮合过程中)内的转角误差。

(3) 接触精度：为保证齿轮在传动过程中齿面所受荷载分布的均匀性，要求齿轮工作时齿面接触均匀，并且保证有一定的接触面积和符合要求的接触位置，以免因荷载不均匀导致接触应力过大，引起轮齿过早局部磨损或折断。

(4) 齿侧间隙：在齿轮传动中，转动方向相反一侧的非工作齿面间应留有一定的间隙，以储存润滑油，减少磨损。齿侧间隙还可补偿齿轮的误差和变形，以防止发生卡死或齿面烧蚀现象。

3. 齿轮的材料、热处理与毛坯

1) 齿轮的材料与热处理

齿轮的材料应根据其用途和工作条件来选择。一般齿轮常选用 45 号钢或中、低碳合金钢，如 20Cr、40Cr、20CrMnTi 等；低速重载的齿轮传动，齿易折断，又易磨损，应选用综合力学性能好、齿面硬度高的材料，如 18CrMnTi 渗碳淬火；速度较高的传动齿轮，齿面易产生疲劳点蚀，所以齿面硬度要高，可用 38CrMoAl 渗氮；非传力齿轮可以用不淬火钢、铸铁、夹布胶木或尼龙等材料。

齿轮毛坯一般安排正火处理，中碳钢可在齿坯粗加工后安排调质处理，齿形加工后根据需要安排齿面高频感应加热淬火、渗碳淬火或渗氮处理。

2) 齿轮的毛坯

齿轮的毛坯形式主要有棒料、锻件和铸件。棒料用于小尺寸、结构简单且对强度要求不高的齿轮。当齿轮要求强度高、耐磨及耐冲击时，多用锻件。直径大于 400~600mm 的齿轮，常用铸造齿坯。为了减少机械加工量，对大尺寸、低精度的齿轮，可以直接铸出轮齿；对于小尺寸、形状复杂的齿轮，可采用精密铸造、压力铸造、精密锻造、粉末冶金、热轧和冷挤等新工艺制造出具有轮齿的齿坯。

7.4.2 圆柱齿轮的加工工艺

1. 圆柱齿轮的加工工艺过程

齿轮加工的工艺路线应根据齿轮材质和热处理要求、齿轮结构及尺寸大小、精度要求、生产批量和工厂的生产条件而定。一般可归纳成以下工艺路线。

毛坯制造—齿坯热处理—齿坯加工—检验—齿形加工—齿端加工—齿面热处理—精基准修正—齿形精加工—检验。

图 7.22 所示为一双联齿轮，材料为 40Cr，齿面高频淬火，精度为 7 级，齿部热处理：5213，52HRC。其加工工艺过程如表 7.5 所示。

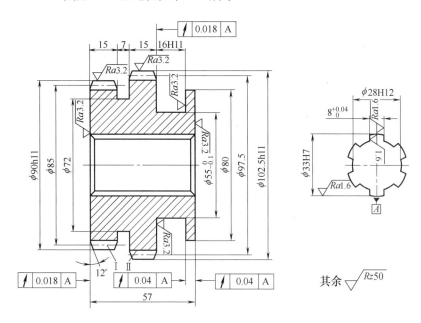

图 7.22　双联齿轮

表 7.5　双联齿轮加工工艺路线　　　　　　　　　　　　　　　　　　　　mm

序号	工序内容	定位基准	序号	工序内容	定位基准
1	毛坯锻造		10	钳工去毛刺	—
2	正火		11	剃齿(z=39)公法线长度至尺寸上限	花键孔和端面
3	粗车外圆和端面(留余量 1～1.5)，钻、镗花键底孔至尺寸	外圆和端面	12	剃齿(z=34)公法线长度至尺寸上限	花键孔和端面
4	拉花键孔	ϕ28H12 孔和端面	13	齿部高频感应加热淬火：52HRC	—
5	精车外圆、端面及槽至图样要求	花键孔和端面			
6	检验				
7	滚齿 (z=39) 留剃量 0.06～0.08	花键孔和端面	14	推孔	花键孔和端面
8	插齿 (z=34) 留剃量 0.03～0.05	花键孔和端面	15	珩齿	花键孔和端面
9	倒角	花键孔和端面	16	检验	—

2. 圆柱齿轮加工的工艺特点

1)　定位基准选择

齿轮的内孔是齿圈的设计基准和齿轮的装配基准。应尽量用内孔作为齿轮加工的定位基准。

对于带孔齿轮,一般选择内孔和一个端面作为定位基准,表 7.5 中从工序 5 开始就一直以花键孔和一端面作为定位基准。对于小直径轴齿轮,可采用两端的中心孔作为统一的定位基准;对于大直径的轴齿轮,通常以支承轴颈和一个较大的端面定位。

定位基准的精度对齿轮的加工精度,尤其对齿轮的齿圈径向圆跳动和齿向精度影响很大,而提高定位基准的精度并不困难。因此,实践中常压缩标准规定的齿坯公差,来提高齿轮的加工精度。

2) 齿坯加工

齿轮的加工分两部分,即齿坯加工和齿形加工。齿坯加工的内容包括齿坯的端面、孔(带孔齿轮)、中心孔(轴齿轮)以及外圆加工。

齿坯内孔的加工主要采用以下 3 种方案。

(1) 钻—扩—铰。

(2) 钻—扩—拉—磨。

(3) 镗—拉—磨。

齿坯外圆和端面主要采用车削加工。大批量生产时,常采用高生产率的机床加工齿坯;单件小批生产时,一般采用卧式车床加工齿坯,但必须注意内孔和基准端面的精加工应在一次安装内完成,并在基准端面上做记号。

3) 齿形加工

齿形加工是整个齿轮加工的关键工序。齿形加工方案主要取决于齿轮精度、结构、生产类型、齿轮热处理及工厂的现有生产条件。以下是常用的齿形加工方案。

(1) 9 级精度以下齿轮:单件、小批生产时可采用铣齿。

(2) 8 级精度以下的齿轮:调质齿轮用滚齿或插齿加工。对于淬硬齿轮可采用滚或插齿—齿端加工—淬火—校正孔的加工方案。但在淬火前齿形加工的精度应提高一级。

(3) 6～7 级精度齿轮:对于淬硬齿轮可采用滚(或插)齿—齿端加工—剃齿—表面淬火—校正基准—珩齿。如齿面不需淬硬,则上述工艺路线到剃齿为止。这种方案生产率高,设备简单,成本较低,适用于成批或大量生产齿轮。

(4) 5 级精度以上齿轮:一般采用粗滚齿—精滚齿—齿端加工—淬火—校正基准—粗磨齿—精磨齿。磨齿是目前齿形加工中精度最高、表面粗糙度值最小的加工方法。但一般的磨齿方法生产率低、成本高。

4) 齿端加工

齿端的加工方式有倒圆、倒尖、倒棱和去毛刺。经齿端加工后的齿轮,在沿轴向移动换挡时容易进入啮合,特别是倒尖后的齿轮,可以在齿轮转动过程中换挡变速(如用于汽车变速箱中的齿轮)。倒棱后齿端去掉了锐边,可避免在热处理时因应力集中而产生微裂纹。齿端倒圆因其相对较方便而应用最多。

5) 精基准的修整

齿轮淬火后其内孔常发生变形,内径可缩小 0.01～0.05mm,为保证齿形精加工质量,需要对基准孔进行修整。修整的方案一般采用推孔和磨孔。

7.4.3　圆柱齿轮齿形的加工方法

1. 成形法加工齿形

用与齿轮齿槽形状完成相符的成形刀具加工出齿形的方法称为成形法加工。常用的方法有铣齿和拉齿等。

铣刀每次进给只能加工出齿轮的一个齿槽，然后按齿轮的齿数进行分度，再加工下一个齿槽。这种方法的优点是，所用刀具和机床的结构比较简单；其缺点是，由于同一模数的齿轮只要齿数不同，齿形曲线就不相同，若要加工出准确的齿形，就要备有数量很多的成形刀具，这显然是不经济的。通常情况下，工具厂供应的齿轮铣刀，每种模数只有 8 把或 15 把，每种铣刀用于加工一定齿数范围的一组齿轮。每把刀具的齿形曲线是按其加工范围内的最小齿数制造的，当用于加工其他齿数的齿轮时，均存在不同程度的齿形误差。同时，由于分度装置的误差，铣齿加工的精度等级只能达到 9~10 级，生产率不高，常用于单件、小批量生产及修配业中。

拉齿一般用于加工内齿轮，其特点是生产率高，但拉刀的成本也很高。

2. 展成法加工齿形

展成法加工齿形是利用齿轮啮合的原理，将刀具和工件模拟成一对齿轮副作啮合运动（即展成运动），在运动过程中把齿坯切出齿形。按照啮合条件，一把刀具可以加工同一模数任意齿数的齿轮，其生产率和加工精度都比较高，是目前齿轮加工的主要方法。常见的展成法加工有插齿、滚齿、剃齿、珩齿和磨齿等，其中插齿和滚齿是齿形的粗加工方法，后几种方法都是齿形的精加工方法。

1）插齿

（1）插齿的加工原理。插齿加工的原理类似于一对轴线平行的圆柱齿轮啮合，其中一个是齿坯，另一个是在端面磨有前角，齿顶与齿侧均磨有后角的齿轮，如图 7.23(a)所示。在加工过程中，刀具每往复运动一次，仅切出齿槽很小一部分，工件齿槽的齿形曲线是由插齿刀刃多次切削的包络线形成的，如图 7.23(b)所示。

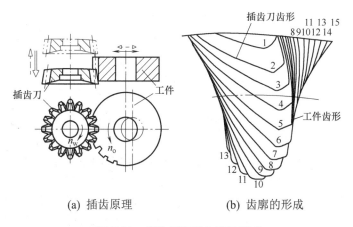

(a) 插齿原理　　　　　　　　(b) 齿廓的形成

图 7.23　插齿原理及齿廓的形成

(2) 插齿的加工质量。

插齿的齿形精度高：这是因为插齿刀本身的齿形精度高，加之插齿时的圆周进给量很小(可以任意调节)，使形成的包络线密度高，因而插齿加工的齿形精度较高。同时，这也使齿面的表面粗糙度值比较小。

插齿的运动精度稍差：这是由于插齿刀的齿距累积误差将直接传递给工件所致。另外，机床传动链的误差(特别是分度蜗轮的误差)也会直接造成工件的齿距误差。

插齿的齿向误差：取决于插齿机主轴回转轴线与工作台回转轴线的平行度。由于插齿刀往复运动频繁，主轴与套筒磨损大，易造成齿轮的齿向误差。

插齿加工的齿轮精度等级通常为 7～9 级，最高可达 6 级。

(3) 插齿的生产率。在切削大模数齿轮时，插齿速度受插齿刀主轴往复运动惯性和机床刚性的限制，切削过程又有空行程的损失，故生产效率比滚齿低。但在加工小模数、多齿、宽度较小的齿轮时，插齿的生产率却高于滚齿。

(4) 插齿的应用。插齿能加工外啮合齿轮，对加工齿圈轴向距离很小的多联齿轮、内齿轮、齿条、扇形齿轮等有优势。但不宜加工斜齿轮。

2) 滚齿

(1) 加工原理。利用一对圆柱螺旋齿轮的啮合(见图 1.18(b))原理。滚刀相当于一个齿数很少(单头滚刀齿数为 1)、螺旋角很大、齿面很长的螺旋齿轮。它的齿面绕轴线几周，因而成为螺杆状。滚刀与工件的法向模数、法向压力角相等。

(2) 滚齿加工精度。滚齿的运动精度高于插齿，滚齿的齿形精度和齿面质量不如插齿。滚齿通常能获得 7～10 级精度的齿轮。

(3) 滚齿加工的生产率。由于滚齿加工是连续切削，生产率高于插齿。在工艺上，采用大直径滚刀，除了可以提高切削速度，增加刀杆刚度外，还可使圆周上的刀齿数增多，增加了包络线密度，对提高生产率和加工质量都有利。

(4) 滚齿的应用范围。滚齿加工具有较好的通用性，可加工直齿、斜齿圆柱齿轮，也可以加工蜗轮；但不宜加工内齿轮、扇形齿轮、轴向距离小的多联齿轮。

3) 剃齿

剃齿是齿形精加工的一种方法。剃齿可在滚齿或插齿的基础上提高精度一级，达到 6～7 级，表面粗糙度达 $Ra0.8～0.2\mu m$。剃齿的生产率高，每剃一个齿轮仅需 2～4min，因此它被广泛应用于成批和大量生产中加工未淬硬的精度较高的齿轮，或用于高精度齿轮淬火前的半精加工。

剃齿的加工余量适当与否对剃齿的质量有很大影响，并且对余量的分布形态也有要求。因此，剃前的插齿刀和滚刀要与不剃齿的有所不同。

4) 珩齿

珩齿是对齿圈经过了齿形加工和淬火后的齿轮进行精加工的一种方法。

由于珩磨轮本身的制造精度不高，且珩磨轮有一定的弹性，因此珩齿加工纠正齿轮误差的能力不强，齿轮的精度应由珩前的加工保证。珩齿的主要目的是磨去淬火后的表面氧化层和减小齿面粗糙度值，以改善齿面质量，减少齿轮传动的噪声。珩齿的余量不宜过大，齿面单面余量一般为 0.01～0.02mm；珩齿的效率高，工件的轴向进给量为 0.3mm/r 左右，径向进给量控制在 3～5 轴向行程内切去全部余量。此外，珩磨轮比剃齿刀便宜，珩齿的成本相对较低。

5) 磨齿

磨齿是现有齿轮加工精度最高的一种方法。对于淬硬的齿面，要纠正热处理产生的变形，获得高精度齿形，磨齿是目前唯一的选择。磨床加工有成形法和展成法两种。但成形法磨齿的砂轮需要经常修整，且修整要求很高，目前生产中很少应用。展成法磨齿大多采用齿轮、齿条啮合的原理，配以精确的展成运动传动链强制传动，因此磨齿的精度主要取决于磨齿工序本身，最高可达 3 级精度，表面粗糙度 $Ra0.8 \sim 0.2\mu m$。但磨齿加工成本高，生产率低。

7.5 实　　训

7.5.1 实训题目

编制如图 7.24 所示的挂轮架轴的机械加工工艺过程。工件材料为 45 号钢，小批量生产，$35^{+0.15}_{0}$ mm 及方头处表面淬硬，HRC45～50。

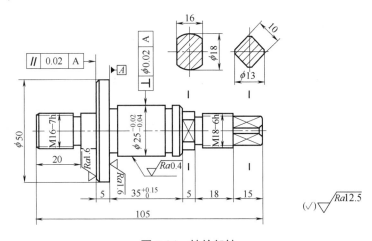

图 7.24 挂轮架轴

7.5.2 实训目的

根据制定工艺规程的方法、原则和步骤，参考本章实例，结合具体零件要求，学会编制工艺规程。

7.5.3 实训内容

分析挂轮架轴的结构特点和技术要求，根据生产类型，选择合适的毛坯、定位基准、加工方法、加工方案和加工设备；合理安排机械加工工序顺序和热处理工序。

1. 主要技术要求

(1) $\phi 25^{-0.02}_{-0.04}$ mm 的外圆是该零件精度要求最高处，为主要加工面，其精度为 IT7 级，表面粗糙度 Ra 为 0.4μm；其轴心线与 A 面的垂直度不大于 $\phi 0.02$mm。

(2) 直径 $\phi50$mm 两端面虽然尺寸精度要求不高，但位置精度要求高：两端面平行度要求为 0.02mm，与 $25_{-0.04}^{-0.02}$ mm 外圆的垂直度为 $\phi0.02$mm，表面粗糙度 Ra 为 1.6μm。

2. 结构特点

该轴的结构特点是轴颈尺寸相差大，最大轴颈为 $\phi50$mm，而最小处为 $\phi13$mm。

3. 毛坯的选择

虽然该轴对强度要求不高，但由于轴颈尺寸相差大，所以毛坯应选锻件。结合生产类型为小批生产，可以选自由锻件。

4. 定位基准的选择

轴类常用的定位基准是两顶尖孔，该轴用两顶尖孔定位，可以方便地加工所有表面，因此精基准选两顶尖孔，先以外圆为粗基准，加工两顶尖孔。

5. 加工方法

$\phi25_{-0.04}^{-0.02}$ mm 外圆的精度为 IT7 级，表面粗糙度 Ra 为 0.4μm 需要经过粗车—精车—磨，由于与 A 面有垂直度要求，所以在磨外圆时靠磨 A 面。

$\phi50$mm 的左端面与 A 面要求平行，因此磨削 A 面后再调头磨削左端面。

6. 热处理工序的安排

由于毛坯为锻件，因此在粗加工前安排正火处理，以改善其切削性能。

又因零件要求 $35_{0}^{+0.15}$ mm 及方头处表面淬硬 HRC45～50，所以在精车后安排表面淬硬处理。

综上所述，制定的挂轮架轴加工工艺过程如表 7.6 所示。

表 7.6　挂轮架轴加工工艺过程

工序号	工序名称	工序内容	定位	机床
1	锻	自由锻造	—	—
2	热处理	正火	—	—
3	车	车左端面，钻顶尖孔，车外圆	外圆	C620
		调头，夹车过的外圆，车右端面(取长度)，钻顶尖孔	外圆	
4	车	车外圆 $\phi50$mm 至尺寸，车 M16-7h 大径及侧面，留加工余量 0.2mm，倒角	顶尖孔	C620
		调头，车 $\phi25_{-0.04}^{-0.02}$ mm 留 0.3mm 加工余量，车 $\phi50$mm 侧面留 0.2mm 加工余量。车 $\phi18$mm 及 M16-6h 大径和 $\phi13$mm 外圆，倒角，车三处槽，车右端螺纹均至图纸要求		
		调头，车槽，车左端螺纹至图纸要求		

工序号	工序名称	工序内容	定　位	机　床
5	铣	铣四方至图纸要求	外圆、顶尖孔、分度头	X62W
		铣扁至图纸要求		
		去毛刺		
6	热处理	$35_{0}^{+0.15}$ mm 及方头处表面淬火		—
7	磨	磨 $\phi 25_{-0.04}^{-0.02}$ mm 与 $\phi 50$mm 侧面至图纸要求	顶尖孔	M131
		调头，磨 $\phi 50$mm 的另一侧面		
8	检验	按图纸检验入库		—

7.5.4　实训总结

制定零件的加工工艺前，必须先了解零件的结构特点、技术要求和生产类型。通过此实践训练，应能掌握制定零件加工工艺规程的方法及注意事项。另外，应注意工艺过程不是唯一的。

7.6　习　　题

1. 选择题

(1) 轴类零件用双顶尖定位时用的顶尖孔是属于(　　)。

    A. 精基准　　　　　B. 粗基准　　　　　C. 辅助基准　　　　D. 自为基准

(2) 退火处理一般安排在(　　)。

    A. 毛坯制造之后　　B. 粗加工后　　　　C. 半精加工之后　D. 精加工之后

(3) 加工箱体类零件时常选用一面两孔作为定位基准，这种方法一般符合(　　)。

    A. 基准重合原则　　　　　　　　　　B. 基准统一原则

    C. 互为基准原则　　　　　　　　　　D. 自为基准原则

(4) 合理选择毛坯种类及制造方法时，主要应使(　　)。

    A. 毛坯的形状尺寸与零件的尺寸尽可能接近

    B. 毛坯方便制造，降低毛坯成本

    C. 加工后零件的性能最好

    D. 零件总成本低且性能好

(5) 自为基准多用于精加工或光整加工工序，其目的是(　　)。

    A. 符合基准重合原则　　　　　　　　B. 符合基准统一原则

    C. 保证加工面的形状和位置精度　　　D. 保证加工面的余量小且均匀

(6) 调质处理一般安排在(　　)。

    A. 毛坯制造之后　　B. 粗加工后　　　　C. 半精加工之后　　D. 精加工之后

(7) 精密齿轮高频淬火后需磨削齿面和内孔，以提高齿面和内孔的位置精度，常采用以下原则来保证(　　)。

    A. 基准重合   B. 基准统一   C. 自为基准   D. 互为基准

(8) 淬火处理一般安排在(　　)。

    A. 毛坯制造之后   B. 粗加工后   C. 半精加工之后   D. 精加工之后

(9) 在拟定零件机械加工工艺过程、安排加工顺序时首先要考虑的问题是(　　)。

    A. 尽可能减少工序数   B. 精度要求高的主要表面的加工问题

    C. 尽可能避免使用专用机床   D. 尽可能增加一次安装中的加工内容

(10) 零件上孔径大于 30mm 的孔，精度要求为 IT9，通常采用的加工方案为(　　)。

    A. 钻—镗   B. 钻—铰   C. 钻—拉   D. 钻—扩—磨

2. 填空题

(1) 生产中对于不同的生产类型常采用不同的工艺文件，单件小批量生产时采用机械加工_____卡，成批生产时采用机械加工_____卡，大批大量生产时采用机械加工_____卡。

(2) 加工主轴零件时为了确保支承轴颈和内锥孔的同轴度要求，通常采用_____原则来选择定位基面。

(3) 用机械加工方法直接改变毛坯的_____、_____、_____和表面质量等使之成为合格零件的工艺过程称为机械加工工艺过程。

(4) 安排零件切削加工顺序的一般原则是_____、_____、_____和_____等。

(5) 机械加工工艺过程通常由_____、_____、_____、_____和走刀组成。

3. 判断题

(1) 未淬火钢零件的外圆表面，当精度要求为 IT12～IT11，表面粗糙度为 $Ra6.3$～3.2mm 时，终了加工应该是精车才能达到。　　　　　　　　　　　　　　( )

(2) 在贯彻加工顺序安排原则中，应以保证加工精度要求高的主要表面为前提，着重解决它们的加工问题，而次要表面的加工穿插在适当时候解决。　　　　　( )

(3) 安装就是工件在机床上每装卸一次所完成的那部分工艺过程。　　　　　( )

(4) 单件小批量生产时，对箱体类零件的平行孔系加工，一般采取在钻床上"钻—扩—铰"的典型加工方案。

(5) 调质处理后的工件，表面硬度增高，切削加工困难，故应该安排在精加工之后、光整加工之前进行。　　　　　　　　　　　　　　　　　　　　　　　( )

(6) 一般将孔的长度 L 与直径 D 之比 $L/D>5$ 的孔称为深孔。深孔加工时因刀具刚性差，孔轴线易歪斜，并且刀具的散热差、排屑难，给加工带来困难。为此，深孔加工一般用工件旋转的方式以解决轴线偏斜问题，并进行强行冷却和排屑。　　　　　　( )

(7) 辅助工艺基准面指的是使用方面不需要，而为满足工艺要求在工件上专门设计的定位面。　　　　　　　　　　　　　　　　　　　　　　　　　　　　( )

(8) 齿轮的制造精度，对整个机器的工作性能、承载能力及使用寿命都有很大影响，国家标准(GB 10095—88)规定齿轮及齿轮副有 12 个精度等级，其中 1、2 级为尚待开发的超高精度等级，9～12 级则为低精度级。　　　　　　　　　　　　　( )

(9) 由于粗基准对精度要求不高，所以粗基准可多次使用。　　　　　　　( )

(10) 精基准是指精加工时所用的基准，粗基准是指粗加工时所用的基准。　　（　　）

4. 问答题

(1) 为什么插齿加工的齿形精度较高？

(2) 在加工箱体零件时控制其孔距精度的方法主要有哪些？

(3) 套筒零件的毛坯选择应注意哪些问题？

(4) 轴类零件中其中心孔的主要作用是什么？

(5) 调质是轴类零件最常用的热处理工艺，试说明其作用及安排原则。

5. 实作题

试拟定图 7.25 所示的齿轮零件的简明工艺路线。已知齿轮材料为 45 号钢，生产类型为大批量生产，齿面高频淬火 62～65HRC(按以下格式填写在表内)。

工 序 号	工序名称	工序内容	设　备

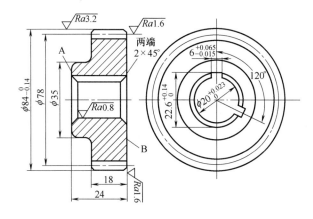

图 7.25　齿轮简图

附录　参考答案

第 1 章

1. 单项选择题

(1) A	(2) B	(3) D	(4) C	(5) C
(6) D	(7) B	(8) C	(9) A	(10) B
(11) D	(12) A	(13) C	(14) C	(15) C
(16) A	(17) A	(18) C	(19) B	(20) A
(21) C	(22) A	(23) C	(24) C	

2. 多项选择题

(1) AB	(2) BC	(3) ABCD	(4) ABC	(5) ACD
(6) AB	(7) ABC	(8) AB	(9) BC	(10) CDF
(11) ADE	(12) BD	(13) CD	(14) CE	(15) BDE
(16) ACEF	(17) BCEF	(18) AB	(19) ABEF	(20) BCDF
(21) DE				

3. 判断题

(1) ×	(2) √	(3) ×	(4) √	(5) √	(6) ×	(7) ×	(8) √
(9) ×	(10) √	(11) √	(12) √	(13) √	(14) √	(15) √	(16) √
(17) √	(18) √	(19) √	(20) ×				

4. 问答题

答案在教材中找。

5. 实作题

(1)　① 必须限制 $\overset{\text{⊔⊔}}{X}$、$\overset{\text{⊔}}{Y}$、$\overset{\text{⊔}}{Z}$ 3 个自由度。

② 必须限制 $\overset{\text{⊔⊔}}{X}$、$\overset{\text{⊔}}{Y}$、$\overset{\rightharpoonup}{X}$、$\overset{\rightharpoonup}{Z}$ 4 个自由度。

③ 必须限制 $\overset{\text{⊔}}{Y}$、$\overset{\text{⊔}}{Z}$、$\overset{\rightharpoonup}{X}$、$\overset{\rightharpoonup}{Z}$ 4 个自由度。

④ 必须限制 $\overset{\text{⊔⊔}}{X}$、$\overset{\text{⊔}}{Y}$、$\overset{\rightharpoonup}{X}$、$\overset{\rightharpoonup}{Y}$、$\overset{\rightharpoonup}{Z}$ 5 个自由度。

(2)

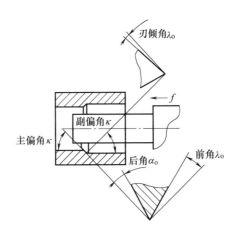

习题 1.2 答图

(3) 考虑横向进给，刀具的工作后角变为：$a_{oe} = a_o - \mu = a_o - \dfrac{f}{\pi \cdot d_w}$。其中，$f$ 为进给量 (mm/r)，d_w 为工件的加工直径(mm)。当直径很小时，μ 值会急剧变大，可能使工作后角变为负值，刀具不能正常切削，而将工件挤断。

第 2 章

1. 单项选择题

(1) B   (2) A   (3) D   (4) D   (5) D   (6) A   (7) C

(8) B   (9) B   (10) C   (11) A   (12) D   (13) D   (14) B

(15) B   (16) A   (17) A   (18) A   (19) B

2. 多项选择题

(1) BEF   (2) AEF   (3) ABD   (4) BCF   (5) BC

(6) ABCD   (7) BCEF   (8) BEF   (9) ACEG   (10) ACF

(11) ACE   (12) BDE   (13) ABC   (14) BDE   (15) BDEF

(16)BDE   (17) ACDE   (18) ACE   (19) CE   (20) ACD

(21) CD

3. 判断题

(1) √   (2) ×   (3) √   (4) √   (5) ×   (6) ×   (7) √   (8) ×   (9) √

(10) √   (11) √   (12) ×   (13) ×   (14) √   (15) √   (16) ×   (17) √   (18) ×

(19) √   (20) √   (21) √   (22) √   (23) ×   (24) √   (25) √   (26) ×

4. 问答题

答案在教材中找。

5. 实作题

刀片材料为 YT15，刀杆材料为 45 号钢。

由于工件材料的可加工性较好，细长轴加工的主要矛盾是防止工件弯曲变形。因此，要尽量减小背向力，增强工件的刚性，避免加工时产生振动。车刀的几何参数为：

①　γ_o=20°～30°，采用大前角，以减小切削变形，减小切削力，使切削轻快。

②　α_o=6°～8°，采用大后角以减小刀具磨损，减小后刀面与工件表面的摩擦，提高加工表面质量。

③　κ_r=90°，采用大主偏角，以减小背向力，避免加工时工件的弯曲变形和振动。

④　λ_s=3°，使切屑流向待加工面，不致划伤已加工面。

⑤　沿主切削刃磨出 $b_{\gamma 1}$=0.15～0.2mm；r_{01}=-20°～-30°的倒棱，以加强切削刃的强度(因前角较大)。

⑥　前刀面上磨出宽度为 4～6mm 的直线圆弧形卷屑槽，以提高排屑、卷屑效果。

第 3 章

1. 选择题

(1) ABC　(2) ABCD　(3) A　(4) B　(5) ABCD　(6) BCD　(7) CBD

(8) D　(9) A　(10) AB　(11) D　(12) D　(13) B　(14) B

(15) A　(16) D　(17) C　(18) B　(19) B　(20) A　(21) B

(22) D　(23) B　(24) C　(25) A　(26) B　(27) BC　(28) C

(29) BD　(30) D　(31) ABD　(32) C　(33) B　(34) B　(35) A

(36) A　(37) BD　(38) BCD　(39) A　(40) AB　(41) ACD　(42) ABCD

2. 填空题

(1) 机械加工，装配

(2) 制造工艺过程和操作方法

(3) 一个或一组，一个或同时对几个

(4) 安装

(5) 填写工艺文件

(6) 加工表面，刀具

(7) 备品，废品，年产量

(8) 单件小批

(9) 保持加工余量的均匀

(10) 预备热处理，中间热处理

(11) 先主后次，先面后孔

(12) 半精加工，光整加工阶段

(13) 相应工序

(14) 作业时间

(15) 增环

(16) 工艺尺寸链

(17) 降低

(18) 精

(19) 安装，装配

(20) 直接改变

3. 判断题

(1) √	(2) ×	(3) ×	(4) √	(5) ×	(6) √
(7) √	(8) ×	(9) ×	(10) ×	(11) √	(12) √
(13) ×	(14) ×	(15) √	(16) ×	(17) ×	(18) √
(19) √	(20) √	(21) ×	(22) √	(23) √	(24) √
(25) ×	(26) √	(27) √	(28) √	(29) √	(30) ×

4. 问答题

答案在教材中找。

5. 实作题

(1) 存在问题(a)盲孔不利于加工；(b)没有让刀槽；(c)没有砂轮越程槽；(d)结构不合理；(e)尺寸不一致；(f)腔内凸起不利于加工；(g)口小内大不利于加工；(h)螺纹孔与直孔交叉，易打刀。

(2) 粗、精基准选择。

(3) 增减环判断。

(4) (a) A1、A3、A5 为增环，A2、A4 为减环；

　　(b) B1、B3、B5、B7 为增环，B2、B4 为减环；

　　(c) C1、C2、C4、C6、C8 、C10、C11 为增环，C3、C5、C7、C9 为减环。

(5) 结果：$H_0 = 4.25^{+0.088}_{-0.004}$ mm。

(6) $L = 16^{0}_{-0.05}$ mm。

(7) $4.242^{+0.084}_{0}$ mm。

(8) $A = 20.5^{+0.1}_{0}$ mm，$B = 17.5^{+0.20}_{-0.05}$ mm，$C = 20^{+0.05}_{0}$ mm。

(9) $A = 12 \pm 0.1$ mm，$A = 20^{+0.05}_{-0.10}$ mm，$A = 20^{+0}_{-0.05}$ mm。

① $D = \phi 29.6^{+0.052}_{0}$ mm；② $t = 1.0^{+0.274}_{+0.105}$ mm。

第 4 章

1. 选择题

(1) B	(2) A	(3) B	(4) C	(5) B
(6) B	(7) B	(8) A	(9) A	(10) A

2. 填空题

(1) 内部热源、外部热源

(2) 主轴回转误差，导轨误差

(3) 常值系统性误差和变值系统性误差

(4) 水平

(5) 显微硬度，硬化层深度、硬化

(6) 调整

(7) 单因素；统计

(8) 加工原理

(9) 实际；理想

(10) 自激

3. 判断题

(1) √   (2) √   (3) ×   (4) √   (5) ×

(6) √   (7) ×   (8) ×   (9) ×   (10) ×

(11) √   (12) √   (13) √   (14) √   (15) ×

4. 问答题

(1) 答：根据统计分析结果，呈正态分布的工件尺寸落在$(x\pm3\sigma)$范围内的概率为99.73%，而落在$(x\pm3\sigma)$范围以外的概率仅为 0.27%，可忽略不计。因此可以认为，呈正态分布的工件尺寸的分散范围为$(x\pm3\sigma)$。

(2) 答：所谓加工精度指的是零件加工后的实际几何参数与理想几何参数的符合程度。

(3) 回答要点：加工时，由于毛坯存在圆度误差因而引起了工件的圆度误差。毛坯圆度误差越大，工件圆度误差也越大，这种现象称为毛坯误差复映现象。

(4) 答：所谓加工经济精度是指在正常加工条件下(采用符合质量标准的设备、工艺装备和标准技术等级的工人、不延长加工时间)，所能保证的加工精度。

(5) 回答要点：①径向圆跳动；②轴向窜动；③角度摆动。

(6) 答：刚度是指切削力在加工表面法向分力，F_r 与法向的变形 Y 的比值。机床刚度曲线特点是，刚度曲线不是直线，加载与卸载曲线不重合，荷载去除后变形恢复不到起点。

(7) 答：①提高主轴部件的制造精度；②对滚动轴承进行预紧；③使主轴的回转误差不反映到工件上。

(8) 答：①定程机构误差；②样件或样板的误差；③测量有限试件造成的误差。

(9) 答：机械加工过程中，在没有周期性外力(相对于切削过程而言)作用下，由系统内部激发反馈产生的周期性振动，称为自激振动。

(10) 回答要点：机械加工中产生的振动主要有强迫振动和自激振动两种类型。

5. 实作题

(1) 废品率等于 2.28%。因为工序能力系数为 0.9 小于 1，所以总会出现废品。改进措施：①更换机床加工。②由于算术平均值与分布中心只偏离 $\Delta = 0.0035$mm，不能靠调整机床使全部合格，只能对可修复废品再加工来保证质量。

(2) 分散范围：$\Phi 17.945 \sim \Phi 18.005$mm，合格率为 $F\{(18-17.975)/0.01\}+F\{(17.965-17.975)/0.01\}= F(1)+F(2.5)=0.3413+0.4938=0.8351$，即 83.51%；废品率为 16.49%。

第 5 章

1. 选择题

(1) A　　　(2) BCDE　　(3) CDA　　(4) AC　　(5) AB　　(6) AC
(7) BC　　(8) D　　　(9) C　　　(10) B　　(11) B　　(12) AD
(13) B　　(14) C　　　(15) A　　(16) ABCD　(17) B　　(18) ABD
(19) C　　(20) B　　　(21) A　　(22) A　　(23) ABCD　(24) BCD
(25) ABD　(26) ACD　　(27) CD　　(28) ABCD

2. 填空题

(1) 螺旋夹紧机构，偏心夹紧机构

(2) 定位，夹紧

(3) 定位，夹紧

(4) 大小，方向，作用点

(5) 基准不重合误差，基准位移误差

(6) 定位键

(7) 对刀块

(8) 120°，90°

(9) 加工质量，使用范围

(10) 设计

(11) 常用定位，圆柱面

(12) 浮动夹紧

(13) 2 个定位键

(14) 主轴端部结构

(15) 公称

(16) 刀具，夹具

(17) 1/3

(18) 定位键，对刀块

(19) 夹紧元件，传力机构

(20) 斜楔夹紧机构

(21) 保证加工质量，提高生产效率

(22) 刚度，稳定性

(23) 气动，液动

(24) 分度盘，对定销

(25) 可换钻套，快换

(26) 浮动，位置

(27) 三

3. 判断题

(1) √　(2) √　(3) ×　(4) √　(5) ×　(6) ×　(7) ×　(8) ×　(9) √

(10) √　(11) √　(12) ×　(13) ×　(14) √　(15) ×　(16) √　(17) √　(18) √

(19) √　(20) ×　(21) √　(22) √　(23) ×　(24) ×　(25) ×　(26) √　(27) √

(28) ×

4. 问答题

答案在教材中找。

5. 实作题

(1)　0.038mm。

(2)　① 尺寸 $45_{-0.2}^{0}$ mm 的定位误差为 0.0295mm，对称度 0.05mm 的定位误差为 0.017mm；

② 尺寸 $45_{-0.2}^{0}$ mm 的定位误差为 0.0125mm，对称度 0.05mm 的定位误差为 0；

③ 尺寸 $45_{-0.2}^{0}$ mm 的定位误差为 0.0125mm，对称度 0.05mm 的定位误差为 0.0125mm；

④ 尺寸 $45_{-0.2}^{0}$ mm 的定位误差为 0.005mm，对称度 0.05mm 的定位误差为 0。

(3)　钻套内孔直径及偏差为 11.8G7，铰套内孔直径及偏差：12G6。

(4)　略

(5)　2—支承板；4—定位心轴；8—钻模板；9—钻套；10—开口垫圈；11—压紧螺母

第 6 章

1. 选择题

(1) B　　(2) A　　(3) C　　(4) A　　(5) B

2. 填空题

(1)　①互换法；②分组法；③修配法；④调整法

(2)　不需要

(3)　直接选配法

(4)　复合

(5)　修配

3. 判断题

(1) ×　(2) √　(3) √　(4) √　(5) ×

(6) ×　(7) √　(8) √　(9) √　(10) ×

4. 问答题

答案在教材中找。

5. 实作题

$$A_1 = 41^{+0.075}_{+0.05} \, \text{mm}$$

$$A_2 = A_4 = 17^{0}_{-0.025} \, \text{mm}$$

$$A_3 = 7^{0}_{-0.025} \, \text{mm}$$

第 7 章

1. 选择题

(1) A　　　　(2) A　　　　(3) B　　　　(4) D　　　　(5) D

(6) B　　　　(7) D　　　　(8) C　　　　(9) B　　　　(10) A

2. 填空题

(1) 工艺过程/工艺/工序

(2) 互为基准

(3) 形状/尺寸/各表面间相互位置

(4) 先基准后其他/先面后孔/先粗后精/先主后次

(5) 工序/工步/工位/安装

3. 判断题

(1) ×　　　　(2) √　　　　(3) √　　　　(4) ×　　　　(5) ×

(6) √　　　　(7) √　　　　(8) √　　　　(9) ×　　　　(10) ×

4. 问答题

(1) 答：插齿的齿形精度较高是因为插齿刀本身的齿形精度高，加之插齿时的圆周进给量很小(可以任意调节)，使其形成的包络线密度高，因而插齿加工的齿形精度较高。

(2) 答：①找正法；②镗模法；③坐标法；④数控法。

(3) 答：套筒的毛坯选择与其材料、结构、尺寸及生产批量有关。孔径小的套筒，一般选择热轧钢或冷拉棒料，也可采用实心铸件；孔径大的套筒，常选择无缝钢管或带孔的铸件或锻件。大批量生产时，采用冷挤压和粉末冶金等工艺，可节约材料和提高生产率。

(4) 答：中心孔的质量对轴类零件外圆的加工有很大影响。作为定位基准，除了中心孔的位置会影响定位精度外，中心孔本身的圆度误差将直接反映到工件上去。例如，在磨削外圆时中心孔不圆会使零件在受磨削力的作用时工件始终被推向一侧，因此工件外圆的形状就取决于中心孔的形状。

(5) 答：调质既可获得良好的综合力学性能，又作为后续将进行的各种表面热处理的预备热处理。调质处理一般安排在粗加工后、半精加工之前。一方面为消除粗加工所产生的残余内应力，产生的变形可由后续的半精加工、精加工切除；另一方面经调质后的工件硬度比较适合于半精加工。对于加工余量很小的轴，调质也可安排在粗加工之前。

5. 实作题

工 序 号	工序名称	工序内容	设 备
1	锻造	按锻造工艺	锻造设备
2	热处理	正火处理	正火设备
3	粗车	粗车各部	车床
4	热处理	调质处理	调质设备
5	半精车	半精车各部	车床
6	磨	磨内孔和端面	磨床
7	插	插键槽	插床
8	滚齿	滚齿	滚齿机
9	热处理	齿面高频淬火 62-65HRC	高频淬火设备
10	磨齿	磨齿	磨齿机
11	钳	修整	—
12	检	检验入库	—

参 考 文 献

[1] 张世昌，李旦，高航. 机械制造技术基础[M]. 北京：高等教育出版社，2003.

[2] 陈日曜. 金属切削原理[M]. 北京：机械工业出版社，2005.

[3] 张福润，熊良山. 机械制造技术基础[M]. 武汉：华中科技大学出版社，2000.

[4] 华茂发. 机械制造技术[M]. 北京：机械工业出版社，2004.

[5] 冯之敬. 机械制造工程原理[M]. 北京：清华大学出版社，1999.

[6] 黄鹤汀，吴善元. 机械制造技术[M]. 北京：机械工业出版社，1997.

[7] 周宏甫. 机械制造技术基础[M]. 北京：高等教育出版社，2004.

[8] 王先逵. 机械制造工艺学[M]. 北京：机械工业出版社，2002.

[9] 姜文炳. 工业工程基础[M]. 北京：中国科学技术出版社，1998.

[10] 赵松年，张奇鹏. 机电一体化机械系统设计[M]. 北京：机械工业出版社，1997.

[11] 宾鸿赞，曾庆福. 机械制造工艺学[M]. 北京：机械工业出版社，1999.

[12] 丁年雄. 机械加工工艺辞典[M]. 北京：学苑出版社，1990.

[13] 于骏一. 典型零件制造工艺[M]. 北京：机械工业出版社，1999.

[14] 王茂元. 机械制造技术[M]. 北京：机械工业出版社，2002.

[15] 朱正心. 机械制造技术[M]. 北京：机械工业出版社，2004.

[16] 孙学强. 机械制造技术[M]. 北京：机械工业出版社，1999.

[17] 李华. 机械制造技术[M]. 北京：高等教育出版社，2000.

[18] 赵元吉. 机械制造工艺学[M]. 北京：机械工业出版社，1989.

[19] 周世学. 机械制造工艺与夹具[M]. 北京：北京理工大学出版社，1999.

[20]] 刘守勇. 机械制造工艺与机床夹具[M]. 北京：机械工业出版社，2004.